U0312401

忻州市地震志

XINZHOUSHI DIZHEN ZHI

李文元 主编

当代中国出版社
Contemporary China Publishing House

图书在版编目(CIP)数据

忻州市地震志 / 李文元主编. -- 北京 : 当代中国出版社, 2016. 6
ISBN 978-7-5154-0699-2

Ⅰ. ①忻… Ⅱ. ①李… Ⅲ. ①地震志—忻州市 Ⅳ. ①P316.225.3

中国版本图书馆 CIP 数据核字(2016)第 123010 号

出 版 人　曹宏举
责任编辑　姜楷杰
责任校对　康　莹
封面设计　古涧文化
出版发行　当代中国出版社
地　　址　北京市地安门西大街旌勇里 8 号
网　　址　http://www.ddzg.net　邮箱:ddzgcbs@sina.com
邮政编码　100009
编 辑 部　(010)66572264　66572154　66572132　66572180
市 场 部　(010)66572281 或 66572155/56/57/58/59 转
印　　刷　北京润田金辉印刷有限公司
开　　本　889 毫米×1194 毫米　1/16
印　　张　27.5 印张　20 插页　520 千字
版　　次　2016 年 6 月第 1 版
印　　次　2016 年 6 月第 1 次印刷
定　　价　190.00 元

《忻州市地震志》编纂委员会

《忻州市地震志》编审人员

忻州市地势地貌图

忻州市 144~2015 年 5 级以上地震分布图

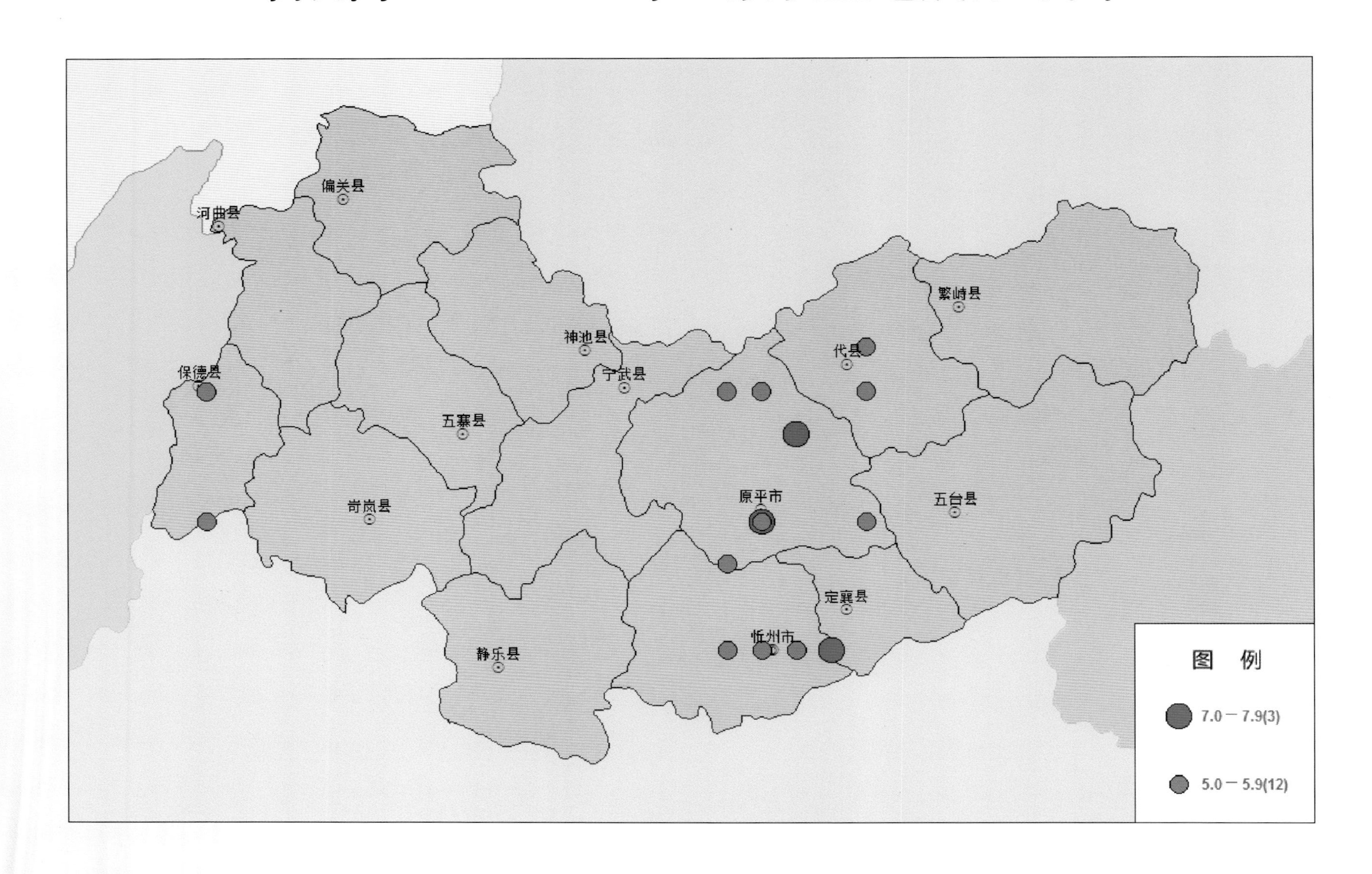

忻州市 1970~2015 年 2 级以上地震分布图

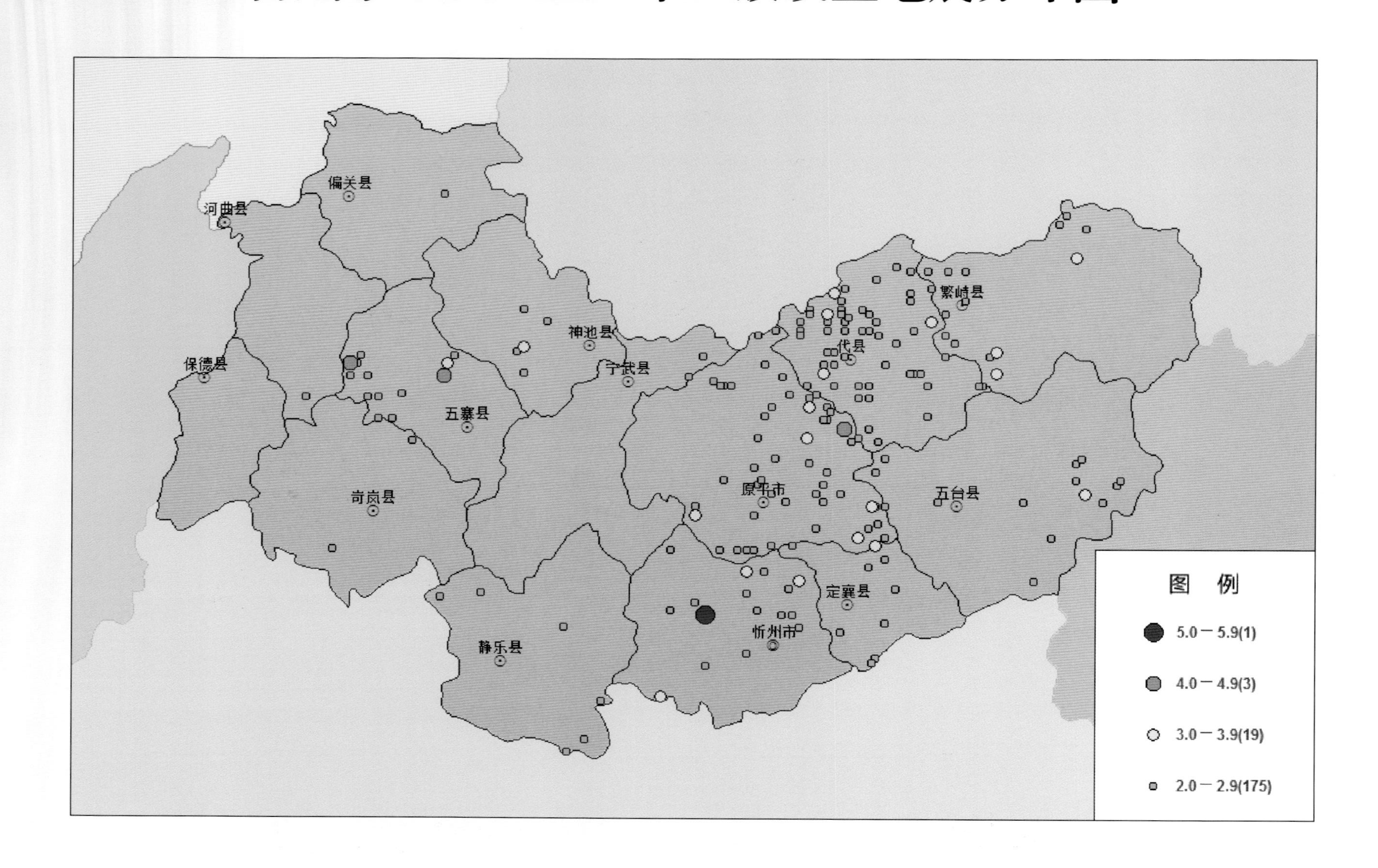

中国地震动峰值加速度区划图（GB18306–2015）
（忻州部分）

偏关县
河曲县
保德县
岢岚县
五寨县
神池县
宁武县
静乐县
忻州市
忻府区
原平市
代县
繁峙县
平型关
五台县
定襄县
黄河
管涔山
汾河
五台山
滹沱河
0.05
0.10
0.15
0.20

图 例

地级市行政中心（外国重要城市同）
县级市、县、区行政中心（外国一般城市同）
省、自治区、直辖市界 未定
常年河、瀑布
长城
山口、关隘

地震动峰值加速度
（单位：g）
0.05
0.10
0.15
0.20

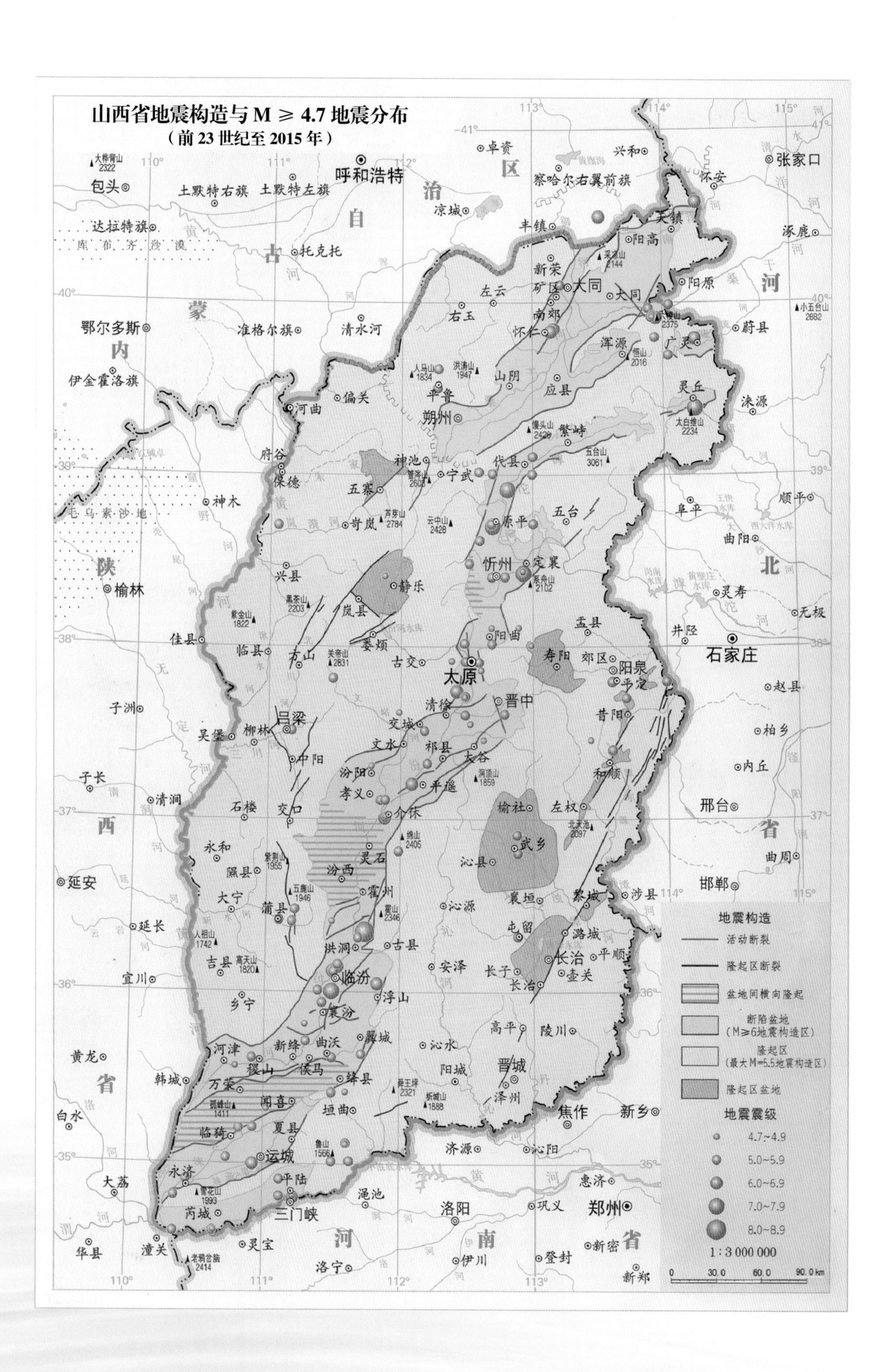

山西省地震构造与M ≥ 4.7地震分布
（前23世纪至2015年）
地震构造
活动断裂
隆起区断裂
盆地间横向隆起
断陷盆地（M≥6地震构造区）
隆起区（最大M=5.5地震构造区）
隆起区盆地
地震震级
4.7~4.9
5.0~5.9
6.0~6.9
7.0~7.9
8.0~8.9
1:3 000 000
呼和浩特
大同
朔州
太原
忻州
吕梁
晋中
阳泉
临汾
长治
晋城
运城
石家庄
郑州
张家口

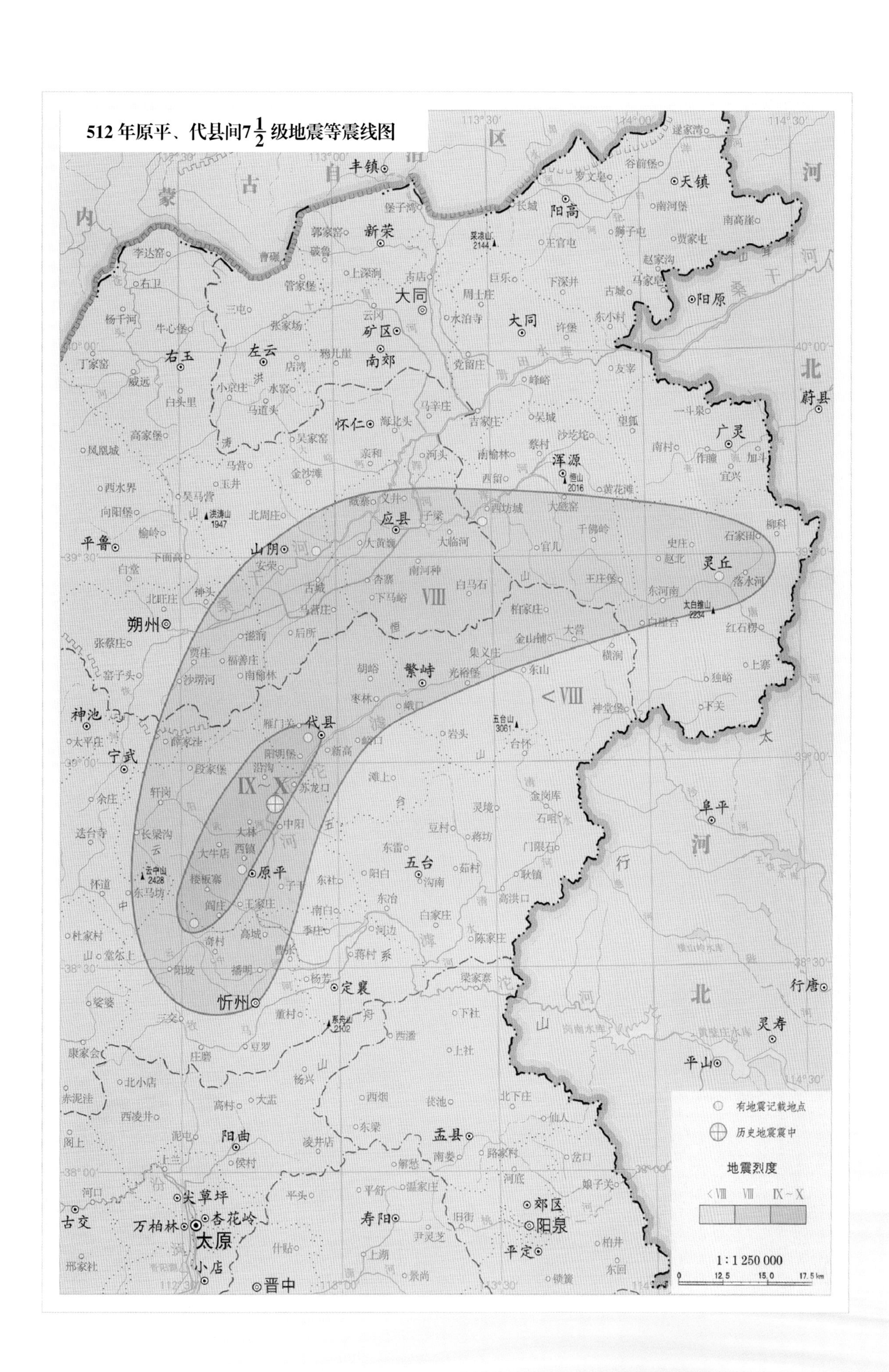

512年原平、代县间$7\frac{1}{2}$级地震等震线图

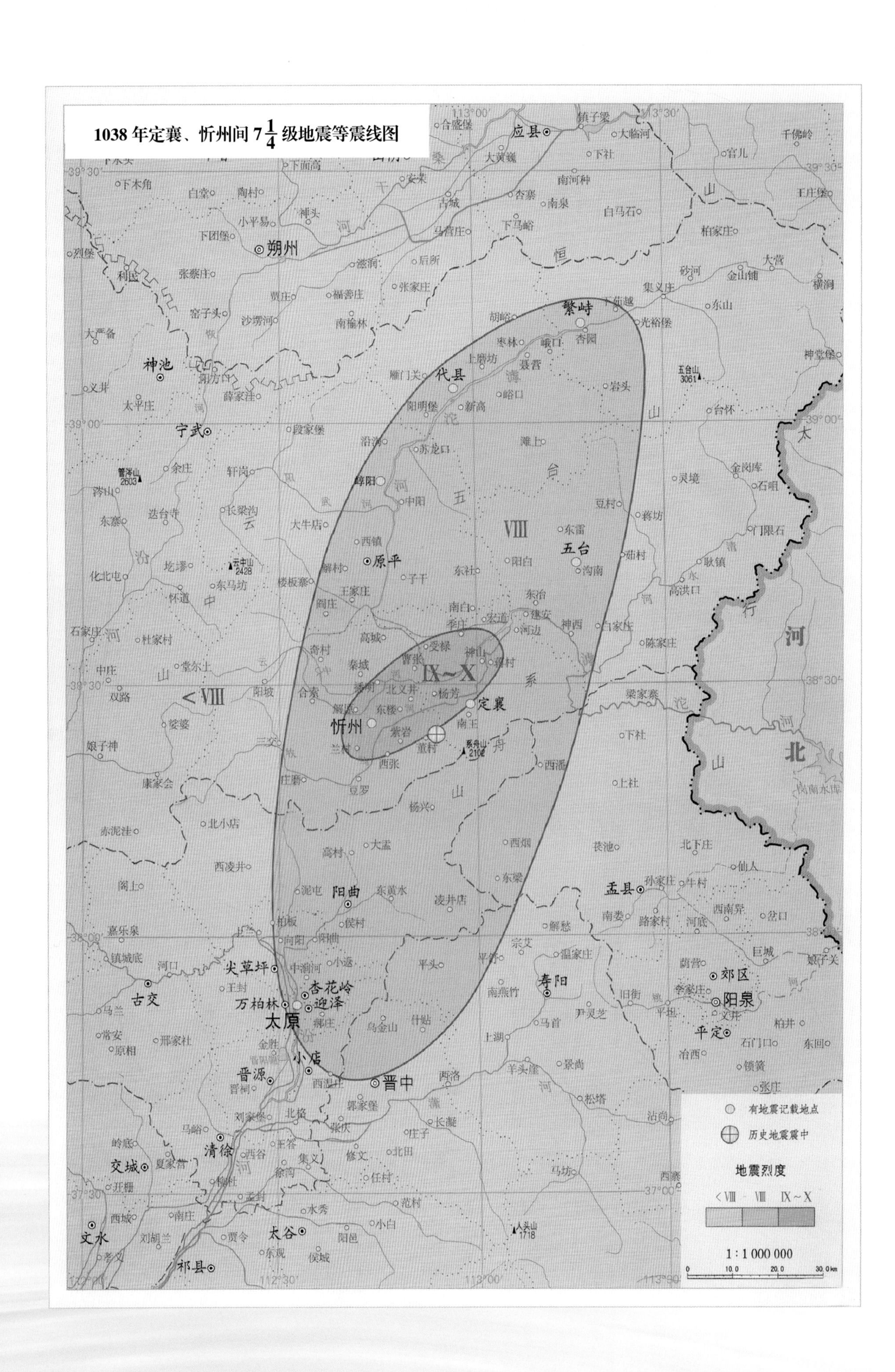

1038年定襄、忻州间$7\frac{1}{4}$级地震等震线图
应县
镇子梁
大临河
千佛岭
合盛堡
朔州
繁峙
代县
神池
宁武
原平
五台
崞阳
忻州
定襄
Ⅷ
Ⅸ~Ⅹ
<Ⅷ
系舟山 2102
五台山 3061
管涔山 2603
云中山 2428
阳曲
尖草坪
杏花岭
迎泽
万柏林
太原
小店
晋源
晋中
寿阳
孟县
阳泉
郊区
平定
古交
清徐
交城
文水
太谷
祁县
人头山 1718
有地震记载地点
历史地震震中
地震烈度
<Ⅷ
Ⅷ
Ⅸ~Ⅹ
1:1 000 000
0
10.0
20.0
30.0 km

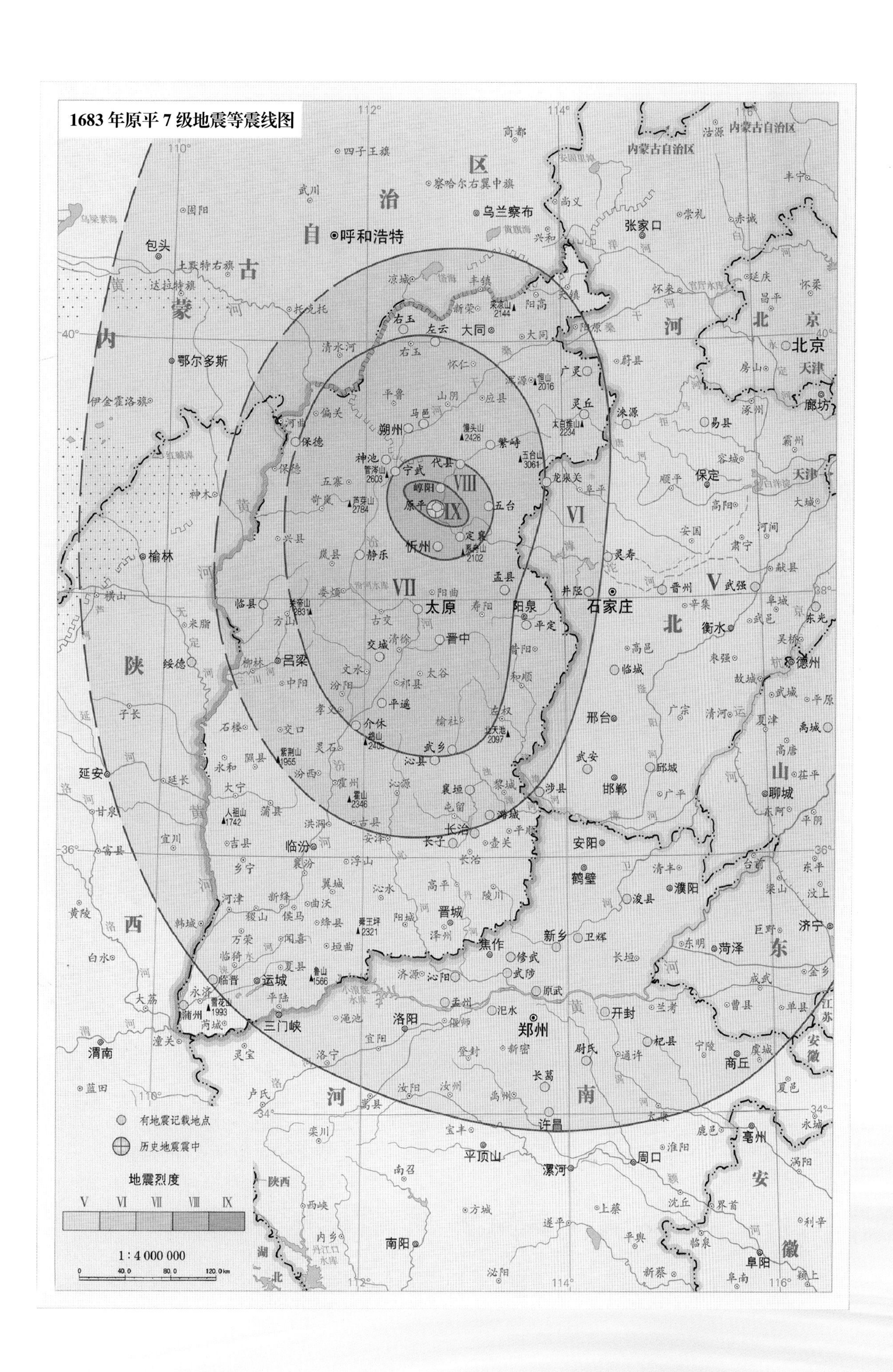

1683年原平7级地震等震线图

末罷秦攻鄴拔之悼襄王卒子幽繆王遷立幽繆王遷元年城柏人二年秦攻武城扈輒率師救之軍敗死焉三年秦攻赤麗宜安李牧率師與戰肥下卻之封牧爲武安君四年秦攻番吾李牧與之戰卻之五年代地大動自樂徐以西北至平陰臺屋牆垣太半壞地坼東西百三十步六年大饑民訛言曰趙爲號秦爲笑以爲不信視地之生毛七年秦人攻趙趙大將李牧將軍司馬尚將擊之李牧誅司馬尚免趙忽及齊將顏聚代之趙忽軍破顏聚亡去以王遷降八年十月邯鄲爲秦

太史公曰吾聞馮王孫曰趙王遷其母倡也嬖於悼襄王悼襄王廢適子嘉而立

《史记·赵世家》卷四三

赵幽缪王“五年（前231年），代地大动，自乐徐以西，北至平阴，台屋墙垣太半坏，地坼东西百三十步”。当为晋冀蒙交界区发生的大震。

欽定四庫全書

福人主所以仰瞻俯察戒德愼行弭譴咎致休禎圓首
之類咸納於仁壽然則治世之符亂邦之孽隨方而作
厥迹不同眇自百王不可得而勝數矣今錄皇始之後
災祥小大總爲靈徵志

地震

洪範論曰地陰類大臣之象陰靜而不當動動者臣下
彊盛將動而爲害之應也
太宗泰常四年二月甲子司州地震屋室盡搖動

高祖延興四年五月鴈門崎城有聲如雷自上西引十
餘聲聲止地震
十月己亥京師地震
太和元年四月辛酉京師地震

欽定四庫全書

四年五月庚戌恒定二州地震殷殷有聲
十月己巳恒州地震有聲如雷

欽定四庫全書

延昌元年四月庚辰京師及并朔相冀定瀛六州地震
恒州之繁畤桑乾靈丘肆州之秀容鴈門地震陷裂山
崩泉湧殺五千三百一十人傷者二千七百二十二人
牛馬雜畜死傷者三千餘後尒朱榮强擅之徵也
十月壬申秦州地震有聲
十一月己酉定肆二州地震
十二月辛未京師地震東北有聲
二年三月己未濟州地震有聲

《魏书·灵征志》卷一一二

“延昌元年（512年）四月庚辰，京师及并、朔、相、冀、定、瀛六州地震。恒州之繁峙、桑乾、灵丘，肆州之秀容、雁门，地震陷裂，山崩泉涌。杀五千三百一十人，伤者二千七百二十二人，牛马杂畜死伤者三千余”。此为原平—代州一带发生的强烈地震。

雁门崎城

《魏书·灵征志》：“高祖延兴四年（474年）五月，雁门崎城有声如雷，自上西引十余声，声止地震”，是中国最早的地声记载。雁门崎城即今繁峙奇城村，左侧二图为齐城村外景。

北民就穀燕恒二州辛未詔饑民就穀六鎮丁丑帝以旱故減膳徹懸癸未詔曰肆州地震陷裂死傷甚多言念毀沒有酸懷抱亡者不可復追生病之徒宜加療救可遣太醫折傷醫并給所須之藥就治之乙酉大赦改年詔立理訴殿申訟車以盡冤窮之理五月辛卯疏勒及高麗國並遣使朝獻丙午詔天下有粟之家供年之外悉貸饑民自二月不雨至於是每六月壬申澍雨大洽戊寅通河南牝馬之禁己卯詔曰去歲水災今春炎旱百姓饑餒救命靡寄雖經蠲月不能養績今秋輸將及郡縣期於責辦尚書可嚴勒諸州量民資產明加檢校以救艱敝庚辰詔出太倉粟五十萬石以賑京師及州郡饑民秋七月吐谷渾契丹國並遣使朝獻八月壬戌吐谷渾國遣使朝貢丁亥勿吉國貢楛矢冬十月乙亥立皇子詡為皇太子是月厭噠于闐高昌及庫莫奚諸國並遣使朝獻十有一月丙申詔曰朕運承天休統御寰宇太子儲精明肇建宮聯明兩既孚三善方洽宜澤均率壤榮洗庶所其賜天下為父後者爵一級孝子順孫廉夫節婦旌表門閭量給粟帛十有二月己巳詔守宰為御史所彈遇赦免者及考在中第皆代之

《魏书·世宗纪》卷八

延昌元年四月二十日（512年5月23日）原平—代州地震，“癸未（二十三日）诏曰：肆州地震，陷裂死伤甚多，言念毁没有酸怀抱，亡者不可复追。生病之徒，宜加疗救，可遣大医折伤医，并给所须之药，就治之。乙酉（二十五日），大赦改年，诏立理诉殿、申讼车，以尽冤穷之理”。

《宋史·仁宗纪》卷一〇

景祐四年“十二月甲申，并、代、忻州并言地震，吏民压死者三万二千三百六人，伤五千六百人，畜扰死者五万余。遣使抚存其民，赐死伤之家钱有差……宝元元年春正月甲辰雷，丙辰以地震及雷发不时，诏转运使提举刑狱按所部官吏，除并、代、忻州压死民家去年秋粮”。所记为1038年1月9日忻州大地震。

《宋史·五行志》卷六七

景祐四年十二月“甲申，忻、代、并三州地震，坏庐舍，覆压吏民，忻州死者万九千七百四十二人，伤者五千六百五十五人，畜扰死者五万余；代州死者七百五十九人；并州千八百九十人”。所记为1038年1月9日忻州大地震。

林滩墓铭并序

宋嘉祐八年（1063年）刻，刘夔撰，陈知默书。墓主人林滩主持赈济宋景祐四年（1038年）忻、代、并大震事项，“改金部郎中、河东转运使，会忻岱（代）地震，覆压甚众，公乘驲往来，移廪振救，民遂安堵，玺书敦奖”。林滩因赈救地震灾民而受到朝廷褒奖。碑存河南新郑博物馆。

补修吉祥寺罗汉圣像碑记

清康熙三十五年（1696年）三月刻立。王士魁撰并书。康熙二十三年十月初五日（1683年11月22日）崞县地震，“兹于癸亥岁偶遭地震灾，而寺庙规模未坏。罗汉圣像、山塑墙壁多有摇损倒毁者”。碑存原平崞阳镇吉祥寺。

代县阿育王塔

位于代县城内圆果寺，元至元十二年（1275年）重建。圆形，周长60米，高40米。清光绪二十四年八月初七日（1898年9月22日）代州地震，金顶震歪。

重修靖边楼碑记

该碑于清光绪二十五年（1899年）九月九日刻立，碑记由李中和撰。内涉光绪二十四年（1898年）山西代州地震。

代州地震奏片

此件为山西巡抚胡聘之于光绪二十四年九月初六（1898年10月20日）关于八月初七日（8月22日）代州地震的奏片。光绪朱批：代州猝遭地震，情形甚重，殊堪悯恻，该抚务当严饬印委各员，认真抚恤，毋令失所。（中国第一历史档案馆收藏）

再據代州稟報八月初七夜子時地忽動震三
次初八九等日又復餘動數次以致城內四關
坍塌房屋五百七十餘間壓斃男女大小十二
名口州獄練房多有傾塌經該州派人攜帶錢
文傷藥挨戶挨查酌量發給城外四鄉亦有坍
房傷人之事俟詣勘明確另行稟報等情臣查
該州猝遭地震小民罹此奇災殊堪憫惻即經
批司迅委妥員前往會查城關內外暨四鄉被
災民戶實有若干飭令提動倉穀酌撥賑銀妥
為撫恤勿令一夫失所至需用銀穀若干如何
酌給修費應俟稟覆到日再行核辦除咨部查
照外理合附片具陳伏乞
聖鑒謹
奏
代州猝遭地震情形甚重殊堪
憫惻該撫務當嚴飭印委各員
認真撫恤毋令失所

康熙·谕大学士马齐等议地震并严责在京满汉大臣

康熙五十九年六月十六日（1720年7月10日），康熙皇帝以热河，京畿，山西崞县、平阳等处地震，论及地震成因、查勘蠲租、应急赈救等，不可“偷安图逸、粉饰搪塞……特降此旨，着发往严责在京满汉大臣”。（中国第一历史档案馆收藏）

康熙五十九年六月十六日大學士馬齊
尚書孫查齊徐元夢侍郎查弼納六相特
古忒學士阿克敦巴黑納格爾布徐元將
廷錫勵廷儀奉
上諭責在京諸臣朕臨御天下六十年無時不
以生民痌瘝為念故凡少遇水旱災荒但有
所聞即行施恩拯濟必令窮民得所始愜朕
懷而地震時疫被災為大賑救尤不可緩朕
歷觀史冊前世每多忌諱以致黎庶疾苦壅
於上聞使恩澤不得下究漸積日久遂成閉
隔朕深以為非直省地方事無巨細必令上
達又隨時詢訪地方大吏亦不敢少有隱諱
務以實心行實政六十年如一日也茲六月
初八日戌時熱河地震朕察其氣覺從西南
來此地雖輕其震動之處較此必重恐有倒
壞垣壁人民或致傷損故即遣人於四面百
里內外查看又手書諭旨馳驛送京令在京
大臣將地震遠近輕重情形作速查報朕欲
急聞之者恐有被災之處以便及時遣官賑
恤耳今直隸總督宣化總兵俱經奏報而大
臣等始奏稱行查湖廣四川廣西等處
夫地震起于西南則近畿之地西如宣化西
南如沙城等地以及山西之蔚州五臺等處

在所應查乃反置近地而行查數千里外遠
省何其謬也朕御極已久歷事最多讀書論
古悉窮究其理大凡地震皆由積氣上沖必
有起處亦必有去處近者其震大遠者其震
微宋儒謂陽氣鬱而不申逆為往來則地為
之震其行一道遠不過千里又地震常於北
方蓋以北方土重氣厚無長川大江以洩之
故自江以南震動絕少湖廣等省瀕水之地
朕可決其必無也諸臣身居大僚民生休戚
咸有任責應深體朕先憂後樂之意遇事即
當實心籌畫究考根底乃既奉諭旨猶復因
循苟且潦草完事部院中豈無讀書之人而
不明徹道理反舍近查遠不亦昧乎前康熙
十八年京畿地震即時分遣各官查驗挨戶
賑恤及後山西之崞縣平陽陝西之平涼地
震亦即遣大臣官員查勘蠲租發帑以救災
黎具有成規諸臣豈忘之耶地方水旱猶可
以次施恩如地震疾疫拯濟之道不可少稽
時日凡圖治貴審其急務朕惟以目前補救
為急若聽為氣數而待將來之占驗其又何
及也國家以民為本朕以天下為心天下亦
必以朕心為心民心鞏結則本固邦寧矣朕
身為人主推施仁政努力易使唯行之真誠
則小民得霑實惠從來史冊所載遇有災異
減膳徹樂此皆虛文於民生何益天地變異
歷代有之堯舜之時亦不能免有何諱忌朕
六十年來宵旰焦勞不以歲久少懈初心乃
諸大臣偷安圖逸粉飾搪塞平生所讀何書
平日所辦何事朕不勝忿怒特降此旨着發
往嚴責在京滿漢大臣

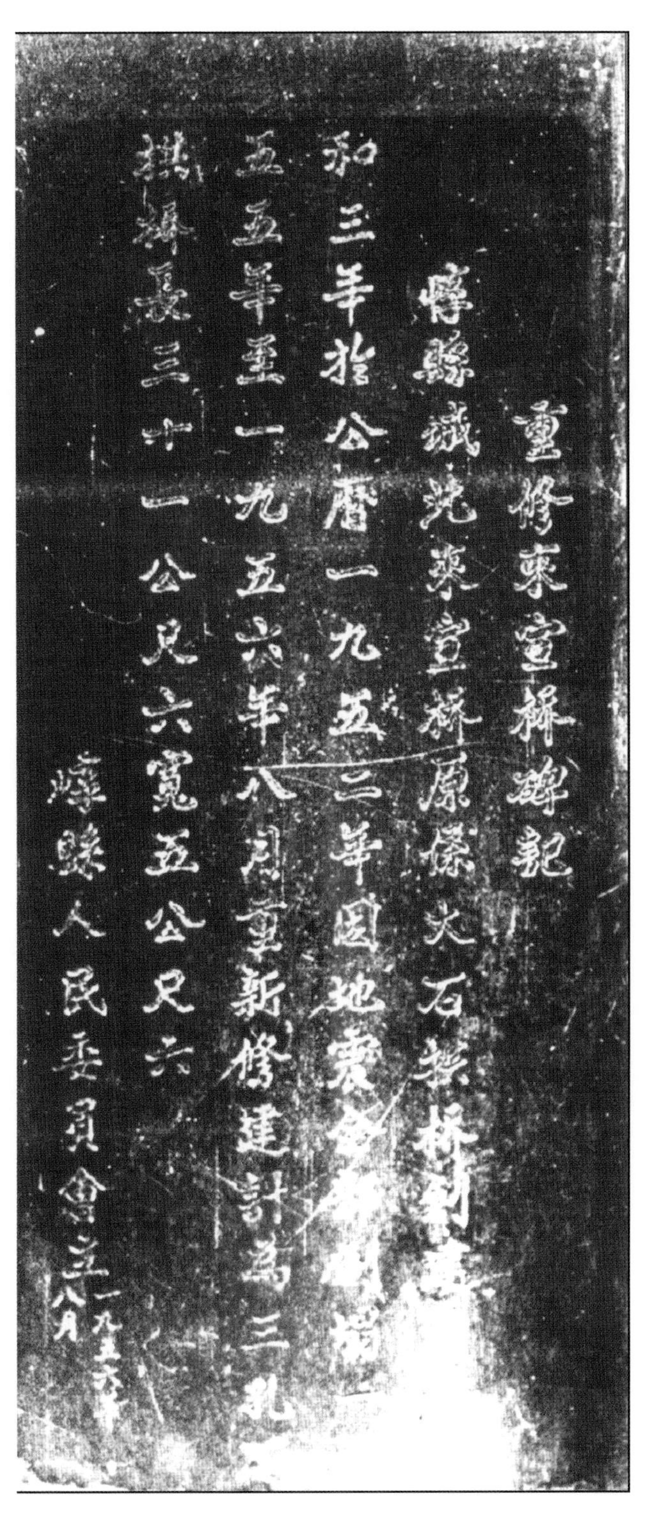

重修来宣桥碑记

该碑1956年8月由崞县人民委员会刻立。碑记载“崞县城北来宣桥，原系大石拱桥，创建于金泰和三年。于公历一九五二年因地震全部倒塌。一九五五年至一九五六年八月重新修建，计为三孔石拱桥，长三十一公尺六、宽五公尺六。”金泰和三年为公元1203年，来宣桥位于原平市崞阳镇北。

1952年崞县地震

1952年10月8日，崞县（今原平市）发生5.5级地震，中国科学院、地质部奉命派员赴地震现场考察和监测，这是山西最早的地震现场考察。震区倒塌房屋数千间，窑洞近千孔，死亡58人，伤百余人。滹沱河河滩产生裂缝，喷沙冒水，并有陡崖震坍、道路破坏等震害。

金沟村房窑震坏

房顶烟囱震倒

白家湾庄头村东地裂

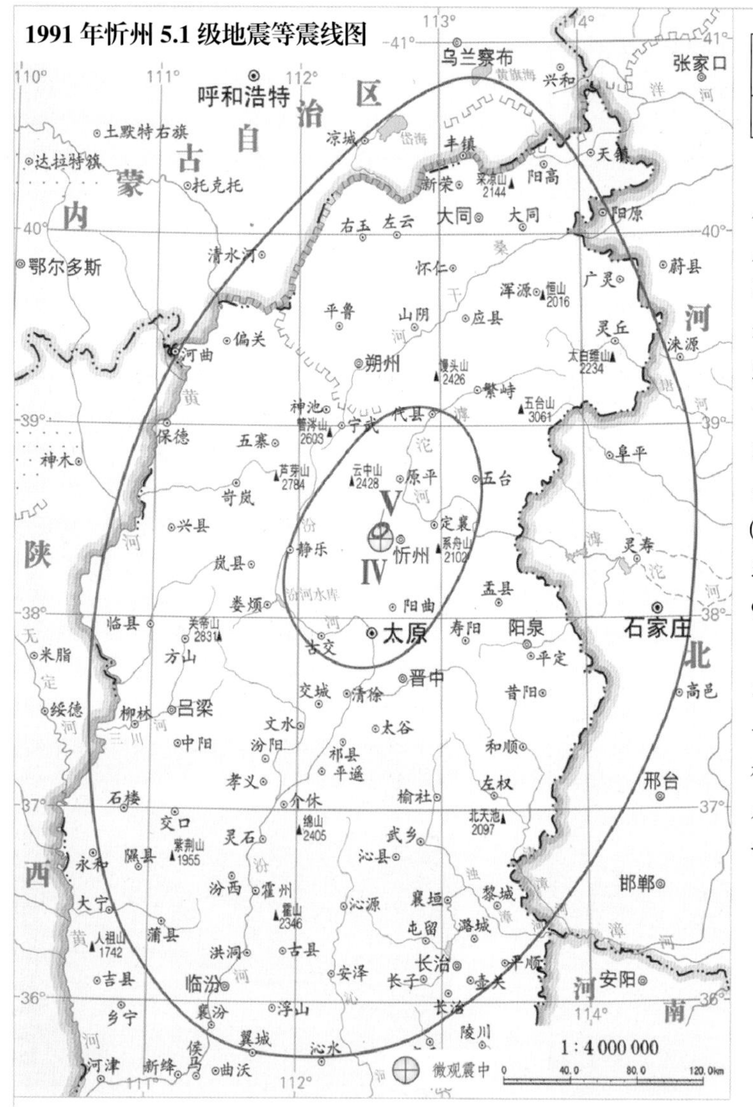

发震时间	微观震中		震级	震中地名	震中烈度
	北纬	东经			
1991年1月29日6时28分	38°25′	112°35′	5.1	合索村附近	V

1991年忻州5.1级地震震中在忻府区合索村附近。极震区烈度V度，V度区包括东呼延、东冯城、土陵桥、会理、大圪堆和水泉沟等14个自然村，呈北50°东走向的椭圆形，长轴约10千米，短轴长约6.7千米，面积约52.6平方千米。土陵桥和作头村的烈度达Ⅵ度。区内二类房（占75%，多为土坯与砖混砌的墙体承重）受轻微破坏，破坏率9%。震感强烈，个别器物翻倒。

大庄村数孔窑洞受损，个别窑洞局部坍塌成危窑，解村农场一挤奶棚中部两钢木棚架底部的横栏钢筋断裂，其他两挤奶棚钢木架偏斜。以下三幅图为震中区部分房屋震害图。

1991年忻州5.1级地震V度以上地区

◆ 抗震经典

古建珍品，历经多次大震袭击和风雨剥蚀，风貌依旧

忻州北城门楼

北城门楼位于忻府区南城办事处西街村。创建于明万历二十四年（1596 年），1959 年重新彩绘。砖石基座高 12 米，中辟门洞，基本楼身为木构，面宽七间，进深四间，高 17 米，系三重檐歇山式建筑，四周围廊，每屋施廊柱 22 根，楼内无柱。

代县边靖楼

边靖楼位于代县城内，俗称鼓楼，亦名谯楼。始建于明洪武七年（1374 年），成化七年（1471 年）失火后重建。

原平普济桥

普济桥位于原平市崞阳镇平定街村南。建于金泰和三年（1203 年）。

代县赵杲观

赵杲观位于代县城西南天台山沟内，又名天台寺，始建于北魏太延年间，明代重修。

五台山白塔

五台山白塔，位于佛教圣境五台山显通寺南侧，建于明万历十年（1582 年），为塔院寺的主体建筑，高约 50 米，是五台山的重要标志。

始建于唐的五台山佛光寺

始建于唐的五台山南禅寺

定襄关王庙

关王庙位于定襄县晋昌镇北关村，建于唐代，原名悯忠祠，金泰和八年（1208 年）改名为关王庙。

定襄洪福寺

洪福寺位于定襄县宏道镇北社东村，创建年代不详，金天会年间（1123~1137 年）重修。

山西省人大常委会副主任安焕晓（左四）检查忻州市地震应急工作

山西省人大常委会副主任周然（左）冒雨参加忻州市防震减灾宣传活动

忻州市委书记李俊明（中）部署地震应急工作

忻州市长郑连生（中）主持召开市政府防震减灾专题会议

忻州地区行署副专员范怀成（中）听取地区地震局工作汇报（1989~1995 年分管防震减灾工作）

忻州地区行署副专员王成恩主持召开 1996 年度防震抗震指挥部会议（1995~2001 年分管防震减灾工作）

忻州市副市长谌长瑞（右）主持市防震减灾青年志愿者队伍授旗仪式（2001~2011年分管防震减灾工作）

忻州市副市长王月娥主持召开《忻州市地震志》编纂会议（2011 年开始分管防震减灾工作）

山西省地震局局长樊琦（左三）参加忻州市防震减灾宣传活动

山西省地震局副局长郭跃宏在忻州市检查震情监视跟踪工作

山西省地震局副局长郭君杰参加忻州市防震减灾工作会议

山西省地震局副局长郭星全（左二）在忻州市检查调研抗震设防管理工作

山西省地震局纪检组长、机关党委书记史宝森在忻州市就党的群众路线教育实践活动征求意见

山西省地震局副局长田勇（左二）在忻州市检查应急避难场所建设工作

山西省地震局代县中心地震台

山西省地震局定襄地震台

忻州市地震局奇村地震水化站

忻州市地震局静乐地震观测站（晋 5-1 井）

代县富家窑地震观测站

原平市天牙山地震观测站

忻州市地震局组建防震减灾文艺宣传队

防震减灾教育从娃娃抓起

忻州师范学院舞蹈系学生缅怀汶川地震中遇难同胞

忻州市地震局将防震减灾知识融入当地二人台戏曲文化

忻州市地震局防震减灾老年文艺宣传队宣传防震减灾知识

忻州市防震减灾科普教育馆

忻州市将防震减灾知识纳入干部素质教育课堂

忻州市地震局利用农村庙会和集市深入开展防震减灾宣传

忻州市抗震救灾应急救援队消防支队成立

忻州市抗震救灾应急救援队武警支队成立

忻州市抗震救灾应急救援队青年志愿者支队成立

忻州市抗震救灾应急救援队蓝天志愿者支队成立

忻州市开展地震应急综合实战演练

忻州市地震应急指挥中心

忻州市地震局召开选任科级干部民主测评会

2011 年忻州市政府领导与市地震局干部职工合影

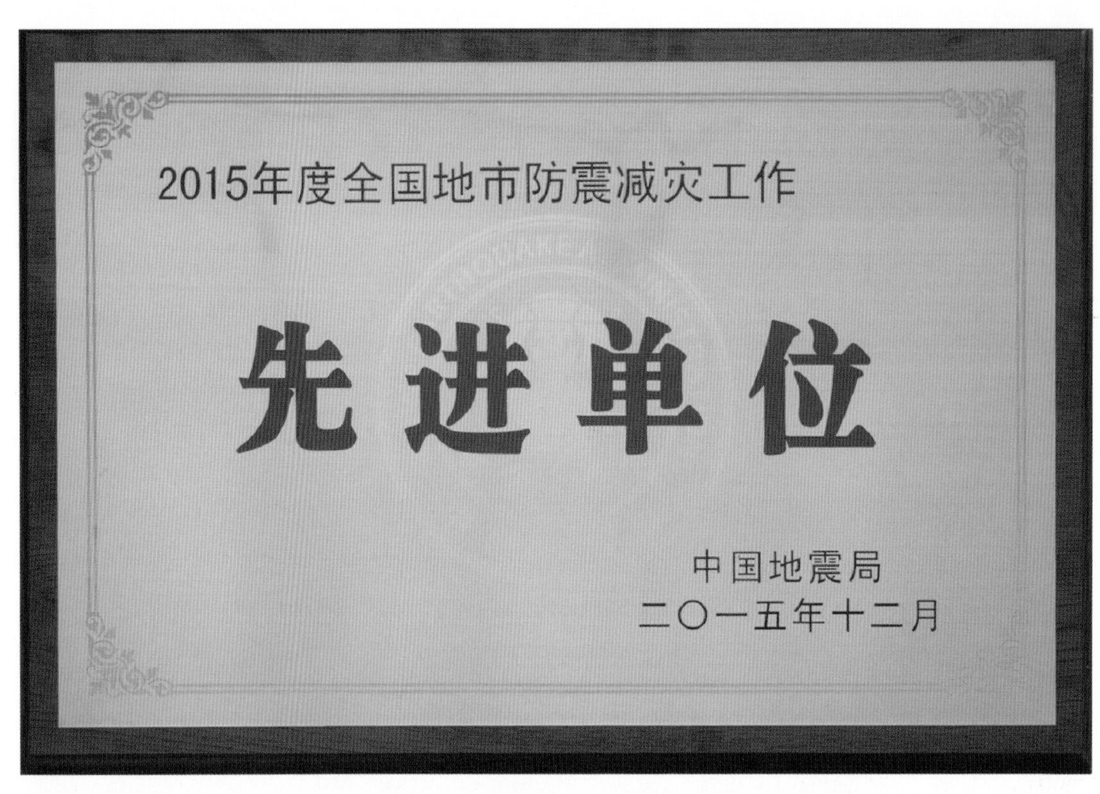

忻州市荣获“2015 年度全国地市防震减灾工作先进单位”称号

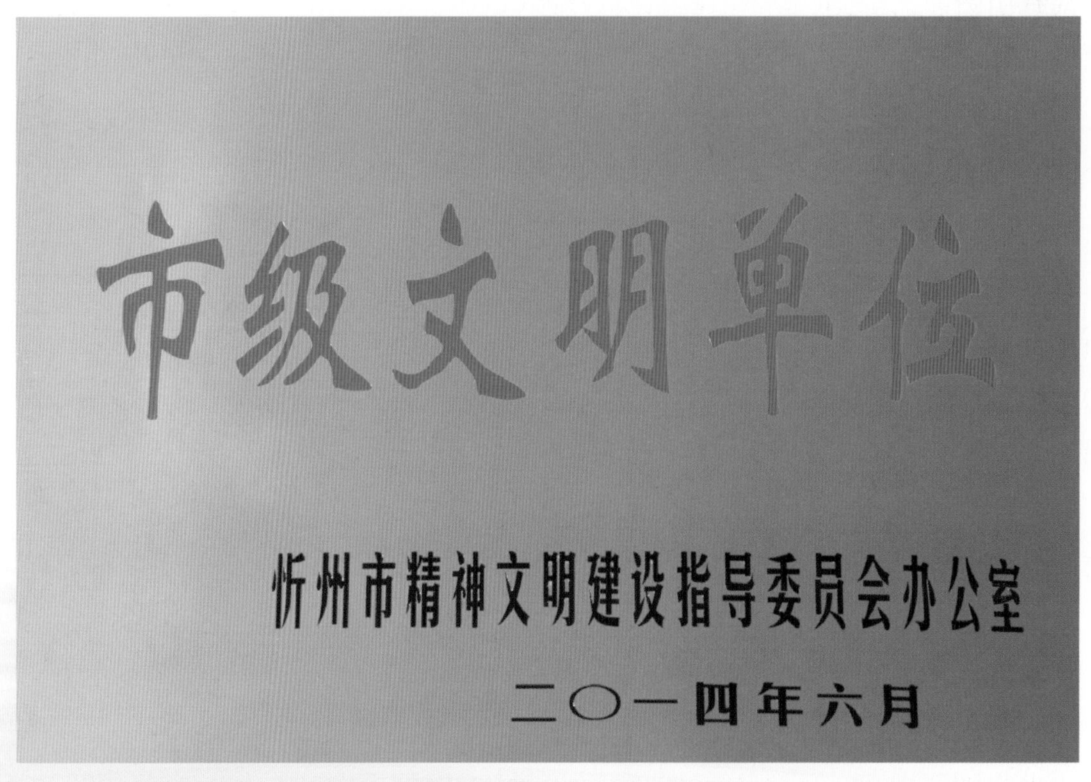

忻州市地震局荣获“市级文明单位”称号

序　言

地震是一种自然现象，具有突发性、灾难性和不可完全预测性等特点。中国是世界上地震灾害最严重的国家之一，地震发生频率高、分布范围广，直接影响国民经济发展和人民生活的各个方面。山西省地处黄河中游，东有太行山屹立，西、南有黄河逶迤东流，中部大同、忻定、灵丘、太原、临汾、运城等一系列断陷盆地呈雁列形分置南北，是我国的一个重要地震活动带。

忻州境内山岳纵横，地貌多样，地质构造十分复杂，有恒山南麓断裂、五台山断裂、系舟山断裂、云中山断裂等，是山西地震带的强震多发区之一，历史上曾发生过5.0级以上地震15次，其中7.0级以上地震3次，7度以上高烈度区域占全市国土总面积的70.8%。2010年以来，伴随全球地震活动进入新一轮活跃期，忻州震情形势呈现更加复杂、严峻态势，防震减灾工作面临前所未有的挑战。

忻州市防震减灾工作始于1975年辽宁海城地震之后。历经40年发展，逐步由单一的监测预报拓展为震情监测、震害防御、应急救援“三大体系”工作架构。近年来，忻州市地震系统干部职工在市委、市政府的正确领导下，在中国地震局和山西省地震局的大力支持下，紧紧围绕“三大体系”建设，坚持“稳中求进，逐步强化社会管理；主动作为，不断拓展公共服务”的工作理念，对标前行，苦干实干，各项工作扎实推进，全市防震减灾综合防御能力稳步提升。忻州防震减灾工作在山西省的排名开始逐年前移，2014年、2015年连续两年居全省政府防震减灾目标考核第一位，2015年首次荣获中国地震局“全国地市防震减灾工作综合考核先进单位”。

盛世修志，志载盛世。《忻州市地震志》全面、系统地记述了从远古至2015年的忻州历史地震活动，以及从1975年至2015年的忻州市防震减灾事业发展历史，反映了忻州市防震减灾工作的发展历程，具有浓郁的行业特色和鲜明的时代特征，为认识忻定盆地的地震活动规律，探索科学有效的防震减灾方法，最大限度地减轻地震灾害损失，保护人民生命财产安全提供了重要参考。毋庸置疑，是一件功在当代、惠泽后世、造福三百万忻州人民的好事。

修志乃浩大之工程，有诸多难事。时间跨度大，管理体制多变，领导班子更迭，干部人事变化，档案资料残缺。修志工作者昃食宵衣，兢兢业业，历经暑寒，终告成志。该志纲目清晰，史料丰富，全景式记载忻州近2000年历史地震活动和40年防震减灾事业发展之全貌，处处皆具匠心，足见修志者劳动之艰辛。该志问世，对忻州社会经济可持续发展，对国内地方灾害经济学研究，意义何其深远！其作用必将与日俱增，亦会传诸千秋！

鉴于此，谨述数语，权以为序。

陈东林[①]

2016年5月于北京

① 陈东林，中国社会科学院当代中国研究中心副主任，研究员，中共党史学会特约研究员，中华人民共和国国史学会常务理事，中国灾害经济学研究会秘书长。

凡　例

一、本志以马克思列宁主义、毛泽东思想、邓小平理论、“三个代表”重要思想、科学发展观和习近平总书记系列重要讲话精神为指导，坚持辩证唯物主义和历史唯物主义观点，坚持实事求是原则，全面系统记述忻州历史地震活动和防震减灾事业的演进与发展。

二、本志由忻州市地震局编纂。涉及地域以2015年忻州市行政区划为范围，涉及地名为各级政府审定的标准地名，涉及地图主要采用国家地图主管部门绘制审定的标准地图，部分专业地图采用相关专家手绘地图。

三、本志为通志。记述内容上限追溯事物发端，下限至2015年12月底。重大事件延续至本志出版前。

四、本志采用述、志、记、传、图、表、录等体裁。除志首集中展示忻州市地形地貌、历史地震等图外，其他图片均随文配置。

五、本志以类记事，寓评于记，行文力求朴实、简洁、流畅。

六、本志采用第三人称，地域、机构、事件等称谓均以当时名称为准。

七、本志历史纪年采用括注公元纪年方式。凡有建国前后等，均指1949年10月1日中华人民共和国成立前后；凡未标注所属世纪者，均指20世纪。

八、本志数字使用遵循国家标准《出版物上数字使用法的规定》，标点符号使用遵循国家标准《标点符号用法》，计量单位名称和符号使用遵循1993年发布的国家标准《量和单位》的规定。

九、本志图、文资料主要来源于忻州市档案馆、山西省地震局档案室、忻州市地震局档案室等，并重点参阅了《全球地震目录》《山西省地震历史资料汇编》《山西通志·地震志》《三晋地震图文大观》，以及中国地震台网中心全国地震目录（实时更新电子版）、山西测震台网记录等。

目　录

第一章　地震活动

山西地震带纵贯山西南北，是中国著名的地震带之一，也是我国大陆历史上地震记载历史最早、强度最大、活动最频繁、地震灾害最严重的地震带之一。忻州市位于山西地震带北中部地区，是山西地震带的强震多发区之一。据史料记载及现代地震台网测定，山西境内历史上发生的6次7级以上地震，忻州市就占3次；忻州境内5级以上地震共发生15次，主要分布在忻定盆地。1970~2015年，忻州市共发生1.0级以上地震850次，其中，1.0~1.9级地震652次，2.0~2.9级地震175次，3.0~3.9级地震19次，4.0~4.9级地震3次，5.0~5.9级地震1次。

本章根据《山西省地震历史资料汇编》《山西通志·地震志》《全球地震目录》《三晋地震图文大观》和中国地震台网中心全国地震目录（实时更新电子版）、相关地震考察资料、媒体报道等，对远古至2015年期间重要地震事件予以单独记述，对1970~2015年M ≥ 2.0级地震予以列表概述。震级一般采用面波震级（M），个别地震采用近震震级（ML）。

第一节　历史地震（远古~1949年）

1949年前忻州市发生的地震，未见有仪器记录，重要地震事件主要来源于历史文献记载。经考证，有文献记载的5级以上地震共有13次。

一、东汉顺帝建康元年九月丙午太原北地震

发震时间：东汉顺帝建康元年九月丙午（144年10月25日）

地　　点：山西太原北（北纬 38.6°，东经 112.6°）

震　　级：$5\frac{1}{2}$级

震中烈度：Ⅶ度

文献记载：

（1）（建康元年）九月丙午，京都地震。（《后汉书》卷十六《五行志》）

（2）（建康元年九月丙午）是日，京师及太原、雁门地震，三郡水涌土裂。（《后汉书》卷六《冲帝纪》）

（3）冲帝永嘉元年九月，京师及太原、雁门地震，三郡水涌土裂。（《册府元龟·帝王部》卷六十七、卷一〇二）

（4）（顺帝汉安元年）并、凉地震。凉州自九月至十一月地百八十震，山谷坼裂，败诸城寺，民压死者甚众。自东西羌暴寇以来，并、凉几无完土，非常之异变也。而天变作于上，与人事相应。地震至百八十之多，极至山谷坼裂，坤载为之不宁，变之至异而百常者，古未有也。……建康元年九月，太原、雁门地裂、水涌土裂，此亦由西边之大震余气所及者。（《晋乘蒐略》卷九）

（资料来源：《山西省地震历史资料汇编》《全球地震目录》）

二、北魏延昌元年四月二十日原平代县地震

发震时间：北魏延昌元年四月二十日（512 年 5 月 23 日）

震中位置：山西原平、代县间（北纬 38.9°，东经 112.8°）

震　　级：$7\frac{1}{2}$级

震中烈度：Ⅹ度

文献记载：

这是山西省境内有历史记载的首次 7 级以上强烈地震。

（1）“延昌元年四月庚辰，京师及并、朔、相、冀、定、瀛六州地震。恒州之繁畤峙、桑乾、灵丘；肆州之秀容、雁门地震陷裂，山崩泉涌，杀五千三百一十人，伤者二千七百二十人，牛马杂畜死伤者三千余。”（《魏书·灵征志》）

（2）“肆州秀容郡敷城县，雁门郡原平县，并自去年四月以来，山鸣地震，于今不已。”（《魏书·灵征志》）

（3）敷城、原平地处极震区，破坏严重，地震灾害影响很大，以致肆州长官直奏朝廷，陈言地震之害。北魏宣武帝为此于震后三日（四月二十三日）颁诏自谴并宣布救灾措施，其内容为：① 救治伤病人员。地震之后伤残众多，疫病流行，诏“可

遣大医、折伤医，并给所须之药，就治之”。② 大赦改年，广开言路。四月二十五日“大赦、改年，诏立理诉殿、申诉车，以尽冤穷之理”。平反冤狱，有自谴之意，以利抗震救灾。③ 减免租赋，赈济灾民。五月“丙午，诏天下有粟之家，供年之外，悉贷饥民。六月庚辰，诏出太仓粟五十万石，以赈京师及州郡饥民”。“严勒诸州，量民资产，明加检校，以救艰弊。”延昌二年“冬十月，诏以恒、肆地震，民多死伤，蠲两河一年租赋。十有二月……乙巳，诏以恒、肆地震，民多离灾，其有课丁没尽、老幼单辛、家无受复者，各赐廪以接来稔”。(《魏书·世宗纪》《北史·魏本纪》)

上述诸项救灾措施，是中国早期比较完善的大震救灾对策之一。

本次地震影响范围较大，波及山西、内蒙古和河北三省区。

（资料来源：《山西通志·地震志》第一编第 9、10 页）

三、宋景祐四年十二月初二日定襄—忻州地震

发震时间：宋景祐四年十二月二日（1038 年 1 月 15 日）

震中位置：山西定襄、忻州间（北纬 38.4°，东经 112.9°）

震　　级：$7\frac{1}{4}$级

震中烈度：Ⅹ度

文献记载：

(1) 宋朝史籍记载：景祐四年“十二月甲申，并、代、忻州并言地震，吏民压死者三万二千三百六人，伤五千六百人，畜扰死者五万余。遣使抚存其民，赐死伤之家钱有差”。(《宋史·仁宗纪》)

(2)“先是京师地震，直使馆叶清臣上疏曰：……乃十二月二日丙夜，京师地震，移刻而止。定襄同日震，至五日不止，坏庐寺、杀人畜，凡十之六。大河以东，弥千五百里而及都下，诚大异也”。“坏庐舍覆压吏民。忻州死者万九千七百四十二人，伤者五千六百五十五人，畜扰死者五万余。代州死者七百五十九人，并州千八百九十人。”(宋李焘《续资治通鉴长编》卷一二〇)

(3) 定襄、忻州为极震区，“忻州地震，连日大坏官私舍宇，伤损人命。”(《宋名臣奏议·韩奇上仁宗论星变地震冬无积雪疏》)

(4) 地震“连年不止，或地裂泉涌，或火出如黑沙状，一日四五震，民皆露处”。(宋李焘《续资治通鉴长编》卷一二〇)

(5) 忻州知州祖百世、都监王文恭、监押高继芳、石岭关监押李昱等因地震同时

受伤，前忻州监押薛文昌、并州阳兴寨监押苗整震死。（宋李焘《续资治通鉴长编》卷一二〇）

（6）太原西南晋祠附近的悬瓮山，“地震山拆，巨石摧坏，今无复瓮形矣。”（嘉靖《太原县志》卷一）

（7）地震后，因余震频繁，灾害严重，宋仁宗遣侍御史程戡到并、忻州“体量安抚”。（宋李焘《续资治通鉴长编》卷一二〇）

（8）河东转运使林潍“乘驲往来，移廪振救，民遂安堵，玺书敦奖”，因参与地震救灾受到宋仁宗褒奖。（宋刘夔《林公墓铭并序》）

（9）宝元元年正月（1038年2月）采取部分救灾措施，诏告转运使、提点刑狱按所部官吏“除并、代、忻州压死民家去年秋粮”。（《宋史·仁宗纪》）

（资料来源：《山西通志·地震志》）

四、明弘治十五年十月甲子代州西南地震

发震时间：明弘治十五年十月甲子（1502年12月4日）

震中位置：山西代县西南（北纬39.0°，东经112.6°）

震　　级：$5\frac{1}{4}$级

震中烈度：不详

文献记载：

（弘治十五年十月）甲子，山西应、朔、代三州，山阴、马邑、阳曲等县俱地震，有声如雷。《孝宗实录》卷一九二、《明史》卷三十《五行志》、《国榷》卷四十四、光绪《山西通志》卷八十六）

（资料来源：《山西省地震历史资料汇编》《全球地震目录》）

五、明正德九年十月壬辰代州南地震

发震时间：明正德九年十月壬辰（1514年10月30日）

震中位置：山西代县南（北纬38.7°，东经113.0°）

震　　级：$5\frac{1}{4}$级

震中烈度：不详

文献记载：

（1）山西太原府及代、平（定）、榆次等十州县，大同府应州及山阴、马邑二县并

地震有声。偏头关守御千户所雷电大雨雹。（《武宗实录》卷一一七）

（2）正德九年十月壬辰，叙州府，太原代、平（定）、榆次等十三州县，大同府应州、山阴、马邑二县地俱震，有声。（《明史》卷三十《五行志》、光绪《山西通志》卷八十六）

（资料来源：《山西省地震历史资料汇编》《全球地震目录》）

六、明嘉靖二十一年七月初一保德地震

发震时间：明嘉靖二十一年七月初一（1542 年 8 月 21 日）

震中位置：山西保德（北纬 39.0°，东经 111.1°）

震　　级：5 级

震中烈度：Ⅵ度

文献记载：

（1）（嘉靖二十一年）保德州地大震有声，房屋倾颓。（万历《太原府志》卷二十六、崇祯《山西通志》卷二十六）

（2）嘉靖二十一年秋七月朔日食既。保德地大震，房屋倾颓。（康熙《山西通志》卷三十）

（3）明嘉靖二十一年，地大震，房屋有倾颓者。（乾隆《保德州志》卷三）

（资料来源：《山西省地震历史资料汇编》《全球地震目录》）

七、明嘉靖三十三年四月乙未太原—大同地震

发震时间：明嘉靖三十三年四月乙未（1554 年 6 月 5 日）

震中位置：山西太原、大同间（北纬 39.0°，东经 113.0°）

震　　级：5 级

震中烈度：不详

文献记载：

（嘉靖三十三年四月乙未）山西太原、大同二府地震。（《世宗实录》卷四〇九、《国榷》卷六十一）

（资料来源：《山西省地震历史资料汇编》《全球地震目录》）

八、明万历十六年六月忻州地震

发震时间：明万历十六年六月（1588 年 7 月）

震中位置：山西忻州（北纬 38.4°，东经 112.8°）

震　　级：5 级

震中烈度：Ⅵ度

文献记载：

（1）（万历）十六年六月，地震有声，自西北来，坏垣屋。（乾隆《忻州志》卷四）

（2）（万历）十六年忻、泽地震。（光绪《山西通志》卷八十六）

（资料来源：《山西省地震历史资料汇编》《全球地震目录》）

九、明天启四年春地震

发震时间：明天启四年春（1624 年春）

震中位置：山西忻州（北纬 38.4°，东经 112.7°）

震　　级：5 级

震中烈度：Ⅵ度

文献记载：

（1）（明熹宗天启）四年春，忻州、盂县地震。（雍正《山西通志》卷一六三、光绪《山西通志》卷八十六）

（2）天启四年春，地震异常，民间房屋多被震坏。（《太原府志续编》卷二、乾隆《忻州志》卷四）

（资料来源：《山西省地震历史资料汇编》《全球地震目录》）

十、清康熙三年忻州—代州地震

发震时间：清康熙三年（1664 年）

震中位置：山西忻县、代县间（北纬 38.7°，东经 112.7°）

震　　级：$5\frac{1}{2}$ 级

震中烈度：Ⅶ度

文献记载：

康熙三年，汾属大水。忻、代等处地震，压死人民无数。（《临县志》康熙五十七

年刊本，卷一）

（资料来源：《山西省地震历史资料汇编》《全球地震目录》）

十一、清康熙二十二年十月初五崞县地震

发震时间：清康熙二十二年十月初五未时（1683 年 11 月 22 日）

震中位置：山西原平崞县附近（北纬 38.7°，东经 112.7°）

震　　级：7 级

震中烈度：Ⅸ度

文献记载：

（1）据山西巡抚穆尔赛疏报，太原府所属十五州县地震，以代州、崞县、繁峙灾害最重。“崞县城陷地中，毁庐舍凡六万余间，与丁未山东、己未京师之灾相似”。（清王士祯《池北偶谈·谈异》）

（2）震中区在崞县。震后，康熙皇帝遣工部尚书萨穆哈到震区详勘救灾，对崞县、忻州、定襄、五台、代州五州县和振武卫等灾区，共赈济银 9865 两。又谕户部“其被压身故民人，所有康熙二十三年应征地丁钱粮，著与全免。其房舍倒坏，力不能修者，丁银全免。地亩钱粮，著免十分之四”。（《清实录》卷一一三）

（3）平遥、临晋、灵丘、广昌、广灵、神池、马邑、襄垣、武乡、交城、忻州、定襄、静乐、五台等地因地震而免钱粮三分之一。

（4）崞县：“康熙二十二年十月初五日未时，地大震，初西北声若震雷，黄尘遍野，树梢几至委地，毁坏民房，人多压死。神山、三泉、原平、大阳等处尤甚。地且迸裂或出水，或出黑沙，人皆露处。屋虽存，不时摇动，至十月中乃定。”（乾隆《崞县志》卷五）入冬，天气很暖。县东南乡地震时“地裂出泉，灌溉民田”。（光绪《续修崞县志》卷八）到光绪年间仍得其利。崞县儒学有大成殿七间，地震倾圮。吉祥寺的“罗汉圣像山塑墙壁多有摇损倒毁者”。（清王士魁《补修吉祥寺罗汉圣像碑记》）

县城西南二十五里的崞山神庙、县城西南七里中苏鲁村元代敕建的崇福寺、城内南门瓮城里的关帝庙，均因地震而倾圮。薛家庄瑞云寺震坏重建。

（5）五台：“声如万马从西北来。城垣、楼橹、女墙、衙宇、仓库、寺观皆圮，压死男妇多人。奉旨颁银一千八百两”。具体破坏情况是：城墙倾裂，“北门几圮”。县内署大堂等建筑物“倾圮大半”。县衙宇，学宫大成殿、两庑、戟门、启圣祠、名宦祠等，仓库东、西、北三廒、官厅、大门等“一时尽圮”。五台知县周三进，地震之后到任，“安定抚绥，备极苦心，兴利除害”，“四、五年来，理残补缺，少有可观，亦不敢

谓百废俱兴”。(康熙《五台县志》卷三、八)

(6)定襄:“十月初五日未时,地大震,其声如雷,平地绝裂涌水,或出黄黑沙。县治前旌善、申明亭俱倒,四面城楼、垛口尽裂。村疃屋垣塌倒,压死人千余,畜类无数。而横山及原平等处尤甚。抚院奏疏,奉旨委工部亲勘。每口给棺银一两二钱,次年粮免三分之一。是冬大震后,时或动摇,每日夜十数次,五六年内,或一日数次,或数日一次,渐复其常”。从忻州忻口入定襄县的广济渠,康熙二十年开始整修,二十二年九月竣工,十月即“忽遭异常地震,两载之劳,堕于瞬息”。(康熙《定襄县志》卷七、八)

(7)马邑:县城因地震毁圮,东城半面与四周女墙全部震倒。儒学仪门、大门均震毁。马邑进士霍之琯,因所分祖宅“倾坏特甚,因而惊悸成疾”。马邑城池塌毁后,地瘠民贫,无力修复,霍之琯募捐督工补修城墙垛口。(康熙《马邑县志》卷五)

(8)左云:“屋宇多倾塌”。(嘉庆《左云县志稿》卷一)

(9)宁武:宁武守御所墙垣震塌,护城墩、内券洞五十八孔、砖楼三间、外罗砖包小墙、护关东梁墩、西梁墩均“经地震塌毁”。(清王镐《宁武守御所志书》)

(10)保德:文庙“殿庑几裂,斋舍胥倾”,“人有压毙者”。(康熙《保德州志》卷一一、《清史稿·灾异志》)

(11)交城:民间房屋“摇塌无数,压死人口”。(康熙《交城县志》卷一)

(12)平遥:地震甚急,“房屋多坏,间有伤人”。(康熙《平遥县志》卷八)

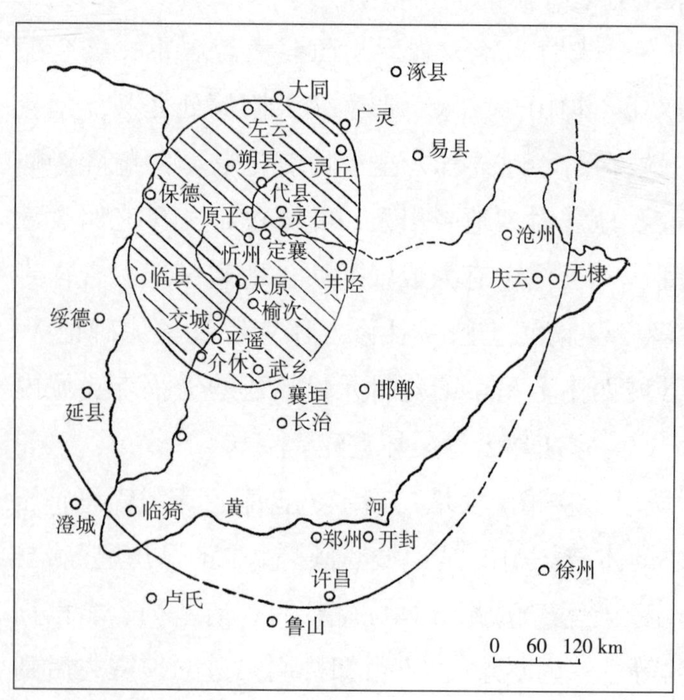

原平7级地震破坏区及有感区

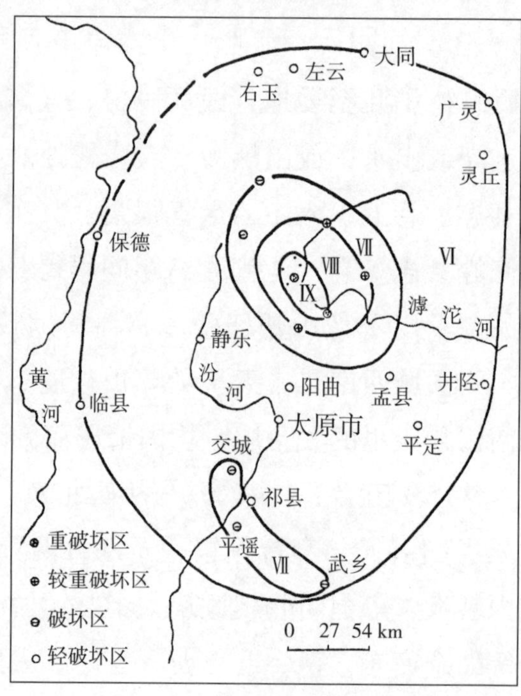

原平7级地震烈度及等震线图

（13）临县：县城“城垣女墙倾圮，山川濛气且有声”。（康熙《临县志》卷一）

（14）武乡：地震时闻地声，“房屋倒毁，有压死居民者”。（康熙《武乡县志》卷四）

（资料来源：《山西通志·地震志》）

十二、清光绪二十四年八月初七代州地震

发震时间：清光绪二十四年八月初七子时（1898 年 9 月 22 日）

震中位置：山西代县（北纬 39.1°，东经 113.0°）

震　　级：$5\frac{3}{4}$级

震中烈度：Ⅶ度

文献记载：

（1）“再据代州禀报：八月初七夜子时，地忽动震三次。初八、九等日，又复倏动数次，以致城内四关坍塌房屋五百七十余间，压死男女大小十二名口。州狱绁房多有倾塌”。（光绪二十四年九月初六日《山西巡抚胡聘之奏招》）

（2）“光绪戊戌……六、七月之间，阴雨连绵，不见天日者月余。八月初八夜三更后，有声自东北来，巨如霹雳，大地动摇，势若箕簸。行者仆，坐者晕，寝者亦倾侧不安。室内器具倒碎，治城内震荡尤烈，房屋坍塌。压死者几及百人，乡间亦死数十人。谯楼上层前檐折毁，钟楼梁栋倾欹，圆果寺塔塔顶颠废，四门城楼皆倾裂，其他屋宇倾圮，瓦砾遍地，触目而然，为数百年来所未有。连震数十日，每日大小数次，人民寝不安枕，食不甘味。纸窗风动，群起呼地震，大有风声鹤泪之慨……父老经此劫者，至今犹谈虎色变”。（1937 年贾湘《戊戌代州地震》稿本）

（3）1937 年，成立续修代州志馆，馆员贾湘、王巩等对光绪二十四年代州地震作专题辑录。代州城内阿育王塔的圆形金顶即为戊戌地震震歪，倾向西北，钟楼梁栋倾斜亦为地震所致。代州城内中央“旧有谯楼一座，台高四丈，楼七楹，檐四重，高八丈，名曰靖边楼。……光绪戊戌秋八月，郡属地忽大震，四乡均被其灾，而州城尤甚，致将斯楼之木石椽楹半遭倾圮，岌岌乎几有不可终日之势”。（清李中和《重修靖边楼记》）

（4）光绪二十四年十月，光绪皇帝谕军机大臣等，本年代州地震“均经该督抚等查勘抚恤”。（《清实录》卷四三一）

（5）山西代州近遭地震，塌毁房屋并死伤人颇多。（光绪《格致益闻汇报》卷一）

（6）1898 年 10 月 27 日报道：多次轻微的地震震动，时常发生，以致几星期以前的一次震动未曾记录下来。现在看来，这次震动，似乎是达到通常破坏性地震的震级。

从北方代州来的消息大意说，在代州已有几栋房屋倒塌，并造成了严重的生命损失。（英文《字林西报》1898年11月14日）

（7）这种地震在山西平均每两年就有一次，很少造成巨大损失。在我的记忆中，最厉害的一次发生在1898年9月份，代州几座房屋倒塌，一些人死亡。据地震学家认为，地震的范围越过南欧和中亚一直延伸到这个省，并以山西的山丘为终点。（英文《字林西报》1910年3月22日）

（资料来源：《山西省地震历史资料汇编》《三晋地震图文大观》《全球地震目录》）

十三、民国十二年十月初六岢岚地震

发震时间：民国十二年十月初六（1923年11月13日15时30分）

震中位置：岢岚（北纬38.7°，东经111.3°）

震　　级：5.5级

震中烈度：Ⅶ度

文献记载：

11月13日，"四川泸县、山西岢岚，灾异迭见。泸县山崩，岢岚地震"。

又岢岚县快函云："谓十三日下午三时半，忽觉地动，初波动甚微，继而渐大，似由西而迤东。城内及城西二十余村波动更大，所有高楼及旧房几倒塌无遗。人压毙及受伤者总计约有千五百名之多，现在极力收恤。其未受创之房屋及树木等，亦多倾斜不直，情势甚为可悯。据本地人云，自前一百二十余年，闻老人遗传云，亦受过极大之震灾，死者六七百人。查，河曲地沿黄河，河之对岸即为陕西界，此次震波自西而来，则陕西方面未知亦受此灾否？"（1923年11月20日《顺天时报》和23日《盛京时报》）

（资料来源：《山西通志·地震志》）

第二节　现代地震（1950~2015年）

山西省有记录的现代地震，始于1952年崞县5.5级地震。1970年前后，山西省建成布局较完整的测震台网，地震监测能力达到3.0级。1985年以后，达到2.0级。随着山西数字测震台网的发展，监测能力进一步提高，目前全省地震监测能力达到1.2级，局部地区达到0.1~0.6级。

一、1952 年崞县 5.5 级地震

发震时间：1952 年 10 月 8 日 22 时 24 分 01 秒

震中位置：北纬 39.0°，东经 112.7°

地　　点：崞县以东

震　　级：5.5 级

震中烈度：Ⅷ度

震源深度：7~13 千米（谢毓寿根据宏观资料推算）

1952 年 10 月 8 日，崞县发生 5.5 级地震。这是新中国成立后山西第一个有地震仪器记录的 5 级以上地震。地震发生后，中国科学院谢毓寿、中央人民政府地质部徐煜坚等人奉命到地震现场进行考察，历时 27 天。这是新中国成立后，全国和全省进行的最早的地震现场调查。

崞县地震发生时，国内仅有上海徐家汇和南京北极阁两个地震台。地震参数的确定采用国际地震中心的资料和中国地震台的记录。

“主震之后余震活动比较活跃，一个月之内发生有感地震 76 次。10 月 9 日、12 日、18 日、21 日曾发生较强余震，窗户震响、顶棚破裂、家具互撞，居民惊慌。10 月 26

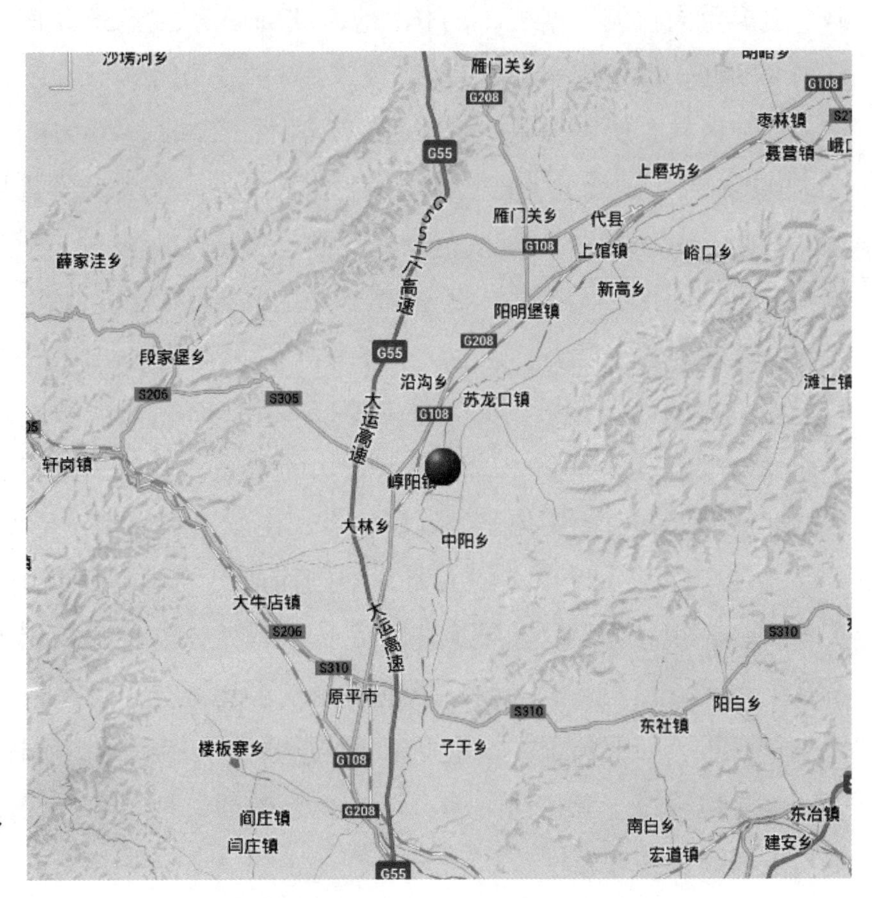

1952 年崞县 5.5 级地震震中位置图

中国科学院和地质部地震现场考察队在崞县人民政府门前留影

日地震，又有少数朽旧房屋倒塌。”（谢毓寿：《一九五二年十月八日山西崞县地震》，《地球物理学报》1958 年第 7 卷第 2 期）

11 月 2 日至 24 日先后在五峰山寿宁寺、崞县县政府、土屯寨、下班政等地架设地震仪进行余震监测。仪器为 1951 年研制的小“51”式水平向地震仪：摆锤重 25 公斤，固有周期 3 秒，静态放大倍数 50 倍，记录纸转动速度每分钟 30 厘米，熏烟记录。地震仪共记录地震 48 次，其中 4 度有感地震 3 次，3 度有感地震 5 次，2 度有感地震 10 次。

崞县地震给当地人民的生命财产造成重大损失。据统计，本次地震共倒塌房、窑 5011 间，其中倒塌房屋 4082 间，窑洞 929 间，墙倒塌 10000 余堵。死亡 58 人，伤 100 余人。

震中区崞县受灾最重，受灾村庄 74 个，倒塌房屋 3939 间、窑洞 886 孔；死亡 48 人，伤 98 人；压死大牲畜 3 头，伤牲畜 15 头。崞县房窑及其他建筑物的损坏，占全部破坏的 95% 以上。极震区范围在崞县刘家庄、南阳村、辛章村、南坡村、下长乐和崞县县城东一带，大致呈一直径 11 千米的圆形，烈度达Ⅷ度。

该区多为黄土窑、石砌窑、土坯房以及少量的砖木结构的房屋，结构不合理，抗震性能差。房屋以无柱土搁梁为主，墙壁多用土坯砌筑或夯土制成。由于泥顶沉重、木架简陋，受震容易塌陷。砖墙和木结构的房屋，一般只是墙壁裂缝、木架脱榫或墙与木架间震开。在黄土中依崖挖洞居住者，由于土崖崩塌，堵塞洞口，造成的伤亡较重。

石砌窑多用一尺以上的大卵石堆砌而成，结构类似涵洞，顶上盖以极厚的黄土，头重脚轻，很容易塌垮。刘家庄、下长乐等处，这种建筑相当普遍，受灾最重。用碎石和土坯砌成的房屋，其碎石堆砌部分较土坯部分更易损坏。一些年久失修的房屋损坏也较严重，如下长乐村刘俊秀家西房落顶，山墙倒塌，墙柱摇动扭断，即是一例。

崞县地震位于滹沱河谷地。该区表土松散，地下水位较高，又震源较浅，因而震中烈度较高，破坏范围较大。

下长乐、刘家庄、金沟、南王就等 4 个受灾最重的村庄，房屋倒塌或严重破坏者达四分之一，土窑倒塌高达半数以上。崞阳、南村、王屯寨、东营村、西岔村、黄家庄等地的房屋一般很少倒塌，局部或部分破坏者较多，墙体裂缝比较普遍，黄土陡崖有些崩塌，烈度为Ⅶ度。属于Ⅶ度的村庄还有沙峪、梨井、上阳武、西石封、南河底、北河底、南旺村等。上述地区位于滹沱河支流沿岸，土质松软、潮湿，受地震影响较大。

震中区地裂缝喷沙、冒水现象较普遍。滹沱河河滩上有裂缝和沙泉，裂缝宽度一般在 4 厘米以下，长一般不超过 10 米，方向大体与河岸平行。靠近河床的河漫滩地带，水位接近地表，喷出许多沙泉，大者直径达 2 米，小者为几厘米，沿河岸方向排列成行。临河村附近一口煮盐水井被地震时井下冒出的黑沙填满，靠近井口出现环状裂隙。庄头村附近的盐碱地出现许多裂缝，白家湾附近出现部分裂缝，其方向不一，宽度在 15 厘米以内，长度在 10 米以内，沿裂口有水沙冒出。

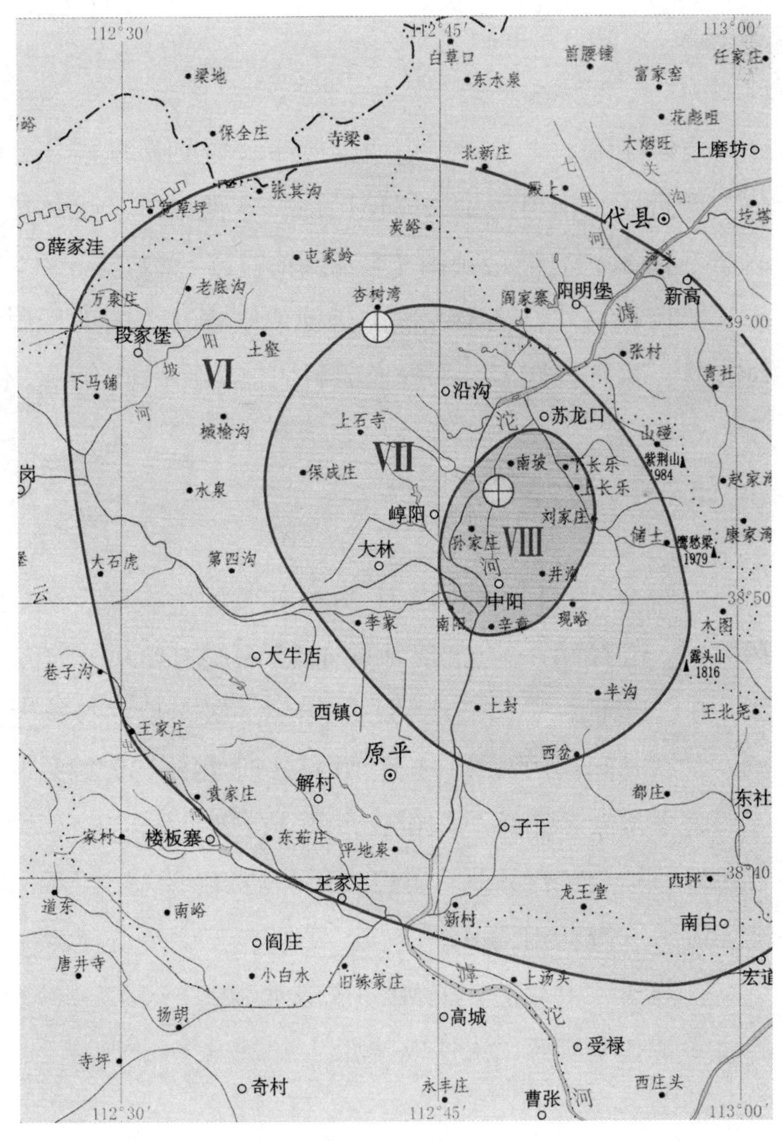

1952 年崞县 5.5 级地震等震线图

下长乐、刘家庄、金沟村一带黄土崩塌比较普遍。金沟村西的一段河谷，因黄土崩塌堵塞而致河水断流，停积成湖。

五台县受灾村庄41个，倒塌房屋116间、窑洞17孔，倒塌院墙46堵、大门5扇，81间房屋、32孔窑洞出现裂缝。

代县受灾村庄21个，倒塌房屋27间、窑洞26孔，毁墙287堵。

五台县和代县共死亡5人，伤20人，压死大牲畜2头。定襄等邻近地区略有损失。

二、1969年繁峙4.6级地震

发震时间：1969年4月24日18时54分42秒

震中位置：北纬39.3°，东经113.3°

地　　点：繁峙县斗嘴、牛心山附近

震　　级：4.6级

深　　度：8千米

繁峙斗嘴、牛心山、塔西沟一带，个别房屋破坏，牲口棚塌落，少数木柱土房部分木椽折断，山墙倒塌，屋顶塌落，木架拔榫。土坯窑拱顶、墙角普遍裂缝，有的宽达2~3厘米，有的窑洞因土崖倒塌遭到严重破坏，冲沟旁的黄土砾石陡崖多处崩塌。应县梨树坪，片石垒墙、依山搭檩或细木柱支撑的房屋，大部分檐头拔榫。承重墙檩口裂缝，宽1~5厘米，部分老旧房屋倒塌，县城有感。代县亦有感。

三、1979年代县震群

1979年10月19日~12月26日代县发生震群活动，前后持续活动69天，发生地震196次。其中ML3.0~3.8级地震4次，ML2.0~2.9级地震5次，ML1.0~1.9级地震41次，ML1.0级以下小震146次。最大ML 3.8级，地震参数为：

发震时间：1979年11月10日3时42分39.2秒

震中位置：北纬39°10′，东经112°53′

地　　点：代县北百草口—太和岭口一带

震　　级：ML 3.8级

震群活动中发生2次ML 3.5级地震、1次ML 3.8级地震。震中区的百草口—太和岭口一带普遍有感，未造成破坏。

四、1991 年忻州 5.1 级地震

发震时间：1991 年 1 月 29 日 06 时 28 分

震中位置：北纬 38.4°，东经 112.6°

震　　级：5.1 级

震源深度：14 千米

最大烈度：Ⅵ度

宏观震中：忻州市合索乡作头村

据山西地震台网记录，主震后截至 1991 年 2 月 9 日，震区共发生余震 17 次，其中 ML1.0~1.9 级地震 7 次，ML1.0 级以下弱震 10 次。最大余震为 ML 1.9 级，主震能量占地震总能量的 99%。

这次地震是继 1989 年 10 月 19 日大同—阳高 6.1 级地震后，在山西地区发生的又一次中强地震，也是忻定盆地继 1952 年 10 月 8 日崞县 5.5 级地震后发生的最大地震。山西省地震局根据地震活动及某些前兆异常对这次地震提出较好的短临预报意见，这

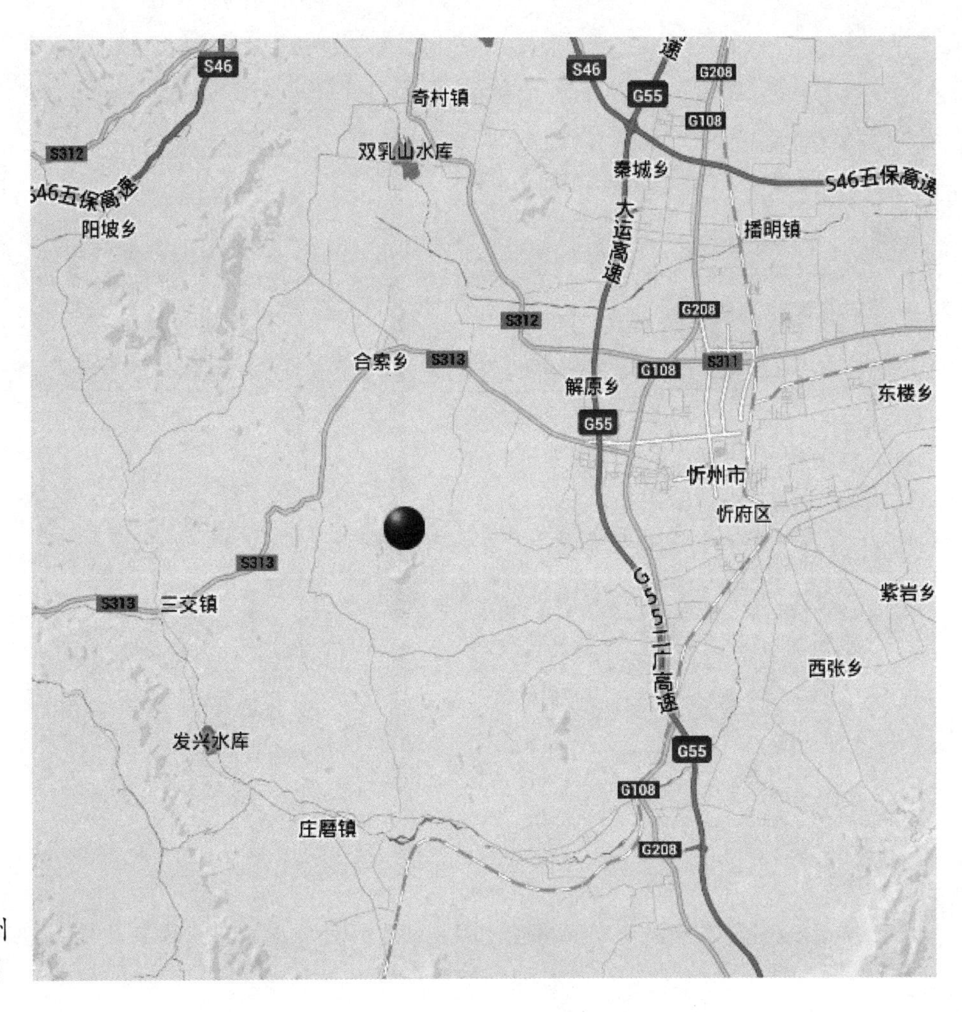

1991 年 1 月 29 日忻州 5.1 级地震震中位置图

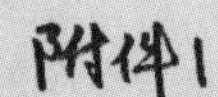

附件1

分类会商卡片

类别：A类　　部门（盖章）：综合预报室

年：1991年　　编号：

会商时间：1991.元.11　　地点：三楼办公室

主持人：赵新平、刘巍

预报意见：

时间：1991年元月11日—元月底

区域：太原盆地及其附近

震级：4.5—5.0

上报时间和部门：分析中心一室

预报效果评价：

说明

1.类别：指分析预报工作管理条例第21条中的A、B、C、D四类
2.预报意见：
A类必须明确填报地震可能发生的时间段（三个月内）哪些地县区域以及震级范围。
B类必须明确填报地震可能发生的若干地县区域范围、震级范围，时间至少为几个月以上，甚至二、三年
C类只指出未来一定时间内可能发生中强以上或较大震。区域范围可较大。
D类必须明确指出未来一定时间某区域范围内没有破坏性地震或可能引起较强社会反应的地震发生。
3.预报效果评价包括地震活动实况、三要素预报的正确程度、预报依据的科学性以及决策能力评估。

附件5

国家地震局文件

震发科〔1991〕059号

关于加强春节期间震情监视及近期震情的通报

各省、自治区、直辖市地震局（办），局属有关单位：

一、今年一月份以来，我国大陆地区中强地震相对活跃，1月2日、13日、29日及2月4日，先后在青海祁连县、内蒙古鄂庆格勒图、山西忻州及新疆库尔勒发生了5.1级、5.2级、5.1级、5.1级四次中强地震。此外在甘肃东南和江苏沿海重点监视防御区附近还发生了引人注目的中等地震，此间，在靠近我国边境的缅甸、巴基斯坦也先后发生7.6级和6.6级强烈地震。据有关专家预测，我国大陆地区这种中强地震成丛活动还将持续一段时间，必须引起各单位、尤其是各重点监视防御区所在单位的高度重视。望你们采取有效措施，确保台站的观测、信息传递、分析预报以及大震应急等各项工作正常运转。切实加强春节期间的震情监视预报工作，为各地人民群众过一个欢乐祥和的春节做出应有的贡献。

二、今年已发生的四次中强地震均在全国会商会确定的重点监视区内或其附近地区。特别是庆格勒图5.2级，山西忻州5.1级地震前，宁夏地震局和山西地震局都对“三要素”作了比较准确的短临预报。对这两个单位取得的比较好的短临跟踪成绩，特给予通报表扬。

三、应当充分认识和重视的山西、宁夏地震局对这两次地震作出较好的短临预报的意义，反映了他们的工作是现实业业的，以及应用地震预报方法实用化攻关成果方面所取得的进展。

山西、宁夏地震局的短临预报都是依据中期年度圈定的重点监视防御区进行动态跟踪，实事求是做出地域和强度预报的。山西局综合预报室在元月11日提出的预报意见（A类卡片）中，依据太原盆地地震活动，太原台地倾斜及水准等前兆动态变化做出元月11日至月底，太原盆地及其附近将发生4.5－5.0级地震的预报，结果29日忻州发生5.1级地震距太原市仅约

·2·

山西省地震局在震前提出预报意见（上图），国家地震局对本次地震预报进行通报表扬

是一个中期预测与短临预报结合较好的震例，国家地震局给予通报表扬。

此次地震的宏观震中位于忻州市合索乡作头村，震中烈度Ⅵ度。这次地震发生在忻定盆地南段西缘，为忻定盆地与云中山之间的过渡地带，发震构造为云中山断裂。Ⅵ、Ⅴ度区房屋有轻微破坏，从整体看，震区房屋、设施破坏情况较轻，经济损失不大，没有人员及牲畜伤亡。

这次地震有感范围较大，北达内蒙古自治区丰镇市，南至山西省临汾市，东抵河北省石家庄市，西抵陕晋交界的黄河西岸，总体走向为北北东向椭圆状分布。震中烈度为Ⅵ度。Ⅵ度区分别是作头村和土陵桥村两个点。作头村有一堵照壁，四周为砖砌，中部为土坯充填，照壁南侧的砖框已与土坯砌体剥离，震后该侧的砖框沿原裂缝开裂，砖柱体沿根部顺时针方向旋转15°左右。此外，在土陵桥、东呼延、合索村等有年久的黄土墙倒塌的现象。

Ⅴ度区大致分布在东呼延、东冯城、土陵桥、会里、大圪堆和水泉沟等村附近，长轴约为10千米，短轴6.7千米，北东走向，总面积约52平方千米。Ⅴ度区内的房屋结构多以土坯与砖混砌墙体承重，个别房屋的墙内夹有通底木柱或以墙体直接支撑房顶的两坡房，这类房占总数的75%左右，震时受到轻微破坏，平均破坏率为9%。震前听到轰鸣的地声，人从睡梦中惊醒，有部分人惊慌外逃。地震时区内人普遍感到地面先颠后摇，上下震动，持续约10秒钟，房内的门窗和顶棚作响，屋内的器物之间也相互碰撞发出声响，个别不稳者倒落，盛满液体的器皿中有少量液体溢出。

Ⅳ度区面积较大，北到代县县城，南到太原市区，东到五台县城，西到静乐县城。长轴长162千米，短轴为116千米，面积约14750平方千米，总体呈一北北东向延展的椭圆形。地震时区内大多数人惊醒，家具及器皿发出响声，悬挂物件晃动。

从整体看，震区房屋、设施破坏情况较轻，经济损失不大，没有人员及牲畜伤亡，这次地震对民用建筑和设施造成的损失不大，仅解村农场的一些建筑和设施受损较重，需用少量资金进行修复。

地震后，忻州地委书记张秉法等领导深入灾区慰问。山西省地震局立即派出地震工作组赶赴地震现场，与忻州行署地震局共同开展地震现场宏观考察与震情分析工作，完成了8个乡（镇）26个村庄的宏观烈度考察与震害调查工作。

五、1993年五寨4.4级地震

发震时间：1993年9月11日03时18分23.4秒

震中位置：北纬39.05°，东经111.50°

地　　点：五寨县李家庄乡杨家庄村附近

震　　级：4.4 级

深　　度：12 千米

五寨县震感强烈，左云、朔州、宁武、忻州、定襄及陕西省榆林等地有感。宏观震中位于五寨县李家庄乡峰兑坡村—河曲县土沟乡土沟村一带，震中烈度Ⅵ度。极震区为Ⅵ度区，呈椭圆形，走向北北西，长轴约 5.6 千米，短轴约 3.6 千米，面积约 15 平方千米，包括五寨县李家庄乡峰兑坡、铧咀、窑头和河曲县土沟乡土沟村、河岔、铺路和兔坪等 7 个自然村。Ⅵ度区内震时地声响亮、震动强烈，人普遍从梦中惊醒，坐立不稳，少数人有头晕、恶心的感觉，多数人仓皇出逃。门窗哗哗作响，个别窗户玻璃被震裂；屋内物件器皿滚动相互撞击发声，不稳定器皿翻倒，悬挂物有掉落现象，屋架颤动作响，掉落尘土，个别石拱窑窑体发出“咣、咣”有节奏的响声，迸发火星。

震后，山西省地震局迅速派出许银贵、范俊喜、丁学文等专家组成的现场工作队与忻州地区地震局现场组封德俭、张俊民等混合编队，赶赴震区开展地震现场工作。五寨地震的震害评估工作由山西省地震局的范俊喜、丁学文和赵晋泉完成。震后灾区生产、生活秩序井然，无停工停产，无次生灾害。本次地震总经济损失为 146160 元。

六、2006 年代县震群

从 2006 年 4 月 3 日开始，在山西代县胡家滩乡发生了一次较大的震群活动，到 9 月 19 日活动基本结束，持续时间 166 天。以山西雁门关单台为准，累计记录到 ML0.0 级以上地震 1171 次，其中 ML0.0~0.9 级地震 926 次，ML1.0~1.9 级地震 192 次，ML2.0~2.9 级地震 49 次，ML3.0~3.9 级地震 4 次。此次地震活动 ML0.9 级及以下地震占总数的 79.1% ，是一次以微震活动为主的震群。地震强度较高，发生 4 次 3 级以上地震，其中最大的是 4 月 7 日 ML3.7 级地震。基本参数为：

发震时间：2006 年 4 月 7 日 16 时 06 分 27.4 秒

震中位置：北纬 39.22°，东经 112.90°

地　　点：代县胡家滩乡

震　　级：ML3.7 级

震源深度：17 千米

代县震群发生后，忻州市地震局立即启动地震应急预案，于 4 月 3 日当天就派出地震现场工作组，赴震中区开展地震现场工作。忻州市委、市政府于 4 月 8 日召开了由代县、繁峙、忻府区、原平市、定襄县、五台县六县（市、区）县委书记、县长及相关部门负责人参加的紧急会议，时任市委书记张建欣、市长耿怀英、分管副市长谌长瑞参加会议并安排部署地震应急工作。忻州市民政局向震中胡家滩乡送去200顶应急帐篷。

七、2009年原平4.3级地震

发震时间：2009年3月28日19时11分20秒

震中位置：北纬38.9°，东经112.93°

地　　点：原平市苏龙口镇附近

震　　级：4.3级

深　　度：8千米

原平市苏龙口镇、崞阳镇震感强烈，忻州市大部分县（市、区）和太原、朔州、阳泉、大同等四市的部分县区有感。宏观震中位于原平市苏龙口镇下政化村—代县新高乡沿村之间，地震宏观烈度为Ⅴ度。代县新高乡沿村水井水质变浑，少数墙体有裂缝、倒塌现象，玉米垛震倒，人们普遍感觉声如重车驶过，上下颠簸。震中区山区村庄的多数房屋和窑洞依地势建于黄土台地之上，质量较差，年代久远，在本次地震中遭到了一定的破坏。

震后，山西省地震局立即派出董康义为队长的地震现场工作队与忻州市地震局副局长张玮带领的现场工作组、原平市地震局局长胡宝玲带领的现场工作组混合编队，连夜赶赴震区开展工作。忻州市人民政府在原平市召开紧急会议，忻府区、原平市、定襄县、代县等分管县领导和省、市、县地震现场工作队人员及相关部门负责人参加会议。当晚12时，山西省地震局党组成员、副局长郭君杰专程赶抵原平市，向原平市市长张志哲、分管地震工作的副市长陈潞芳、忻州市地震局副局长张玮等人传达了省长王君和副省长李小鹏的指示精神，对下一步地震现场工作进行了安排部署。

八、2011年五寨4.1级地震

发震时间：2011年3月7日01时51分34秒

震中位置：北纬39.02°，东经111.77°

地　　点：五寨县小河头镇附近

震　　级：4.1级

深　　度：6千米

五寨县震感强烈，但无人员伤亡和财产损失。神池县、岢岚县、河曲县、偏关县、保德县、宁武县、忻府区、原平市、静乐县、代县、繁峙县、五台县、定襄县震感明显。

震后，忻州市地震局迅速开展地震应急工作，立即派出张玮带队的地震现场工作组赴震中地区开展地震现场工作；派出田甦平带队的震情监测组到奇村水化站进行加密监测和震情会商。

九、2.0 级以上地震目录

1970 年至 2015 年，山西测震台网记录的忻州境内发生的 2.0 级以上地震目录列表如下（部分震源深度缺失）：

1970~2015 年忻州市 M ≥ 2.0 级地震目录

序号	年份	月、日	时 间	北纬（°）	东经（°）	震级（M）	震源深度（km）	震 中
1	1970	05.15	08：59：19	38.53	113.08	2.4		定襄河边镇
2	1970	11.26	17：37：40	39.00	113.33	2.1		代县滩上镇
3	1970	12.24	22：41：08	39.00	112.58	2.5		原平雷家峪口
4	1971	02.26	00：44：55	39.13	113.13	2.0		代县聂营镇
5	1971	03.02	04：20：00	38.92	112.88	2.7		原平苏龙口镇
6	1971	04.22	18：45：38	38.28	112.40	3.5		忻县牛尾庄
7	1971	06.18	19：35：03	38.15	112.13	2.6		静乐界口
8	1971	06.26	12：10：12	38.45	113.05	2.2		定襄南王
9	1971	07.01	01：21：56	38.50	112.50	2.1		忻县阳坡
10	1971	07.12	02：29：38	39.02	112.75	2.4		原平大营
11	1972	09.19	19：43：21	39.3	113.60	3.4		繁峙砂河镇
12	1972	10.06	12：59：18	39.03	113.13	2.8		代县滩上镇
13	1972	11.12	10：40：03	39.02	112.75	2.6		原平大营
14	1973	01.23	12：59：04	39.10	113.25	2.4		繁峙岩头
15	1973	04.14	12：59：44	39.00	113.32	2.2		代县滩上镇
16	1973	07.22	21：15：14	39.05	113.05	2.1		代县新高

续表

序号	年份	月、日	时　间	北纬（°）	东经（°）	震级（M）	震源深度（km）	震　中
17	1973	10.08	05：54：51	39.03	112.00	2.1		神池虎鼻
18	1974	01.08	07：56：22	38.62	112.62	2.4		原平闫庄镇
19	1974	04.25	04：04：05	38.97	111.37	2.5		河曲赵家沟
20	1974	09.11	10：57：57	39.07	111.53	2.4		五寨韩家楼
21	1974	09.17	06：21：36	38.83	113.05	2.1	14	五台红表
22	1974	10.28	12：25：42	39.15	112.88	2.8		代县太和岭口
23	1975	02.10	02：26：32	38.88	112.97	2.4	16	原平白石
24	1975	02.11	13：00：02	38.35	112.53	2.2		忻县三交镇
25	1975	06.05	11：39：15	39.00	112.82	2.2		代县阳明堡镇
26	1975	06.12	14：25：43	38.95	112.88	2.6	20	原平苏龙口镇
27	1975	06.24	22：06：02	38.97	112.97	2.0	15	代县新高
28	1975	08.16	13：31：13	38.55	112.8	3.2		忻县曹张
29	1975	09.13	00：52：04	39.15	112.88	2.1		代县太和岭口
30	1975	12.12	22：37：20	39.00	113.17	2.6	19	代县滩上镇
31	1976	02.19	12：13：11	38.55	113.48	2.2		五台陈家庄
32	1976	06.05	08：35：04	39.45	111.77	2.0		偏关南堡子
33	1976	06.05	08：35：04	39.18	112.00	2.1		神池大严备镇
34	1977	01.30	05：35：54	39.00	113.00	2.6	13	代县新高
35	1977	01.31	16：40：12	38.57	112.65	3.6		忻县奇村镇
36	1977	02.01	02：12：55	38.52	111.88	2.4		静乐腰庄
37	1977	05.15	09：59：43	38.37	113.02	2.1		定襄南王
38	1977	06.19	06：32：02	38.67	113.00	2.8	14	原平东社镇
39	1977	07.01	11：48：02	38.52	112.65	2.0		忻县上游
40	1977	11.11	22：43：54	38.83	112.73	2.0		原平崞阳镇
41	1978	01.15	13：15：09	39.08	112.88	2.1		代县太和岭口
42	1978	04.01	07：03：27	39.23	112.93	2.0	24	代县胡家滩
43	1978	04.07	12：29：36	39.18	112.92	2.5		代县太和岭口

续表

序号	年份	月、日	时 间	北纬（°）	东经（°）	震级（M）	震源深度（km）	震 中
44	1978	05.08	14：28：00	38.88	112.68	2.0		原平崞阳镇
45	1978	11.03	06：57：46	38.98	112.77	2.4		原平大营
46	1978	11.06	17：34：54	39.22	113.12	2.1		代县分水岭
47	1979	01.14	14：49：26	38.62	112.65	2.1		原平闫庄镇
48	1979	01.14	16：18：04	39.18	112.98	2.1		代县胡家滩
49	1979	03.19	12：23：38	38.97	112.83	2.0		原平大营
50	1979	04.11	13：01：27	39.20	113.12	2.1		代县枣林镇
51	1979	09.22	19：47：08	39.15	112.07	2.2		神池大严备镇
52	1979	10.15	05：07：09	39.27	113.17	2.5		繁峙西北
53	1979	10.19	20：25：39	39.13	112.98	2.0		代 县
54	1979	10.30	20：56：20	39.13	113.00	2.9		代 县
55	1979	11.08	13：38：38	39.17	113.00	2.7		代县胡家滩
56	1979	11.10	03：42：39	39.17	112.88	3.3		代县太和岭口
57	1979	11.10	04：37：10	39.17	112.92	2.9		代县太和岭口
58	1980	01.05	01：49：04	38.65	113.05	2.6		原平东社
59	1980	01.10	16：30：43	38.82	112.83	2.0		原平中阳
60	1980	02.11	07：36：57	38.62	112.57	2.6		原平闫庄镇
61	1980	03.13	12：41：37	38.62	112.43	2.9		忻县寺坪
62	1980	04.09	17：15：56	39.08	111.98	2.0		神池义井镇
63	1980	06.04	22：06：35	38.82	113.60	2.6		五台松岩口
64	1980	06.06	17：46：24	38.82	113.60	2.6		五台松岩口
65	1980	06.09	23：25：10	38.93	112.70	2.4		原平崞阳镇
66	1980	06.15	13：26：04	38.63	112.72	2.5		原平王家庄
67	1980	06.16	06：04：54	38.75	113.63	3.0		五台松岩口
68	1980	07.02	15：06：05	38.83	113.62	2.4		五台石咀镇
69	1980	07.02	15：19：24	38.78	113.60	2.6		五台松岩口
70	1980	07.17	23：49：51	38.65	112.97	3.2		原平东社

续表

序号	年份	月、日	时　间	北纬（°）	东经（°）	震级（M）	震源深度（km）	震　中
71	1980	08.19	15：18：40	38.73	113.68	2.8		五台上门限石
72	1980	08.19	17：18：36	38.65	113.53	2.5		五台耿镇镇
73	1980	09.21	11：12：05	38.77	113.72	2.8		五台上门限石
74	1980	10.28	11：21：06	38.78	113.73	2.2		五台上门限石
75	1980	11.11	18：03：06	38.77	112.68	2.6		原平县
76	1981	05.04	14：48：41	39.18	112.83	2.0		代县太和岭口北
77	1981	05.08	18：10：45	39.12	112.80	2.9	19	代县太和岭口
78	1981	05.09	02：01：13	39.17	112.83	2.1		代县太和岭口北
79	1981	05.19	12：29：39	38.90	113.00	2.4		代县八塔
80	1981	07.04	20：47：17	39.15	112.93	2.1		代县太和岭口
81	1981	12.24	13：57：05	39.27	113.12	2.2		代县分水岭
82	1982	07.30	21：35：26	39.12	113.22	2.0		繁峙岩头
83	1982	10.23	16：27：39	38.72	113.02	2.8	24	原平东社镇
84	1982	11.10	18：20：32	38.50	112.50	2.0		忻县阳坡
85	1982	11.26	09：39：38	38.80	113.02	2.1		五台红表
86	1983	03.05	18：25：50	39.20	113.28	2.9	20	繁峙县城东北
87	1983	06.17	11：23：50	38.38	112.65	2.1		忻县解原
88	1983	08.23	20：45：06	39.13	112.93	2.4	19	代县太和岭口
89	1983	09.09	15：10：37	38.95	112.83	3.4	10	原平苏龙口镇
90	1983	11.02	09：42：15	38.75	112.92	2.6	22	原平上庄
91	1983	11.28	05：30：48	39.05	112.70	2.0	21	原平牛食尧镇
92	1983	11.29	06：41：14	38.72	112.50	2.0		原平楼板寨
93	1984	03.12	22：12：00	39.00	112.97	2.7	11	代县新高
94	1984	05.11	11：21：18	39.07	111.80	2.7		五寨小河头
95	1984	07.27	15：59：41	39.07	113.35	2.0		繁峙岩头
96	1985	07.02	15：01：57	38.70	112.67	2.2	16	原　平
97	1985	09.30	22：39：29	38.72	113.05	2.1		五台东冶

续表

序号	年份	月、日	时　间	北纬（°）	东经（°）	震级（M）	震源深度（km）	震　中
98	1985	10.06	16：59：05	39.03	113.15	2.6		代县滩上镇
99	1985	12.28	15：25：46	38.98	112.85	2.4	23	代县阳明堡镇
100	1986	06.17	08：35：59	38.95	112.72	2.8		原平大营
101	1986	08.20	17：32：22	39.05	112.90	2.0		代　县
102	1986	08.24	11：00：08	39.05	112.87	2.4		代县阳明堡镇
103	1986	10.09	18：04：12	39.15	113.18	3.0	20	代县峨口镇
104	1988	05.19	03：46：18	39.13	112.73	2.6		原平牛食尧镇东北
105	1988	05.27	13：31：59	38.62	111.45	2.0		岢岚阳坪
106	1989	03.05	23：18：11	39.27	113.23	2.1	19	繁峙乔家会
107	1989	05.06	21：07：17	39.12	113.03	2.5	7	代县聂营镇
108	1989	07.12	10：23：41	38.58	113.00	2.4	20	定襄季庄
109	1989	07.20	14：58：36	39.17	113.22	2.0	18	繁峙古家庄
110	1989	09.22	04：40：10	39.03	113.12	2.1	11	代县滩上镇
111	1989	10.02	06：40：31	39.13	112.88	2.1	12	代县太和岭口
112	1989	12.19	15：34：03	39.00	112.90	2.9	22	代县阳明堡镇
113	1990	02.23	07：04：28	39.08	112.90	2.8	12	代　县
114	1991	01.29	06：28：04	38.4	112.6	5.1	14	忻州上社
115	1991	03.22	04：53：31	38.47	112.75	2.6	24	忻州播明镇
116	1991	06.03	15：13：54	39.27	113.28	2.4		繁峙腰家岭
117	1991	12.12	19：50：25	39.05	111.52	2.5	8	五寨韩家楼
118	1992	08.26	20：15：31	39.03	112.87	3.6	18	代县阳明堡镇
119	1992	09.11	04：46：30	38.62	112.67	2.4		原平王家庄
120	1993	04.25	03：11：46	39.08	113.37	3.2	17	繁峙岩头
121	1993	04.25	06：30：50	38.48	112.68	2.0	16	忻州解原
122	1993	07.11	16：06：39	38.93	113.17	2.0	1	代县滩上镇
123	1993	09.05	14：40：47	38.67	112.85	2.4	26	原平上庄
124	1993	09.10	12：24：13	39.10	113.08	2.4	12	代县聂营镇

续表

序号	年份	月、日	时　间	北纬（°）	东经（°）	震级（M）	震源深度（km）	震　中
125	1993	09.11	03：18：23	39.05	111.50	4.4		五寨韩家楼
126	1993	09.11	16：29：20	39.02	111.50	2.2		五寨韩家楼
127	1993	10.15	16：52：59	38.97	113.00	2.0	8	代县新高
128	1993	10.26	05：10：39	39.13	112.80	2.1	15	代县太和岭口
129	1994	02.04	13：31：06	38.53	112.77	2.0	28	忻州播明镇
130	1994	03.25	05：40：30	38.48	112.43	2.6	30	忻州阳坡
131	1994	11.03	08：14：00	38.73	113.45	2.0	5	五台茹村
132	1995	02.20	23：03：00	39.37	113.63	2.9	24	繁峙砂河镇北
133	1995	11.25	20：56：00	38.80	112.88	2.1	9	原平白石
134	1996	02.12	20：38：00	39.12	112.68	2.1	12	原平牛食尧镇
135	1996	12.17	17：45：00	38.44	112.12	2.0	11	静乐双路
136	1998	02.18	23：17：00	38.94	112.89	2.4	12	原平苏龙口镇
137	1999	02.12	07：24：34	38.81	112.67	2.1	9	原平大牛店镇
138	2000	02.19	20：36：03	38.77	112.87	2.4	5	原平上庄
139	2000	12.15	07：05：00	39.16	112.94	2.0		代县太和岭口
140	2000	12.28	13：16：00	39.09	112.0	3.0		神池义井镇
141	2001	08.14	16：12：24	39.15	113.02	2.9	16	代县聂营镇
142	2003	07.12	17：17：04	38.57	112.70	2.0	18	忻府部落村
143	2003	08.26	02：48：34	38.70	112.50	3.6	18	原平楼板寨
144	2003	10.04	07：44：26	38.97	111.55	2.1	19	五寨杏岭子
145	2003	12.19	15：13：10	38.73	113.20	2.7	8	五　台
146	2004	03.05	07：56：07	39.07	112.93	2.0	19	代　县
147	2004	06.23	23：21：16	38.88	112.82	3.0	18	原平中阳
148	2004	07.08	01：18：13	39.25	113.02	2.2	17	代县胡家滩
149	2005	12.12	16：02：19	38.27	112.23	2.1	18	静乐康家会镇
150	2006	02.26	02：43：08	38.87	112.95	2.4	11	原平白石
151	2006	03.09	19：36：59	39.15	112.80	2.0	12	代县太和岭口

续表

序号	年份	月、日	时 间	北纬（°）	东经（°）	震级（M）	震源深度（km）	震 中
152	2006	04.03	21：06：35	39.20	112.92	2.5	15	代县胡家滩
153	2006	04.05	02：38：04	39.20	112.92	2.1	18	代县胡家滩
154	2006	04.06	12：21：29	39.20	112.92	2.5	16	代县胡家滩
155	2006	04.06	19：35：42	39.20	112.92	2.6	15	代县胡家滩
156	2006	04.07	06：37：54	39.20	112.92	2.1	15	代县胡家滩
157	2006	04.07	16：06：27	39.22	112.90	3.2	18	代县胡家滩
158	2006	04.07	17：53：41	39.20	112.92	2.1	18	代县胡家滩
159	2007	03.28	19：28：02	39.00	112.60	2.4	20	原平雷家峪口
160	2007	06.21	22：00：13	39.02	111.55	2.2	30	五寨韩家楼
161	2007	07.06	06：22：29	38.47	112.78	2.0	18	忻府播明镇
162	2008	03.05	06：44：34	39.28	113.08	2.7	16	代县分水岭
163	2008	05.16	06：41：07	38.63	112.78	2.5	4	定襄白村
164	2008	12.19	19：42：51	38.75	112.72	2.4	11	原 平
165	2009	01.18	09：51：03	38.68	113.03	2.1	7	原平东社
166	2009	01.22	04：35：38	38.75	112.72	2.6	8	原 平
167	2009	03.28	19：11：20	38.9	112.93	4.3	9	原平白石
168	2009	04.17	04：45：03	38.75	112.85	2.5	7	原平上庄
169	2009	04.17	04：47：29	38.73	112.87	2.1	8	原平上庄
170	2009	06.07	11：24：08	38.87	111.68	2.0	7	岢岚三井镇
171	2009	06.08	22：13：18	38.43	112.92	2.4	8	定襄南王
172	2009	08.01	22：25：28	38.92	111.62	2.7	8	五寨杏岭子
173	2009	08.05	19：04：32	38.92	111.58	2.0	7	岢岚大巨会
174	2010	02.08	21：42：23	39.05	111.78	3.3	4	五寨小河头镇
175	2010	07.01	07：24：06	38.92	112.87	2.1	4	原平苏龙口镇
176	2010	07.09	18：10：31	39.23	113.18	2.9	8	代县分水岭
177	2010	09.20	07：08：58	38.78	112.58	2.2	6	原平大牛店镇
178	2011	03.07	01：51：34	39.02	111.77	4.1	6	五寨小河头镇

续表

序号	年份	月、日	时　间	北纬（°）	东经（°）	震级（M）	震源深度（km）	震　中
179	2011	08.26	23：14：11	38.97	111.58	2.1	9	五寨杏岭子
180	2011	09.28	18：21：19	38.98	111.65	2.2	5	五寨杏岭子
181	2012	01.24	10：52：22	39.07	113.22	2.1	5	代县峨口镇
182	2012	02.15	06：03：41	38.87	113.03	2.7	5	代县八塔
183	2012	02.17	23：14：54	39.40	113.57	2.6	9	繁峙县砂河镇北
184	2012	12.08	04：35：49	38.36	113.01	2.1	16	定襄南王南
185	2013	02.20	08：03：45	38.73	112.76	2.0	15	原　平
186	2013	05.23	22：39：36	39.02	112.48	2.1	12	宁　武
187	2013	06.05	19：48：07	39.01	112.55	2.2	13	原　平
188	2013	06.20	13：21：58	38.51	111.76	2.2	18	静　乐
189	2013	06.29	05：15：46	39.03	113.37	3.0	5	繁峙岩头
190	2013	07.09	18：39：14	38.63	113.02	3.0	9	定襄宏道
191	2013	08.15	09：23：24	39.07	112.52	2.0	12	宁　武
192	2013	09.13	15：56：45	38.78	112.69	2.0	18	原　平
193	2013	12.23	15：04：38	39.38	113.55	2.0	10	繁峙砂河
194	2014	01.12	18：48：13	38.60	113.05	2.10	8	定襄宏道
195	2014	10.25	05：24：47	38.44	112.80	2.4	13	忻　府
196	2015	11.17	03：45：15	38.18	112.18	2.6	20	静　乐
197	2015	12.08	15：57：58	39.00	112.57	2.2	12	原　平
198	2015	12.10	13：27：20	38.72	113.01	3.2	9	原　平

十、1970~2015 年各县（市、区）M ≥ 2.0 级地震目录

（部分震源深度缺失）

忻府区 2.0 级以上地震目录

序号	年份	月、日	时　间	北纬（°）	东经（°）	震级（M）	震源深度（km）	震　中
1	1971	04.22	18：45：38	38.28	112.40	3.5		忻县牛尾庄
2	1971	07.01	01：21：56	38.50	112.50	2.1		忻县阳坡

续表

序号	年	月、日	时　间	北纬（°）	东经（°）	震级（M）	震源深度（km）	震　中
3	1975	02.11	13：00：02	38.35	112.53	2.2		忻县三交镇
4	1975	08.16	13：31：13	38.55	112.8	3.2		忻县曹张
5	1977	01.31	16：40：12	38.57	112.65	3.6		忻县奇村镇
6	1977	07.01	11：48：02	38.52	112.65	2.0		忻县上游
7	1980	03.13	12：41：37	38.62	112.43	2.9		忻县寺坪
8	1982	11.10	18：20：32	38.50	112.50	2.0		忻县阳坡
9	1983	06.17	11：23：50	38.38	112.65	2.1		忻县解源
10	1991	01.29	06：28：04	38.4	112.6	5.1	14	忻州上社
11	1991	03.22	04：53：31	38.47	112.75	2.6	24	忻州播明镇
12	1993	04.25	06：30：50	38.48	112.68	2.0	16	忻州解原
13	1994	02.04	13：31：06	38.53	112.77	2.0	28	忻州播明镇
14	1994	03.25	05：40：30	38.48	112.43	2.6	30	忻州阳坡
15	2003	07.12	17：17：04	38.57	112.70	2.0	18	忻府区部落村
16	2007	07.06	06：22：29	38.47	112.78	2.0	18	忻府区播明镇
17	2014	10.25	05：24：47	38.44	112.80	2.4	13	忻府区

定襄县 2.0 级以上地震目录

序号	年份	月、日	时　间	北纬（°）	东经（°）	震级（M）	震源深度（km）	震　中
1	1970	05.15	08：59：19	38.53	113.08	2.4		定襄河边
2	1971	06.26	12：10：12	38.45	113.05	2.2		定襄南王
3	1977	05.15	09：59：43	38.37	113.02	2.1		定襄南王
4	1989	07.12	10：23：41	38.58	113.00	2.4	20	定襄季庄
5	2008	05.16	06：41：07	38.63	112.78	2.5	4	定襄白村
6	2009	06.08	22：13：18	38.43	112.92	2.4	8	定襄南王
7	2012	12.08	04：35：49	38.36	113.01	2.1	16	定襄南王南
8	2013	07.09	18：39：14	38.63	113.02	3.0	9	定襄宏道
9	2014	01.12	18：48：13	38.60	113.05	2.10	8	定襄宏道

原平市 2.0 级以上地震目录

序号	年份	月、日	时　间	北纬（°）	东经（°）	震级（M）	震源深度（km）	震　中
1	1970	12.24	22：41：08	39.00	112.58	2.5		原平雷家峪口
2	1971	03.02	04：20：00	38.92	112.88	2.7		原平苏龙口镇
3	1971	07.12	02：29：38	39.02	112.75	2.4		原平大营
4	1972	11.12	10：40：03	39.02	112.75	2.6		原平大营
5	1974	01.08	07：56：22	38.62	112.62	2.4		原平闫庄镇
6	1975	02.10	02：26：32	38.88	112.97	2.4	16	原平白石
7	1975	06.12	14：25：43	38.95	112.88	2.6	20	原平苏龙口镇
8	1977	06.19	06：32：02	38.67	113.00	2.8	14	原平东社镇
9	1977	11.11	22：43：54	38.83	112.73	2.0		原平崞阳镇
10	1978	05.08	14：28：00	38.88	112.68	2.0		原平崞阳镇
11	1978	11.03	06：57：46	38.98	112.77	2.4		原平大营
12	1979	01.14	14：49：26	38.62	112.65	2.1		原平闫庄镇
13	1979	03.19	12：23：38	38.97	112.83	2.0		原平大营
14	1980	01.05	01：49：04	38.65	113.05	2.6		原平东社
15	1980	01.10	16：30：43	38.82	112.83	2.0		原平中阳
16	1980	02.11	07：36：57	38.62	112.57	2.6		原平闫庄镇
17	1980	06.09	23：25：10	38.93	112.70	2.4		原平崞阳镇
18	1980	06.15	13：26：04	38.63	112.72	2.5		原平王家庄
19	1980	07.17	23：49：51	38.65	112.97	3.2		原平东社
20	1980	11.11	18：03：06	38.77	112.68	2.6		原平县
21	1982	10.23	16：27：39	38.72	113.02	2.8	24	原平东社镇
22	1983	09.09	15：10：37	38.95	112.83	3.4	10	原平苏龙口镇
23	1983	11.02	09：42：15	38.75	112.92	2.6	22	原平上庄
24	1983	11.28	05：30：48	39.05	112.70	2.0	21	原平牛食尧镇
25	1983	11.29	06：41：14	38.72	112.50	2.0		原平楼板寨
26	1985	07.02	15：01：57	38.70	112.67	2.2	16	原　平

续表

序号	年份	月、日	时　间	北纬（°）	东经（°）	震级（M）	震源深度（km）	震　中
27	1986	06.17	08：35：59	38.95	112.72	2.8		原平大营
28	1988	05.19	03：46：18	39.13	112.73	2.6		原平牛食尧镇东北
29	1992	09.11	04：46：30	38.62	112.67	2.4		原平王家庄
30	1993	09.05	14：40：47	38.67	112.85	2.4	26	原平上庄
31	1995	11.25	20：56：00	38.80	112.88	2.1	9	原平白石
32	1996	02.12	20：38：00	39.12	112.68	2.1	12	原平牛食尧镇
33	1998	02.18	23：17：00	38.94	112.89	2.4	12	原平苏龙口镇
34	1999	02.12	07：24：34	38.81	112.67	2.1	9	原平大牛店镇
35	2000	02.19	20：36：03	38.77	112.87	2.4	5	原平上庄
36	2003	08.26	02：48：34	38.70	112.50	3.6	18	原平楼板寨
37	2004	06.23	23：21：16	38.88	112.82	3.0	18	原平中阳
38	2006	02.26	02：43：08	38.87	112.95	2.4	11	原平白石
39	2007	03.28	19：28：02	39.00	112.60	2.4	20	原平雷家峪口
40	2008	12.19	19：42：51	38.75	112.72	2.4	11	原平县
41	2009	01.18	09：51：03	38.68	113.03	2.1	7	原平东社
42	2009	01.22	04：35：38	38.75	112.72	2.6	8	原　平
43	2009	03.28	19：11：20	38.9	112.93	4.3	9	原平白石
44	2009	04.17	04：45：03	38.75	112.85	2.5	7	原平上庄
45	2009	04.17	04：47：29	38.73	112.87	2.1	8	原平上庄
46	2010	07.01	07：24：06	38.92	112.87	2.1	4	原平苏龙口镇
47	2010	09.20	07：08：58	38.78	112.58	2.2	6	原平大牛店镇
48	2013	02.20	08：03：45	38.73	112.76	2.0	15	原　平
49	2013	06.05	19：48：07	39.01	112.55	2.2	13	原　平
50	2013	09.13	15：56：45	38.78	112.69	2.0	18	原　平
51	2015	12.08	15：57：58	39.00	112.57	2.2	12	原　平
52	2015	12.10	13：27：20	38.72	113.01	3.2	9	原　平

五台县 2.0 级以上地震目录

序号	年份	月、日	时　间	北纬（°）	东经（°）	震级（M）	震源深度（km）	震　中
1	1974	09.17	06：21：36	38.83	113.05	2.1	14	五台红表
2	1976	02.19	12：13：11	38.55	113.48	2.2		五台陈家庄
3	1980	06.04	22：06：35	38.82	113.60	2.6		五台松岩口
4	1980	06.06	17：46：24	38.82	113.60	2.6		五台松岩口
5	1980	06.16	06：04：54	38.75	113.63	3.0		五台松岩口
6	1980	07.02	15：06：05	38.83	113.62	2.4		五台石咀镇
7	1980	07.02	15：19：24	38.78	113.60	2.6		五台松岩口
8	1980	08.19	15：18：40	38.73	113.68	2.8		五台上门限石
9	1980	08.19	17：18：36	38.65	113.53	2.5		五台耿镇镇
10	1980	09.21	11：12：05	38.77	113.72	2.8		五台上门限石
11	1980	10.28	11：21：06	38.78	113.73	2.2		五台上门限石
12	1982	11.26	09：39：38	38.80	113.02	2.1		五台红表
13	1985	09.30	22：39：29	38.72	113.05	2.1		五台东冶
14	1994	11.03	08：14：00	38.73	113.45	2.0	5	五台茹村
15	2003	12.19	15：13：10	38.73	113.20	2.7	8	五台县

代县 2.0 级以上地震目录

序号	年份	月、日	时　间	北纬（°）	东经（°）	震级（M）	震源深度（km）	震　中
1	1970	11.26	17：37：40	39.00	113.33	2.1		代县滩上镇
2	1971	02.26	00：44：55	39.13	113.13	2.0		代县聂营镇
3	1972	10.06	12：59：18	39.03	113.13	2.8		代县滩上镇
4	1973	04.14	12：59：44	39.00	113.32	2.2		代县滩上镇
5	1973	07.22	21：15：14	39.05	113.05	2.1		代县新高
6	1974	10.28	12：25：42	39.15	112.88	2.8		代县太和岭口
7	1975	06.05	11：39：15	39.00	112.82	2.2		代县阳明堡镇
8	1975	06.24	22：06：02	38.97	112.97	2.0	15	代县新高

续表

序号	年份	月、日	时间	北纬（°）	东经（°）	震级（M）	震源深度（km）	震中
9	1975	09.13	00：52：04	39.15	112.88	2.1		代县太和岭口
10	1975	12.12	22：37：20	39.00	113.17	2.6	19	代县滩上镇
11	1977	01.30	05：35：54	39.00	113.00	2.6	13	代县新高
12	1978	01.15	13：15：09	39.08	112.88	2.1		代县太和岭口
13	1978	04.01	07：03：27	39.23	112.93	2.0	24	代县胡家滩
14	1978	04.07	12：29：36	39.18	112.92	2.5		代县太和岭口
15	1978	11.06	17：34：54	39.22	113.12	2.1		代县分水岭
16	1979	01.14	16：18：04	39.18	112.98	2.1		代县胡家滩
17	1979	04.11	13：01：27	39.20	113.12	2.1		代县枣林镇
18	1979	10.19	20：25：39	39.13	112.98	2.0		代县
19	1979	10.30	20：56：20	39.13	113.00	2.9		代县
20	1979	11.08	13：38：38	39.17	113.00	2.7		代县胡家滩
21	1979	11.10	03：42：39	39.17	112.88	3.3		代县太和岭口
22	1979	11.10	04：37：10	39.17	112.92	2.9		代县太和岭口
23	1981	05.04	14：48：41	39.18	112.83	2.0		代县太和岭口北
24	1981	05.08	18：10：45	39.12	112.80	2.9	19	代县太和岭口
25	1981	05.09	02：01：13	39.17	112.83	2.1		代县太和岭口北
26	1981	05.19	12：29：39	38.90	113.00	2.4		代县八塔
27	1981	07.04	20：47：17	39.15	112.93	2.1		代县太和岭口
28	1981	12.24	13：57：05	39.27	113.12	2.2		代县分水岭
29	1983	08.23	20：45：06	39.13	112.93	2.4	19	代县太和岭口
30	1984	03.12	22：12：00	39.00	112.97	2.7	11	代县新高
31	1985	10.06	16：59：05	39.03	113.15	2.6		代县滩上镇
32	1985	12.28	15：25：46	38.98	112.85	2.4	23	代县阳明堡镇
33	1986	08.20	17：32：22	39.05	112.90	2.0		代县
34	1986	08.24	11：00：08	39.05	112.87	2.4		代县阳明堡镇
35	1986	10.09	18：04：12	39.15	113.18	3.0	20	代县峨口镇

续表

序号	年份	月、日	时　间	北纬（°）	东经（°）	震级（M）	震源深度（km）	震　中
36	1989	05.06	21：07：17	39.12	113.03	2.5	7	代县聂营镇
37	1989	09.22	04：40：10	39.03	113.12	2.1	11	代县滩上镇
38	1989	10.02	06：40：31	39.13	112.88	2.1	12	代县太和岭口
39	1989	12.19	15：34：03	39.00	112.90	2.9	22	代县阳明堡镇
40	1990	02.23	07：04：28	39.08	112.90	2.8	12	代　县
41	1992	08.26	20：15：31	39.03	112.87	3.6	18	代县阳明堡镇
42	1993	07.11	16：06：39	38.93	113.17	2.0	1	代县滩上镇
43	1993	09.10	12：24：13	39.10	113.08	2.4	12	代县聂营镇
44	1993	10.15	16：52：59	38.97	113.00	2.0	8	代县新高
45	1993	10.26	05：10：39	39.13	112.80	2.1	15	代县太和岭口
46	2000	12.15	07：05：00	39.16	112.94	2.0		代县太和岭口
47	2001	08.14	16：12：24	39.15	113.02	2.9	16	代县聂营镇
48	2004	03.05	07：56：07	39.07	112.93	2.0	19	代　县
49	2004	07.08	01：18：13	39.25	113.02	2.2	17	代县胡家滩
50	2006	03.09	19：36：59	39.15	112.80	2.0	12	代县太和岭口
51	2006	04.03	21：06：35	39.20	112.92	2.5	15	代县胡家滩
52	2006	04.05	02：38：04	39.20	112.92	2.1	18	代县胡家滩
53	2006	04.06	12：21：29	39.20	112.92	2.5	16	代县胡家滩
54	2006	04.06	19：35：42	39.20	112.92	2.6	15	代县胡家滩
55	2006	04.07	06：37：54	39.20	112.92	2.1	15	代县胡家滩
56	2006	04.07	16：06：27	39.22	112.90	3.2	18	代县胡家滩
57	2006	04.07	17：53：41	39.20	112.92	2.1	18	代县胡家滩
58	2008	03.05	06：44：34	39.28	113.08	2.7	16	代县分水岭
59	2010	07.09	18：10：31	39.23	113.18	2.9	8	代县分水岭
60	2012	01.24	10：52：22	39.07	113.22	2.1	5	代县峨口镇
61	2012	02.15	06：03：41	38.87	113.03	2.7	5	代县八塔

繁峙县 2.0 级以上地震目录

序号	年份	月、日	时　间	北纬（°）	东经（°）	震级（M）	震源深度（km）	震　中
1	1972	09.19	19：43：21	39.3	113.60	3.4		繁峙砂河镇
2	1973	01.23	12：59：04	39.10	113.25	2.4		繁峙岩头
3	1979	10.15	05：07：09	39.27	113.17	2.5		繁峙西北
4	1982	07.30	21：35：26	39.12	113.22	2.0		繁峙岩头
5	1983	03.05	18：25：50	39.20	113.28	2.9	20	繁峙县城东北
6	1984	07.27	15：59：41	39.07	113.35	2.0		繁峙岩头
7	1989	03.05	23：18：11	39.27	113.23	2.1	19	繁峙乔家会
8	1989	07.20	14：58：36	39.17	113.22	2.0	18	繁峙古家庄
9	1991	06.03	15：13：54	39.27	113.28	2.4		繁峙腰家岭
10	1993	04.25	03：11：46	39.08	113.37	3.2	17	繁峙岩头乡
11	1995	02.20	23：03：00	39.37	113.63	2.9	24	繁峙砂河镇北
12	2012	02.17	23：14：54	39.40	113.57	2.6	9	繁峙砂河镇北
13	2013	06.29	05：15：46	39.03	113.37	3.0	5	繁峙岩头
14	2013	12.23	15：04：38	39.38	113.55	2.0	10	繁峙砂河

静乐县 2.0 级以上地震目录

序号	年份	月、日	时　间	北纬（°）	东经（°）	震级（M）	震源深度（km）	震　中
1	1971	06.18	19：35：03	38.15	112.13	2.6		静乐界口
2	1977	02.01	02：12：55	38.52	111.88	2.4		静乐腰庄
3	1996	12.17	17：45：00	38.44	112.12	2.0	11	静乐双路
4	2005	12.12	16：02：19	38.27	112.23	2.1	18	静乐康家会镇
5	2013	06.20	13：21：58	38.51	111.76	2.2	18	静　乐
6	2015	11.17	03：45：15	38.18	112.18	2.6	20	静　乐

神池县 2.0 级以上地震目录

序号	年份	月、日	时　间	北纬（°）	东经（°）	震级（M）	震源深度（km）	震　中
1	1973	10.08	05：54：51	39.03	112.00	2.1		神池虎鼻

续表

序号	年份	月、日	时　间	北纬（°）	东经（°）	震级（M）	震源深度（km）	震　中
2	1976	06.05	08：35：04	39.18	112.00	2.1		神池大严备镇
3	1979	09.22	19：47：08	39.15	112.07	2.2		神池大严备镇
4	1980	04.09	17：15：56	39.08	111.98	2.0		神池义井镇
5	2000	12.28	13：16：00	39.09	112.0	3.0		神池义井镇

五寨县 2.0 级以上地震目录

序号	年份	月、日	时　间	北纬（°）	东经（°）	震级（M）	震源深度（km）	震　中
1	1974	09.11	10：57：57	39.07	111.53	2.4		五寨韩家楼
2	1984	05.11	11：21：18	39.07	111.80	2.7		五寨小河头
3	1991	12.12	19：50：25	39.05	111.52	2.5	8	五寨韩家楼
4	1993	09.11	03：18：23	39.05	111.50	4.4		五寨韩家楼
5	1993	09.11	16：29：20	39.02	111.50	2.2		五寨韩家楼
6	2003	10.04	07：44：26	38.97	111.55	2.1	19	五寨杏岭子
7	2007	06.21	22：00：13	39.02	111.55	2.2	30	五寨韩家楼
8	2009	08.01	22：25：28	38.92	111.62	2.7	8	五寨杏岭子
9	2010	02.08	21：42：23	39.05	111.78	3.3	4	五寨小河头镇
10	2011	03.07	01：51：34	39.02	111.77	4.1	6	五寨小河头镇
11	2011	08.26	23：14：11	38.97	111.58	2.1	9	五寨杏岭子
12	2011	09.28	18：21：19	38.98	111.65	2.2	5	五寨杏岭子

岢岚县 2.0 级以上地震目录

序号	年份	月、日	时　间	北纬（°）	东经（°）	震级（M）	震源深度（km）	震　中
1	1988	05.27	13：31：59	38.62	111.45	2.0		岢岚阳坪
2	2009	06.07	11：24：08	38.87	111.68	2.0	7	岢岚三井镇
3	2009	08.05	19：04：32	38.92	111.58	2.0	7	岢岚大巨会

宁武县 2.0 级以上地震目录

序号	年份	月、日	时 间	北纬（°）	东经（°）	震级（M）	震源深度（km）	震 中
1	2013	05.23	22：39：36	39.02	112.48	2.1	12	宁 武
2	2013	08.15	09：23：24	39.07	112.52	2.0	12	宁 武

河曲县 2.0 级以上地震目录

序号	年份	月、日	时 间	北纬（°）	东经（°）	震级（M）	震源深度（km）	震 中
1	1974	04.25	04：04：05	38.97	111.37	2.5		河曲赵家沟

偏关县 2.0 级以上地震目录

序号	年份	月、日	时 间	北纬（°）	东经（°）	震级（M）	震源深度（km）	震 中
1	1976	06.05	08：35：04	39.45	111.77	2.0		偏关南堡子

第二章　地震地质

忻州位于中朝准地台中部。中朝准地台是我国形成时代最早的地台，基底的形成经历了阜平、五台、中条旋回三个阶段，在距今 20 亿 ~17 亿年，地台基底最终形成。基底由太古界和早元古界变质岩系组成，从晚元古代至二叠纪为沉积盖层发育阶段，在结晶基底上，发育了一套海陆交互相沉积建造。晚三叠纪的印支运动后，中朝准地台进入大陆边缘活动带发展阶段。大致以太行山为界，东升西降，太行山东部主要为相对隆起区，西部形成鄂尔多斯大型陆相沉积盆地，至白垩纪逐渐向西退缩，强烈的燕山运动在太行、吕梁隆起区及汾渭断陷带盆地边缘形成了北北东、北东向的逆断裂和褶皱构造。新生代时期，地台以断陷升降运动为主，并伴有玄武岩浆喷溢。沿隆起区中部形成汾渭断陷带。这些地区均是现今地震活动最强烈的构造单元。

第一节　地质地貌

第三纪末以来的喜马拉雅运动，表现为差异性的升降运动，致使隆起区持续上升，凹陷区持续下降。这次运动出现了与中生代构造不一致的雁行式排列的断陷盆地，如忻定盆地、静乐—岚县盆地，而五台山、吕梁山为持续继续隆起。

吕梁山以西为第四系黄土堆积区，黄土沟谷发育，甚至基岩出露，河流下切显著，河流向西注入黄河，在黄河两岸形成三级阶地，表明后期明显上升。更新世以后，虽然新构造运动仍在继续进行，但对忻州境内的地质构造和地貌变化微不足道。

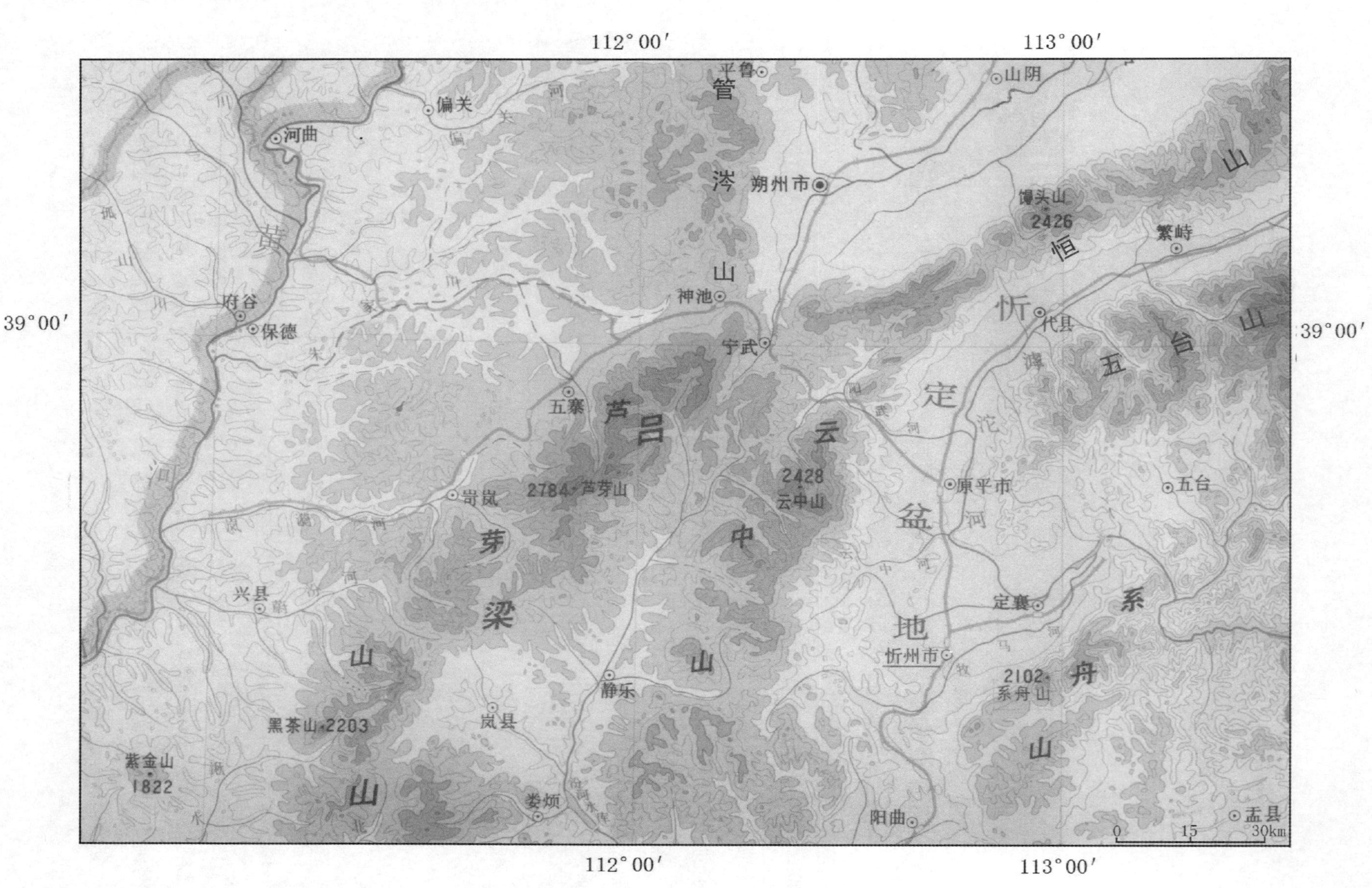

112°00′
113°00′
39°00′
管涔山
恒山
五台山
忻定盆地
芦吕
云中山
芦芽山
吕梁山
系舟山
平鲁
山阴
偏关
河曲
朔州市
馒头山 2426
繁峙
神池
府谷
保德
代县
宁武
五寨
2428 云中山
2784 芦芽山
原平市
五台
岢岚
兴县
定襄
忻州市
2102 系舟山
静乐
黑茶山 2203
岚县
紫金山 1822
娄烦
阳曲
盂县
0 15 30km

忻州市地势图

一、地貌单元

忻州境内东部、北部、南部多为石山区，西部和西北部多为黄土丘陵沟壑区，中间则是断陷盆地。忻定盆地、黄河古道的海拔高度在1000米以下，其余地区的海拔高度都在1000米以上，最高峰五台山北台顶海拔高度为3058米，号称“华北屋脊”。全境地貌表现为重峦叠嶂，丘陵起伏，沟壑纵横，地形破碎，海拔高差悬殊，类型复杂。

境内地质地貌主要分为基岩山区、山前黄土丘陵区、黄土高原丘陵区、山前洪积倾斜平原区和河谷冲积平原区等。

1. 基岩山区

主要包括五台山、恒山南段、系舟山、云中山、管涔山、芦芽山等。其中五台山、恒山、云中山主要由太古界片麻岩和少量元古界石英岩及前震旦纪花岗岩体组成。山高一般为1500~2000米，分水岭地带海拔都在2000米以上。五台山顶峰最高，海拔3058米。相对高差均在500~1000米之间，为构造运动长期上升区，侵蚀和剥蚀作用剧烈，山坡呈凸形，植被少、山势较陡峻，山背山梁较宽，山峰呈锥状突出，坡度很大，十分陡峭，沟谷呈U形，沟底平缓，多有碎石、卵石堆积，几乎沟沟岔岔有小型裂隙，山泉由此流出。五台山、恒山、管涔山、芦芽山，主要为裸露的前寒武、寒武系、奥陶系变质岩、灰岩石英砂岩组成的中高山，基底或两翼有片麻岩和火成岩出露，属断状山地，山势陡峻，标高为1500~2500米。山背狭窄，山峰挺拔，地表堆积物薄而少见，区域内V形沟谷发育。本区域内森林茂密，降水除一部分变为地表水径流外，其余大部分从岩石缝隙中渗入地下，形成地下径流，有的成为泉水流出，汾源即属此类。芦芽山山岭平缓，山峰为光秃的圆顶形，冲沟及沟流袭夺现象普遍。沟谷中，山洼间多有黄土分布，沟谷中的砂石中潜水较丰富。

2. 山前黄土丘陵区

主要分布在滹沱河、汾河、牧马河及其他较大河流两岸的山前地带及原平同川、五台东冶、豆村、茹村等山间盆地一带，为山地平原间的过渡地带，主要由黄土状物质组成，在山沟出口处为漂砾石及卵砾石，地面坡度5°~8°倾斜，近山坡处冲沟发育。在近代大河流的高抬阶地上，有古大河流宽谷的堆积，多为河相砂砾石层，其上覆盖有薄层黄土；后因河道变迁，河谷深切，形成高出近代河床数十米的古阶地。现代地形受冲沟切割，形成许多倾向河谷中心平行的长梁状丘陵地形，切深一般30~50米。

3. 黄土高原丘陵区

主要分布在晋西北的神池、五寨、岢岚、河曲、偏关、保德等县的大部分地区。登高远望，丘陵区表面呈波状起伏，其间沟谷纵横分布，向源侵蚀十分发育，因受基岩古地形控制及后期地表径流的作用，许多平坦的源状地形被沟谷切割破碎，形成长条形的梁状地形，切深一般 100~200 米。在基岩的蚀余残丘上常被黄土覆盖，形成孤立平顶的峁状鼓丘，有些顶部基岩裸露，突出于丘陵区中部，海拔 1500~1800 米。

4. 山前洪积倾斜平原区

分布于滹沱河、牧马河两侧冲积平原外围，以及神池东湖盆地、五寨二道川盆地周围地带，由许多大小不等的斜积扇衔接而成，地面坡降 3°~5°，向盆地中心倾斜，由扇顶至前缘一般高差 50~150 米，颗粒由粗变细，与冲积平原过渡界线不明显，前缘常有泉水溢出，形成下湿地，切割现象少见，冲沟不发育，为境内主要富水地段之一。

5. 河谷冲积平原区

分布于沿河地带，主要为滹沱河、牧马河、云中河宽阔平坦的河漫滩（盆地），以及西部的岢岚北川，神池的朱家川、五寨二道川等河岸狭长地带，主要由冲积物质组成，地面较为平坦。滹沱河、牧马河普遍发育有一级阶地，该阶地普遍高出河面 2~3 米，土地广阔。位于滹沱河旁的忻府区曹张附近二级阶地高出河面 7~8 米。境内其他河流阶地不发育，以淤积作用为主，忻府区、原平境内分布有数座剥蚀孤丘，如原平唐林岗、忻府区奇村的双乳山和伏虎山等。在云中山、五台山、系舟山之间是略呈三角形的忻定盆地，平均海拔 800 米，地势较为平坦，土地肥沃、灌溉便利，是忻州市粮食主产区。

二、主要山脉

强烈的构造运动，在忻州境内产生一系列大大小小的山脉，造就了一系列叹为观止的自然奇观，同时由于隆起区持续上升，凹陷区持续下降，在盆地与山脉边界产生大量断裂，如恒山南麓断裂，五台山北麓、西麓断裂，云中山山前断裂，系舟山山前断裂等，这些断裂不仅控制着忻定盆地，而且也成为境内地震的主要发生地。

1. 恒山

位于境内东北部，是忻州市与朔州、大同的界山，明代始称北岳恒山，东北—西南走向，恒山南麓断裂控制着忻定盆地西北部。恒山西接管涔山，东至河北省曲阳西，桑干河、滹沱河为分水岭。恒山主峰玄武峰在浑源县东南，海拔 2017 米。横跨 250 千米的巍逶迤山脉在忻州市境内的段落分布于宁武、代县、繁峙等县，是海河支流桑干河与滹沱河的分水岭。恒山发脉于管涔山，沿东北走向奔腾起伏，蜿蜒塞上，至河北省境与太行山连接，号称“108 峰”，东西绵延 150 千米。其西为翠屏山，其南隔繁峙盆地，与五台山脉遥遥相对。恒山，人称“北岳”，与东岳泰山、西岳华山、南岳衡山、中岳嵩山并称为“五岳”。

2. 五台山

位于五台县东北部、繁峙县南部，属太行山系。东北—西南走向，五台山北麓断裂、西麓断裂控制着忻定盆地东部。五台山向东伸向河北省阜平境内，向西伸向代县，长百余千米。由古老结晶岩构成，北部切割深峻，五峰耸立，峰顶平缓。云峰北台顶（亦名“叶斗峰”），海拔 3061 米（三角点高程 3058 米）；东台顶“望海峰”，海拔 2795 米；西台顶“挂月峰”，海拔 2773 米；中台顶“翠岩峰”，海拔 2894 米；南台顶“锦绣峰”，海拔 2485 米。山涧有 5 条溪发源于此，其中 2 条溪流入清水河，3 条溪西出注入峨河，后归滹沱河。山上多佛寺，主要有显通寺、塔院寺、菩萨顶、殊像寺等，还有南禅寺大殿和佛光寺。与普陀、九华、峨眉合称“中国佛教四大名山”。因夏无炎暑，佛教称之为“清凉山”。

五台山是中国最古老的地质构造地区之一，也是全国地质研究对比的典型地区之一。五台山太古界变质岩系的形成可追溯到 26 亿年前。五台山地层，除短缺古生界的奥陶系上统、志留系、泥盆系和石炭系下统、中生界外，其他各个时代包括太古界、元古界、古生界、新生界的地层都比较齐全。

3. 云中山

位于忻府区西北上沙沟村西南，云中山山前断裂控制着忻定盆地西部。因山间常为云雾环绕，阴天尤甚，山峰若隐若现而得名。云中山为吕梁山脉北段分支，东北—西南走向，长达百余千米。汾河与滹沱河上游分水岭。境内峰顶海拔 2105 米，相对高差达千米以上。山峰由花岗岩组成。主峰老君洞，海拔 2393 米。

4. 管涔山

位于宁武县西南，是阴山余脉，东北—西南走向，古称“燕京山”。主峰荷叶坪山，海拔 2787 米。汾河、桑干河发源地。

管涔山在清末和民国被称作“晋山之祖”，地处晋西北吕梁山北端，北承阴山余脉，南接吕梁云中山，西抵黄河东岸，东衔洪涛山侧翼，自东北向西南延伸，分布于宁武、神池、五寨、岢岚、静乐、朔州等境内。境内峰峦重叠，簇拥大小 200 多座山峰，沟壑纵横，崖沟跌宕，溪水淙淙。目前建有管涔山国家级森林公园、宁武万年冰洞国家地质公园。

5. 芦芽山

位于岢岚、宁武、静乐、五寨四县交界地，属吕梁山脉北段分支，海拔高度 2739 米，东北—西南走向，绵延百余里。山峰挺拔，气势雄伟，形似芦芽，故名“芦芽山”，亦称“芦芽尖山”、“大峪山”。境内有茂密的森林 9 万余亩。目前已成为旅游观光、休闲度假、游玩避暑之地。

芦芽山地貌单元与地质构造非常吻合，背斜与地垒构成山地，向斜与地堑构成盆地。云中背斜与芦芽背斜分别构成两列大致平行的高峻山地，其中夹有宁武—静乐向斜构造盆地。它们南与吕梁背斜北部的穹形构造——关帝山相衔接。宁—静盆地是小型的山间盆地，汾河从其间穿流而过。

芦芽背斜轴部出露岩石主要为太古代片麻状花岗岩，包括太古界和元古界的片麻岩、片岩、石英岩以及各种岩浆岩。两翼为寒武奥陶系灰岩、白云岩，组成高峻山地的斜坡。向斜盆地中分布二叠系、三叠系砂岩、页岩以及石炭系、侏罗系含煤地层，是宁武煤田的主要含煤层。松散岩类包括冲积、洪积的沉积物，集中分布于盆地和河谷中。

芦芽山为太古代花岗岩侵入体，经断裂抬升形成褶皱高中山地，走向北东—南西，与区域构造线延伸方向基本一致。芦芽山以大面积褶皱、断陷隆起为显著特征，隆起幅度一般为1000~2000米，隆起区两侧呈阶梯状下降，与凹陷区相间排列。东坡陡直多断层，明显高于盆地；西坡平缓，与晋西黄土高原相接，形成陡峭山势。隆起带北端翘起，南端深陷，形成北高南低的地势。隆起带大部基岩裸露，岩石致密坚硬，孔隙率低，抗蚀能力强，多陡崖峭壁，沟谷深切，山势雄伟。但也有结构不均之处强度较差，在侵入体边缘、脉状挤压接触带和构造断裂等处，多见层间错动、揉皱、节理裂隙、岩层破碎、边坡滑动错落等。

6. 系舟山

位于忻府区东南，为忻定盆地与太原盆地的界山，系舟山北麓断裂，控制着忻定盆地南部。系舟山西南从赤塘关起，向东北延伸至定襄境内。最高海拔柳林尖，山顶为2101.9米，山脊海拔一般在2000米左右。西南部海拔降至1400米左右，并有石岭关、赤塘关两个隘口。其北坡以大断层与忻定盆地相接，南坡地势较为开阔平缓。系舟山有禹王洞，传说为大禹治水时所遗留，洞内有石柱、石桌、石阶等许多天然遗迹。系舟山即以大禹治水路经此地系舟于山而得名。

据山西省地质调查院有关专家实地勘察：系舟山逆冲推覆构造带位于中生代燕山造山带的西南端，分布于系舟山掀斜向斜的北西翼，形成于晚侏罗世晚期，空间上由一系列近平行排列的逆冲断裂组成，剖面上表现为侧幕展布的犁式逆冲断裂所构成的前陡、后缓的单冲式叠瓦状构造。主体由北西向南东方向逆冲，逆冲扩展方式为前展式，运移距离大于5.8千米。推覆构造中应力状态在横、纵向上呈现有规律的变化，根带以挤压为主的高角度逆冲断裂及复杂多级褶皱为主；中带以单剪为主，形成叠瓦状构造；锋带挤压作用增强，发育反冲断层和不对称褶皱。随着挤压应力的松弛减弱，山前形成规模较大的正断层。

三、古隘城堡

忻州市是山西地震带一个强震多发区，历史上曾发生过多次强烈地震。1038年1月15日定襄—忻州间$7\frac{1}{4}$级地震，“坏庐寺、杀人畜，凡十之六。大河以东，弥千五百里而及都下，诚大异也”；1683年11月22日原平7级地震，致使原平、代县一带“地大震，初西北声若震雷，黄尘遍野，树梢几至委地，毁坏民房，人多压死”。但是仍有一些建筑历经多次地震洗礼，虽有破损仍屹立不倒，经修复后风貌依旧。

1. 雁门关

又名西陉关，位于代县县城以北约20千米处的雁门山中，是长城上的重要关隘，与宁武关、偏关合称“外三关”。“天下九塞，雁门为首。”雄关依山傍险，高踞勾注山上。

东西两翼，山峦起伏。山脊长城，其势蜿蜒，东走平型关、紫荆关、倒马关，直抵幽燕，连接瀚海；西去轩岗口、宁武关、偏头关至黄河边。关有东、西二门，皆以巨砖叠砌，过雁穿云，气度轩昂，门额分别雕嵌“天险”、“地利”二匾。

东西二门上曾建有城楼，巍然凌空，内塑杨家将群像，并在东城门外为李牧建祠立碑，可惜城楼与李牧祠，均在日军侵华时焚于一旦。傅山先生所书的“三关冲要无双地，九塞尊崇第一关”的对联也化为灰烬。

唐代诗人李贺的《雁门太守行》写出了雄关的豪迈气势：“黑云压城城欲摧，甲光向日金鳞开。角声满天秋色里，塞上燕脂凝夜紫。半卷红旗临易水，霜重鼓寒声不起。报君黄金台上意，提携玉龙为君死。”

代县雁门关经历多次7级以上地震洗礼依然屹立

2. 宁武关

是三关镇守总兵驻所所在地。关城始建于明景泰元年（1450 年），在明成化、正德、隆庆年间，均有修缮。关城雄踞于恒山余脉的华盖山之上，临恢河，俯瞰东、西、南三面，周长 2000 米，开东、西、南三门。成化二年（1466 年）增修之后，关城周围约 2000 米，基宽 15 米，顶宽 7.5 米，墙高约 10 米，城东、西、南三面开门。成化十一年，由巡抚魏绅主持，拓广关城，周长 3500 多米，加辟北门，建飞楼于其上，起名为“镇朔城”。其南北较狭，东西为长，呈长方形，城墙高大坚固，四周炮台、敌楼星罗棋布。到弘治十一年（1498 年），关城又被扩建，城墙增高 1.5 米，仍为黄土夯筑。万历年间，在全部用青砖包砌城墙的同时，还修建了东西两座城门楼，在城北华盖山顶修筑了一座巍峨耸峙的护城墩，墩上筑有一座三层重楼，名为“华盖楼”。关城不仅与内长城相连，而且在城北还修筑了一条长达 20 千米的边墙。宁武居凤凰山之北，传说由凤凰所变，故有“凤凰城”之称。但见城池犹如凤身，城北华盖山护城墩酷似凤首，东西延伸的两堡俨然凤翅，南城之迎薰楼，正如高翘的凤尾。雄踞城中的鼓楼，堪称“凤凰的心脏”，使人产生美妙的联想。万历末年，增高城墙，加以砖包，关城更为坚固雄壮。

3. 偏头关

位于偏关县黄河边，因其地势东仰西伏，故名“偏头关”。“雄关鼎宁雁，山连紫塞长，地控黄河北，金城巩晋强。”这是古人对偏头关的赞誉。偏头关历史悠久，地处黄河入晋南流之转弯处，为历代兵家争夺重地。早在春秋战国时期，这里就是战场。“赵武灵王略中山破林胡，取其地置儋林郡”。偏关秦汉属雁门，隋属马邑，唐置唐隆镇，名将尉迟敬德在关东建九龙寺。偏头关城形状不规则，东西长 1100 米，东、西、南三道城门均建有瓮城。城高 10 米处砌砖石，南门至西门一带，砖石大部犹存。西墙、北墙多为夯土墙，东部城墙已毁。明代除设置“偏头关”外，在崇山峻岭的长城沿线及重要通道上建起堡城 22 座，有桦林堡、老牛湾堡、草垛山堡、老营堡等。这些堡城的边墙现多仅存夯土，唯地处黄河岸边的桦林堡地段，约 30 千米边墙保存较好，全部包砖，高耸于河岸，甚为壮观。

四、河流湖泊

过境和境内较大河流主要有黄河段、汾河、恢河、牧马河、南云中河、滹沱河、岚漪河等。由于地质运动对河流形成、走向有着重要影响，故作记载。

1. 黄河

黄河流经忻州的段落，包括偏关、河曲和保德三县。黄河经过内蒙古自治区托克古托县的河口镇后，河水湍急，气势磅礴，十分壮观，随后黄河水急转直下，进入晋陕峡谷。此段黄河，咆哮奔腾，水面时宽时窄，河谷深切，“娘娘滩”“太子滩”两个河中之岛上风景如画，村民安乐，且有许多神奇的传说和历史故事。天桥村附近，冬季积冰成桥，冰桥下急流滚滚，涛声震耳，故谓之“天桥”。

在黄河流经忻州的高原，还保留有一段内长城。此段内长城从偏关老牛湾到河曲楼子营，长 30 多千米，犹如一条青龙逶迤于黄河岸边悬崖。城墙上的敌楼、烽火台高耸如故，与波澜壮阔的黄河交相辉映，彰显着中华民族的伟大气魄。此外，在黄河岸边有偏关县的奇异洞穴迤西洞；河曲县的晋西北名刹海潮庵、岱岳殿，鸡鸣三省的护城楼等名胜古迹。它们似一颗颗明珠镶嵌在黄河岸边，使黄河景观更加壮丽动人。

黄河在流经忻州境域时，作为过境河，首先经过的是偏关县万家寨，经河曲县，到保德县冯家川出境。一般流量 300~500 立方米/秒，最大流量 11100 立方米/秒。黄河在忻州境内的支流，有关河、县川河、新窑河、腰庄河、朱家川河、石塘河、小河沟河和岚漪河等。其中较大的支流有偏关县关河口的关河，流域面积 2040 平方千米，流长 124.9 千米；河曲县河畔的县川河，流域面积 1610 平方千米，流长 109 千米；保德县花园的朱家川河，流域面积 2915 平方千米，流长 167.6 千米；岢岚县党家崖的岚漪河，流域面积 2159 平方千米，流长 94.5 千米。

黄河流经偏关县时，与长城在偏关县西境的老牛湾第一次握手，并在此舞出 270° 的华丽回旋。雄宏的黄河水在千万年的历史动作中，雕刻出中国最美的十大峡谷之一。

老牛湾位居山西省和内蒙古自治区的交界处，以黄河为界，南依山西偏关县，北岸是内蒙古自治区清水河县，西邻鄂尔多斯高原的准格尔旗，构成一个鸡鸣两省、区的奇特境界。黄河从这里入晋，内外长城在这里交汇，晋陕蒙大峡谷以这里为发端，黄土高原沧桑的地貌特征在这里彰显。

2. 汾河

汾河是黄河第二大支流。源于宁武管涔山麓，贯穿山西省南北，被晋人尊称为“三晋母亲河”。在忻州市境内河长 95.2 千米。

《左传·昭公元年》关于台骀在太原地区治理汾河成为汾水之神的记载，据考证这是已知汾河在中国历史记载中的第一次。

汾河的正源，历来公认是东寨村西南约 1000 米处的娄子山下“汾源灵沼”出水口。其实，汾河在宁武县境内的水源还有多处。这些水源，分散在县境内的马仑、大庙、涔山、西马坊、宁化、东庄、东马坊、怀道等乡镇的 10 多处崖壑沟谷中，分别是磁窑湾河、王弥滩河、芦芽山河、支锅石水、龙眼泉水、清真山泉、洪河，以及管涔山天池南溢之水。它们有的比东寨汾源出水口还要延伸 10~20 千米，有的在上游中途汇入汾河干流。这些水源是汾河的远源或支源。

汾源地区的自然景观，既有巍峨绵霍的高山峻崖，又有四季葱郁的森林草甸；万年冰洞世界一绝，鸾桥烟虹神秘幻化；支锅奇石鬼斧神工，喀斯特地貌壮观典型。加之汾水四季长流，碧波荡漾，两岸山谷坡梁的佳禾芳草，辅以充溢着晋西北民俗风情的田园农舍点缀，构成一幅浓墨重彩的世外桃源般美妙绮丽的高原水乡风情画。

汾源地区的人文景观，有雷鸣寺、水母庙、悬空寺、古栈道、万年冰洞、台骀神祠、圣寿寺、广济寺等名刹古寺，有汾源阁、汾源博物馆、引汾入宁工程等当代建筑设施；还有农家水磨、农历四月十八日传统古庙会等延续至今、可资观赏游乐的民俗项目。

3. 滹沱河

滹沱河是子牙河上游的主要支流，发源于繁峙县泰戏山马跑泉桥儿沟，向西流经代县、忻府区、原平市，受金山所阻，急转东流，经定襄、五台至盂县入河北省境，在河北省汇入子牙河，横贯太行山脉。

滹沱河源远流长，历史悠久，曾有多个河名。《礼记》作“恶池”,《周礼》称“滹池”,《史记》作“呼沱”、“亚驼”,《战国策》与《韩非子》俱作“呼沱”,《山海经》作“滹沱”,《汉书·地理志》作“滹沱河”。《永乐大典》太原府繁峙县卷记载：“青龙泉，在繁峙县正东孤山下，即滹沱河水出焉。”由上可知，该河称作“滹沱”，至少始自汉代。“滹”本为“呼”，即呼啸之意；“沱”即滂沱。因滹沱河从晋北高原突入平川，水流湍急，浪涛汹涌，横冲直撞，历史上多次泛滥成灾，故而其河名多含凶猛之意。

滹沱河在唐代尚属黄河水系，以后黄河南迁，渐归海河水系。因此，滹沱河两岸文明，是黄河文明的一个重要组成部分，也是海河文明与黄河文明的融汇之地。由于滹沱河两岸气候湿润、黄土肥厚，自然环境优越，远在人猿相揖的石器时代，我们的祖先就在滹沱河岸畔生息，就用磨制的石斧石刀，撞击着人类文明之门，是为中国古代文明的发祥地之一。龙山文化晚期，这里得到广泛开发，出现了大片种植区。在滹沱河及其支流牧马河、同河、小银河等河段两岸的村落遗址，几乎与当今村庄密度相当，且有了不少面积较大的村落。如原平市辛庄遗址面积即有 4500 亩，忻府区南关遗址面积达 3000 亩。

滹沱河全长 578 千米，至定襄县南庄水文站以上控制流域面积 11936 平方千米。主要支流有阳武河、云中河、牧马河、同河、清水河、南坪河、冶河等，呈羽状排列，主要集中在黄壁庄以上。流域内地势自西向东呈阶梯状倾斜，西部地处山西高原东缘山地和盆地，地势高，黄土分布较厚；中部为太行山背斜形成的山地，富煤矿；东部为平原。流域内天然植被稀少，水土流失较重。流经山区、山地和丘陵的面积约占全流域面积的 86%，河流总落差达 1800 余米。瑶池以上为上游，沿五台山向西南流淌于带状盆地中，河槽宽自一二百米至千米不等，水流缓慢。瑶池至岗南为中游，流经太行山区，河谷深切，呈 V 形谷，宽度均在 200 米以下，落差大，水流湍急。黄壁庄以下为下游，流经平原，河道宽广，最宽可达 6000 米，水流缓慢，泥沙淤积，渐成地上河或半地上河，且已基本断流。两岸筑有堤防。

4. 宁武管涔山天池

宁武管涔山天池是忻州境内仅有的湖泊。天池湖泊群位于宁武县境内管涔山东侧，海拔 1954 米，分布着呈树枝状排列的高山湖泊，主要有天池、元池、琵琶海、鸭子海、老师傅海、岭出海、双海、干海等大小 15 个湖泊组成的群系。总水面面积约 2 平方千米，其中最大的是距汾河源头约 15 千米分水岭上天池山巅的天池。

天池古称“祁莲池”、“祁莲泊”，亦名“马营海”、“母海”，池水面积 0.8 平方千米，合 1200 亩，水深 8~10 米，容积 600 万~800 万立方米。元池，古称“玄池”，亦名“公海”，水面面积 0.36 平方千米，合 540 亩，水深 11~15 米，容积 300 万 ~500 万立方米。元池与天池在同一山间峡谷里，天池在南，元池在北，二者遥相呼应。天池与元池高差 17 米，二池之水清澈明净，长年不涸，中间有 4 个天然垭口，通过地下深水潜通。

天池湖泊群是由中更新世在侏罗纪紫红砂质岩系上发育的古河道演变而成，受中更新世晚期或晚更新世早期的构造运动影响，河槽中的一些深潭形成闭塞洼地，积水成湖。这些湖泊群随着历史的演变，因被总和物淤塞，有的湖泊已干涸或接近消亡，有的蓄水变浅向沼泽化演变。

北魏郦道元《水经注》中载：“承太原汾阳县（今静乐县）北燕京山之大池。池在山原上，世谓之天池。方里余，澄亭镜净，潭而不流。”并载，“其水阳旱不涸，阴霖不滥，无能测其深也”。管涔山天池是《水经注》唯一有文字记载的中国古老高山湖泊。

天池群湖地处高寒，景色优美，早在隋唐时期，就是驰名的避暑胜地。据《宁武县志》记载，隋大业四年（608 年），隋炀帝在天池修建了规模宏大、供避暑用的汾阳宫。大业十一年，隋炀帝带群官宫妃到汾阳宫避暑。大业十三年，马邑太守刘武周投靠突厥，带兵攻取汾阳宫。汾阳宫毁于战火之中，今遗迹尚存。

五、地下热水

温泉分布与新构造运动关系密切。温泉和地震是活动断裂体系中既相辅相成又互为消长的两个侧面。一方面，两者之间存在正相关关系，即中高温温泉密集区（带）地震（包括强震）活跃，另一方面，温泉的过度集中又降低了该地段发生强震的可能性。现在对温泉的水化观测研究已经成为地震前兆观测手段之一。忻州市内地下热水资源分布较广且较为丰富。据统计，天然和人工露头达6处，主要分布在忻府区奇村、顿村，原平市大营，定襄县上汤头等地。

1. 大营地下热水

位于原平市北。该地下热水于1978年由忻州县打井队发现。之后，山西省地矿局第三水文地质队曾在该区进行过详细勘查，共打勘探孔5个，孔深237.90~539.36米，当时地下热水水头高出地表7米，水温20.6~53℃。大营地下热水属低温地热资源温热水和温水，热水中氟含量较高，不宜饮用，但山前倾斜平原区水温低的水中，氟含量一般小于1克/升，与《饮用天然矿泉水限量指标》（GB8537–87）对照，其中锶、溴、锂、二氧化碳含量有的达到饮用天然矿泉水标准，可作为饮用天然矿泉水开发。

2. 奇村地下热水

奇村地热田位于忻府区西北方向，奇村—南高之间。自1972年在奇村发现第一眼热水井后，当地围绕温泉开发的旅游度假业随之兴起。热水储集层为第四系砂砾石层和基岩风化带。基岩为太古界五台群变质岩系，最深达300米。热水含有适量偏硅酸、硫化氢、氡等化学元素，符合国家《医疗矿水水质标准》。

3. 顿村地下热水

顿村地热田位于忻府区北偏西约10千米处，交通便利。西侧背靠金、银山，东侧面向平原，地势西高东低，南部有南云中河流过。地热系统边界范围主要受构造断裂控制，北以南高—部落的近东西向正断层为界；南以顿村—河拱的北西向正断层为界；西部与构造剥蚀中山区和侵蚀堆积黄土丘陵区地貌单元分界线一致；东以顿村—秦城北北东向边山隐伏断层为界。地热水中含有适量偏硅酸、氡等化学元素，符合国家《医疗矿水水质标准》，可作为天然饮用矿泉水。

4. 上汤头地下热水

上汤头地热田位于定襄县西北角上汤头村东南约700米，于1973年农灌打井时发现，井深66.7米，上部为第四纪松散层，60米以下为基岩风化花岗岩，井口水温53℃，达到饮用天然矿泉水标准。此外，还含有氡、锶等具有重要医疗价值的化学成分。

第二节　构造运动

区域内新构造运动强烈，沿盆地边缘断裂的差异升降运动强烈，北北东向断裂具有一定的水平运动，从而形成次一级的断陷和隆起，断陷基底向断裂方向倾斜，而隆起区则显示为断块的掀斜运动；区内大多数隆起、断陷、凹陷及其控制断裂在新构造运动时期均有不同程度的继承性活动，同时在一定时期内出现反向运动而产生新的断裂和断块。根据区域内部新构造运动强度、地貌类型、断裂走向、地震活动性将区内划分为3个一级构造区和9个二级构造区（见下表）。

区域新构造分区一览表

一级区		二级区	
编　号	名　称	编　号	名　称
Ⅰ	太行山断块隆起区	$Ⅰ_1$	系舟山隆起区
		$Ⅰ_2$	五台山隆起区
Ⅱ	汾渭断陷带	$Ⅱ_1$	恒山隆起区
		$Ⅱ_2$	忻定断陷盆地
Ⅲ	鄂尔多斯断块隆起区	$Ⅲ_1$	云中山隆起区
		$Ⅲ_2$	静乐—娄烦盆地
		$Ⅲ_3$	芦芽山隆起区
		$Ⅲ_4$	五寨盆地
		$Ⅲ_5$	保德—偏关黄土覆盖隆起区

一、太行山断块隆起区

太行山断块隆起区位于汾渭断陷带东部，区内涉及该断块隆起区的北段，该区从早第三纪开始整体隆起至今，地貌上为起伏的中山区，由于断块运动的不均匀性，区内地貌呈现出由北向南、由西向东逐渐降低，海拔高程一般介于1400~2000米，五台山高达3058米，五台期和唐县期夷平面发育。在隆起区南部发育了北北东、北东向断裂及其控制的宽谷型盆地，显示了断块整体稳定的情况下有一定的内部差异运动，隆起区内地震活动弱，只发生过2次$4\frac{3}{4}$级地震。

1. 系舟山隆起区

系舟山隆起区位于忻州市东南部，为基岩剥蚀中山区，海拔高程为1400~2101米，山系总体走向北北东，出露地层以古生界寒武系、奥陶系石灰岩为主，盆地边缘出露元古界滹沱群和太古界华河群变质岩，石灰岩地区侵蚀、溶蚀作用强烈，山势陡峻，沟谷呈V字形，相对高差200~600米。该隆起区新构造时期一直处于整体抬升状态，内部构造单一，结构差异运动较小，活动断裂不发育，隆起区北部以系舟山北麓断裂与忻定盆地分界。

2. 五台山断块隆起区

五台山断块隆起区位于忻州市东北部，基岩剥蚀中山区，海拔高程 1500~2168.4 米，剥蚀、侵蚀作用剧烈，山势较陡，沟谷呈 V 形，相对高差 200~500 米，出露地层以太古界五台群变质岩为主。新构造运动时期处于整体抬升状态，内部新构造运动较弱。

二、汾渭断陷带

汾渭断陷带位于吕梁山断块隆起区东部，太行山断块隆起区西部，自北而南呈 S 形纵贯山西中部，长 1200 千米，总体走向北北东。区域涉及恒山隆起、忻定断陷盆地 2 个次级构造单元。

1. 恒山隆起

恒山隆起位于大同断陷盆地和忻定断陷盆地之间，呈北东走向，地貌上为起伏的中、高山区，海拔高程一般介于 1500~2000 米，区内最高峰馒头山海拔 2426.1 米。山体基岩裸露，地层为古生界奥陶系灰岩、太古界片麻岩。区内断裂，地震活动弱，为相对稳定的构造单元。

2. 忻定断陷盆地

忻定断陷盆地位于汾渭断陷带中部，总体上呈 C 形，全长 253 千米，宽度南北有别，北部的繁峙—原平段宽约 15 千米，南部的忻定段达 28 千米，总面积近 10000 平方千米。忻定断陷盆地的北部为恒山南麓断裂和五台山北麓断裂所构成的北东向地堑，往西至云中山山前转为北北东向，南部为由系舟山山前断裂、五台山北麓断裂控制的北东向地堑。

忻定盆地的形成时代为渐新世。根据钻孔资料，在盆地内的基底低洼部位零星分布红色黏土和砂砾石，它的上部为上新统所覆盖。上新统由灰绿色河湖相黏土、砂砾石及红色黏土组成，厚度各处不一，但分布非常广泛，其范围大致与现今盆地相吻合。考虑到繁峙附近的大片渐新世玄武岩的喷出与恒山断裂或五台山断裂活动有关，可以推定忻定盆地的形成于渐新世。

忻定盆地历史上发生过 3 次 7 级地震，即 512 年的原平、代县间 $7\frac{1}{2}$ 级地震，1038 年的定襄、忻州间 $7\frac{1}{4}$ 级地震和 1683 年的原平 7 级地震。

忻定盆地可划分为如下几个次级构造单元：代县、原平、奇村、定襄、宏道凹陷和金山、闫家庄两个凸起及若干个盆地边缘凸起。

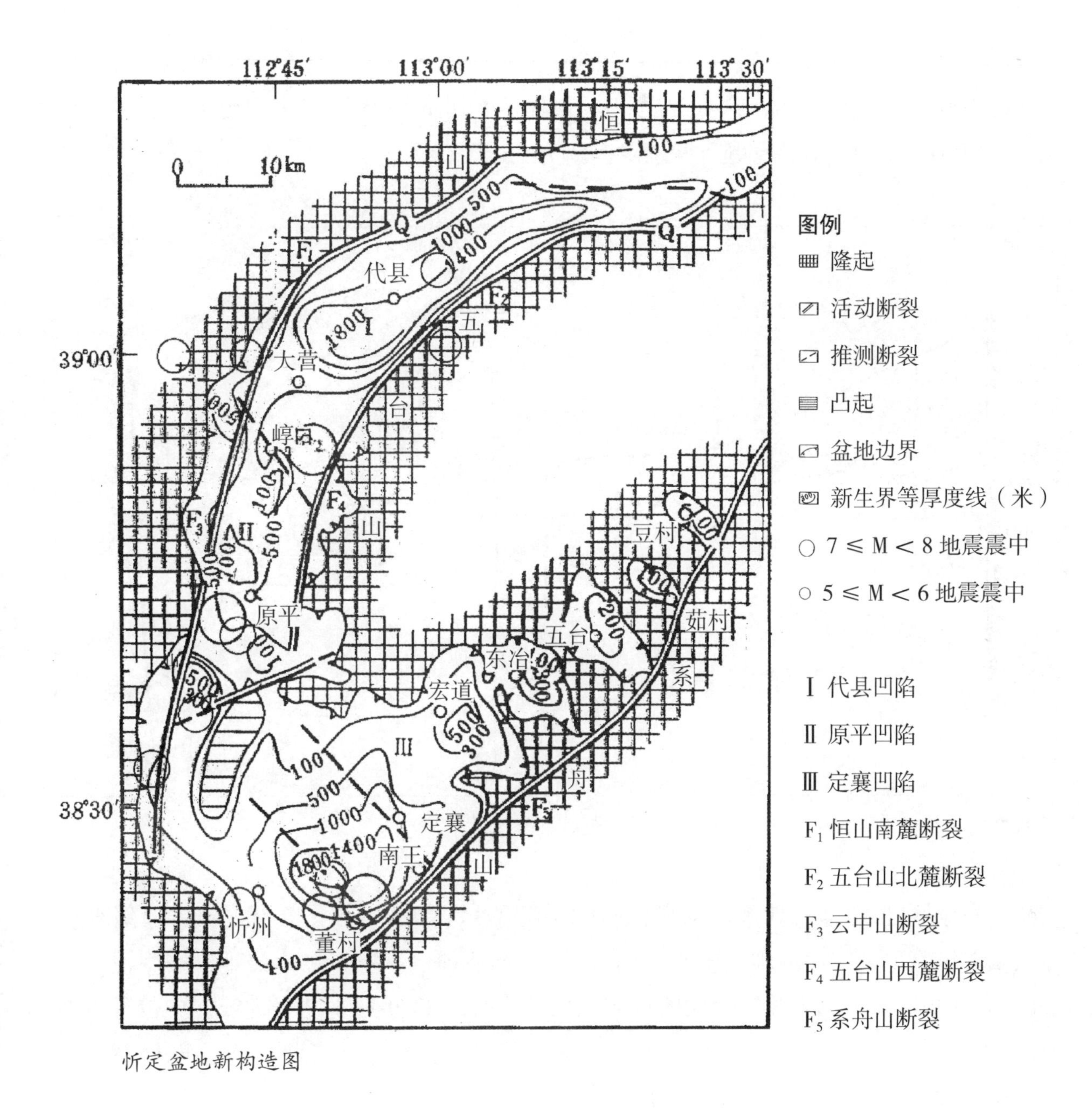

忻定盆地新构造图

1. 代县凹陷

代县凹陷北界为恒山南麓断裂，东南界为五台山北麓断裂，以大营凸起与原平凹陷相隔。凹陷走向北东，长度约 100 千米，宽度约 15 千米，凹陷南深北浅，凹陷中心在代县附近，新世界厚度 500~600 米。512 年原平、代县间 $7\frac{1}{2}$ 级地震发生在该凹陷。代县凹陷是忻定盆地地震活动最强烈的构造单元之一。

2. 原平凹陷

原平凹陷西界为云中山山前断裂，东界为五台山西麓断裂，南界为唐林岗断裂。凹陷总体走向南北，长 32 千米，宽 15 千米。据大地电测深资料，凹陷总体表现为西浅东深，北深南浅，晚新生代地层平均厚度为 400~500 米，最大厚度为 550~650 米。

据钻孔资料，第四纪中更新世以来的沉降中心分别位于大营、崞阳及原平地区，深度为80~100米，晚更新世沉降幅度为40~50米，由此推算该凹陷第四纪中更新世的沉降速率为0.11毫米/年，晚更新世沉降速率为0.45毫米/年。

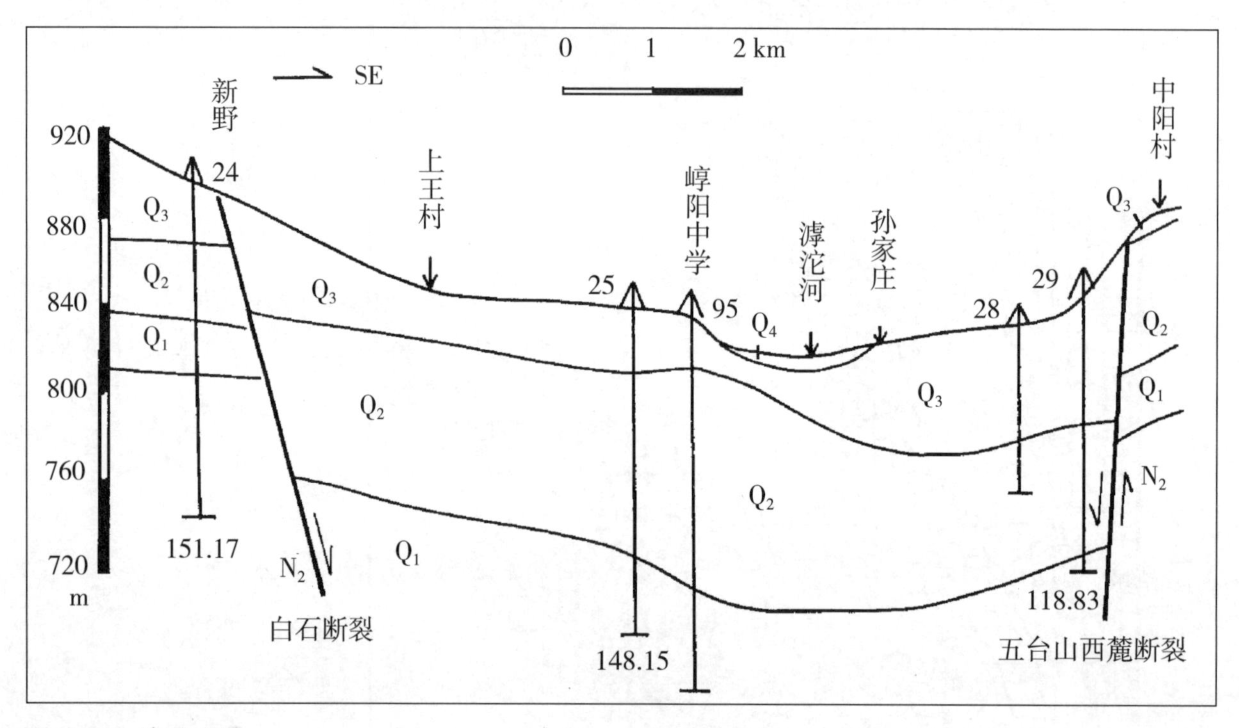

原平凹陷横剖面图

该凹陷是忻定盆地地震活动最强烈的构造单元，512年原平、代县间$7\frac{1}{2}$级地震和1683年原平7级地震均发生在该凹陷。512年原平、代县间$7\frac{1}{2}$级地震震中位于该凹陷中更新世以来沉降幅度较大的崞阳至大营间，1683年原平7级地震震中位于该凹陷活动断裂发育构造组合复杂的地区，该区为平地泉断裂、北三泉断裂、唐林岗断裂、五台山西麓断裂四组断裂的交汇部位。

3. 奇村凹陷

奇村凹陷北界为唐林岗断裂，西界为云中山前断裂，东界为金山凸起西缘断裂。该凹陷形成于中新世初期，根据凹陷中新统杨胡组的空间分布范围及岩性，中新世时的杨胡古盆地的大致范围为：北界在今上崖底村南，西界位于忻定断陷盆地略偏西，南界大致位于豆罗村一带，东界位于忻州市北，上新世以来由于金山的凸起，中新世形成的湖盆面积缩小，现今该凹陷南北长20千米，东西宽8千米，总体走向近南北。该凹陷在奇村一带基底埋深约352米，第四系底界埋深约224米，其下更新统厚120米，中更新统厚60米，上更新统厚32米，全新统厚12米。由此推算出第四纪以来的平均沉降速率为0.009毫米/年，早更新世为0.007毫米/年，中更新世为0.086毫米/

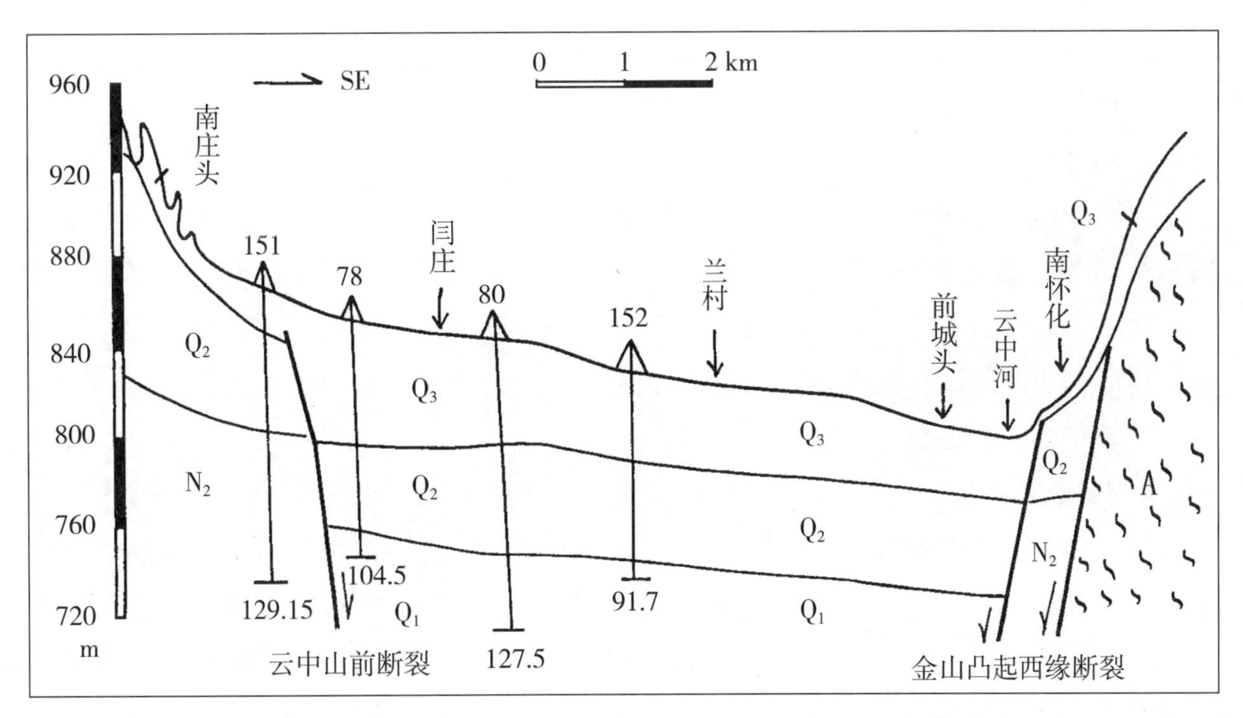

奇村凹陷地质剖面图

年，晚更新世为0.35毫米/年，全新世为1.2毫米/年。该凹陷发生过5级地震。

4. 金山凸起

金山凸起为忻定断陷盆地中的凸起，总体走向为北东向，北部以唐林岗断裂为界，西部以金山凸起西缘断裂为界，东部以金山凸起东缘断裂为界。凸起中部基岩裸露，边部出露中新统至上更新统。金山主峰海拔高程为1279.6米，东西两侧海拔高程780米，相对高差为499.6米，与奇村凹陷中新统底部五台期夷平面对比，该凸起新生代以来相对隆起了819.6米，现今仍处于隆起状态。

5. 定襄凹陷

定襄凹陷是忻定断陷盆地中的主要构造单元之一。西界金山凸起东缘断裂，北界以五台山南缘断裂为界，东南界以系舟山北麓断裂为界。凹陷总体走向北东，中新世以来表现为断陷沉降，沉积了中新统杨胡组、上新统及第四系，沉降中心位于定襄县南王董村一带，晚新生代以来，沉降幅度为1200余米。近场涉及凹陷的大部，第四纪沉降幅度最大为500米，据北槽张一带钻孔，第四系厚度为220米，其下更新统厚95米，中更新统厚90米，上更新统厚35米。由此，推算早更新世的沉降速率为0.004毫米/年，中更新世为0.13毫米/年，晚更新世为0.38毫米/年，全新世为1.2毫米/年。该凹陷最大地震为1038年的定襄—忻州间7 $\frac{1}{4}$ 级地震。

6. 宏道凹起

宏道凹起位于忻定断陷盆地的东侧，受闫家庄凸起东缘断裂和横山断裂的控制，凹陷中更新世以来沉降幅度 100 米，中更新统厚 80 米，上更新统厚 20 米，由此推算中更新世的沉降速率为 0.1 毫米/年，晚更新世为 0.2 毫米/年。

7. 闫家庄凸起

闫家庄凸起为盆地中的隐伏凸起，总体走向北西，宽 4000 米。受闫家庄凸起东西两缘断裂的控制，为一地垒构造。该凸起为上新世至晚更新世早期凸起，基底埋深为 120 米，明显高于两侧凹陷，并缺失上新世地层，早—中更新世地层明显凸起，下更新统顶界高于两侧凹陷区底界 10 米，早更新世至晚更新世地层薄于两侧凹陷 5~10 米。两侧断裂错断了晚更新世地层。

8. 蔡家岗凸起

蔡家岗凸起南部受横山断裂的控制。地貌上该凸起为一黄土台地，出露的新生代地层有上新统、下更新统、中更新统及上更新统，与受禄凹陷中的岩性一致，但厚度较薄，受横山断裂的影响，下更新统的顶界较盆地抬升了 60 米，上更新统底界抬升了 36 米。其中更新世以来的抬升速率 0.09 毫米/年，晚更新世以来为 0.36 毫米/年。

9. 中阳凸起

中阳凸起受五台山北麓断裂五台山西麓断裂的控制。凸起区为黄土台地地貌，走向北北东—北东，宽 1~6 千米，南北两侧较窄，中部较宽，出露的新生代地层为上新统、下更新统、中更新统（为河湖相沉积）、上更新统（为风积黄土）。该区局部缺失下更新统，各统厚度薄于凹陷区，中更新统底界较凹陷区相对抬升了 75 米，其中更新世以来的抬升速率为 0.10 毫米/年。

10. 上黄沟凸起

上黄沟凸起受云中山山前断裂的控制，断裂东部为凹陷区，西部为相对抬升区。凸起下部上新世、早更新世、中更新世地层为河湖相沉积，上部上更新统、全新统为洪积层组成洪积扇。根据钻孔资料，该凸起较凹陷区中更新统底界相对抬升了 80 米，中更新世以来的抬升速率为 0.1 毫米/年。

11. 立道凸起

立道凸起受北三泉断裂、云中山断裂和唐林岗断裂围限。出露的河湖相地层为上新统、中更新统，缺失下更新统，上部为洪积成因的上更新统。凸起区中更新统底界埋深为 60~80 米，凹陷区中更新统底界埋深为 150~180 米，两者相差 100 余米，中更新世以来相对抬升速率为 0.15 毫米/年。

12. 上屯寨凸起

上屯寨凸起西侧为恒山南缘断裂，东侧为上屯寨断裂。区内出露地层为上新统至上更新统，其上新统与中更新统为河湖相沉积，上部为晚更新世地层组成的洪积扇。

凸起区第四系厚度为 60 米，底界海拔高程 1010 米，与上屯寨断裂东的凹陷区相比，第四系厚度薄 100 米，底界的相对高差为 160 米，表明凸起在第四纪以来处于相对抬升状态，其第四纪以来的相对抬升速率为 0.06 毫米/年。

三、鄂尔多斯断块隆起区

区域包括鄂尔多斯断块隆起区的东北部，该区新生代以来处于整体间歇性抬升状态，地貌上为起伏的中山区。海拔高程一般为 2000 米左右，最高峰关帝山为 2830 米，五台期夷平面海拔高度为 2000~2200 米，唐县期夷平面海拔高度为 1400~1600 米，显示了该区自西向东、由北向南的掀斜运动。此外在隆起区南部静乐、岚县一带发育有上新世—第四纪的山间盆地及一些北北东、北北西、近南北向断裂，沿北北东向离石断裂附近发生过 5 级地震。

1. 云中山断块隆起区

云中山断块隆起区位于鄂尔多斯断块隆起区西部，为基岩剥蚀中山区，海拔高程一般为 1300~2063 米。以阳武河为界，北部为恒山断块隆起区，总体走向北东，南部为云中山断块隆起，总体走向北北东，该隆起区新构造时期一直处于整体抬升状态，内部构造单一，新构造差异运动较小，活动断裂不发育。侵蚀和剥蚀作用剧烈，山势较陡峻，沟谷呈 V 形，相对高差 100~300 米，隆起区东部以恒山南缘断裂、云中山前断裂与忻定断陷盆地分界。

2. 静乐—娄烦盆地

静乐—娄烦盆地位于隆起区西部，南北向长约 55 千米，东西向宽约 38 千米，呈北东向的椭圆形。其基底构造是中生代形成的静乐向斜，基底岩层为二叠系、三叠系和侏罗系。上新世前，本区隆起致使静乐—娄烦盆地地区的基岩地面起伏不平。进入上新世，由于明显的拗曲和断裂活动，静乐—娄烦盆地整体沉降，接受沉积，从上新世早期至中期，堆积有岩性为洪积、冲积相的砂砾石层、砂土层、砾岩、亚砂土和黏土层，砂层中交错层理发育。第四纪早、中更新世沉积中多砂层和砾石层、淤泥层，为河、湖相沉积。晚更新世以后为黄土堆积。上新世晚期盆地内广泛堆积静乐红土，第四纪时期堆积黄土。静乐红土和黄土不作为构造相对待。由此推断，静乐盆地的沉降发生于上新世早期和中期，沉降幅度约 90 米，上新世晚期以来已不再沉降，与周围隆起的差异运动也就结束。静乐—娄烦盆地是在中生代向斜盆地的基础上发育的上新世早、中期的活动盆地。地貌与第四纪沉积研究表明，该盆地晚更新世以来沉降趋于停止。该区地震活动相对较强，有史料记载以来，1583 年发生过 1 次 $4\frac{3}{4}$ 级地震，1970 年有地震台网记录以来发生过 2 次 ML3.0 级以上地震，即 1980 年 ML3.0 级地震和 1983 年 ML3.3 级地震。

3. 芦芽山隆起区

芦芽山隆起区属吕梁山断块隆起区的一部分，地貌上为基岩中山，由下古生界奥陶系及寒武系地层组成，一般海拔标高在 1700~1900 米，最高峰为芦芽山，其海拔高程为 2784 米。新构造运动以来该区强烈隆起，区内断裂构造较为发育，多为走向北东的基岩断裂，这些断裂在燕山运动时期曾有过强烈的活动，第四纪以来不再活动。有地震史料记载以来，芦芽山隆起区近场范围未发生过 M ≥ 4.7 级地震，属新构造运动较为稳定的区域。

4. 神池—五寨拗陷盆地

神池—五寨拗陷盆地为吕梁山隆起区的拗陷盆地，盆地内海拔标高 1370~1552 米，盆地内基底地层为下古生界寒武系、奥陶系，盆地内新生界厚度大于 200 米，其中第三系上新统红色黏土厚度 170 米，第四纪中更新统厚度 8~20 米，岩性以浅棕红色—浅黄色粉砂质黏土夹砂砾石为主；上更新统厚度约 10 米，以黄土状粉土为主。

神池—五寨拗陷盆地的北部受温岭隐伏断裂所控制，南部受隐伏的五寨拗陷东南界断裂所控制。该拗陷盆地新构造差异运动较弱，活动断裂不发育，地震活动也弱，有历史记载以来，该盆地未发生过 M ≥ 4.7 级地震，属新构造运动较为稳定的区域。

5. 保德—偏关黄土覆盖隆起区

保德—偏关黄土覆盖隆起区位于区域西部，地貌以低山丘陵为主，以上新世保德拗陷盆地为主体，包括了保德、府谷及黄河两岸的地区。海拔高度 780~1251 米，高差 471 米，基底地层为奥陶系、石炭系、二叠系及三叠系。是近场区上新世河湖相地层、第四纪河流相地层和黄河及其支流河流阶地的发育区。

上新世保德拗陷盆地为该中等隆起的主体。该拗陷盆地呈北东向的长条展布，拗陷盆地范围内唐县期夷平面广泛发育，夷平面的海拔高度在 980~1080 米之间。上新统保德组（N_1^2）河湖相沉积覆盖于唐县期夷平面之上，厚度为 60 余米。上新世早期湖盆中心位于保德县讲家沟一带，拗陷湖盆深 60 余米，湖底较平坦。沉积物主要来源于近场区东部的洪涛山、芦芽山。通过野外调查和对该区地质构造环境分析认为：上新世保德拗陷盆地主要是由于鄂尔多斯隆起区在隆起过程中内部隆起幅度不均匀形成的，在上新世早期形成浅拗陷盆地沉积了保德组。上新世中期湖水退去，湖盆结束沉积，沉积物逐渐出露地表，遭受剥蚀。

中更新世时黄河河面开阔，水流较缓，形成三、四级阶地，晚更新世早期形成二级阶地，并在二、三、四级阶地地面上堆积了风成黄土。全新世以来，本区抬升速度加快，河流下蚀加强，使黄河阶地遭受侵蚀。

根据唐县期夷平面与现今地区侵蚀基准面的高差，及各时代黄河河流阶地绝对高度，推算出本区上新世以来的平均抬升速率为0.04毫米/年，其中中更新世的抬升速率为0.17毫米/年，晚更新世抬升速率为0.15毫米/年，全新世抬升速率为0.6毫米/年。

第三节 区域断裂

区域范围内断裂分布较多，这些断裂既有控制盆地边界的断裂和盆地内隐伏断裂，也有隆起区断裂，本节主要对控制盆地边界的断裂和盆地内隐伏断裂的活动特征进行介绍。

一、忻定盆地主要断裂

1. 恒山南麓断裂

恒山南麓断裂位于恒山南麓、繁代次级盆地的西北缘，西起炭峪北，向北东经太和岭口至繁峙县西北，断裂总体走向北北东—北东向，倾向南东，倾角58°~80°，全长约40千米，正断裂，略具走滑。该断裂与五台山北麓断裂共同控制了繁代次级盆地的

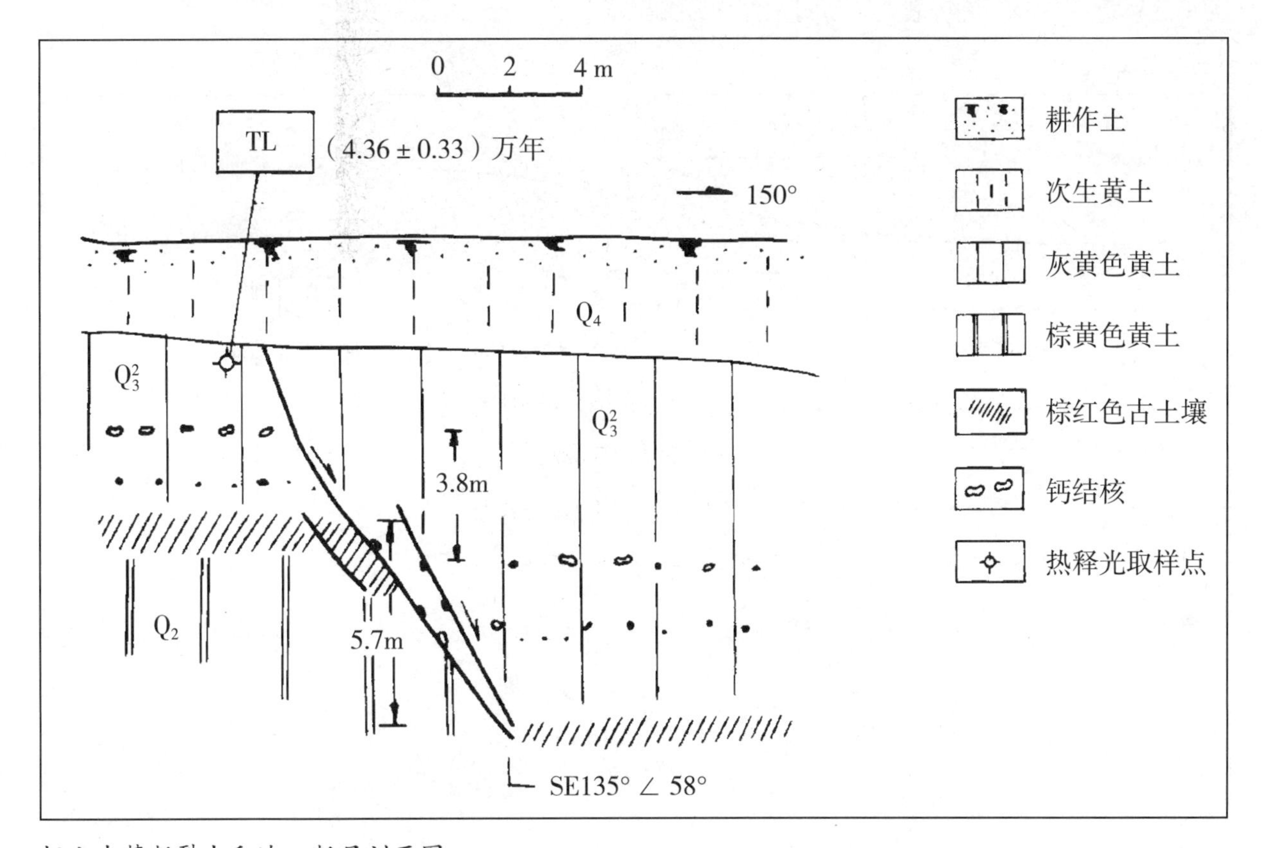

恒山南麓断裂太和岭口断层剖面图

发育，盆地内堆积厚200多米的第四系，该断裂在地貌上形成了一系列高大的断层陡崖及断层陡坎等。在太和岭口断层剖面中，断层错断热释光年龄为距今（4.36±0.33）万年的钙质结核层，垂直断距3~8米，计算得出距今4.3万年以来平均垂直活动速率为0.99毫米/年。在西瓦窑一带，晚更世以来有过4次活动，其活动时代分别为距今33160年、30050年、19400年和4450年。

2. 云中山山前断裂

云中山山前断裂是忻定盆地西界断裂，控制原平凹陷的西界。断裂北起雷家峪口，南至忻州温村，总体走向北北东，倾向东，倾角62°，断裂北部断层追踪燕山期断裂，在大牛店附近转为北西向，后又转为北东向，长约60千米，正断裂。大致以朝霞峪为界，断裂划分为南、北两段。北段长35千米，山前发育着大规模的近代洪积扇，断裂呈隐伏状态。断裂南段长25千米，沿山麓发育。在中石寺正南1000米处的大冲沟拐弯处，断层陡坎，与陡坎相连的断裂切割了中更新世砾石层和热释光年龄为距今（4.02±0.31）万年的上更新统黄土，根据断裂错断地层的年龄和总的垂直位移量可知，断裂北段的垂直运动速率约0.09毫米/年。在上崖底村西，断裂垂直错断了含有瓦片的坡积、崩积砂砾石层，垂直错距约0.65米。据鉴定，这些瓦片的时代为汉代（前206~公元220年）（刘光勋等，1995），由此推算断裂南段垂直差异升降运动速率为0.33毫米/年。该断裂为全新世活动断裂。

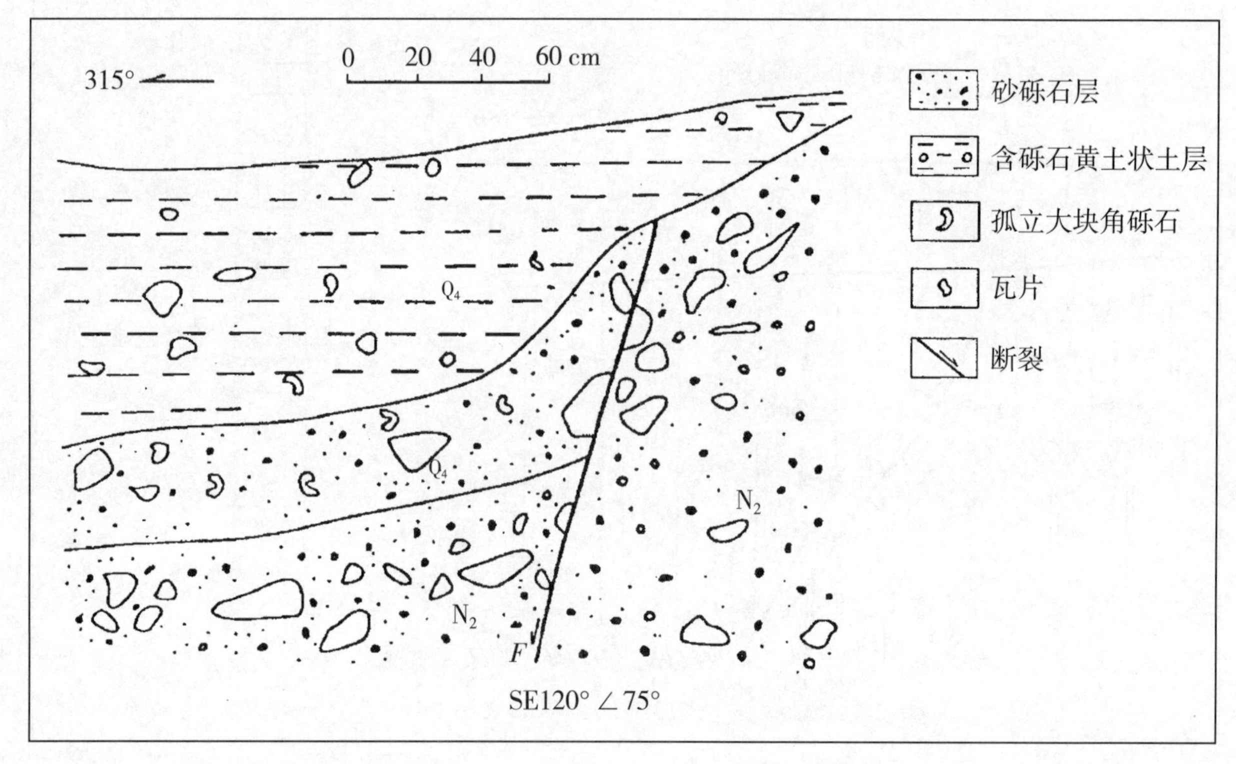

云中山山前断裂上崖底村西剖面图

3. 五台山北麓断裂

五台山北麓断裂为忻定盆地代县凹陷南侧的主控边界断裂。断裂西起原平南坡村，东至繁峙县小柏峪，全长约为 85 千米。断裂总体走向北东 60°~70°，倾向北西，倾角 44°~82°，正断层。断裂是由多条走向不同的次级断裂组成，次级断裂的主要走向分别为北东 60°~70°，北东 40°和北西 275°，长度一般为 1~6.5 千米，由于次级断裂走向不同，其平面结构上表现出蜿蜒曲折的展布特点。该断裂以黑山庄为界，大致分为东、西两段。断裂从下长乐以东至代县黑山庄为五台山北麓断裂的西段，长约 30 千米，分为南北两支，南支为基岩隆起区与凹陷的边界，北支为边山黄土台地与阳明堡凹陷的边界断裂。断裂多沿黄土台地后缘展布，中、上更新统与基岩破碎带为断层接触，地貌上形成断层陡坎，错断了全新世晚期距今 2500 年左右的土层。断裂东段，黑山庄至小柏峪，长 55 千米，由多条走向不同的次级断层组成，呈左阶雁列或斜交，断裂主要沿黄土塬和第三期洪积扇后缘展布，在地貌上构成山地、山前台地和盆地不同地貌区的分界。

断裂东段明显断错全新世次生黄土中的古土壤层（见下图），并在地表形成高为 6~9 米的断层陡坎，经 14C 年代测定，古土壤层的年代为距今 7000~5000 年。在岗

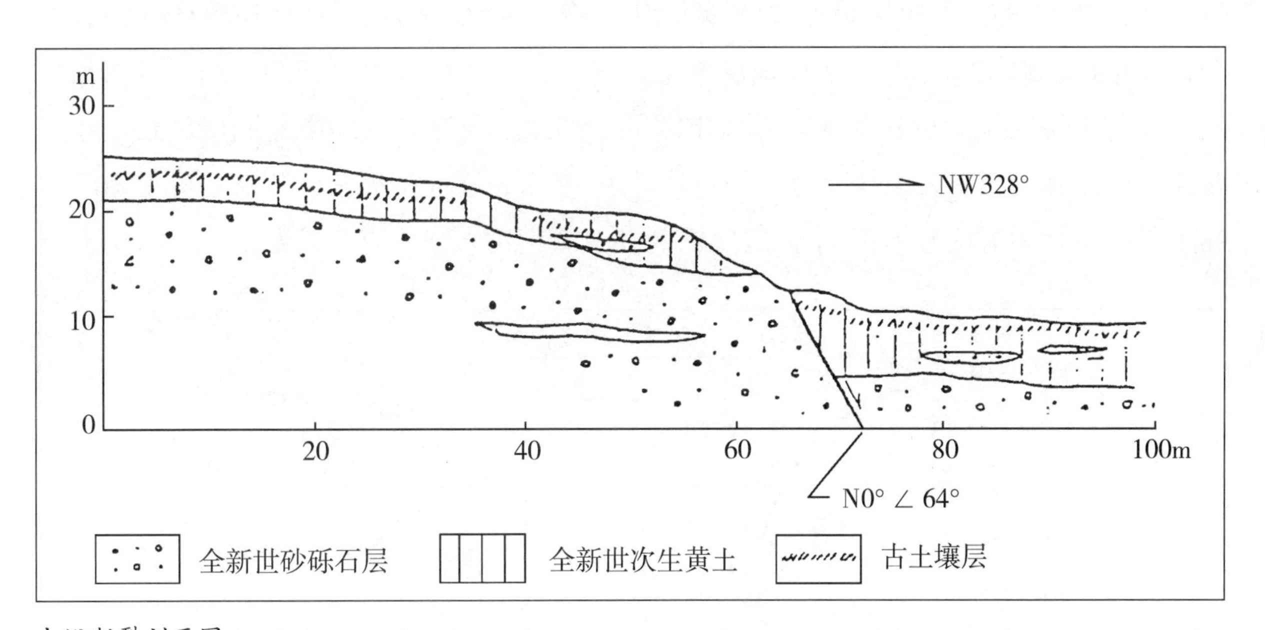

大峪断裂剖面图

里至小宋峪一带，还见断裂断错第二级阶地上的第一层古土壤层，古土壤年代为距今 2500 年左右，显示了该断裂东段全新世中晚期以来的强烈活动性，并由此得出断裂平均垂直活动速率为 0.5~1.6 毫米/年（刘光勋等，1995）。在岗里，第三级洪积扇前，发育有三条断层，断层走向北东 72°，倾向北西，倾角 73°左右。大峪断裂剖面图反映了断裂 4 期明显的活动。根据年代测定，第三级洪积扇的形成时间为距今 1.2 万 ~1 万

年，剖面中覆盖于断层之上的为夹古土壤层的砾石层，经 14C 测年古土壤层为距今（2574±125）年的土层。因此，距今 1.2 万年或 1 万年至 2500 年，五台山北麓断裂东段有 4 次明显的活动，每次活动都产生了地层断错，并留下了同期活动崩积产物，同时也表明了 4 次古地震时间。

五台山北麓断裂，全新世中晚期以来活动强烈。据山西省地震局在代县横跨五台山北麓断裂的短水准形变测量资料可知，1980~2010 年 30 年间，断裂两侧的差异升降运动幅度为 5.56 毫米，速率值为 0.19 毫米/年。

4. 五台山西麓断裂

五台山西麓断裂总长 30 千米，北部与五台山北麓断裂西段相连，分为两支。东支断裂为忻定断陷盆地的边界断裂，北起上长乐，在停旨头与西支断裂合并，该断裂出露于基岩与黄土台地之间，长 20 千米，走向北东 20°，倾向北西西，倾角 75°。在下长乐村南断层错断的最新地层为上更新统黄土，但未错断长乐沟中的Ⅰ级阶地（见下图），表明位于黄土台地后缘的东支断裂在全新世活动较弱。西支断裂为山前黄土台地与原平凹陷的分界断裂，北部与黄土台地前缘的五台山北麓断裂相连，走向北北东，倾向北西西，倾角约 70°~80°，为一条隐伏断裂。据水文钻孔资料和地质调查，黄土台地（中阳凸起）出露的中下部地层为上新统、下更新统、中更新统，均为河湖相堆积，上部上更新统为风积黄土。台地出露的下部地层与原平凹陷中的同层位相比厚度较薄，中更新统底界在中部上封村相对抬升了 32 米，在北部大狼沟相对抬升了 60 米，在中阳村一带相对抬升了 75 米，表明断裂在上新世以来，一直在正断活动，以中更新

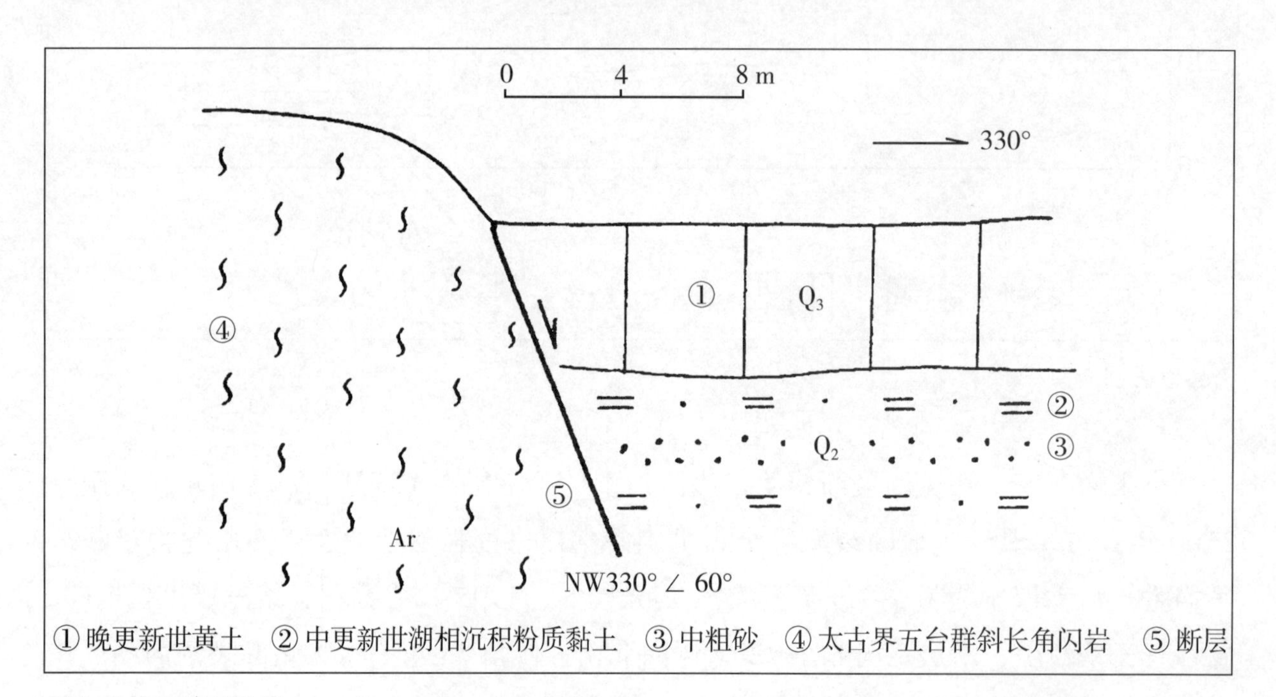

下长乐村断裂剖面图

统底界为标志，该断裂的垂直断距为 30~75 米，由此推算中更新世以来的垂直活动速率为 0.1 毫米/年。

在停旨头村北部两支断裂合并，断裂由北北东向向南转为北西向，在停旨头村北公路西侧，断层错断了晚更新世残坡积层和全新世形成的滹沱河 I 级阶地，表明断裂在全新世仍有错断活动。据山西省地震局停旨头村跨断裂短水准形变测量资料，1985 年 2 月至 2011 年 2 月，五台山西麓断裂的垂直运动幅度为 7.71 毫米，年平均速率为 0.3 毫米/年。

5. 土屯寨断裂

土屯寨断裂长 19 千米，走向北东东，倾向南，倾角 85°，为正断层。在雷家峪口东断裂由两条断层组成，北侧断层下盘为寒武系白云质灰岩，下盘为新生代地层，南侧断裂错断了上新统深红色黏土，中、上更新统含卵砾粉质黏土、碎石黄土及全新世黑垆土，断距 0.7 米。恒山南缘断裂以东断裂呈隐伏状态，以西断裂出露并错断了全新世黑垆土，该断裂为全新世活动断裂。

6. 平地泉断裂

平地泉断裂为原平凹陷中的隐伏断裂，北起大牛店，南经平地泉至唐林岗断裂，长 17 千米，走向北西，倾向北东，倾角 70°。断裂北部沿立道黄土台地的前缘展布，南侧延入原平凹陷中，据平地泉西侧第钻孔有隐伏基岩分布（见下图），基岩埋深为 110 米，下更新统上界埋深为 100 米。平地泉东侧钻孔在终孔孔深 132.44 米处未发现

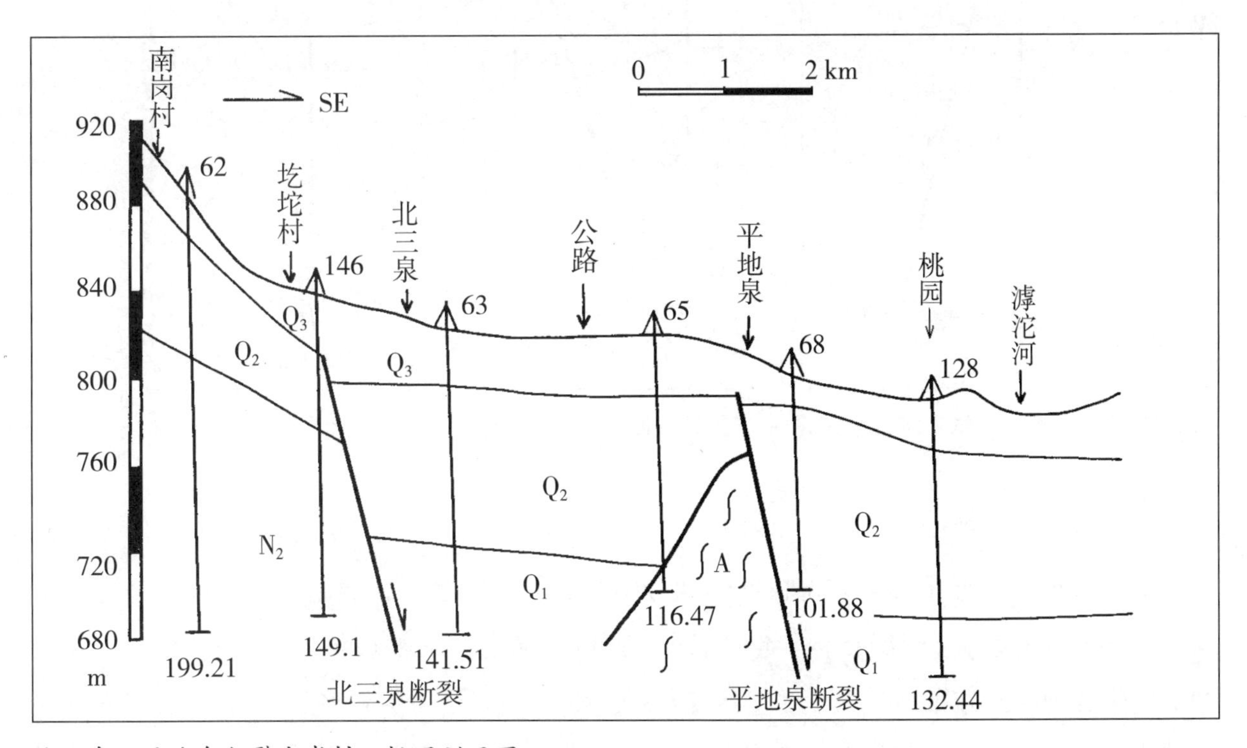

北三泉、平地泉断裂南岗村—桃园剖面图

基岩，下更新统上界埋深较断裂西侧相差20米，断裂两侧下更新统的上界埋深存在差异，表示断层存在，断距约20米。断层西侧的小型凹陷较原平凹陷浅，该断裂错断了上更新统，为晚更新世活动断裂。

7. 北三泉断裂

北三泉断裂是原平凹陷西南控制断裂，沿立道黄土台地的前缘分布，断裂北起解村，南至唐林岗断裂，全长8000米，走向北西，倾向北东，倾角68°，据水文钻孔资料，断裂以西的黄土台地上出露的上新统、中更新统为河湖相沉积，上更新统为堆积黄土，缺失上更新统，中更新统底界埋深为60米。断裂东侧原平凹陷中的第四纪沉积物为河湖相，其中更新统地界埋深为110米，断裂两侧相差50米，且各统厚度存在明显差异，表明断裂存在。断裂错断的最新地层为上更新统，该断裂为晚更新世活动断裂。

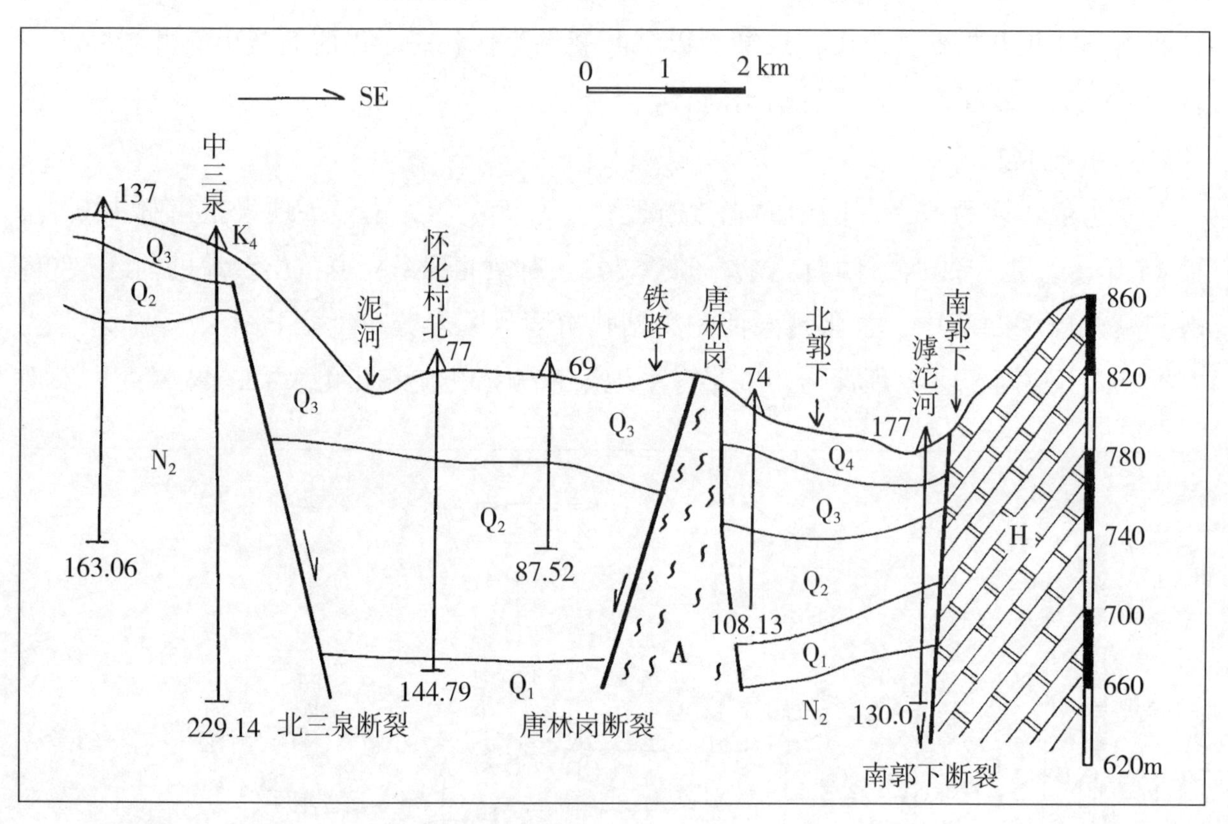

北三泉、唐林岗、南郭下断裂中三泉—南郭下剖面图

8. 唐林岗断裂

唐林岗断裂是原平凹陷与奇村凹陷及金山凸起的分界断裂，西起北崖底经唐林岗向东至五台山西麓断裂，长18千米，走向东西，西段倾向南，东段倾向北，倾角75°，该断裂两侧新生界地层的分布、沉积厚度差异较大，断裂在上崖底至唐林岗倾向南，断裂以北为立道黄土台地，南侧为奇村凹陷，中新世杨胡组主要分布于断裂以南的奇村盆地。唐林岗以

东断裂南部为金山凸起，出露主要为太古代地层，断裂北为原平凹陷，根据钻孔资料，断层错断的最新地层为上更新统，该断裂为晚更新世活动断裂。

9. 南郭下断裂

南郭下断裂北部与五台山西麓断裂相接，总体走向北东，倾向北西，倾角 80°，总长 8000 米（见下图）。断层下盘为滹沱群的白云石大理岩，上盘为新生代地层，断层错断的最新地层为全新统，该断裂为全新世活动断裂。

10. 王董断裂

王董断裂为原平凹陷与阳明堡凹陷的分界断裂，长 30 千米，走向东西，倾向南，倾角约 70°。在盆地中为隐伏断裂，在基岩隆起区出露。据钻孔资料，盆地中断裂两侧第四系埋深厚度差异明显，北侧下盘的中更新统、上更新统底界埋深分别为 100 米、20 米，南侧上盘埋深分别为 120 米、30 米。断层断至上更新统底界，为晚更新世断裂。

11. 白石断裂

白石断裂为原平凹陷西部的隐伏断裂，长 16 千米，走向北东，倾向南东，倾角 65°，断裂两侧晚新生代地层差异明显，断裂西侧各统厚度较薄，东侧厚度较厚，中更新统底界埋深相差 80 米，上更新统底界埋深相差 30 米，表明断裂存在。断层错断了晚更新世地层，该断裂属晚更新世活动断裂。

12. 金山凸起西、东缘断裂

金山凸起西、东缘断裂走向北东，东缘断裂长 18 千米，倾向南东，倾角 72°；西缘断裂长 20 千米，倾向北西，倾角 75°。两条断裂中部为金山地垒（凸起）（见下图）。

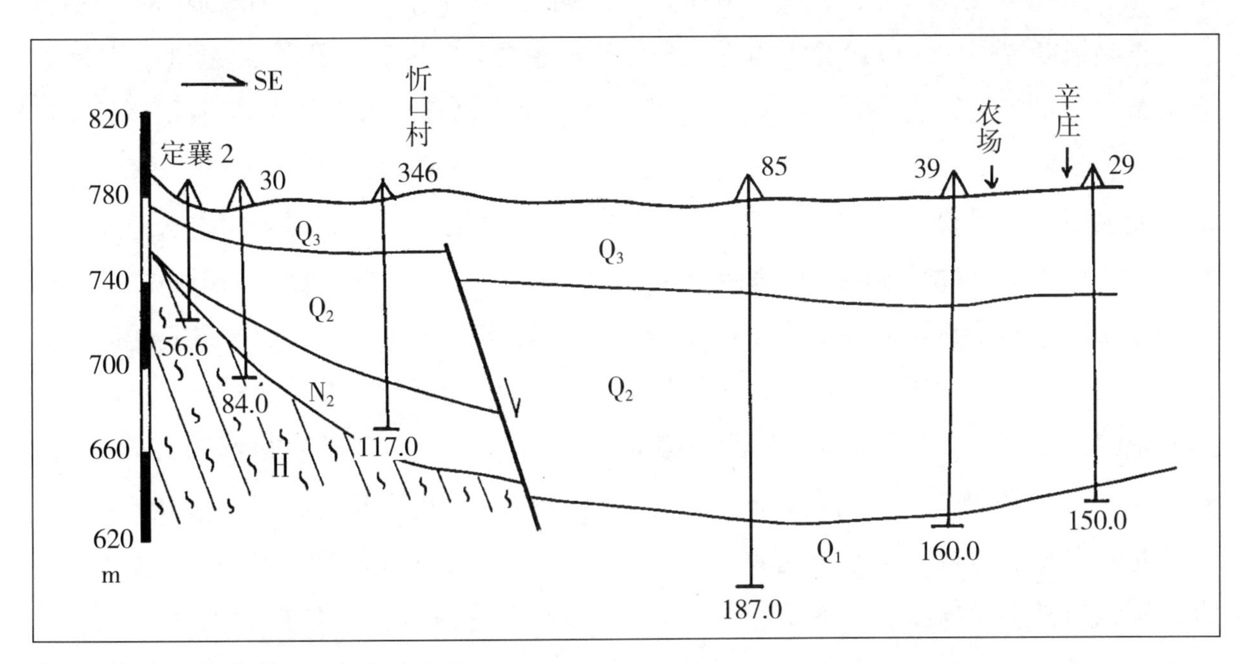

金山凸起东缘断裂忻口—辛庄剖面图

两断层均错断了晚更新世地层，断距约 20 米，为晚更新世活动断裂，其活动速率为 0.22 毫米/年。在金山铺村北，冲洪积平原与该凸起中的基岩直接接触，基岩断裂面倾向为 115°，倾角 75°，断层错断了晚更新世洪坡积层，表明金山凸起东缘断裂在晚更新世晚期仍有强烈活动。

13. 横山断裂

横山断裂沿蔡家岗黄土台地的前缘展布，为受禄凹陷的北界断裂，呈隐伏状态，长 30 千米，走向近东西，倾向南，倾角 75°，为正断层。据钻孔资料，断裂两侧中更新统底界埋深高度相差 60 米，上更新统底界相差 20 米，断层错断了上新统、下更新统、中更新统及上更新统下部，断裂在上新世—中更新世处于边沉降边错断状态，晚更新世断裂活动加剧，断裂下盘强烈抬升形成黄土台地，断裂上盘形成凹陷。断层最新活动为晚更新世，其活动速率为 0.2 毫米/年。

14. 闫家庄凸起西、东缘断裂

闫家庄凸起为上新世至晚更新世形成的地垒构造，为盆地中的隐伏凸起，凸起东、西缘断裂走向北西，西缘断裂长 12 千米，倾向南西，倾角 70°；东缘断裂长 12 千米，倾向北东，倾角 70°。凸起中基岩埋深为 135 米，上部缺失上新统，下更新统覆盖于基岩之上，其顶界被断层错断了 20 米，基岩顶面被抬升 200 余米。断层错断了晚更新世地层，为晚更新世活动断裂。

15. 系舟山北麓断裂

系舟山北麓断裂是忻定断陷盆地东南边界断裂，西起鸦儿坑，经崔村、李家庄、甲子弯、茹村至灵境一带，长约 100 千米，走向北东，倾向北西，倾角 50°~80°左右，右旋正倾滑断层。大致以炭岭底为界划分为西、东两段。断裂西段长 33 千米，是断裂活动最强烈的地段，在中霍村附近开挖的探槽中见有两个崩积楔。第一崩积楔经 14C 年代测定为距今 2 万年左右。第二崩积楔经热释光年龄测定为（3980 ± 350）年，反映了断裂最新一次活动在 3900 年左右。在断裂西段断层错断了含商周时期陶器碎片的次生黄土，该土层中古土壤层年代为距今（2260 ± 143）年，由此计算出断裂西段全新世晚期以来的平均垂直运动速率为 1.48 毫米/年（刘光勋等，1995）。断裂东段延伸到山区，长约 67 千米，走向 30°~40°，倾向北西，倾角 50°~70°，发育在基岩山区，控制着第四纪凹陷小盆地。据在冲沟开挖的探槽剖面（见下图），发育有 3 条断层，Fa 断层的倾向 305°、倾角 55°，Fb 断层倾向 300°、倾角 73°，Fc 断层倾向 305°、倾角 80°，它们都是正断层。近断层处还发育两组破裂面，第一组破裂面夹角小于 10°、破裂面平直，第二组破裂面与断层面夹角为 20°~60°，破裂面呈锯齿状。在 Fc 断层的上段，断层错断黄土状土并呈楔形张开，楔子内冲填一些黄土和砂石，在楔子中部还有一些孔

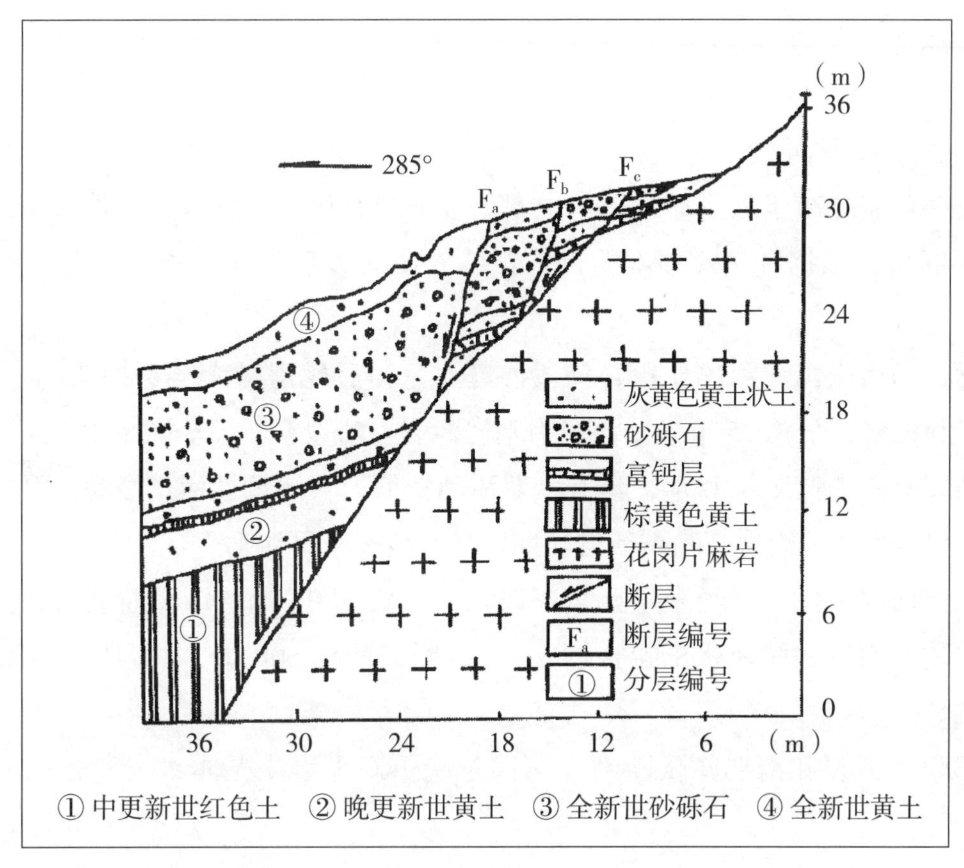

两沟断层剖面

隙。从开挖的探槽剖面可以看出，地层分为四层，上部由全新统黄土、砂砾石组成，它的 14C 年龄为距今（6200 ± 100）年，中部为砂砾石层夹有少量粉质黏土，底部由粉质黏土组成，三条断层均错断了上部砂砾石层及黄土。砂砾石层的垂直断距为 1.3~3.2 米，这是因断层在砂砾石堆积期和堆积以后都有活动的结果。由此可见，在 6200 年以来，系舟山断裂仍有活动。

上述资料表明系舟山北麓断裂为全新世活动断裂，沿断裂曾发生过 1038 年 $7\frac{1}{4}$ 级地震。

16. 系舟山西麓断裂

系舟山西麓断裂北起鸦儿坑，向南进入石岭关，全长 30 千米，走向近南北，倾向西，倾角 70°，是一条右旋剪切的正倾滑断裂。断裂出露于系舟山西麓基岩与黄土梁分界线附近，断裂东盘为古生代灰岩，西盘为第四纪冲洪积地层。断裂破碎带宽 10 米多，破碎带中多见到中、晚更新世黄土团块。在石岭关村东的断裂带，有 13 条冲沟发生一致的右旋扭动，冲沟内 I 级阶地被错断或变形，高出沟底 4~6 米，在阶地中下部，14C 年龄为距今（8900 ± 280）年，为全新世早期堆积物，表明系舟山西麓断裂在全新世时期仍有活动。

二、神池—五寨拗陷盆地主要断裂

1. 利民堡断裂

利民堡断裂分布于利民堡拗陷的北部，全长 20 千米，总体走向北东向，倾向南东，为正断层，依据其出露情况及断层活动特征，以利民镇东断裂为界，分为东西两段。

西段，即后庄窝—利民堡段，该段西起八角镇后庄窝村南，经桥儿上、解家岭、郭家尧至利民堡，全长 15 千米。该段为基岩断裂，断裂错断了奥陶系中统下马家沟组地层，断裂破碎带宽 10~30 米，具有多期活动特征，为继承性活动断裂。利民堡断裂西段为中更新世活动断裂，晚更新世晚期以来，断裂未再活动。

东段，西起利民镇，经东堡至东庄以东，全长 5000 米。该段断裂由 2 条走向北东，倾向均为南东的阶梯状正断裂组成。2 条断裂相距 600 米，共同构成利民拗陷的北界断裂。

北部隐伏断裂和南部隐伏断裂在第四纪晚更新世以来基本处于稳定状态，未再活动。

2. 上八角断裂

上八角断裂长度 6000 米，总体走向北东，倾向南东，倾角 68°，正断层。断裂错断了奥陶系中统下马家沟组厚层状石灰岩，断层面清晰，其产状为 150°∠ 68°。断层破碎带宽 20~40 厘米，其内为断层角砾岩及少量黄褐色断层泥，取断层泥样品进行热释光测定，结果为距今（81.94 ± 0.76）千年，说明该断裂在第四纪晚更新世期间仍有活动。

3. 利民东断裂

利民东断裂，全长 2700 千米，分布于利民镇东，总体走向北西 325°，为隐伏断裂。距今 6.5 万年的晚更新地层连续稳定，未受错动，说明利民东隐伏断裂在第四纪晚更新世以来趋于稳定，未再活动。

4. 五寨拗陷东南界断裂

五寨拗陷东南界断裂为一条隐伏断裂，全长 37 千米，总体走向北东，倾向北西，正断裂。根据山西省地震工程勘察院探测结果，该断裂第四系上更新统底界面连续，没有错断现象，表明李家坪断裂在晚更新世以来处于稳定状态，未再活动。

5. 阳方口断裂

阳方口断裂位于阳方口西侧隆起区，长约 6000 米，走向北东，倾向南东，倾角 58°~84°，正断层，垂直断距约 30 米。断裂北部为上升盘，由二叠系下石盒子组（P_1x）黄绿色砂岩、紫红色砂质页岩组成，地层倾向北东 3°、倾角 5°，地貌上形成基岩剥蚀低山，海拔高程 1367 米；断裂南部为下降盘，地貌上表现为基岩隆起区内一黄土侵蚀凹地，海拔高程 1254 米；断裂两盘地形高差 113 米。野外地质调查发现多处阳方口断裂活动遗迹，在基岩山前、黄土台地后缘出露一断裂，断层破碎带宽约 6 米。据活动强度又分为两部分，其中近基岩 1.5 米挤压片理发育，片理近直立，岩石破碎，原岩清晰，层理不清。而近松散层 1.5 米活动强烈，岩石挤压成泥土状，呈锈黄色，夹岩石碎块，原岩不清。断裂下盘为二叠系下石合子组砂岩、页岩互层地层，上盘则为中更新统棕红色砂质黏土夹粗砂层，断裂上覆棕红色上更新统含砾砂土层未被错断。表明该断裂在第四纪中更新世时期活动强烈，第四纪晚更新世以来断裂活动趋于稳定。

6. 温岭断裂

温岭断裂位于神池县东北部，全长 7500 米，走向北东，倾向南东，倾角 65°~75°，为隐伏断裂。根据地质资料，温岭隐伏断裂由 2 条走向北东、倾向南东、阶梯状排列的隐伏正断裂组成，2 条断裂相距 700 米。根据山西省地震工程勘察研究院野外地质探测结果，2 条隐伏断裂在第四纪晚更新世以来趋于稳定，未再活动。

第三章　监测预报

地震监测预报是防震减灾工作的基础。通过捕捉地震前兆信息、监视地震事件、测定地震参数，向政府部门和社会提供地震信息服务，为地震预测、快速评估地震灾害和启动地震应急响应等提供基础数据。

地震监测实行专业台站同群测群防相结合的体制。忻州市境内既有国家和省专业台站，也有市县地方专业台站和群测群防网络。

第一节　群测群防

地震群测群防是指市、县地方地震机构和群众地震测报点（以下简称“群测点”）开展的地震预测预防工作，是地方监测预报工作的重要内容。群测群防、专群结合，是1966年邢台地震后，震区人民在周恩来总理的关怀和支持下，创造的一种探索地震监测预报的途径和方式。随着地方地震工作日益巩固和发展，动员社会广大公众参与，开展群众性的观测和防御活动，已成为中国地震工作的突出特色之一。

一、历史演变

忻州市的群测群防工作经历了发展—调整—完善的过程。20世纪70年代，群测群防主要以土地电、土地磁、土倾斜、水井、动植物为主要观测项目，同时兼具地震知识宣传等职能。1983年后，在“调整、改革、整顿、提高”的方针指引下，群测群防观测项目由“三土”（土地电、土地磁、土应力）向“三水一电”（水温、水位、水化，电磁波）方向转移，加强地下水和动物等宏观网点的建设。90年代后，随着国家

代县上田群测群防点

防震减灾综合防御思路的提出，群测群防工作被赋予新的内涵，逐渐形成集宏观观测网、灾情速报网、防震减灾宣传网和防震减灾助理员为一体的“三网一员”群测群防网络，成为防震减灾工作的重要组成部分。

忻州市的群测群防工作是从1972年起逐步发展起来的。忻县二中副校长封德俭在忻县科技局的支持下，率先组织部分师生利用校内水井、自制土地电、土应力等仪器，开始尝试地震预测探索活动。同年，原平中学也成立地震测报点。

1975年8月，地区科技局组织忻县科技局、忻县二中、代县科技局、代县中学、原平科技局、原平范亭中学、代县地震台等单位的部分人员到海城地震灾区考察学习。海城地震的成功预报，使大家深受鼓舞和启发。考察结束后，逐步在部分学校建立测报点，开展地震预测探索活动。1976年唐山地震后，群测群防工作得到迅速发展，最多时达数百个业余地震群测点。

当时的主要观测仪器有：简易地震仪、简易应力仪、地磁仪、自记水位仪、小水氡仪等。主要观测手段为：土地电、土地磁、土应力、地下水动态、小水氡和动物习性等。因土地电、土地磁、土应力所观测的物理量不明确、受干扰大，在1984年前后地震行业进行清理攻关后，“三土”仪器逐渐被淘汰。1985年以后，按照山西省地震局的调整，忻州地区的群测点向“三水一电”观测项目转换。

1979年，按照山西省地震局对群测点进行整顿的通知，忻县地区群测点缩减为179个。1981年，按照山西省地震局《山西省地震群测群防测报点（站）观测规范》，忻县地区再次对群测点进行调整、整顿，缩减为76个。1982年开始，为提高观测质量，继

地区地震局工作人员指导定襄宏道咀子村群测点观测员测量水位

续调整整顿群测群防工作，至1984年，全区群测点缩减为42个，观测员58人，宏观联络员50人。

2004年全国防震减灾工作会议后，忻州市将群测群防工作列入重要议事日程。按照山西省地震局《关于加强新时期群测群防工作的通知》和《关于进一步做好“三网一员”工作的通知》等指导性文件，忻州市先后下发“三网一员”工作管理办法及目标管理制度、培训制度、奖励制度等相关制度，逐步建立和完善“三网一员”工作体系，积极有效地推进了地震群测群防工作。截至2015年，忻州市共有地震宏观观测点205个，防震减灾助理员190人，“三网一员”网络覆盖了忻州市14个县（市、区）的乡镇、街道办事处和较大行政村。

2012年后，忻州市地震局陆续出台《忻州市地震灾情信息报告制度》《忻州市“三网一员”建设管理制度》《忻州市群测群防工作手册》等制度，全市“三网一员”工作逐步走向制度化、规范化。

二、主要测报点简介

20世纪70年代以后，忻县地区主要群测群防测点有：

（1）忻县二中地震预报点。1972年初成立，观测手段为水井、土地电、土应力、土地磁等仪器。

（2）原平中学地震测报点。1972年成立，观测手段为土倾斜、土地电、土地磁、地重力、地声、地温等仪器。

（3）中国人民解放军第6910工厂地震测报点。1973年3月成立，观测手段为土地电、垂直地倾斜仪、简易地磁仪、长水管地倾斜仪、钢球滚落式电铃报警器等仪器。

（4）地区五公司地震测报点。1976年8月成立，观测仪器为土地电、土应力、土倾斜等仪器。

（5）奇村中学测报点。1977年成立，山西省地震局为奇村中学配备了1台FD-105静电计观测奇村温泉水氡、水位、水温。

五台东冶6904工厂群测群防点

除上述测报点外，还有代县中学、代县磨坊乡南家寨学校、原平县苏龙口公社南坡中学、原平县楼板寨大队、原平县子干中学、定襄河边大队、中国人民解放军51258部队、中国人民解放军第6904工厂等测报点进行地震预测探索。最多时的1976年，忻县地区群测点高达296个。20世纪80年代，上述群测点逐渐停测。

第二节 专业台站

地震台站的观测项目分为两大类：一是地震的直接观测记录，简称“测震”；二是记录地震发生前后所引起的地面、地磁场、地电场、地下水位、地下水中地球化学元素含量等变化的地震前兆观测，简称“前兆观测”。忻州境内既有市县管辖的前兆台站，也有集测震、前兆观测为一体的省地震局驻忻台站。按照行政隶属关系，可分为市级地震台站、县级地震台站和省地震局驻忻台站。

忻州境内的省地震局驻忻台站始建于1970年，市级地震监测台站始建于1981年，县级地震台站始建于1992年。

一、市级地震台站

1. 忻州市地震观测站（忻州市奇村地震水化站）

忻州市地震观测站的前身是忻州地区地震观测站，1984年，经中共忻州地委、地区行署批准成立，编制3名，人、财、物由地区地震局统一管理。主要从事土应力、土地电、土地磁等项目观测。1986年10月19日，根据震情需要，忻州地区行署批准成

忻州市奇村地震水化站旧貌

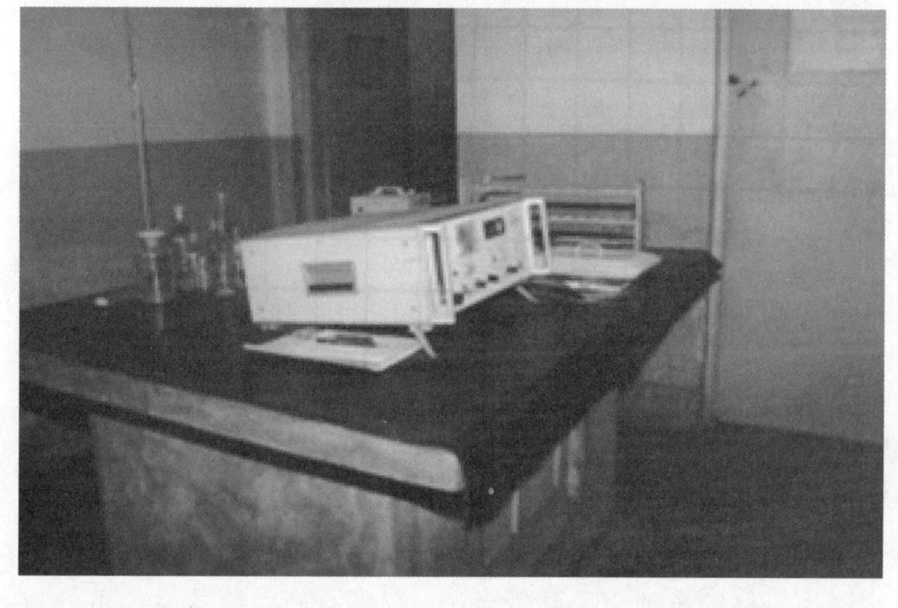

建站初期使用的观测仪器

立忻州地区奇村地震水化站，与忻州地区地震观测站两个牌子一套人员，增加编制3名。

奇村地震水化站前身是奇村中学业余地震测报点。唐山地震后，1977年省地震局为奇村中学测报点配备了1台专业台使用的FD-105静电计观测水氡，开展温泉水氡及辅助项目水位、水温观测，并纳入专业地震台技术规范管理。1977年，该校学生业余测报员邢爱珍高中毕业后被地区地震局雇用，专门从事水氡观测。办公地点仍在奇村中学。

1986年10月忻州地区奇村地震水化站成立后，为改善观测条件，实行规范化管理，山西省地震局投资9.2万元，征用南高村热田区土地2.4亩，开始建站。主要工程项目有：（1）钻地震水化观测专用热水井1眼，井深50.26米，水温51.5℃。（2）建水化观测室7间共202平方米。（3）建围墙、井房。（4）安装地下管道及整修院落。（5）完善水、暖、电等配套设施。1990 年 4 月 24 日，以张炜为组长的国家地震局水化专家组来站考察，通过了技术验收，被列为国家Ⅱ类水化台站。

该站初期只有水氡及辅助观测项目，建站后更新了仪器，观测项目逐步增加，条件不断改善。由原用的 FD–105 型静电计观测水氡，改为用更精密的 FD–125 型室内水氡钍分析仪。1992 年 4 月 6 日增设了水汞观测，使用 XG–4 型数字式测汞仪，2007 年 5 月改用 RG–BS 智能测汞仪。1992 年安装了强震自记仪。2012 年 9 月，邀请著名科学家吴青海为该站安装调试氢气地震预警仪 1 套（2014 年停测）。通信设备方面，在原来有线电话的基础上，又增设了电台，现已经实现电脑联网。

为进一步改善环境及办公生活条件，1991 年地区地震局对井房进行改造，新建西房、南房共 17 间。2010 年，按照山西省政府防震减灾目标责任状要求，忻州市地震局对取水井房、管网等观测环境进行改造。

2. 静乐地震台（晋 5–1 井）

静乐地震台位于静乐县娘子神乡，井深 362.92 米。1981 年，由山西地下水观测井网选点定点小组选定，1983 年 11 月通过国家地震局科技监测司验收，纳入华北井网，编号晋 5–1 井，主要观测项目有水位、水温、气压。该台处于碾河断裂带东碾河河谷区，走向近东西。北南部山区基岩为寒武系、奥陶系碳酸盐系，上覆第四系砂砾石层，地下水类型为裂隙溶洞水。

静乐地震台于 1982 年 4 月 16 日开始观测，测报员为韩问怀，1983~1985 年测报员为王星元，1985 年 9 月 1 日至 2015 年 1 月测报员为吕贵珍，2015 年 2 月至今测报员为杨存凤。

建站初期的静乐地震台（晋 5–1 井）

晋5-1井原用仪器为红旗1型水位自记仪，1983年6月5日改用SW40水位自记仪，1987年元月1日改为SW40-1型水位自记仪。观测资料主要采用电台及电话报送。2007年6月，山西省地震局对该井进行数字化改造，完成井房重建、架设专线设施等工程；7月，完成数字化改造全部仪器设备的安装、调试，实现监测数据自动采集、自动记录、自动传输。该井水震波与固体潮反应良好，1991年忻州5.1级地震前有较好前兆异常。

2012年忻州市地震局筹资15万元在原台址周围新征土地0.97亩对静乐地震台进行改造、扩建，新建砖混结构观测室3间45平方米，2.2米高的围墙78米；新修一条4米宽58米长的土路；改造供电线路800米。

二、县级地震台站

1. 忻府区遥测水网

1991年，根据山西省地震局“更新改造我省地震监测仪器设备的实施计划”及晋震发〔90〕第7号文件精神，行署召开专员办公会议决定在忻州市（今忻府区）建立地下水动态遥测水网。1992年5月开始观测，并通过省地震局专家组织的技术验收。

忻州遥测水网由3眼井和接收中心组成。

XZ-01井：该井位于忻府区兰村乡。地貌单元为边山丘陵区，在系舟山断裂西侧。井深100米，观测层位56.72~93.55米。钻孔岩性Q_3（0~17.22米）、Q_2（17.22~57.62米）。基岩为变质风化壳57.62~100米。该井为基岩裂隙水。

忻府区鸦儿坑地震观测站

XZ-02井（鸦儿坑地震观测站）：该井位于忻府区西张乡。地貌单元为边山丘陵区，处于南至石岭关、北到五台县楼上村长达100千米的系舟山山前断裂带上，井深210.60米，水位埋深45.2米。钻孔岩性Q_3（0~2.13米）、Q_2（2.13~99.42米），以下岩性为花岗岩，孔深124.53米处夹有0.2米灰黑色砂质黏土，为断层泥。该井2012年经山西省地震局进行数字化改造后，已并入国家前兆台网，观测数据通过中国地震前兆台网管理系统实现行业共享。

XZ-03井：该井位于定襄县白村乡。地貌单元为洪冲积倾斜平原区，处于受禄隆起西北边缘。井深59.7米，观测层位45.7~49.7米，钻孔岩石性Q_3（0~6米）、Q_2（6~45.7米），基岩为滹沱群大理岩45.7~59.7米。45.7米以上全部止水。井底水温57.58℃（2002年因修高速公路占地停测）。

遥测接收中心设在忻府区地震办公室内。遥测水网的建成实现了3眼测井水位、气压的同时观测，及观测数字采集、记录、传输全部自动化。

2. 代县富家窑地震观测站

代县富家窑地震观测站位于代县上馆镇，处于代县基岩山区与黄土丘陵交界地区，北距恒山南麓断裂带垂直距离约3240米，南距五台山北麓断裂带垂直距离约12.51千米。

该站建于2014年，由代县地震局建设管理，是忻州市第一个形变前兆监测项目。建设经费为40多万元，其中山西省财政专项资金10万元，其余资金由代县人民政府自筹。建设时间为2014年6~11月。先后完成46.7米钻孔1眼、建成49平方米观测室2间，安装YRY-4型钻孔应变仪、太阳能供电系统、RW2650-E型CDMA无线数据传输系统等。

该站观测室安装鹤壁市防震技术研究所生产的YRY-4型钻孔应变仪进行观测，使用太阳能供电，CDMA模式传输，观测数据实时传输至山西省地震局服务器。该站为无人值守台站，观测项目有钻孔应变北南分量、东西分量、北东分量、北西分量和钻孔水位、钻孔气压。

3. 原平市天牙山地震观测站

原平市天牙山地震观测站位于原平市子干乡，处在忻定盆地原平凹陷区五台山西麓断裂附近，占地面积308平方米。

该站由原平市地震局建设管理，项目于2015年5月开始实施，当年10月12日竣工，历时5个多月。先后完成45米钻孔1眼，建成66平方米观测室3间，安装鹤壁市防震技术研究所生产的YRY-4型钻孔应变仪、太阳能供电系统和RW2650-E型CDMA无线数据传输系统等仪器设备。该站为无人值守台站，观测数据实时传输至山西省地震局服务器。该站目前监测项目为形变学科钻孔应变观测，观测项目有钻孔应变北南分量、东西分量、北东分量、北西分量和钻孔水位、钻孔气压。

该站的建设填补了原平市在前兆监测方面的空白，有助于进一步加强区域前兆监测能力，为地震分析预报提供丰富的形变监测资料。

三、省地震局驻忻台站

1. 代县中心地震台

代县中心地震台位于山西省代县峪口乡，地处五台山区边缘、滹沱河支流峪口河北岸二级阶地上，东邻忻定盆地南缘的五台山北麓大断裂。该地震台始建于1970年8月，由山西省地震局建设管理，是国家基本地震台。1972年地震观测投入运行，使用64型短周期地震仪。1973年水平摆倾斜观测、1976年10月地应力观测、1977年定点水准观测、1978年6月地电阻率观测等前兆项目陆续投入观测。1976年地倾斜观测仪器更换为金属水平摆倾斜仪，后因山洞进深浅，覆盖层薄，洞内温湿度达不到要求，于1980年停测。1985年地震观测改用DD-1短周期地震仪，2001年12月安装了FBS-3B宽频带地震仪和EDAS-C24型数据采集器，对地震观测项目进行了数字化改造。1994年8月电感地应力观测仪更换为TJ-2A体积式钻孔应变仪，1999年11月根据“九五”前兆数字化改造计划，安装TJ-ⅡC体积式钻孔应变仪和SQ体应变辅助观测仪，2001年1月1日投入运行。

该台现有地震观测、地电阻率、钻孔应变、定点水准4个观测项目，并承担着山西北部6条场地水准测线的流动观测任务。

2. 定襄地震台

定襄地震台位于定襄县南王乡。1976年唐山大地震后，华北地区地震活动频繁，山西北中部地震台站较少，监测能力低，国家地震局因此批准在定襄县新建地震台。山西省地震局组织有关技术人员进行选台及筹建工作。选台从1976年9月13日开始，同年10月11日结束。1976年10月12日至1977年8月29日筹建台站，1979年4月竣工，当年5月安装仪器试记，10月1日正式投入观测，产出观测资料，上报观测数据。当时有DD-1短周期地震观测、金属水平摆倾斜观测、FD-105K氡浓度观测、CHD-6地磁绝对观测4个测项。1993年1月水平摆倾斜观测改为SQ-70B石英水平摆倾斜仪；1994年9月氡浓度观测改为FD-125氡钍分析仪；1998年地震观测项目变更为国家数字基本台，改用CTS-1宽频带地震计和EDAS-C24地震数据采集器观测；2000年4月地磁观测改用ZNC智能磁力仪。

1979~1980年定襄地震台由省、地、县三级管理，其中业务、经费、劳资属山西省地震局管理，人事属忻州地区计委管理，组织关系等属定襄县科委管理。1980年正式划归山西省地震局管理，台站名称由“山西省定襄地震台”改为“山西省地震局定襄地震台”，成为山西省地震局直属的专业地震台站。

该台现有地震观测、水平摆倾斜观测、氡浓度观测、地磁观测4个观测项目。

3. 五台地震科技中心

五台地震科技中心位于山西省五台县金岗库乡，东邻五台山清水河，西邻五台山大断裂边缘，构造上位于五台山中心、清水河西岸卧虎山下。中心附近出露岩层为太古界片麻岩系，第四纪覆盖为灰褐色粉砂土，全新统的洪积—冲积，以及现代的砂砾石层。附近流域水系主要是泉水汇积，表层为现代耕作土层，地表 0.3~0.6 米以下为砾石层，砾石层之上为粉砂土层。

五台地震科技中心正式筹备始于 2005 年 7 月，2009 年 4 月开工建设，2010 年 10 月通过验收正式投入运行。中心占地面积 8658 平方米，总投资 1580 万元。先后投入观测的手段有测量、跨段层水准测量（距中心 10 千米）、钻孔应变仪、石英水平摆倾斜仪、水温水位仪和气象三要素等 7 套监测手段。2010 年 10 月建成观测山洞。

五台地震科技中心肩负着监视山西中北部特别是五台山地震活动的任务，对北部地震台监测五台山北麓断裂、唐河断裂、恒山北麓断裂及口泉断裂的垂直活动起到一定的辅助作用。另外，还承担科普、科研、实习、人才培养与交流等任务。

忻州市境内地震台站基本情况表

<table>
<tr><th rowspan="2">台站名称</th><th rowspan="2">台点 / 项目</th><th rowspan="2">地理位置</th><th colspan="2">观测仪器基本情况</th></tr>
<tr><th>分属学科</th><th>仪器名称</th></tr>
<tr><td rowspan="11">代县中心地震台</td><td>测震台</td><td rowspan="11">代县峪口乡</td><td>测　震</td><td>宽频带地震仪</td></tr>
<tr><td>钻孔应变台</td><td>形　变</td><td>钻孔应变仪</td></tr>
<tr><td rowspan="3">地电台</td><td rowspan="4">磁　电</td><td>数字地电仪</td></tr>
<tr><td>地电场仪</td></tr>
<tr><td>极低频电磁观测仪</td></tr>
<tr><td>地磁台</td><td>磁通门磁力仪</td></tr>
<tr><td rowspan="2">地倾斜台</td><td rowspan="3">形　变</td><td>水管倾斜仪</td></tr>
<tr><td>宽频带倾斜仪</td></tr>
<tr><td>洞体应变台</td><td>伸缩仪</td></tr>
<tr><td>雨量气温气压</td><td>辅　助</td><td>气象三要素观测仪</td></tr>
<tr><td>短水准测线</td><td rowspan="4">形　变</td><td rowspan="4">水准仪</td></tr>
<tr><td rowspan="3">代县中心地震台</td><td>茶房口流动水准测线</td><td>定襄县南王乡</td></tr>
<tr><td>眉音口流动水准测线</td><td>定襄县南王乡</td></tr>
<tr><td>停旨头流动水准测线</td><td>原平市新原乡至子干乡</td></tr>
</table>

续表

台站名称	台点 / 项目	地理位置	观测仪器基本情况	
			分属学科	仪器名称
繁峙地磁台	地　磁	繁峙县北部	地　磁	磁通门磁力仪
神池形变台	钻孔应变	神池县大严备乡	形　变	钻孔应变仪
代县富家窑地震观测站	钻孔应变	代县上馆镇		
原平天牙山地震观测站	钻孔应变	原平市子干乡		
奇村地震水化站	水　氡	忻府区奇村镇	流　体	测氡仪
静乐水位观测站（晋5-1井）	水　汞			水汞测量仪
	水　位	静乐县娘子神乡		水位仪
忻州鸦儿坑井	水　温			水温仪
	水　位	忻府区西张乡		数字水位仪
	水　温			水温仪
	雨量、气温、气压	忻府区西张乡	辅　助	气象三要素观测仪
定襄地震台	测震台	定襄县南王乡	测　震	甚宽带地震计
	水平摆		形　变	石英摆倾斜仪
	水　氡		流　体	测氡仪
	水　氡			水氡测量仪
	水　汞	定襄县南王乡	磁　电	水汞测量仪
	相对地磁			质子矢量磁力仪
	雨量、气温、气压		辅　助	雨量、气温、气压观测仪
五台山地震科技中心	测震台	五台县金岗库乡	测　震	宽频带地震仪
	钻孔应变		形　变	钻孔应变仪
五台山地震科技中心	水平摆	五台县金岗库乡		石英水平摆倾斜
	水　温		流　体	水温仪
	水　位			数字水位仪
	雨量、气温、气压		辅　助	雨量、气温、气压观测仪

续表

台站名称	台点 / 项目	地理位置	观测仪器基本情况	
			分属学科	仪器名称
强震台	代县强震台	代县峪口乡	测　震	模拟强震仪
	忻州强震台	忻府区奇村镇		
	忻州固定数字强震台	忻州市区		数字强震仪
	原平固定数字强震台	原平市区		
数字测震	保　德	保德县杨家湾镇	测　震	宽频带地震仪
	偏　关	偏关县新关镇		
	宁　武	宁武县东马坊乡		
数字测震	岢　岚	岢岚县神堂坪乡		
	神　池	神池县大严备乡		
流动 GPS	雁门关	代县雁门关乡	形　变	流动观测点，无固定观测设备
	代　县	代县峪口乡		
	原　平	原平市崞阳镇		
	原　平	原平市子干乡		
	五　台	五台县茹村乡		
流动 GPS	定　襄	定襄县南王乡		
	忻　州	忻府区高城乡		
流动地磁	定　襄	定襄县南部	磁　电	
	忻　州	忻府区北部		
	原　平	原平市中部		
	代　县	代县中部		
	繁　峙	繁峙县中部		
流动重力	中庄铺	繁峙县中庄乡	形　变	流动观测点，无固定观测设备
	大　营	繁峙县大营镇		
	砂河镇	繁峙县砂河镇		
	繁　峙	繁峙县城		
	代　县	代县县城		

第三节 预测探索

地震预测是对未来地震的发生时间、地点和震级的科学判定和预测。地震预报是对地震预测意见经过科学评估、预计影响情况和确定对策等规定的工作程序，由政府向社会公告可能发生地震的时间、地点和震级的行为。开展地震预测预报，是把握地震活动趋势、减轻地震灾害的有效途径。

一、发展历程

忻州市地震预测探索工作，经历了由民间群众自发预测到地震部门规范化、制度化预测的发展历程。

忻州市早期的地震预测探索工作，以“三土”手段和地下流体观测、宏观异常为分析内容，前兆数据获取采用邮寄、电台报送、电话报送等方式，会商采用手工作图方式进行分析预测。

1972 年，忻县二中地震测报点开始尝试采用水井和“三土”仪器进行地震预测探索活动。1975 年后，市、县地震机构相继设立，并指导建立各地群众性的地震预测小组，形式多样的地震预测预报探索实践活动蓬勃开展。1980 年 8 月，忻州地区地震局设分析预报室负责地震监测预报工作，开展定期或不定期的震情会商，并开始派人参加山西省地震局组织召开的全省年度地震趋势会商会。此后，逐渐形成了震情月会商制度。1989 年后，正式实行周、月、年度会商和临时会商制度，通过会商对长、中、短期地震趋势提出预测意见，并参加山西省每年的年度会商，提出年度地震趋势预测意见，圈定若干地震危险区，指导全市开展震情监视和地震灾害防范工作。

随着信息技术的发展，特别是 1994 年我国加入互联网以来，地震预测探索工作逐步改变了传统的手工处理数据为主的落后面貌，极大地推动了地震预测探索工作的开展。1995 年，为解决首都圈地区短临预报信息量不足和信息快速传递问题，国家地震局决定在首都圈地区建设区域性计算机网络系统——首都圈地区地震分析预报计算机网络系统（CAPnet），为首都圈震情分析预报，特别是短临预报提供数据交换和处理保障。首批入网的 CAPnet 成员单位共有 18 个，其中国家地震局直属单位 11 个，地市级地震部门 7 个，忻州地区地震局成为山西省入网的 3 家成员单位之一。

1995 年 9 月 20~26 日，根据国家地震局震科〔1995〕49 号文件通知，忻州地区

忻州地区地震局震情会商会现场

地震局派张俊民参加了国家地震局科技监测司在香山地震台举办的国家地震局地震分析预报系统计算机网络技术培训班。1996 年 2 月 13 日，张俊民又赴京参加了首都圈地区地震分析预报计算机信息网络工作会议。会后，国家地震局还为入网的部分成员单位配备专用 486 计算机和高速调制解调器各 1 台。同年 6 月，CAPnet 开通试运行。忻州地区地震局的地震预测探索工作，在加入 CAPnet 后逐步走向规范化、正规化。自 1996 年 6 月开始，忻州地区地震局的周、月会商报告按时报送 CAPnet 中心。1997 年 6 月，忻州地区地震局的网络工作曾受到中国地震局的表扬（见 CAPnet 管理组《CAPnet 试运行一年情况报告》）。1999 年以后，忻州地区地震局的周、月会商报告通过网络按时报送山西省地震局预报中心。2004 年 8 月，首都圈地区地震分析预报计算机网络系统并入中国地震分析预报网（APnet），忻州市地震局成为中国地震分析预报网成员单位。据统计，从 1996 年 6 月至 2015 年 12 月底，忻州市地震局按时向中国地震分析预报网报送周会商报告 1022 份、月会商报告 240 份。

2012 年 4 月，忻州市地震局邀请国家地震局分析预报室原京津组组长汪成民研究员、中国地震局原台网中心预报部主任郑大林研究员等专家来忻指导忻州市地震监测预报工作，并就多渠道开展地震预测进行座谈。9 月，邀请著名科学家吴青海和汪成民来忻指导地震前兆监测工作。

以往地震部门震情监测及会商都是在行业内部开展，2013 年 4 月起，忻州市地震局利用市直各部门、各行业专业技术资源优势，在水利、气象、林业、农业、畜牧及专业台站聘请了十几位各行业专家组成忻州市防灾减灾专家库，并召开多次“大监测、

忻州市地震局邀请汪成民等专家指导工作

忻州市地震局组织召开震情“大监测、大会商”联席会议

大会商”联席会议，尝试借助其他部门的专业资源优势，拓宽震情跟踪渠道，创新震情会商工作，构建全新的震情“大监测、大会商”格局，提高地震预测水平。

二、预报方法

截至目前，地震预测仍然是一个没有突破的世界科学难题。1975年忻县地区地震机构成立后，相关人员就开展了地震预测探索研究，主要是对测震及前兆观测资料进行分析，排除各种非地震因素对观测资料的干扰和影响。预报方法以地震活动性和前兆观测资料的综合分析为主。

20 世纪 80 年代中期，地震预测主要是经验性预测，通过对区域地震活动性、全市群测点“三土”手段、井水位、水化及宏观异常观测资料的分析，结合周边专业台站前兆数据，采用手工作图，进行预测探索。

1990 年后，地震学分析方法多以地震基本参数（能量、频度、缺震）、活动图像（空区、条带）为主进行预测；前兆分析方法则沿用手工作图方式进行预测。1996 年新增了小震调制比、拟合优度、b 值时间扫描等分析。1997 年新增了地震空间集中度 c 值、地震危险度 d 值分析。

随着计算机和互联网的普及应用，地震学分析方法从 1997 年以后开始采用计算机专用软件进行分析。1997 年地震学分析方法采用 CAPnet 中心的 CAPnet tools 进行分析；1999 年前兆分析方法采用 Shepwin 进行分析；2000 年以后，地震学分析方法开始采用 MapSIS 软件，进行地震学参量的几十种参量的时空扫描分析，前兆分析方法采用 EIS2000 软件。2001 年封德俭带领震情科及奇村水化站技术人员开展了“奇村水汞相关性分析与区域分布特征研究”，摸清了区域水汞的动态变化规律。2004 年，地震学分析新增综合预报软件 SQIP，AC 值、震级偏离度η值、多分维 Fw、响应比 XY、视应变 Es、地震强度因子 Mf 值等方法。2009 年新增跨区域地震活动性对比分析。2013 年新增太阳黑子变化与区域地震关系分析。随着 MapSIS 软件的不断升级，忻州市地震局地震学分析方法可以进行区域时空扫描，对 40 多种地震学参数计算作图；前兆分析可以进行水位、水化、形变等多学科通用及专用分析。多年来，市地震局分析预报人员还自行研制数据录入软件、数据合并软件及震级换算软件用于预测探索，提高了分析预测的工作效率。

三、震情会商

忻州市地震局震情会商主要有三种组织形式：一是参加山西省地震局组织的全省年度、年中震情会商，每年各一次；二是不定期参加晋、冀、内蒙古三省区地震联防区的震情会商；三是市局组织的年、年中、月、周震情会商。

年、月、周会商制度是与中国地震局制定的“长、中、短、临”地震预测相适应的会商机制。长期预测，一般几年至十几年，是通过地震区划分析确定的；中期预测，时间为 1~2 年，由年度会商做出趋势判断；短期预测，为半月至半年，由月会商做出预测意见；临震预测，时间为几天至十几天，由周会商做出预测意见。长、中、短、临地震预测与年、月、周震情会商，意味着从地震孕育至地震发生的全程监视。通过年、月、周震情会商逐步修改中、短、临的预报意见，力求地震预测符合震情实际。

周、月、年中、年度会商是忻州市地震局的日常工作。各类会商会重点研究分析地震活动、前兆异常变化动态，对震情进行预测。震情紧张时，还要增加临时会商。

1989~2015 年，忻州市地震局每年向山西省地震局提交年度地震趋势研究报告，对下一年度地震趋势进行探索研究，累计组织召开各类会商会 1420 余次，参加山西省年度会商会 26 次。

第四节　区域联防

1977 年国家地震局在全国震情趋势会商时，首次将晋冀蒙三省交界区确定为全国四个重点监视区之一。同时，国家地震局就加强晋冀蒙三省地震工作印发文件，明确指示要加强联防。根据国家地震局的指示精神，首次晋冀蒙三省交界区地震联防会于 1977 年 4 月 14~17 日在大同市召开。联防会的职责是：在联合开展地震监测、震情会商的同时，还开展电磁波、水文地球化学、地下水动态、地磁、动物等观测，开展地震区划、煤矿顶板冒落和地震活动性等方面的研究以及地震台站前兆观测资料、测震资料、震情简报、工作动态的交流。

1979 年以后联防工作有所弱化。1981 年全国地震局长会议提出对地震工作进行调整的任务；同年的全国震情趋势会商认为华北地震区的地震活动期尚未结束，晋冀蒙交界区具备发生大震的构造条件，要求交界区各地市地震部门认真贯彻这两个会议的精神。华北协作区领导认为必须恢复和加强联防。随后在华北协作区办公室阎杰英主持下，于 1981 年 4 月 26~27 日在大同市召开三省交界区地震联防工作会议。

1982 年 5 月 29~31 日，在雁北地区广灵县召开晋冀蒙三省交界区震情会商会。乌兰察布盟地震办公室、张家口地区地震局、雁北地区地震局、大同市地震局、忻县地区地震局及部分地办和群测台站的代表 35 人出席会议。经华北协作区批准，忻县地区加入联防组织。至此，三省联防正式形成三省五地市的组织形式。1982 年之后，晋冀蒙三省交界区地震联防会每年召开会议，会议地点轮流在山西大同市、忻县地区，河北张家口市，内蒙古自治区集宁市等地召开。

1982 年 9 月 22~27 日，在代县召开晋冀蒙三省交界区地震联防会商会。参加会议的有忻县地区地震局、雁北地区地震局、大同市地震局、河北省张家口地区地震局，内蒙古乌兰察布盟地震办公室的领导、技术人员、测报第一线的同志，共 75 人出席会议。忻县地区地震局作为联防组织成员第一次参加，并筹备本次会议。

1985 年 7 月 16~18 日，晋冀蒙交界区地震联防组在代县召开地震联防会议。忻州地区、雁北地区和大同市、内蒙古乌兰察布盟、河北张家口的地震部门负责人、震情监测人员以及应邀前来的阳泉、太原、长治、临汾等地方地震局和晋祠台的代表共 50 多人出席会议。山西省地震局局长孙国学专程从太原赶来看望与会代表，并和各局负责同志进行座谈。

随着晋冀蒙交界区地震联防活动的发展，后期增加了学术交流活动内容，共举办过 15 次学术活动。在这些学术交流活动中，三省交界区地震工作者共提交 89 篇学术论文、试验报告和震情分析总结。忻州地区黄振昌、封德俭、田甦平、张俊民、白迎春、申新生、段玉谦、邢爱珍等先后提交论文 14 篇。

1986 年 8 月 3~11 日，全国第五届青少年地震科学夏令营在大同市和忻州地区五台山举办。名誉营长国家地震局副局长高文学出席开营仪式并讲话。参加这次夏令营活动的有山西省、内蒙古自治区、北京市等地的 150 余名热爱地震科学的青少年。营员们听取地震知识报告和五台山地质构造的介绍，参观西坪中心地震台，考察大同火山群，参观了五台山、云冈石窟、恒山、悬空寺、应县木塔、华严寺、善化寺等名胜古迹，并举办篝火晚会。

同年 12 月 24~25 日，晋冀蒙交界区第三次地震联防会议在大同市召开。联防会决定出版《论文集》《纪念文集》和《晋冀蒙三省交界地区构造体系与震中分布图》。忻州地区地震局黄振昌担任责任编辑。

1987 年 4 月 26~27 日，晋冀蒙地震联防组在忻州地区奇村召开工作会议。乌兰察布盟地震处、张家口地区地震局、大同市地震局、雁北地区地震局、忻州地区地震局的会议代表参加会议。

同年 12 月 11~12 日，京晋冀蒙交界区 1987 年度第五次联防会议在忻州地区奇村地震观测站召开。大同市地震局、忻州地区地震局、雁北地区地震局、张家口地区地震局、乌兰察布盟地震处、北京市地震办公室、延庆地震办公室的会议代表参加会议。

1990 年 12 月 21 日，晋冀蒙三省交界区地震联防会在忻州市召开，内蒙古自治区乌兰察布盟地震处、河北张家口市地震局、山西雁北地区地震局、大同市地震局、忻州地区地震局的会议代表参加会议。

1994 年 12 月 25~26 日，京晋冀蒙交界区 1994 年度第二次地震联防会议在忻州地区奇村水化站召开。北京市地震局、张家口市地震局、内蒙古自治区乌兰察布盟地震处、大同市地震局、朔州市地震办、忻州地区地震局的会议代表参加会议。

1998 年 5 月 12~14 日，京晋冀蒙交界区 1998 年度第一次地震联防会议在忻州地

1986 年在忻州地区五台山举办的地震科学夏令营现场

1990 年“三省一市”地震联防会在忻州召开

2003 年华北北部地区地震联防会在忻州召开

区宾馆召开。张家口市地震局、内蒙古自治区乌兰察布盟地震局、呼和浩特市地震局、大同市地震局、朔州市地震办、忻州地区地震局的会议代表共 21 人参加会议。

2003 年 8 月 26~27 日，华北北部地区地震联防会在忻州召开。内蒙古自治区包头市地震局、乌兰察布盟地震局，河北张家口市地震局，山西大同市地震局、朔州市地震局、忻州市地震局的代表参加会议。

第四章　抗震设防

建设工程抗震设防是地震灾害防御工作的重要组成部分，是贯彻防震减灾“预防为主，防御与救助相结合”工作方针的具体体现，是有效减轻地震灾害的关键措施。随着我国经济社会的快速发展，人口和建筑密度大幅增加，国家对建设工程抗震设防日益重视，抗震设防管理工作已逐渐成为市县地震工作部门的一项重要工作。1994年前，忻州地区地震局主要是利用自身的专业技术优势，应建设单位的邀请，搞地震烈度鉴定、工程地震等专业技术咨询服务工作。1994年抗震设防标准管理归口地震部门以来，忻州地区地震局率先在全省先行先试，逐步将抗震设防管理纳入基本建设管理程序，抗震设防监管覆盖建设工程全过程，重大建设工程地震安全性评价工作有效实施，农村住房抗震改建工作顺利推进，震害防御基础性研究工作取得实效，新型抗震新技术逐步得到应用，建设工程抵御地震灾害能力明显提升。

第一节　抗震设防要求管理

地震部门开展抗震设防要求管理主要是确定建设工程抗震设防要求，对抗震设防要求执行情况进行监督检查。20世纪90年代，为提高各类建设工程抗御地震灾害能力，忻州地区根据法律法规推进建设工程抗震设防要求管理，管理机构不断健全，城乡建设工程抗震设防得到进一步保障。

一、管理机构

1994年，按照国务院《国家地震局职能机构编制方案有关内容的通知》（国办发

〔1994〕47号文件）精神，忻州地区地震局组建临时办公室，由黄振昌副局长分管，陈秀发、梁瑞平具体承办，各县（市）也专门抽调专业人员，开始对抗震设防标准和工程场地地震安全性评价工作进行监督管理。

1997年1月1日，《山西省防震减灾暂行条例》施行。按照《条例》规定，省防震减灾行政主管部门及其授权的市（地）级防震减灾行政主管部门，管理工程建设场地的地震安全性评价工作和以地震动参数和烈度表述的抗震设防标准工作。忻州地区地震局于1997年1月2日向山西省地震局提交授权申请，1月8日山西省地震局审定同意。地区地震局取得抗震设防标准管理权后，按照有关程序，向所属14个县市地震办和有关科委发放了《抗震设防标准管理委托证书》，委托行使本行政区域内建设工程抗震设防标准的核查权、监督权以及行政处罚权。

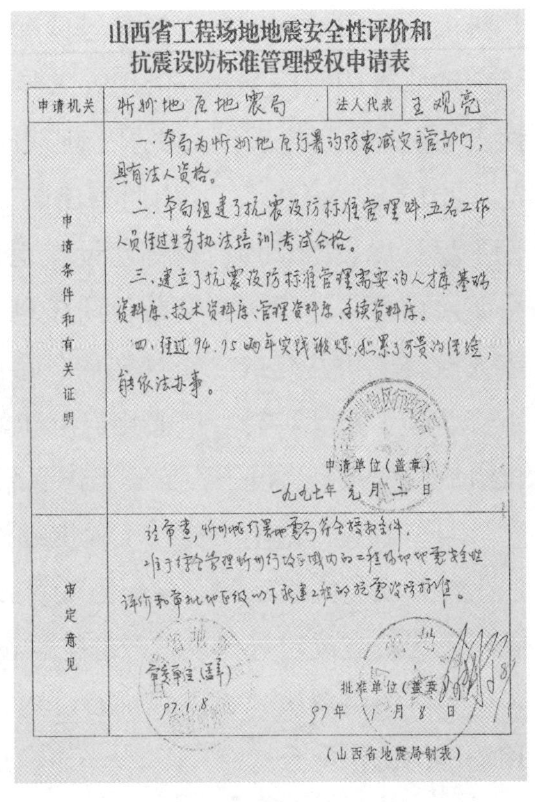

山西省工程场地地震安全性评价和抗震设防标准管理授权申请表

申请机关	忻州地区地震局	法人代表	王观亮
申请条件和有关证明	一、本局为忻州地区行署的防震减灾主管部门，具有法人资格。 二、本局组建了抗震设防标准管理科，五名工作人员经过业务执法培训，考试合格。 三、建立了抗震设防标准管理需要的人才库、基础资料库、技术资料库、管理资料库、手续资料库。 四、经过94、95两年实践锻炼，积累了可贵的经验，能依法办事。 申请单位（盖章） 一九九七年元月二日		
审定意见	经审查，忻州地区行署地震局符合授权条件，准予综合管理忻州行政区域内的工程场地地震安全性评价和审批地区级以下新建工程的抗震设防标准。 审核单位（盖章）97.1.8 批准单位（盖章）97年1月8日		

（山西省地震局制表）

忻州地区地震局抗震设防标准管理授权申请表

1997年12月5日，忻州地区机构编制委员会印发《关于忻州地区地震局职能配置、内设机构和人员编制方案的通知》（忻地编发〔1997〕14号）。文件规定，地区地震局设立抗震设防标准管理科，编制2名。主要职责是：负责管理全区重大重要新建工程建设场地的地震安全性评价工作，审定以地震动参数表述的抗震设防标准要求，负责地震安全性评价工作的资格审查、认证和任务登记；管理全区一般工业与民用建筑新建工程以烈度表述的抗震设防标准要求；管理全区地震烈度区划与地震动参数区划；负责全区未按照抗震设防标准的工程的地震设防烈度鉴定工作，指导督促产权单位采取加固措施；承办地震学会的具体工作。

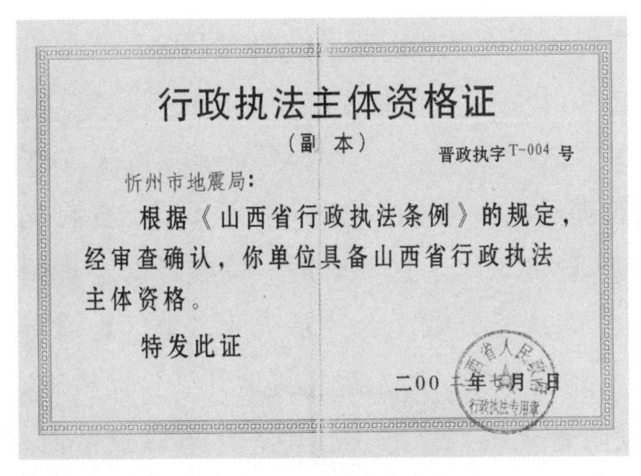

行政执法主体资格证

（副　本）

晋政执字T-004号

忻州市地震局：

根据《山西省行政执法条例》的规定，经审查确认，你单位具备山西省行政执法主体资格。

特发此证

二00二年七月一日

忻州市地震局行政执法主体资格证书

2002年7月1日，忻州市地震局取得山西省人民政府颁发的行政执法主体资格证。9月1日，《山西省防震减灾条例》开始施行。《条例》规定，县级以上防震减灾工作主管部门具有建设工程抗震设防要求和地震安全性评价工作的管理和监督职能。至此，沿用近六年的抗震设防标准管理授权办法正式废止，市、县两级地震局取得抗震设防要求管理职能。

2015 年 1 月 1 日，《山西省建设工程抗震设防条例》施行。9 月 24 日，为加强建设工程抗震设防管理，提高建设工程抗御地震灾害能力，增强部门之间的协作配合，按照《山西省建设工程抗震设防条例》规定，市防震减灾领导组建立了由市地震局、市发改委、市住建局、市规划局、市国土资源局、市房管局、市交通局、市水利局、市安监局、市煤炭局、市文化广电新闻出版局、市卫计委、市教育局、市农业局等单位组成的忻州市建设工程抗震工作联席会议制度。联席会议的主要职责是：

（1）研究讨论全市建设工程抗震设防规划、政策；全面掌握重大建设工程、可能产生严重次生灾害工程、学校医院等人员密集场所建设工程、城市和农村危旧房改造、农村民居抗震改建等建设工程的抗震设防工作开展情况。

（2）协调解决建设工程抗震设防管理和技术衔接问题，以及其他重大问题，督促相关部门协作配合。

（3）指导、督促、检查各县（市、区）及各有关单位抗震设防管理和抗震设防技术的推广普及工作；指导、协调开展城市活断层探测、地震小区划等抗震设防基础性研究，为城市建设、规划提供必要的基础性资料。

10 月 16 日，市防震减灾领导组召开 2015 年第一次抗震设防工作联席会议，对当前以及今后一段时间内的抗震设防工作进行安排和部署。副市长、联席会议总召集人王月娥参加会议。

二、发展进程

忻州市建设工程抗震设防管理工作主要经历探索试验、规范化管理和全过程监管三个阶段。

第一阶段（1994~2000 年）

1994 年，抗震设防标准归口地震部门管理后，忻州地区地震局不等不靠，先行先试，在全省率先开展建设工程抗震设防标准管理工作。这一时期，抗震设防管理始终未能纳入基本建设审批程序，相关部门之间缺乏有效配合。基于此，地区地震局购置了摩托车，工作人员主动走出去，深入建设单位、施工现场等地开展督促检查、现场执法，初步摸索出一套市、县抗震设防管理模式。在工作中，注重以点带面，始终把管理工作出色的忻州市（今忻府区）地震办公室作为典型引路，并及时向全区推广。在具体工作中，地区地震局采取与忻州市（今忻府区）地震办联合监管的办法，对城区新建、改建、扩建工程进行联合管理、分工协作，效果明显。凡列入计划的项目多数办理了抗震设防标准审批手续。这一时期，抗震设防管理工作主要侧重以下四个方面：

（1）积极争取政府和相关部门的支持，制定出台一系列规范性文件。

1994年10月13日，忻州地区行政公署印发《关于对全区重大工程建设场地地震安全性评价工作实行归口管理的通知》（忻地行发〔1994〕85号），决定对全区范围内重大工程建设场地地震安全性评价工作实行归口管理。这是忻州地区第一份抗震设防管理规范性文件。12月20日，在地区行署的沟通协调下，行署地震局与计划委员会、建设局、中国人民建设银行忻州地区中心支行，联合印发《关于下发工程建设场地地震安全性评价工作归口管理实施条例的通知》。该文件是全省地震系统首个规范管理地震安全性评价工作的文件，明确规定了地震部门的管理职能和地震安全性评价工作的范围。1995年3月21日，山西省地震局以晋震发防字〔1995〕32号文件，将该条例向全省各地市地震局（办）进行了转发。

山西省地震局文件

晋震发防字(1995)032号

山西省地震局关于转发忻州行署计委等
单位《关于对工程建设场地地震安全性评价
工作归口管理的通知》和《实施条例》的通知

各地市地震局(办)、各地震台、局直属有关单位:

忻州地区行署计委、建设局、地震局、建设银行等单位根据国务院、省政府有关防震减灾工作的部署和要求，联合发出《关于重大工程建设场地地震安全性评价工作实行归口管理的通知》和《工程建设场地地震安全性评价工作归口管理实施条例》，对加强地震安全性评价管理具有重要作用和意义，现转发各单位借鉴参考。

我省的防震减灾任务十分艰巨。开展工程场地地震安全性评价工作，是减少地震可能造成损失的重要措施。各地区、各有关部门要加强对该项工作的领导和管理，切实有效地增强综合防震减灾能力。

山西省地震局转发忻州地区抗震设防管理文件

1996年4月24日，忻州地区行政公署印发《关于认真贯彻执行山西省工程场地地震安全性评价管理规定的通知》（忻地行发〔1996〕20号），规定凡需设计的工程项目，都必须经地震部门核查把关。这是全国地震系统首次提出对一般建设工程抗震设防标准的核查把关。同年12月，为全面启动各县（市）抗震设防管理工作，地区地震局印发《忻州地区抗震设防标准管理细则》（晋忻震字〔1996〕12号），对抗震设防标准管理事项做出具体明确的规定。2000年6月29日，忻州地区行署计划委员会、行署地震局联合印发《关于将工程场地地震安全性评价与抗震设防标准管理纳入基本建设程序的通知》（忻行计投字〔2000〕252号），明确要求各县（市）计委、地震办必须将工程场地地震安全性评价与抗震设防标准管理纳入基本建设程序，对需要进行地震安全性评价工作的建设工程进行公示。

（2）收集整理基础性资料，建立完善各类资料库。

这一时期，抗震设防管理刚刚起步，技术人才短缺，技术资料匮乏，抗震设防管理没有现成的经验可以借鉴，地区地震局主动作为，积极、广泛地收集各种资料，逐步完善管理人才库、基础资料库、技术资料库、手续资料库、管理资料库等。

1995 年 5 月，为适应抗震设防标准管理工作的需要，提高基层地震工作人员的业务素质，地区地震局决定编写一部针对基层地震系统抗震设防管理人员的培训教材《抗震设防标准管理知识手册》。该手册由局长王观亮总体设计筹划，陈秀发具体编辑；编写过程中受国家地震局地壳应力研究所研究员徐宗和的大力支持。1996 年 11 月，该手册完稿，徐宗和审阅后，向国家地震局进行了推荐，国家地震局副局长葛治洲为此书作序。

1998 年 3 月 1 日,《中华人民共和国防震减灾法》施行。首次提出“抗震设防要求”概念,“抗震设防标准管理”一词不再使用，统一规范为“抗震设防要求管理”。10 月，为提高基层地震部门抗震设防要求管理能力，地区地震局委托山西省地震灾害研究所所长郭星全开发了忻州地区抗震设防要求核查管理软件。

（3）注重干部队伍的培训与交流。

加强干部队伍培训是有效开展抗震设防管理的重要保证。抗震设防标准归口地震部门管理后，大多数基层干部职工没有抗震设防管理经验，因此，忻州地区地震局始终将干部队伍的培训作为一项重点工作来抓，每年都要组织一次抗震设防管理培训交流活动。除此之外，地区地震局每年组织各县市地震办的管理人员和技术骨干参加省地震局组织的抗震设防管理培训。

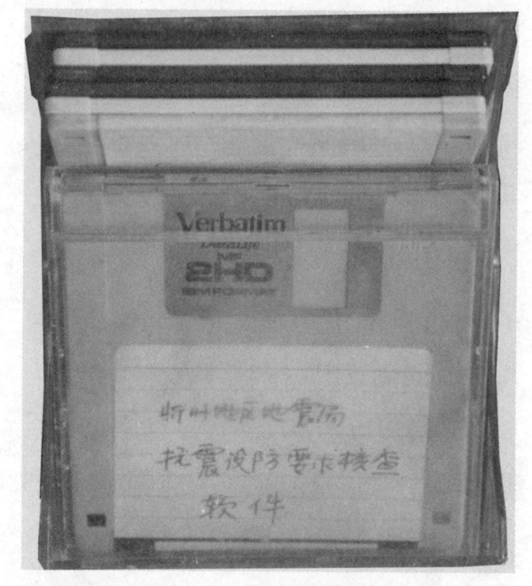

忻州地区地震局抗震设防要求软件

（4）先行先试，为全省抗震设防管理总结经验。

忻州地区地震局经过几年的先行先试，为全省乃至全国的抗震设防标准管理工作积累了宝贵的经验。1995 年 8 月，应山西省地震局邀请，忻州地区地震局选派王观亮、陈秀发、梁瑞平以及忻州市（今忻府区）地震办主任赵富顺参加《山西省工程场地地震安全性评价管理规定》和《山西省防震减灾暂行条例》的编写起草工作。

1996 年 6 月 23 日，全省抗震设防标准管理骨干培训班及现场会在忻州召开。培训班邀请徐宗和研究员等专家授课。忻州地区地震局编写的《抗震设防标准管理知识手册》被选为本次培训班的教材之一。会上，忻州地区地震局局长王观亮进行了经验介绍。各地（市）参训人员参观了忻州地区地震局的“五库”资料，并复制了相关资料。

1997 年 8 月，山西省地震局举办抗震设防管理知识第二次培训会，省地震局指定王观亮介绍工作经验。

在此期间，全国先后有黑龙江地震局、辽宁省地震局、陕西省地震局、浙江省地震局、河北省地震局、山东省地震局带领本省各县（市）地震局局长来忻考察交流，山西省先后有 6 个地（市）带领县级地震局长来忻交流，忻州地区地震局的领导也多次在全省各类地震工作会上作了经验介绍。

第二阶段（2001~2009 年）

2001 年开始，第四代区划图《中国地震动参数区划图》（GB18306-2001）和《山西省防震减灾条例》等一系列法规、国家标准的逐渐实施，忻州市抗震设防要求审批开始步入规范化管理阶段。

（1）抗震设防要求审批进驻市政务大厅。

2002 年 4 月，为了提高政府工作的透明度和办事效率，忻州市政府成立市政务大厅管理中心，政务大厅下设行政审批大厅，市地震局作为首批入驻单位进驻大厅办理行政审批业务。按照政务大厅规定，市地震局工作平台制作“窗口服务明白卡”，对审批事项、办事程序、申报材料、承诺时限、收费标准等进行公示。6 月 6 日，按照市政府改革行政审批制度有关文件精神，市地震局对设在市政务大厅的地震局工作平台进行授权，授权内容包括以下三项：新建、改建、扩建工程抗震设防要求审批；地震监测设施和地震观测环境保护范围内进行工程建设审批；地震安全性评价资质认证。

（2）抗震设防要求审批得到清理确认。

2003 年，市政府开始对行政审批项目进行清理整顿。根据市行政审批改革办公室行政审批项目清理结果，市地震局的“地震安全性评价资质认证”行政许可项目不再保留，保留的 2 项行政审批项目为：新建、改建、扩建工程抗震设防要求审批和在地震监测设施和地震观测环境保护范围内进行工程建设审批。2009 年 12 月 25 日，根据市行政审批制度改革工作领导组办公室第六次行政审批项目清理结果，市政府下发《关于印发忻州市市直部门行政许可项目和非行政许可项目目录的通知》（忻政发〔2009〕70 号），市地震局 2 项行政审批项目合并保留为 1 项，名称变更为“新建、改建、扩建及地震监测设施和地震观测环境保护范围内工程建设的抗震设防要求审批”。

（3）制定抗震设防管理办法，规范行政审批程序。

2005 年 5 月 23 日，为规范建设工程抗震设防要求管理，增强部门之间的协作配合，市政府办公厅印发《忻州市建设工程抗震设防要求管理办法》（忻政办发〔2005〕45 号），规定抗震设防要求应依法纳入城市规划和基本建设管理程序。文件下发后，市直有关部门之间仍然缺乏配合，抗震设防要求管理现状并未得到改变，抗震设防管理依然依靠督促检查。为此，2007 年 1 月，市地震局购置微型面包车一辆，专门用于抗震设防要求审批和行政执法。

第三阶段（2010~2015 年）

2010 年，市地震局新一届领导班子组成后，按照法律法规及国务院、山西省人民政府有关文件规定，局长李文元、副局长张玮积极主动与规划、住建、房管等有关部门协商。经过近三年努力，不仅把抗震设防要求陆续作为相关部门的前置审批内容，而且使抗震设防真正纳入市政府基本建设审批流程，作为工程规划、施工图审查和竣工验收内容，在全省率先实现了抗震设防要求全过程监管。由于从根本上理顺了管理体系，忻州市城区新建工程的抗震设防要求管理做到了全覆盖。

（1）建立完善抗震设防管理协调配合机制。

2011 年 9 月，市规划勘测局将市地震局核发的《建设工程抗震设防要求审批书》作为办理《建设工程规划许可证》和《建设项目选址意见书》的前置必备内容，并向社会进行了公示。10 月，市住建局将市地震局核发的《建设工程抗震设防要求审批书》作为办理《建筑工程施工许可证》的前置必备内容。12 月，市房管局将市地震局核发的《建设工程抗震设防要求审批书》作为办理《商品房预售许可证》的前置必备内容。

2012 年 4 月 12 日，市政府办公厅印发《忻州市城区商品房预售许可证申领审批办法》（忻政办发〔2012〕38 号），明确规定将包括市地震局在内的 8 个审批单位的 16 项审批文件作为办理商品房预售许可证的必备内容。文件下发后，各县（市、区）政府也制定了相应办法。

12 月 13 日，市政府印发《忻州市建设项目联合审批办法（试行）》（忻政办发〔2012〕155 号），并制定《实施细则》，全面规范基本建设审批程序。市地震局的抗震设防要求审批、审查、验收全部进入审批流程，分别纳入工程规划、施工图审核、竣工验收三个环节的并联审批内容，实现抗震设防要求在工程建设领域的全过程监管。

抗震设防管理纳入基本建设审批程序后，抗震设防在工程建设领域的重要作用日益显现。2011 年 5 月 6 日，忻州市城乡规划委员会吸收市地震局为成员单位。此后，城市棚户区改造、农村危旧房改造以及一些市级重点工程项目领导组也陆续将地震局列入领导组成员单位，忻州市建设工程抗震设防逐渐融入地方经济发展大局。

（2）强化内部建设，加强人员培训。

忻州市地震局抗震设防要求审批纳入市政府审批流程后，市地震局在机关内部大力开展以“讲责任、讲效率、讲规矩、讲纪律、讲团结”为主题的“五讲”活动和“比学习、比自觉、比贡献、树立好形象”为主题的“三比一树”活动，推行优质服务公开承诺，进一步加强内部建设。购置了 GPS 手持定位仪、大幅面彩色打印机、扫描仪等必要的工作装备，抗震设防要求管理能力得到明显提升。2012 年 5 月，编辑完成《忻州市抗震设防要求行政审批实用手册》，下发各县（市、区）地震局（办），作为基层行政审批工作人员的工作手册。

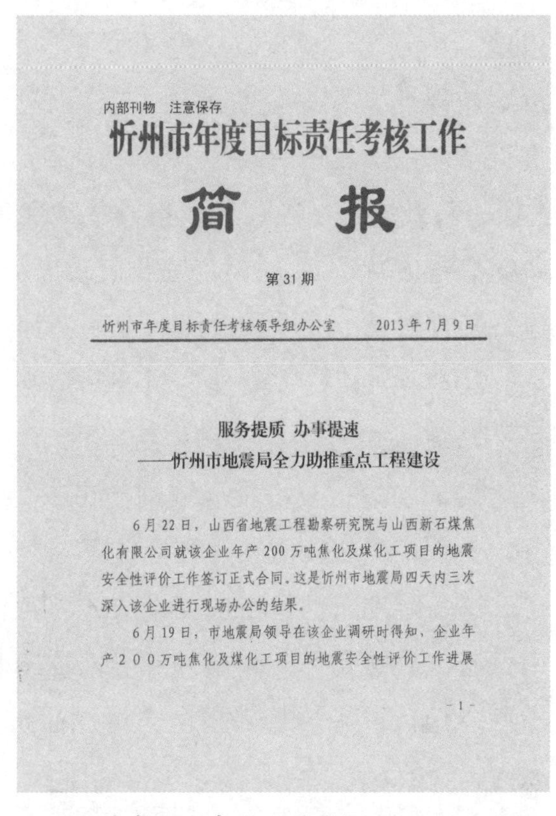

内部刊物　注意保存

忻州市年度目标责任考核工作

简　报

第 31 期

忻州市年度目标责任考核领导组办公室　　2013 年 7 月 9 日

服务提质　办事提速

——忻州市地震局全力助推重点工程建设

6 月 22 日，山西省地震工程勘察研究院与山西新石煤焦化有限公司就该企业年产 200 万吨焦化及煤化工项目的地震安全性评价工作签订正式合同。这是忻州市地震局四天内三次深入该企业进行现场办公的结果。

6 月 19 日，市地震局领导在该企业调研时得知，企业年产 2 0 0 万吨焦化及煤化工项目的地震安全性评价工作进展

- 1 -

忻州市委考核办考核工作简报

同时，市地震局及时转变管理理念，经常深入一线进行现场办公，服务重点工程建设。2013 年 7 月 9 日，忻州市委考核办 2013 年第 31 期《年度考核简报》对市地震局转变服务观念、全力助推重点工程建设的做法进行通报表扬。7 月 10 日，《忻州日报》对此进行专门报道。

在日常工作中，市地震局始终将强化工作人员的业务培训作为一项重要工作，每年组织行政执法人员进行业务培训。2015 年 4 月 3 日，市地震局召开《山西省建设工程抗震设防条例》宣传贯彻培训会议，省地震局抗震设防管理处处长尉燕普进行专题辅导。

（3）规范内部审批流程，加强痕迹化管理。

2012 年 11 月，市地震局印发《忻州市建设工程抗震设防要求审批管理程序》，制作全市统一的执法文书，建立全市统一的行政审批程序，固化行政审批流程，全面系统地落实行政审批各环节责任。12 月，为推进依法行政，强化对行政审批工作人员监督管理，制定完善《忻州市地震局行政审批工作人员岗位监督管理制度》《忻州市地震局行政许可工作考核制度》《忻州市地震局抗震设防要求行政许可公示制度》《忻州市地震局抗震设防要求行政许可资料归档、备案制度》等 19 项制度，并编印《忻州市地震局行政审批及行政执法规章制度汇编》。

2013 年 1 月，为加强对行政审批环节监督管理，规范行政审批工作人员行政审批

行为，市地震局全面推行行政审批痕迹化管理，建立行政审批电子档案，并对历史审批资料进行拍照、扫描、整理，补建行政审批档案。2月，市地震局制定《忻州市地震违法案件行政处罚自由裁量权实施细则》，着力解决行政执法人员处罚尺度不易把握、处罚金额随意性较大等问题。

2014年5月，为全面推行依法行政，依法确定权力，按照市政府、市纪委要求，市地震局开始清理行政权力及服务事项，并查找廉政风险点，制定风险防控措施。经市廉政风险防控办公室确认，市地震局共确定权力事项53项，并在政府门户网站上进行了公示。其中行政许可事项1项、行政处罚事项29项、行政征用1项、行政监督5项、行政核准1项、行政指导3项、行政奖励1项、行政规划3项、行政处分3项、备案登记6项。2015年，按照市政府统一安排，市地震局再次对权力清单和责任清单进行清理确认，并在市政府门户网站和市地震局网站进行公示。

2014年11月，新建的忻州市政务服务中心正式启用，市地震局作为基本建设项目并联审批单位入驻建设项目审批大厅，参与基本建设投资项目一条龙审批。为此，市地震局组建行政审批局域网与市权力运行监察平台联通对接，实现网上办理审批业务，全程接受纪检监察及社会监督。

这一时期，忻州市抗震设防各项工作取得明显进步，一举走在全省乃至全国前列。山西省人大、山西省地震局领导多次来忻调研抗震设防管理工作。2013年6月14日，山西省地震局副局长郭星全来忻调研抗震设防要求全过程监管工作。调研结束后，郭

忻州市政府网站公示忻州市地震局权责清单

星全邀请市地震局局长李文元、抗震设防管理科负责人梁瑞平参加《山西省建设工程抗震设防条例》的起草工作。中国地震局《市县防震减灾工作》编辑部向忻州市地震局提出约稿申请。2014 年 3 月，中国地震局《市县防震减灾工作》在 2014 年第 1 期刊登了李文元撰写的《稳中求进 逐步强化社会管理　主动作为 不断拓展公共服务》的市县防震减灾工作融合式发展新模式署名文章。6 月 18 日，山西省人大常委、法工委主任高国顺带领省人大、省政府及省地震局人员来忻进行抗震设防立法调研。2015 年 10 月 21~22 日，省人大常委、教科文卫工委主任李洪带队来忻进行建设工程抗震设防执法调研。

第二节　地震安全性评价

地震安全性评价是指在对具体建设工程场址及其周围地区的地震地质条件、地球物理场环境、地震活动规律、现代地形变及应力场等方面深入研究的基础上，采用先进的地震危险性概率分析方法，按照工程所需要采用的风险水平，科学地给出相应的工程规划或设计所需要的一定概率水准下的地震动参数（加速度、设计反应谱、地震动时程等）和相应的资料。

20 世纪 80 年代，忻州地区地震安全性评价主要是应建设单位的邀请，搞地震烈度鉴定、地震危险性分析等工程地震技术咨询服务工作。1994 年，工程场地地震安全性评价归口地震部门管理后，地震烈度鉴定、地震危险性分析等工程地震工作更名为“工程场地地震安全性评价”。此后，地区地震局主要开展的是地震安全性评价的第 4 级工作，即“烈度复核”，并按照国家有关规定适当收取一定费用。

1994 年 12 月 20 日，为适应地震安全性评价工作需要，地区地震局成立由地震局黄振昌、建设局葛少禹、计委张援助、建行李荣承、设计院赵裕飞等专家组成的忻州地区工程地震咨询委员会，主要对全区地震安全性评价工作进行咨询、协调、监督以及审定工程建设场地的抗震设防标准。

2003 年 10 月，忻州地区地震局选派陈秀发、邢爱珍、肖建华、梁瑞平 4 位专业技术人员参加山西省地震局组织的地震安全性评价技术考试，考试合格后，上述 4 人成为地区地震局首批地震安全性评价从业技术人员。

2005 年后，按照国家有关政策规定，地区地震局不再从事地震安全性评价具体技术工作，工作重心由技术服务工作向监督管理工作转变。

2010 年，忻州市地震局新一届领导班子组建后，经过近半年的调研、起草等前

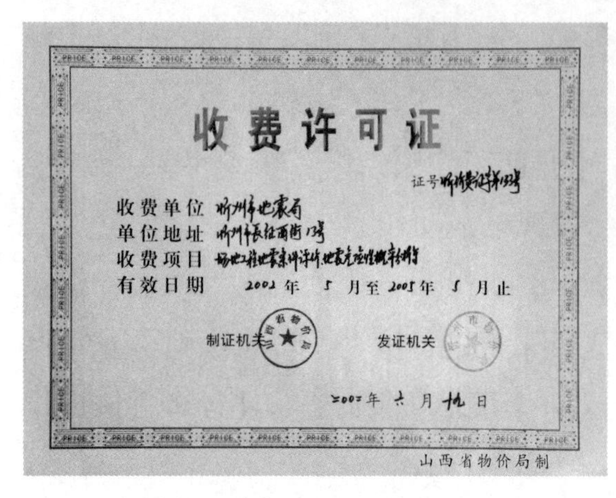

收费许可证

证号

收费单位　忻州市地震局
单位地址　忻州市长征西街13号
收费项目
有效日期　2002年5月至2005年5月止

制证机关　　　　发证机关

2002年六月十九日

山西省物价局制

忻州市地震局收费许可证

忻州市人民政府办公厅文件

忻政办发〔2010〕196号

忻州市人民政府办公厅
关于转发忻州市地震安全性评价和抗震
设防要求管理规定的通知

各县、市、区人民政府，市直各委、办、局：

《忻州市地震安全性评价和抗震设防要求管理规定》已经市人民政府同意，现转发给你们，请认真贯彻执行。

二〇一〇年九月二日

- 1 -

忻州市政府办公厅转发地震安全性评价管理文件

期工作，9月2日，忻州市政府办公厅转发《忻州市地震安全性评价和抗震设防要求管理规定》(忻政办发〔2010〕196号)。该文件不仅从制度上和程序上规范了抗震设防要求管理，而且还明确规定了必须进行地震安全性评价工作的工程范围，便于基层行政审批工作人员把握地震安全性评价工作尺度，规范行政审批行为。

2013年12月25日，为进一步理顺出让土地地质勘察工作，缩短勘探周期，加快房地产开发项目落地进度，市政府办公厅印发《忻州市区出让土地实行联合勘察的通知》(忻政办发〔2013〕188号)，要求重大房地产项目的地震安全性评价与地质灾害评价、文物勘察一起在出让土地前由土地收储机构统一组织，实行联合勘察。

2015年11月19日，中国地震局印发《关于贯彻落实清理规范第一批行政审批中介服务事项有关要求的通知》(中震防发〔2015〕59号)，规定地震工作部门在开展抗震设防行政审批时，不再要求申请人提供地震安全性评价报告。12月，市地震局将该文件向各县（市、区）地震局（办）转发。

忻州市地震安全性评价建设工程项目表

序　号	年　份	项　　目	文　　号
1	1978	北同蒲铁路沿线（地震基本烈度复核意见）	
2	1985	五台县五台山啤酒厂区（地震危险性分析）	晋震烈字〔1985〕9号
3	2001	山西省万家寨引黄工程一期工程	晋震标〔2001〕3号
4	2002	河曲发电厂一期2×600兆瓦燃煤机组项目	晋震评字〔2002〕3号

续表

序　号	年　份	项　　目	文　　号
5	2003	黄河天桥电站除险加固及除险扩容工程	晋震标〔2003〕31 号
6	2003	河曲发电厂二期 2×600 兆瓦项目	晋震标〔2003〕32 号
7	2003	山西鲁能晋北铝业有限责任公司 100 万吨氧化铝工程	晋震标〔2003〕43 号
8	2004	山西保德神华煤矸厂发电厂工程	晋震标〔2004〕10 号
9	2004	山西华宇集团有限公司保德 60 万吨/年（一期 30 万吨/年）氧化铝工程	晋震标〔2004〕13 号
10	2004	大同煤矿集团轩岗 2×600 兆瓦坑口电厂工程	晋震标〔2004〕27 号
11	2006	山西同德铝业有限公司 1000 千吨/年氧化铝项目	晋震标〔2006〕16 号
12	2006	忻州—阜平高速公路（忻州—长城岭段）项目	晋震标〔2006〕18 号
13	2006	忻州广宇煤电有限公司静乐双路煤矿及选煤厂工程	晋震标〔2006〕35 号
14	2007	山西省忻州—保德高速公路工程	晋震标〔2007〕32 号
15	2007	山西大唐国际定襄 2×1000 兆瓦发电项目	晋震标〔2007〕51 号
16	2007	宁武 2×300 兆瓦煤矸石机组项目	晋震标〔2007〕78 号
17	2008	大唐静乐 2×300 兆瓦煤矸石发电工程	晋震标〔2008〕17 号
18	2008	神华河曲 2×300 兆瓦煤矸石发电工程	晋震标〔2008〕39 号
19	2008	中电投山西宁武 2×600 兆瓦煤电一体化项目	晋震标〔2008〕92 号
20	2008	山西天柱山化工有限公司 1830 尿素项目	晋震标〔2008〕98 号
21	2008	华能宁武东马坊一期 49.5 兆瓦风电场工程	晋震标〔2008〕126 号
22	2009	忻州市人民医院新建住院部大楼	晋震标〔2009〕41 号
23	2009	准朔铁路黄河铁路特大桥工程	晋震标〔2009〕59 号
24	2009	山西华鹿煤炭化工有限公司 30 万吨/年合成氨、52 万吨/年尿素项目	晋震标〔2009〕199 号
25	2010	五台—盂县高速公路工程	晋震标〔2010〕78 号
26	2010	华能山西省宁武县东马坊二期风电场工程	晋震标〔2010〕108 号
27	2010	华能山西省偏关县黑家庄风电场工程	晋震标〔2010〕109 号
28	2010	华能山西省原平市段家堡一期风电场工程	晋震标〔2010〕111 号
29	2010	山西宁武盘道梁 49.5 兆瓦风电项目	晋震标〔2010〕232 号
30	2010	忻州市鑫宇煤焦气化有限公司岢岚县年产 100 万吨及年产 150 万吨洗煤项目	晋震标〔2010〕243 号
31	2010	山西省临保煤层气利用工程兴县—保德段工程	晋震标〔2010〕264 号

续表

序 号	年 份	项 目	文 号
32	2011	怀仁—原平输气管道工程	晋震标〔2011〕17 号
33	2011	繁峙—大营高速公路工程	晋震标〔2011〕44 号
34	2011	忻州环城公路工程	晋震标〔2011〕45 号
35	2011	五台县城新区碧海花园住宅小区工程	晋震标〔2011〕62 号
36	2011	山西北方石油销售有限公司油库及配套项目	晋震标〔2011〕66 号
37	2011	忻州油库扩建项目	晋震标〔2011〕89 号
38	2011	忻州宁武 220 千伏变电站	晋震标〔2011〕126 号
39	2011	山西天然气管网原平—代县—繁峙输气管道工程	晋震标〔2011〕130 号
40	2011	华能繁峙上浪涧 49.5 兆瓦风电场项目	晋震标〔2011〕131 号
41	2011	华能神池太平庄 49.5 兆瓦风电场项目	晋震标〔2011〕132 号
42	2011	华能五台峨岭 49.5 兆瓦风电场项目	晋震标〔2011〕133 号
43	2011	华能偏关黑家庄风电场二期（49.5 兆瓦）	晋震标〔2011〕176 号
44	2011	华能原平段家堡风电场二期（49.5 兆瓦）	晋震标〔2011〕177 号
45	2011	大营—神池高速公路工程	晋震标〔2011〕178 号
46	2011	神池—河曲高速公路工程	晋震标〔2011〕179 号
47	2011	神池—五寨—岢岚天然气输气管道工程	晋震标〔2011〕198 号
48	2011	山西雁门关风力发电场	晋震标〔2011〕312 号
49	2011	龙源忻州神池黄花母风电场 49.5 兆瓦项目	晋震标〔2011〕334 号
50	2011	龙源忻州神池南桦山风电场 49.5 兆瓦项目	晋震标〔2011〕335 号
51	2011	华能繁峙小庄（砂河二期）49.5 兆瓦风电项目	晋震标〔2011〕339 号
52	2011	山西省高速公路网西纵神池至岢岚高速公路（批复）	晋震标〔2011〕343 号
53	2011	忻州市慧远房地产开发有限公司桃园新村商品住宅小区项目	晋震标〔2011〕348 号
54	2011	忻州市恒隆帝景住宅小区项目	晋震标〔2011〕349 号
55	2011	忻州开发区利民房地产开发有限公司开乐苑商贸综合楼项目	晋震标〔2011〕350 号
56	2012	山西神池五连山风电一期工程（48 兆瓦）	晋震标〔2012〕29 号
57	2012	龙源忻州神池断阳山风电场 150 兆瓦项目	晋震标〔2012〕45 号
58	2012	龙源忻州神池畔庄沟风电场 49.5 兆瓦项目	晋震标〔2012〕46 号

续表

序　号	年　份	项　　目	文　　号
59	2012	鄂东煤层气保德区块 12 亿立方米产能建设项目	晋震标〔2012〕49 号
60	2012	忻州欣欣小区北区住宅楼	晋震标〔2012〕74 号
61	2012	忻府区正大加油站异地重建项目	晋震标〔2012〕75 号
62	2012	国电静乐娑婆风电项目一期（49.5 兆瓦）	晋震标〔2012〕81 号
63	2012	忻州市马家湾加气站项目	晋震标〔2012〕110 号
64	2012	忻州市阳方口加气站项目	晋震标〔2012〕111 号
65	2012	忻州市坪上引水城市供水配套	晋震标〔2012〕115 号
66	2012	静乐县王端庄分输站项目	晋震标〔2012〕126 号
67	2012	静乐县胡家沟村加气站项目	晋震标〔2012〕127 号
68	2012	静乐县窑会村加气站项目	晋震标〔2012〕134 号
69	2012	忻州市东寨加气站项目	晋震标〔2012〕135 号
70	2012	静乐县史家沟村加气站项目	晋震标〔2012〕136 号
71	2012	国电宁武谢家坪一期风电项目（49.5 兆瓦）	晋震标〔2012〕143 号
72	2012	龙源静乐康家会 150 兆瓦风力发电项目	晋震标〔2012〕167 号
73	2012	繁峙县红宇房地产开发有限公司御东九号住宅楼	晋震标〔2012〕170 号
74	2012	忻州城市燃气中心广场项目	晋震标〔2012〕179 号
75	2012	忻州国力房地产开发有限公司人保家园项目	晋震标〔2012〕187 号
76	2012	忻州国信商贸有限公司国信大厦项目	晋震标〔2012〕188 号
77	2012	忻州市金典房地产开发有限公司国力花园项目	晋震标〔2012〕189 号
78	2012	大唐岢岚县燕家村风电场	晋震标〔2012〕193 号
79	2012	山西省忻州大正房地产开发有限公司新建忻电光明住宅小区	晋震标〔2012〕200 号
80	2012	忻州师范学院新建学生公寓楼项目	晋震标〔2012〕204 号
81	2012	忻州师范学院高层综合楼	晋震标〔2012〕234 号
82	2012	忻州市禹豪房地产开发有限公司龙庭华府商品住宅小区	晋震标〔2012〕284 号
83	2012	繁峙县华岳民用煤储售煤场有限公司华岳大厦	晋震标〔2012〕285 号
84	2012	忻州鑫领苑商品住宅小区	晋震标〔2012〕286 号
85	2012	忻州市同发房地产开发有限公司荣钰花苑住宅小区	晋震标〔2012〕290 号
86	2012	忻州盛世房地产开发有限公司盛世佳苑住宅小区	晋震标〔2012〕318 号

续表

序 号	年 份	项 目	文 号
87	2012	忻州高速公路管理中心	晋震标〔2012〕340 号
88	2012	忻府区教育局新建北关小学教学楼、秀容中学学生食堂、卢野中学学生食堂和宿舍楼及东街小学教学楼	晋震标〔2012〕351 号
89	2012	宁武县天然气城市管网项目及阳方口至宁武支线输气管道项目	晋震标〔2012〕357 号
90	2012	龙源宁武余庄 9 万千瓦风力发电项目	晋震标〔2012〕403 号
91	2012	帝豪世纪花园住宅小区	晋震标〔2012〕405 号
92	2012	颐园·和谐住宅小区	晋震标〔2012〕406 号
93	2012	忻州晋阳房地产开发有限公司新建忻州康苑商品住宅小区项目	晋震标〔2012〕407 号
94	2012	静乐县天然气城市管网项目	晋震标〔2012〕416 号
95	2012	忻州市华悦房地产开发有限公司民心家园小区	晋震标〔2012〕417 号
96	2012	忻州市商务局危旧房改造	晋震标〔2012〕443 号
97	2012	国电岢岚牛碾沟风电场一期 49.5 兆瓦风电项目	晋震标〔2012〕451 号
98	2012	国电神池柳沟风电场一期 49.5 兆瓦风电项目	晋震标〔2012〕452 号
99	2012	定襄—五台输气管道	晋震标〔2012〕456 号
100	2012	龙源山西忻州岢岚大涧 49.5 兆瓦风力发电项目	晋震标〔2012〕473 号
101	2013	山西燃气产业集团有限公司原平煤层气液化项目	晋震标〔2013〕3 号
102	2013	忻州市怡美园小区一期、二期	晋震标〔2013〕30 号
103	2013	山西省东纵高速公路繁峙至五台段	晋震标〔2013〕65 号
104	2013	忻州国力新城项目	晋震标〔2013〕66 号
105	2013	忻州国力花园四期、五期项目	晋震标〔2013〕67 号
106	2013	忻州市忻禄苑住宅小区项目	晋震标〔2013〕68 号
107	2013	忻州广宇煤电有限公司二期 2×350 兆瓦热电联产项目	晋震标〔2013〕92 号
108	2013	忻州市煤炭工业局煤矿安全监控信息中心工程	晋震标〔2013〕152 号
109	2013	雁门关风电场二期项目	晋震标〔2013〕166 号
110	2013	龙源偏关老营 49.5 兆瓦风电场工程	晋震标〔2013〕170 号
111	2013	忻州市精神卫生中心住院楼及配套工程建设项目	晋震标〔2013〕176 号
112	2013	忻州晋阳房地产开发有限公司开莱国际社区 A、D 组团工程	晋震标〔2013〕177 号

续表

序　号	年　份	项　　目	文　　号
113	2013	忻州市香江房地产开发有限公司阳光花园工程	晋震标〔2013〕178号
114	2013	忻州和平西街综合楼项目	晋震标〔2013〕186号
115	2013	忻州市禹豪房地产开发有限公司百合佳苑项目	晋震标〔2013〕202号
116	2013	忻州市综合开发公司城北新景经济适用房项目	晋震标〔2013〕203号
117	2013	忻州异地扩建年产500吨钨钼制品项目	晋震标〔2013〕204号
118	2013	山西中汇房地产开发有限公司忻州城市广场项目	晋震标〔2013〕205号
119	2013	忻州市煤炭培训基地	晋震标〔2013〕213号
120	2013	五台山国际大酒店项目	晋震标〔2013〕220号
121	2013	忻州市中发房地产开发有限公司日月宏项目	晋震标〔2013〕231号
122	2013	五台县沟南旧城改造丰台文苑商贸住宅小区项目	晋震标〔2013〕236号
123	2013	忻州市天缘房地产开发有限公司新建天缘国际小区项目	晋震标〔2013〕245号
124	2013	山西煤炭运销集团大元新能源有限公司保德县桥头镇液化天然气加气站	晋震标〔2013〕262号
125	2013	保德燃气（煤层气）热电联产项目	晋震标〔2013〕274号
126	2013	“恒旺绿洲”城市棚户区改造项目	晋震标〔2013〕323号
127	2013	五台山风景名胜区“印象·五台山”大型情景体验剧项目	晋震标〔2013〕343号
128	2013	忻州市首开·恒旺国际广场项目	晋震标〔2013〕349号
129	2013	同煤集团宁武低热值煤电厂2×66万千瓦项目	晋震标〔2013〕358号
130	2013	华润宁武2×350兆瓦低热值煤发电项目	晋震标〔2013〕359号
131	2013	光大宁武赵家山风电场一期工程	晋震标〔2013〕365号
132	2013	光大宁武长房山风电场一期工程	晋震标〔2013〕366号
133	2013	保德—三岔输气管道工程	晋震标〔2013〕378号
134	2013	山西新石煤焦化有限公司200万吨/年焦化及煤化工项目	晋震标〔2013〕381号
135	2013	山西繁峙云雾峪风电场二期49.5兆瓦工程	晋震标〔2013〕386号
136	2013	山西美新新建通用煤机项目	晋震标〔2013〕403号
137	2013	忻州市恒嘉房地产开发有限公司嘉苑二区项目	晋震标〔2013〕435号
138	2013	忻州开发区和信安达地产开发有限公司新天地商业广场二期工程	晋震标〔2013〕436号
139	2013	忻州市万家房地产开发有限公司万福家园二区项目	晋震标〔2013〕439号

续表

序　号	年　份	项　　目	文　号
140	2013	代县上馆镇桂家窑村液化天然气加气站	晋震标〔2013〕447号
141	2013	繁峙金山铺乡贾家中村液化天然气加气站	晋震标〔2013〕448号
142	2013	忻府区公安局业务技术大楼	晋震标〔2013〕456号
143	2013	五台县茹村乡石盆口村液化天然气加气站	晋震标〔2013〕463号
144	2013	忻州宾馆片区改造及忻州宾馆、会议中心改造项目	晋震标〔2013〕482号
145	2013	定襄县北大街迁建八达通、万象之都项目	晋震标〔2013〕485号
146	2013	神池—河曲输气管道工程	晋震标〔2013〕492号
147	2013	忻州市房地产管理局卢野安置小区项目	晋震标〔2013〕515号
148	2013	忻州金云苑商住小区项目	晋震标〔2013〕521号
149	2013	五台山风景名胜区佛母洞索道及附属设施、佛母洞景区牌楼寺庙建设项目	晋震标〔2013〕528号
150	2013	五台山风景名胜区旅游服务基地中小学校项目	晋震标〔2013〕529号
151	2013	华能神池温家山100兆瓦风电项目	晋震标〔2013〕537号
152	2013	华润山西原平云中山（120兆瓦）风电项目	晋震标〔2013〕540号
153	2013	山西省电力公司2012~2013年电网建设项目忻州五寨500千伏变电站	晋震标〔2013〕566号
154	2013	阳方口液化天然气加气站	晋震标〔2013〕573号
155	2014	五台山佛教禅舍大酒店项目	晋震标〔2014〕50号
156	2014	忻州市燃气有限公司定襄分输站（末站）	晋震标〔2014〕51号
157	2014	山西泰力新能源有限公司代县阳明堡加气站	晋震标〔2014〕73号
158	2014	山西泰力新能源有限公司代县磨坊堡加气站	晋震标〔2014〕74号
159	2014	阳煤忻通公司搬迁改造建设项目	晋震标〔2014〕94号
160	2014	华润宁武2×350兆瓦低热值煤发电项目	晋震标〔2014〕122号
161	2014	中国银行五台支行营业办公楼项目	晋震标〔2014〕126号
162	2014	定襄县襄苑小区三期商品房建设项目	晋震标〔2014〕127号
163	2014	定襄县解放西大街迁建盛世华城项目	晋震标〔2014〕131号
164	2014	华能五台黄花梁风电项目	晋震标〔2014〕139号
165	2014	忻州市香江国际大酒店有限公司香江国际大酒店项目	晋震标〔2014〕198号
166	2014	忻州开发区浦江实业有限公司凤凰广场项目	晋震标〔2014〕202号

续表

序 号	年 份	项 目	文 号
167	2014	中石化山西石油分公司保德第一加气站工程	晋震标〔2014〕205 号
168	2014	原平—五台输气管线项目	晋震标〔2014〕241 号
169	2014	神池—原平输气管线项目	晋震标〔2014〕246 号
170	2014	忻州市金石房地产开发有限公司福源居住宅小区项目	晋震标〔2014〕265 号
171	2014	忻州市海林房地产开发有限公司顺民小区项目	晋震标〔2014〕266 号
172	2014	五台县南关村民委员会住宅楼工程	晋震标〔2014〕268 号
173	2014	山西神池霸业梁风电场项目	晋震标〔2014〕288 号
174	2014	神华神东电力河曲 2×660 兆瓦低热值煤（扩建）发电项目	晋震标〔2014〕295 号
175	2014	山西华电定襄风力发电有限公司 15 万千瓦风电项目	晋震标〔2014〕315 号
176	2014	五台县东胜开发区东区商品住宅小区工程	晋震标〔2014〕331 号
177	2014	五台山风景名胜区石咀门站（分输站）、石咀液化和压缩天然气加气合建站工程	晋震标〔2014〕332 号
178	2014	河曲县法院小区项目	晋震标〔2014〕344 号
179	2014	保德县乐华房地产开发有限公司乐华小区项目	晋震标〔2014〕353 号
180	2014	忻州市城区城中村棚户区改造安置房健康小区项目	晋震标〔2014〕354 号
181	2014	忻州市城区城中村棚户区改造安置房慕山小区项目	晋震标〔2014〕355 号
182	2014	华能宁武东马坊三期 49.5 兆瓦风电项目	晋震标〔2014〕363 号
183	2014	华能宁武新堡 100 兆瓦风电项目	晋震标〔2014〕364 号
184	2014	忻州市丽都锦城限价商品房项目	晋震标〔2014〕384 号
185	2014	繁峙县云雾峪三期 10 万千瓦风力发电项目	晋震标〔2014〕414 号
186	2014	晋能保德 2×660 兆瓦低热值煤发电项目	晋震标〔2014〕424 号
187	2014	新建河曲县隩滨花园建设项目	晋震标〔2014〕428 号
188	2014	保德县后沟村商住楼、陈家塔村商住楼项目	晋震标〔2014〕431 号
189	2014	代县新城区体育中心项目	晋震标〔2014〕434 号
190	2014	忻州市五馆一院建设项目	晋震标〔2014〕440 号
191	2014	五台县建安乡建安村民住宅小区工程	晋震标〔2014〕442 号
192	2014	五台县天玺基业房地产开发有限公司天玺·北京苑项目	晋震标〔2014〕443 号
193	2014	忻州市云河新天地商住综合体项目	晋震标〔2014〕451 号

续表

序　号	年　份	项　　目	文　　号
194	2014	山西晋西北天然气有限责任公司五寨县煤层气液化调峰储气设施项目	晋震标〔2014〕453 号
195	2014	山煤集团河曲 2×350 兆瓦低热值煤发电项目	晋震标〔2014〕455 号
196	2014	忻州市瑞兴·锦绣华府项目	晋震标〔2014〕462 号
197	2014	静升一段纯输气管道工程	晋震标〔2014〕463 号
198	2014	忻州市第一中学新建北校区工程	晋震标〔2014〕467 号
199	2014	忻州居然之家·家世界广场工程	晋震标〔2014〕491 号
200	2014	忻州市市区“2014–015”号出让宗地工程	晋震标〔2014〕516 号
201	2014	忻州市市区“2014–019”号出让宗地工程	晋震标〔2014〕517 号
202	2014	忻州市市区“2014–014”号出让宗地项目	晋震标〔2014〕525 号
203	2015	华能宁武新堡 100 兆瓦风电项目	晋震标〔2015〕14 号
204	2015	忻州云中庄园怡家商务公寓楼工程	晋震标〔2015〕57 号
205	2015	忻州市儿童医院（妇幼保健院）建设项目	晋震标〔2015〕88 号
206	2015	忻州农商银行综合营业楼工程	晋震标〔2015〕101 号
207	2015	岢岚焦炉气制液化天然气项目	晋震标〔2015〕118 号
208	2015	保德县马家洼村商住大楼项目	晋震标〔2015〕167 号
209	2015	山西华电偏关 2×1100 兆瓦级煤电项目	晋震标〔2015〕195 号

第三节　农村住房抗震改建

我国是世界上地震灾害最为严重的国家之一，绝大多数破坏性地震发生在农村。20 世纪在中国大陆发生的 63 次 7 级以上地震中，有 62 次发生在农村地区，地震造成的死亡人员近 60% 为农村人口。

长期以来，受社会和经济发展水平的制约，广大农村地区防震减灾意识淡薄，缺乏必要的防震知识，国家又未将农村地区建房纳入建设管理体系，大多数房屋未经正规设计和正规施工，农村民居抗震能力普遍低下。“小震致灾”，甚至“小震大灾”、“大震巨灾”，是农村地震灾害的显著特点。

2008 年 4 月 14 日，为了更好地贯彻落实《山西省人民政府办公厅转发省地震局关于山西省农村民居地震安全工程实施意见的通知》(晋政办发〔2007〕101号)，提高本市农村民居和乡镇公共设施的防震抗震能力，改善农村居住环境，忻州市人民政府印发《忻州市农村民居地震安全工程实施意见》(忻政办发〔2008〕51号)，对实施农村民居地震安全工程的工作目标和主要任务进行了安排部署。

文件下发后，各县(市、区)根据实际情况，制定实施意见，因地制宜、分类推进，结合扶贫移民搬迁和煤矿沉陷区改造等，建设了一批如宁武刘家园村、五台西河村等具有推广价值的抗震样板民居。

2010年7月，根据山西省地震局安排，忻州市地震局责成忻府区地震局对忻府区20个乡镇97649个农户进行农村民居抗震能力全面调查。本次调查历时6个月，涉及人员334081名、房屋408375间，调查面积共计7879315平方米。调查完成后，建立了农村民居基础数据库，为切实掌握和科学评估现有农村民房和村镇公共设施抗震防灾能力，制定农村民居工程建设规划，实施农村民居地震安全工程奠定了基础。

2012年11月11日，市政府召开第22次常务会议，对推进农村民居抗震安全示范工程建设进行专题讨论。12月13日，市人民政府办公厅印发《关于推进农村民居抗震安全示范工程的实施意见》(忻政办发〔2012〕156号)，对实施农村民居抗震安全示范工程建设的任务做出明确规定。

2013年9月5日，市政府办公厅印发《忻州市2013年农村住房抗震改建试点工作实施意见的通知》(忻政办发〔2013〕138号)，实施农村民居抗震安全试点工程建设，先期推进3000户试点任务，符合条件的农户每户补助3万元，由省、市财政按比例承担。其中原平市、五台县、代县分别承担了1200户、1000户、800户的试点改建任务。

2014年，忻州市继续实施农村民居抗震改建试点工程。当年，代县承担750户省试点改建任务。

2015年10月，为彻底建立完善农村房屋抗震管理和技术服务体系，改变农民建房传统观念，为广大农民提供一套适合农村建房的施工图例，市地震局编制了《忻州市新型农村抗震民居施工图设计及技术推广项目建议书》，向中国地震局进行项目申报，积极争取经费支持。

12月9日，忻州市地震局联合市住房与城乡建设管理局印发《关于提前下达2016年农村住房抗震改建试点任务的通知》(忻住建发〔2015〕82号)，原平市、代县、五台县，每县(市)承担800户试点建设任务，繁峙县承担1200户建设任务。

忻州市农村民居抗震改建试点工程，不仅得到山西省委、省政府的大力支持，同时也受到中国地震局的关注。2014年10月15日，中国地震局联合中央电视台，专程对原平市李三泉村农村民居抗震改建试点工程进行资料收集、现场采访。山西省人大

忻州市人民政府办公厅文件

忻政办发〔2008〕51号

忻州市人民政府办公厅
关于印发忻州市农村民居地震安全工程
实施意见的通知

各县、市、区人民政府，市直各有关单位：

为了更好贯彻落实《山西省人民政府办公厅转发省地震局关于山西省农村民居地震安全工程实施意见的通知》（晋政办发[2007]101号），根据我市具体情况，做出如下实施意见，请认真贯彻执行。

二OO八年四月十四日

忻州市出台农村民居地震安全工程实施意见

忻州市人民政府办公厅文件

忻政办发〔2013〕138号

忻州市人民政府办公厅
关于印发忻州市2013年农村住房抗震改建试
点工作实施意见的通知

各县（市、区）人民政府，市直各有关单位：

《忻州市2013年农村住房抗震改建试点工作实施意见》已经市政府同意，现印发给你们，请结合实际，认真组织实施。

忻州市人民政府办公厅
2013年9月5日

- 1 -

忻州市政府印发文件实施农村民居抗震改建试点工程

中央电视台对忻州农村民居抗震改建试点工程进行采访

也分别于 2014 年 6 月 18 日和 2015 年 10 月 21 日，专程到原平市李三泉村考察参观农村民居抗震改建工程。

第四节　基础工作研究

一、地震区划

地震区划是用烈度（地震动参数）表示的地震长期预报，是对一定区域、一定时期内可能遇到的最大地震烈度进行评估，以地震烈度或地震动参数为指标，将国土范围划分为不同地震危险程度或抗震设防等级，是建设工程抗震设防的重要依据。随着人们对地震活动规律认识的不断深化，从 1956 年开始至 2015 年，中国共进行过 5 次地震区划，其中第 5 代区划图于 2015 年 5 月 15 日发布，自 2016 年 6 月 1 日起施行。

现行的《中国地震动参数区划图》（GB18306-2001）是我国第 4 代区划图，是由中国地震局地球物理研究所、工程力学研究所、地质研究所、地壳应力研究所、分析预报中心共同起草，由国家质量技术监督局发布实施。忻州市地震动参数值均在 0.05g（相当于基本烈度Ⅵ度）以上。其中，忻府区、定襄县、原平市大部分地区，代县、五台县部分地区达到 0.2g（Ⅷ度），约占全市国土面积的 20%；达到 0.1~0.15g（Ⅶ度）的区域面积约占 50%；0.05g 区域约占全市国土面积的 30%。

区划图主要是为一般建设工程的抗震设防、国家经济建设和国土利用规划提供基础资料。但由于区划图采用的是四百万分之一的小比例尺，只能提供较大地区范围内地震危险性的平均估计，不能用来预测地震破坏作用的小范围内和特定场地条件下的地震烈度变化，为此忻州市地震局从 2011 年开始着手进行地震区划研究。

1. 忻州市地质构造、震中及抗震设防区综合图编制

该项目由市地震局退休干部黄振昌和市地震局抗震设防管理科梁瑞平共同实施，其中黄振昌负责忻州市地质构造、震中及抗震设防综合图的编制，梁瑞平负责所属 14 个县（市、区）分县地质构造、震中及抗震设防综合图的编制。项目于 2011 年 1 月实施，经过收集大量资料和野外地质调查，于 6 月底成功绘制《忻州市地质构造、震中及抗震设防综合图》，8 月底完成 14 个县（市、区）的分县《地质构造、震中及抗震设防综合图》。该套《地质构造、震中及抗震设防综合图》，将境内主要地震断裂和地震动参数明确到具体村庄，为市县级地震工作部门开展抗震设防要求审批，确定抗震设防要求，提供了重要的基础保障。

2. 忻州市云中新区（北区）地震小区划研究

地震小区划是对某一特定区域范围内地震安全环境进行评估，预测这一范围内可能遭遇到的地震影响分布，包括设计地震动参数的分布和地震地质灾害的分布。地震小区划的目的是为城镇、厂矿企业、经济技术开发区等土地利用规划的制定提供基础资料，为城市和工程震害的预测和预防、救灾措施的制定提供基础资料，为地震小区划范围内的一般建设工程的抗震设计、加固提供地震动参数。

2013 年 4 月，忻州市地震局开始着手进行忻州市云中新区地震小区划研究的前期工作。2014 年 8 月 4 日，忻州市政府成立由市政府办公厅、市地震局、规划局、国土局、住建局、财政局及项目所在地忻府区政府组成的忻州市云中新区（北区）地震小区划项目协调组。9 月 26 日，忻州市政府采购中心组织了忻州市云中新区（北区）地震小区划项目竞争性谈判，并确定山西省地震工程勘察研究院为项目供应商。11 月 13 日，项目开始实施。经过 8 个月的努力，圆满完成了主要工作任务。

忻州市云中新区地震小区划报告

2015 年 7 月 14 日，山西省地震安全性评定委员会组织专家对忻州市云中新区（北区）地震小区划项目进行了评审。9 月 16 日受中国地震局震防司委托，山西省地震局印发《关于批准忻州市云中新区（北区）地震小区划的通知》。此后，忻州市地震局在办理云中新区（北区）内的一般建设工程抗震设防要求审定时，全部采用该报告结果。11 月 25 日，忻州市地震局将《忻州市云中新区（北区）地震小区划报告》向市国土局、规划局进行了函送，作为上述单位编制国土利用规划和工程建设规划选址的重要依据。

二、震害预测

震害预测是在地震危险性分析、地震区划或小区划、工程建筑易损性分析的基础上对全国或某一个地区未来某一时段因地震可能造成的人员伤亡、建（构）筑物及设施破坏、经济损失进行评估，并提供减灾对策。

1. 忻州市城区地震灾害损失预测与减灾对策

1995 年 10 月，山西省地震局、忻州地区行署、忻州市（今忻府区）人民政府决定在忻州市（今忻府区）城区开展震害预测与减灾对策研究工作。课题由山西省地震局震害研究室、忻州地区地震局和忻州市（今忻府区）地震办公室共同承担。项目组从 1995 年 10 月开始，做了大量野外地质调查、资料收集和室内研究工作，历时 10 个月，于 1996 年 8 月圆满完成了项目任务。

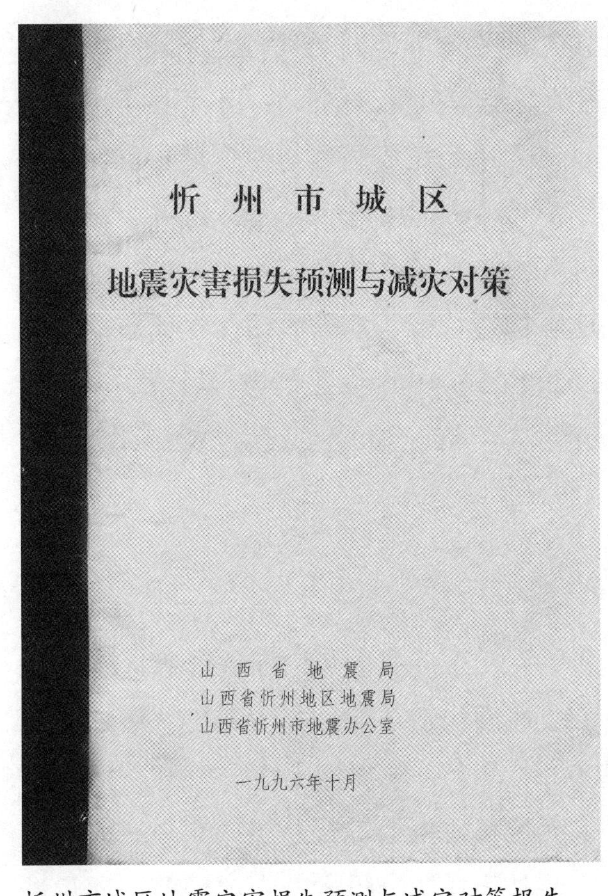

忻州市城区地震灾害损失预测与减灾对策报告

该项目课题负责人为郭星全、安卫平。项目从地震活动与趋势、区域地震构造、工程地震条件与场地、地震危险性等方面对忻州市（今忻府区）城区进行分析研究；并对城区建筑物、主干公路、电力系统、邮电通信系统、供水管网、地震次生灾害、地震灾害的经济损失及人员伤亡、未来十年地震灾害损失等 8 方面进行了预测；项目最后为忻州地区行署、忻州市（今忻府区）政府提供了防震减灾对策建议。

该项目的完成为山西省地震重点监视防御区开展震害预测积累了经验，为忻州地区行署和忻州市（今忻府区）防震减灾工作提供了科学依据。

2. 原平市城区地震灾害损失预测

原平市城区地震灾害损失预测项目是继忻州市（今忻府区）城区地震灾害损失预测与减灾对策完成后，忻州地区境内开展的第二个震害预测项目。该项目由山西省地震局震害研究室和原平市地震办共同承担，项目负责人为山西省地震局震害研究室工程师王跃杰。项目于 1998 年 10 月开始，历时 10 个月，于 1999 年 8 月顺利完成。项目分别对原平市地震活动与趋势、区域地震构造、工程地震条件与场地、地震危险性等方面进行分析研究；并对城区建筑物、主干公路、电力系统、邮电通信系统、供水管网、地震次生灾害、地震灾害的经济损失及人员伤亡、未来十年地震灾害损失等8方面进行了预测，为原平市防震减灾工作提供了科学依据。

3. 忻州地区全区震害预测

经过忻州市城区地震灾害损失预测与减灾对策和原平市城区地震灾害损失预测两个项目的实践，忻州地区地震局积累了一定的经验，锻炼了技术队伍，独立完成震害预测项目的条件已经成熟。

1999年起，忻州地区地震局在山西省地震局的支持下，开始进行全地区震害预测研究工作。该项目由地震局局长王观亮和工程师肖建华负责，同时在14个县（市）一次性展开，由各县（市）以系统、居民区、乡镇为单元完成调查与初步汇总工作。对忻州（今忻府区）、原平、定襄、五台、繁峙、代县、神池、宁武、静乐等9个县市所属行政区域和五寨、偏关、河曲、保德、岢岚等5个县城区的建筑物、人口、财产设备等进行调查摸底，建立了数据库，对区域地震构造特征、地震活动性、地震危险性进行分析，并以城区乡镇为单位，分别给出了烈度在6~10度内建筑物、经济、人口损失情况。项目历时一年，于2000年初完成了全区14个县（市）的震害预测工作。

三、断裂研究与探测

忻州市西部地处鄂尔多斯断块隆起区构造单元，东部属太行山断块隆起区地震构造单元，中部忻定盆地地处山西断陷盆地带中段地震构造单元，是山西省7级地震的主要发生地，新构造运动强烈，断陷深达2000米以上，断裂活动十分发育，活动性强，并且在断裂带上发现古地震遗迹，吸引了大量科研机构进行断层探测与研究。忻州地区活动构造研究始于20世纪80年代，主要是依托国家投入的专项经费，逐步进入了定量研究阶段。90年代以后，通过应用浅层地震探测、深地震反射和地震宽角反射、折射探测、大地电磁测深、宽频带数字地震台阵观测等现代探测技术，对活动构造的深部构造背景与“深浅”构造耦合关系方面进行了研究。

1. 鄂尔多斯周缘活动断裂系研究

1984年，中国地震局下达重点科研项目《鄂尔多斯周缘断陷盆地带现今构造特征及其与大地震复发周期的关系》，8月在繁峙召开学术讨论会。1985年更名为“鄂尔多斯周缘活动断裂系”，由中国地震局所属8个单位联合组成鄂尔多斯周缘活动断裂系课题组，研究工作于1988年结束。该研究通过活动断层调查、大地形变资料分析、大地电磁测深、地球化学勘探、数理模拟、光弹模拟、地震活动的震源应力场分析等方法，给出了鄂尔多斯周缘断陷盆地带的形成发展历史，分析了这一地带多地震的深浅部构

课题组在繁峙县召开学术讨论会

造特征和部分地段的古地震及其复发间隔等。其中，中国地震局测量大队承担山西断陷带形变资料及现代构造运动的分析研究，并在定襄地震台布设测边网，研究系舟山断裂运动。

2. 山西裂谷中段地震构造特征及其地震危险性研究

2005~2006 年，山西省地震局承担中国地震局“山西裂谷中段地震构造特征及其地震危险性研究”课题。该课题涉及山西裂谷带中段的忻定盆地、太原盆地、临汾盆地的深部环境研究、第四纪活动构造特征分析以及主要断层活动特征及地震危险性评价。

围绕相关主题课题组成员主要做了以下工作：

（1）深部构造环境研究。收集分析了 3 个盆地的重磁、大地电磁测深、天然地震转换波、地热、石油地震勘探等深部地球物理资料，分析研究深浅构造的关系尤其是中上地壳结构与断裂构造特征，编制了 3 个盆地的地壳结构构造图。

（2）第四纪活动构造特征分析。在 3 个盆地多个穿透第四纪底界深钻孔资料基础上，分析研究盆地第四纪地层的合理分层和第四纪岩相（沉积环境）特征，研究新构造运动主要是盆地沉降运动特征，分析并得到第四纪活动构造与地震活动的关系。对山西裂谷中段第四纪构造单元进行划分，并编制了山西裂谷中段活动构造图（1∶1000000）。

（3）主要断层活动特征及地震危险性评价。对 16 条断裂进行了评价，这些断裂是忻定盆地的五台山北麓断裂、系舟山北麓断裂、恒山南麓断裂、五台山西麓断裂、云中山山前断裂和平地泉断裂；太原盆地的系舟山西麓断裂、交城断裂、太原东山山前断裂、太谷断裂和田庄断裂；临汾盆地的霍山山前断裂、罗云山山前断裂、浮山断裂、郭家庄断裂和峨眉台地北缘断裂。

（4）断裂研究的主要渠道是以收集前人资料并辅以野外地震地质调查和地球物理

探测。重点对交城断裂和郭家庄断裂进行了槽探及古地震事件鉴定。对太原东山山前断裂和郭家庄断裂进行了浅层地震勘探和多道直流电法勘探，对田庄断裂进行了超长电磁波法探测和多道直流电法探测。

（5）对云中山断裂起止确切位置、太原盆地的北部边界、灵石隆起的西界、太谷断裂与霍山断裂的连通以及忻定盆地、太原盆地次级构造单元的划分及其边界等问题做了一定程度的野外补充调查研究。

第五节 抗震技术推广

1964年以前，我国没有自己的抗震设计规范，工程建设主要参考苏联的《地震区建筑抗震设计规范》进行抗震设计。1964年至1974年间，我国邢台、通海等地连续发生强烈地震，大量房屋和工程设施被破坏，促使我国政府建立了国家抗震管理部门并着手编制中国工程抗震设计规范。1974年国家建委正式颁布了《工业与民用建筑抗震设计规范》（TJ11-74），该规范基本反映了当时国内外抗震科研与设计的主要成果，达到了国际先进水平。

1976年唐山地震给工程抗震设计规范标准提出许多新问题，我国开始组织力量修订规范，总结唐山大地震的教训，提出圈梁—构造柱体系，增强了砌体结构的延性性能和抗倒塌能力。从此，圈梁—构造柱抗震技术逐步在砌体房屋中得到应用。但砌体结构由于是采用砖墙来承重，钢筋混凝土梁柱板等构件构成的混合结构体系牢固性较差，仅适合开间进深较小、房间面积小的多层或低层的建筑。随着高层住宅的大量兴建，框架结构、剪力墙结构已经成为现阶段使用最多、最常见的结构形式。剪力墙不仅能承担竖向荷载（重力），同时也能有效抵抗水平荷载（风、地震等）影响，因此，这种结构在高层房屋中被大量运用。

减隔震技术是建筑抗震从消极被动的“抗”到积极主动的“隔、消”，是抗震理念的一次飞跃。所谓隔震技术是利用橡胶、有机材料等具有足够初始刚度、较大阻尼而又允许较大侧向变形的材料将结构与基础隔离。在正常情况下或轻微地震作用下正常使用，大地震发生时能有效地隔绝地面运动，降低结构地震反应加速度60%以上。结构消能减震技术是在结构的某些部位设置消能支撑（阻尼器），在风荷载和小地震作用下，这些阻尼器处于刚弹性状态，使结构具有足够的抗侧力刚度以满足正常使用要求。而在强震作用下，阻尼器率先进入非弹性变形状态，产生较大阻尼，大量消耗地震能量，使主体结构避免进入明显的非弹性状态而得到保护。

2009 年，忻州市开始实施中小学校舍安全工程，其中对房屋安全等级 C 级的建筑，采用抗震加固来提高建筑抗震性能。碳纤维技术、化学植筋技术及无振动切割钻孔等材料、工艺得到大量使用。其中，忻州田家炳中学和忻州一中在抗震加固中采用了基础隔震加固技术。这是忻州历史上首次使用基础隔震技术。2011 年 3 月 22 日，中央政治局委员、国务委员刘延东在太原参加全国中小学校舍安全工程现场会期间，专程到忻州田家炳中学实地考察，详细了解隔震加固技术的造价等问题，要求教育部在全国推广这项技术，同时要组织专家开展深入研究，把更多抗震、隔震、减震的新技术用于中小学校舍加固改造中。

2015 年，忻州市在新建城区幼儿园、长征小学、忻州一中北校区等新建项目中开始使用基础隔震技术，其中忻州一中北校区、忻州儿童医院建设项目还首次使用阻尼器等消能减震技术。这是忻州市历史上首次在新建工程中使用减隔震技术，也表明减隔震等新型抗震技术正逐步得到社会的认可。

第五章　科普宣传

防震减灾科普宣传是震害防御工作的组成部分。开展防震减灾科普知识宣传教育是提高全社会对地震灾害的认识、增强应对地震灾害能力、有效减轻地震灾害损失的有效途径之一。忻州市的防震减灾科普宣传工作起步较早。1952年崞县5.5级地震后，忻县专署就开始围绕抗震救灾开展了防震减灾宣传工作。1976年唐山7.8级地震后，全国地震系统每年在7月28日开展防震减灾宣传活动，以后逐渐将7月28日所在周固化为“防震减灾宣传周”。2008年的汶川8.0级地震，是新中国成立以来破坏性最强、波及范围最大的一次地震，地震的强度、烈度都超过了1976年的唐山大地震。国务院批准自2009年起，每年5月12日为全国“防灾减灾日”，忻州市的防震减灾科普宣传工作，通过组建宣传队伍，建立门户网站，创建示范学校、示范社区、示范县，建设防震减灾科普教育基地等形式，逐渐形成了“全方位、立体式”的宣传工作新格局。

第一节　宣传普及

忻州市防震减灾科普宣传工作通过四十多年的发展历程，宣传方式不断创新，宣传内容不断丰富，宣传覆盖面不断拓展。

一、震后应急宣传

1952年10月8日，崞县发生5.5级地震。这是新中国成立后第一个进行现场考察的地震。地震后，中央人民政府地质部紧急编印了《地震》宣传资料发放到灾区。忻县专署及时派出人员，在配合上级专家开展现场调查的同时，深入民众中进行地震不

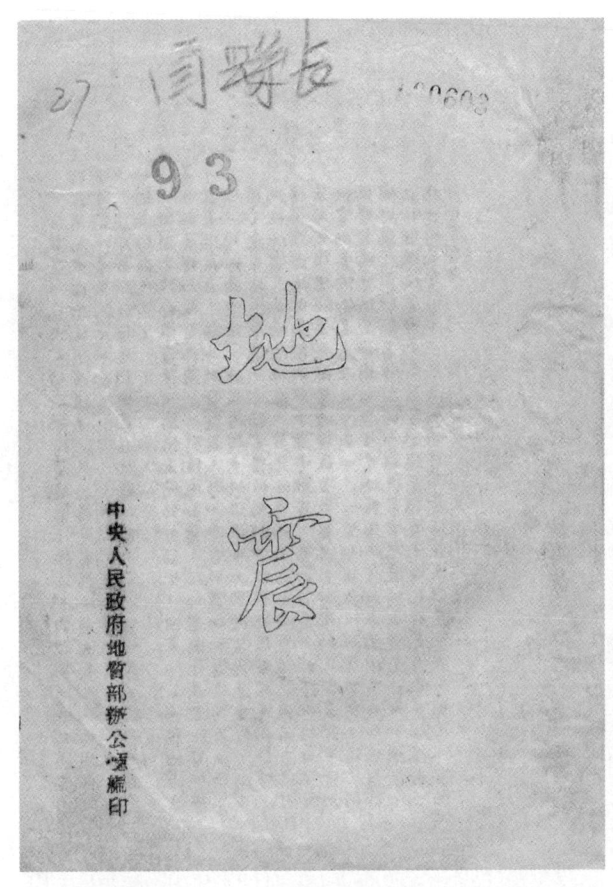

1952 年崞县地震后，地质部紧急编印的地震宣传资料

地震宣传海报

可怕的宣传，及时消除恐慌心理。1966 年河北邢台发生 7.2 级地震，这是新中国成立后的首次 6 级以上地震，死亡 8000 余人，伤 3.8 万余人，周恩来总理亲自到震中区指挥抗震救灾工作。忻县专署积极组织开展地震知识宣传，维护社会稳定。1976 年唐山发生 7.8 级大地震，死亡 24 万余人，伤 16 万余人。忻县地区革命委员会迅速派出人员到唐山开展抗震救灾工作，动员组织民众到户外搭建简易帐篷，宣传防震抗震常识。这个时期地震知识的宣传主要围绕地震发生后抗震救灾而展开，没有相对固定的宣传时间、宣传内容，多是应急宣传。主要通过放电影、出黑板报、张贴宣传画、编写顺口溜、广播站广播、口号宣传等形式进行，宣传内容较为单一，宣传范围较小。

这个时期，由于前期没有专门的地震工作机构，地震知识宣传工作由当地党委、政府统筹安排。随着地震工作机构的成立，地震宣传工作由当时设立的地震办公室具体负责。

二、固定时段宣传

1976 年唐山地震以后，地震系统每年在 7 月 28 日举行纪念活动。2002 年出台的《山西省防震减灾条例》，将每年 7 月 28 日所在周确定为“防震减灾宣传周”。

这一时期，忻州市的防震减灾宣传主要集中在唐山地震纪念日前后，宣传形式、内容逐渐丰富，范围逐渐扩大。主要通过设置宣传专栏、印发地震知识宣传册、播放地震科教片、设立咨询点、布置展板、创作作品等开展宣传工作。1994年9月，省人大教科文卫委员会副主任罗广德在省地震局副局长齐书勤的陪同下来忻检查工作。在与忻州地区地震局干部职工的座谈中，齐书勤提出，现阶段我国防震减灾宣传教育比较单调，宣传资料以书籍、展板等为主，趣味性和观赏性不足，落实应急预案仅停留在文字上，希望忻州地区地震局创新宣传工作理念，探索一种既经济又效果好的教育模式。地区地震局经过进一步调研，决定摄制防震减灾科普教育片。10月，《避险与应急》科教专题片摄制工作正式启动。《避险与应急》主要以紧急避险和应急抢险为主线，运用视频方式把抽象的解说变成具体的操作，并且对避险方法进行正误对比，指导民众选择最佳的避险方法。1995年3月，由山西省地震局、忻州地区地震局、晋城市地震办联合制作的第二部地震题材专题教育片《厂矿防震对策》在忻开拍。该片主要以减轻厂矿企业地震灾害损失为宗旨，通过国内外大量震例，对国民经济各部门特别是冶金、化工、电力、煤炭等部门如何科学设防、合理布局以及震后如何抢险救灾、在岗人员如何应急避险，进行详细的介绍。12月底，《厂矿防震对策》制作完成并通过山西省地震局组织的评审。1996年2月，由国家地震局、山西省地震局、忻州地区地震局联合制作的专题片《自然报警信号》在忻州开机拍摄。该片以面向大众贴近百姓为宗旨，从美好安宁的自然环境入手，向观众展现地震这一自然现象的巨大危害，进一步阐述了地震宏观异常在地震监测预报中的重要意义，并对地震前可能出现的动植物、地下水异常以及地气、地声、地光等现象通过形象逼真的视频画面进行展示，使人们对身边可能发生的地震宏观异常现象有了深刻直观的认识。6月，该片顺利完成。7月9日，国家地震局组织召开《自然报警信号》评审会，会议由国家地震局宣传信息处处长谭先锋主持，国家地震局局长陈章立、副局长何永年等领导和专家参加评审。

此外，忻州地区地震局还制作了一部防震减灾MTV专辑——《为了明天的安宁》。其中《避险与应急》《自然报警信号》分别获中国地震学会1996~1999年度全国地震科普作品评比声像类二等奖；《避险与应急》《厂矿防震对策》获山西省地震局1997年科技进步四等奖；《自然报警信号》获山西广播电视学会1997年度优秀社科类专题节目一等奖。

1996年7月28日，忻州地区地震局在市区体育广场举行“纪念唐山地震20周年”宣传活动，活动现场播放了《避险与应急》《自然报警信号》《避险与应急》《厂矿防震对策》等专题片。这次宣传是忻州地区利用“7·28”唐山地震纪念日开展的一次大规模科普宣传活动。当时宣传现场人山人海，有上万人接受了宣传教育。

忻州地区地震局在1994~1996年期间制作的防震减灾科普教育系列专题片

1996年纪念唐山地震20周年活动现场

参加活动的市民观看地震科普教育专题片

1999年6月，山西省委宣传部和山西省地震局联合下发《关于开展防震减灾宣传教育工作的通知》(晋震发防〔1999〕67号)，明确防震减灾宣传分为常规宣传、强化宣传、应急宣传和救灾宣传四个环节，要求各级宣传、地震、新闻、教育和其他有关部门相互配合、共同努力，严肃认真地做好防震减灾宣传工作。宣传内容是：(1)我国防震减灾事业的发展和成就；(2)防震减灾法律法规；(3)防震减灾科普知识；(4)地震应急与避震知识；(5)各行业在防震减灾工作中的突出事迹。忻州地区地震系统和相关单位认真贯彻省《通知》精神，开展了相应的宣传活动。

2004年7月28日，忻州市地震局在日月广场举行"纪念唐山大地震28周年"宣传活动，通过挂横幅、贴标语、散发防震减灾知识宣传单等开展防震减灾科普宣传活动。共计发放宣传单5000多份，发放《城市社区防震减灾知识读本》《农村防震减灾知识读本》300余本；同时还通过群众喜闻乐见的文艺节目，把防震减灾知识介绍给广大市民。当日《忻州日报》刊发《纪念唐山大地震二十八周年防震减灾知识问答》，忻州市电视台综合频道也对该活动进行宣传报道。

2007年5月18日上午，忻州市地震局在忻州市日月广场参加全市科技宣传周活动，副市长谌长瑞等领导亲临现场。市地震局工作人员共散发宣传单6000余份，宣传资料200套，设立展板12块，张挂条幅5幅，并热情解答了群众的咨询。

随着忻州市不同时期地震工作机构承担职责任务及内设科室的变化，这个时期的地震宣传工作，先后由地震局内设的业务科、群测群防管理科、震灾防御科具体负责。

三、常态化宣传

2008年5月12日的汶川8.0级大地震，是新中国成立以来破坏性最强、波及范围最大的一次地震。经国务院批准，自2009年起，每年5月12日为全国"防灾减灾日"。

汶川大地震后，忻州市的防震减灾科普宣传工作取得长足发展，宣传方式不断创新，宣传内容不断丰富，宣传覆盖面不断拓展。这一时期的防震减灾宣传工作不仅抓好社会覆盖面的宣传，同时还加强了对领导干部的宣传教育。从2009年开始，在每年的"5·12防灾减灾日"、"7·28防震减灾宣传周"、安全生产月、"12·4法制宣传日"等重点时段，组织忻州市地震局防震减灾文艺宣传队，走上街头，通过文艺表演、散发宣传单、展出展板、设立咨询台等方式进行宣传。

2010年2月26日至3月2日（元宵节期间），在市委大院开展防震减灾科普知识宣传活动，展出展板16块，市政府广大干部职工和市民踊跃参观。2010年5月12日，由忻州市地震局、忻州市民政局共同举办的"纪念'5·12'汶川地震两周年暨全

忻州市地震局在市委机关大院开展“进机关”宣传活动

国第二个防灾减灾日”宣传活动在日月广场举行，市领导谌长瑞、王月娥等参加。活动期间，忻州市地震局在《忻州日报》上连载地震科普知识；在忻州网、忻州政府网上创办防震减灾知识专栏；在忻州电视台播放防震减灾公益广告。

2011 年 2 月 9 日（农历正月初八），市地震局在春节假期后上班第一天，在市委大院组织开展了防震减灾科普宣传“进机关”活动，市委书记带领市四大班子领导、市直部分单位负责人参加活动。

2012 年 1 月 29 日至 2 月 7 日（春节期间），忻州市地震局在忻州电视台忻州综合频道插播以“忻州市地震局向全市人民拜年；酒足饭饱学点防震知识，茶余饭后搞些避震演练”为内容的公益广告。

2012 年 5 月 10 日，在全国第四个“防灾减灾日”到来之际，忻州市地震局以“弘扬防灾减灾文化，提高防灾减灾意识”为主题，联合忻州师范学院舞蹈系，共同举办了以“防震减灾”为主题的防震减灾专场文艺晚会。整场晚会将防震减灾知识与独唱、舞蹈、小品、快板、数来宝等表演形式相结合，表达了广大群众对汶川地震遇难同胞的缅怀纪念，讴歌了伟大的抗震救灾精神，也突出了广大市民对和谐、安宁生活的向往。市委常委、市政府党组成员梁洁，省地震局副局长郭星全，市政协副主席谌长瑞，忻州师范学院党委副书记韩泽春等领导出席活动，市防震减灾领导组成员单位的领导、忻州师范学院师生和社会各界群众共计五百余人一起观看了演出。晚会以其独特的创

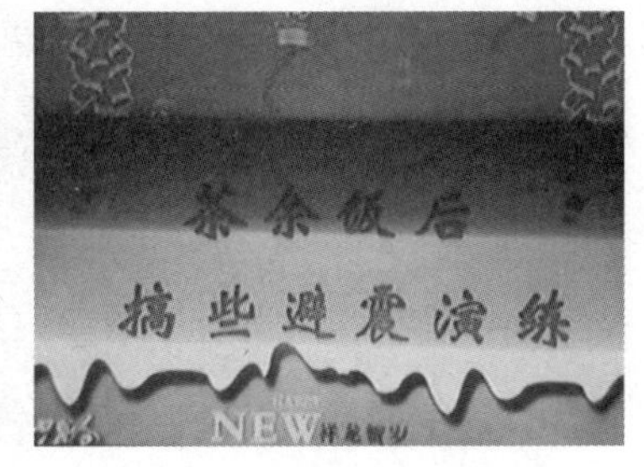

忻州市地震局在春节期间通过电视公益广告提高民众防震减灾意识

意受到了省地震局和市委、市政府的高度评价。

2012 年 7 月 29 日，忻州市地震局在市区和平广场举行“7·28”防震减灾宣传周暨市地震局网站开通仪式。省政协副主席周然、省地震局局长樊琦、市政府副市长王月娥、市政协副主席高志伟、忻府区区长赵志伟等领导出席活动。忻州市地震局网站开设机构概况、政务公开、监测预报、震灾防御、应急救援、地震科普、机关党建、政策法规等栏目，各个栏目内容实时更新，确保群众能够及时获取相关信息。

2015 年 7 月 27 日，由忻州市政府、山西省地震局联合主办，忻州市地震局和忻州市公安消防支队承办的防震减灾宣传周暨“平安中国”防灾宣导千城大行动活动启动仪式在忻州市公安消防支队机关大院举行。中国地震局震害防御司副处长常建军、“平安中国”组委会副秘书长关昀、省地震局副局长郭星全、市政府副市长王月娥、省地震局宣教中心主任孙景慧、市地震局局长李文元等出席本次活动。活动现场，市地震局向市住建局赠送《山西省建设工程抗震设防条例》500 册，向忻州广宇煤电有限公司赠送《防震减灾实用知识手册》500 册，向市教育局赠送《学生避震逃生手册》2 万册和防震减灾进校园系列光盘 300 盘，向市妇联赠送《家庭地震应急三点通》500 册，向市电视台赠送“平安中国”公益宣传光盘 3 套。市抗震救灾应急救援队武警支队、公安消防支队、蓝天志愿者支队、青年志愿者支队进行了汇报演练。消防支队机关大院还摆放了 20 余块中国地震局“平安中国”防震减灾科普宣传展览板。当晚在消防支队教导大队放映了“平安中国”防震减灾主题电影。

在扎实开展防震减灾科普宣传“进机关、进企业、进学校、进社区、进农村、进家庭”（简称“六进”）的同时，根据忻州驻军较多，又是佛教旅游大市的地域特点，不断拓展宣传覆盖空间，将防震减灾知识送进军营，送进寺庙，使“进军营”、“进寺庙”活动与常规“六进”活动实现了有机融合。

7 月 28 日，由山西省地震局和忻州市地震局共同组织的“7·28”防震减灾宣传“进寺庙”活动在五台山台怀镇举行。山西省地震局宣教中心副主任赵晓云、市地震局副局长张俊民、五台县地震局局长罗岳峰等领导出席了活动。在活动现场，省、市、县地震部门的工作人员向五台山各大寺庙赠送了防震减灾科普图书，向五台山游客散发了宣传图册、科普宣传品。此次活动共发放宣传资料 2000 余份、宣传笔 1000 余根、宣传围裙 1000 余条，赠送图书 1500 本。

7 月 31 日，忻州市“7·28”防震减灾主题演讲比赛在忻州市电视台演播大厅隆重举行。省地震局副局长郭星全、副市长王月娥、省地震局震害防御处处长尉燕普、宣教中心主任孙景慧、副主任高振强、市地震局局长李文元等出席本次比赛。这是忻州市第一次以“科学普及防震减灾知识，提高公众自救互救能力”为主题的演讲比赛。

忻州市地震局举办专场晚会缅怀汶川大地震遇难同胞

省人大常委会副主任周然、山西省地震局局长樊琦等领导参加忻州市防震减灾宣传活动

忻州市举办防震减灾宣传周暨“平安中国”防灾宣导千城大行动活动

忻州市地震局扩大“六进”范围，深入寺庙开展防震减灾知识宣传。图为五台山台怀镇活动现场

2015 年 7 月 31 日忻州市举办防震减灾主题演讲比赛。图为比赛现场

参赛选手全部由忻州市14个县（市、区）地震局（办）选拔推荐，演讲紧扣主题，声情并茂。选手们精彩的演讲赢得了现场观众的阵阵热烈掌声。此次演讲比赛，五台县地震局、岢岚县地震办和代县地震局分别荣获优秀组织奖。

忻州市防震减灾主题演讲比赛获奖情况一览表

奖　项	选手姓名	选送单位
一等奖	张云航	五台县地震局
二等奖	侯昕利	岢岚县地震办公室
	崔　力	代县地震局
三等奖	郭俊英	偏关县地震办公室
	刘润泽	忻府区地震局
	杨柳婷	原平市地震局
优秀奖	苗　媛	河曲县地震局
	张泉霖	五寨县地震办公室
	范宇轩	定襄县地震局
	王慧芳	神池县地震局
	梁晋磊	保德县地震局
	李艳珍	静乐县地震局
	张晓钰	繁峙县地震局
	郝文君	宁武县地震局

在组织好各类重点时段的宣传活动外，市地震局还利用忻州交通广播电台、电视、报纸、推送手机公益短信、户外大屏幕等方式开展防震减灾科普宣传。截至2015年底，忻州交通广播电台播出防震减灾科普知识问答300余次，忻州电视台、城区户外大屏幕等播放防震减灾公益广告100余次，报纸专栏10余次，推送手机公益短信100余万条，忻州市防震减灾科普宣传呈现出多样化发展态势。

为推进常态化防震减灾科普宣传工作，市地震局分别在2011年、2012年、2013年，依托忻府区部分乡镇和社区文化大院、忻州师范学院舞蹈艺术系和杜薇艺校、忻州市忻艺二人台艺术团，组建成立了市地震局防震减灾文艺宣传队。截至2015年底，忻州市防震减灾文艺宣传队，初步形成了23支420余人组成的、几乎涵盖所有年龄段的宣传队伍，其中以忻府区秀容文化大院为代表的老年防震减灾文艺宣传队，以分散在各县（市、区）乡镇和社区文化大院晨练人群为代表的中老年防震减灾文艺宣传队，以忻州市忻艺二人台艺术团为代表的中青年防震减灾文艺宣传队，以忻州师范学院舞蹈艺术系为代表的青年防震减灾文艺宣传队，和以杜薇艺校为代表的少年儿童防震减灾文艺宣传队最具代表性。他们自编自导防震减灾文艺节目，用老百姓喜闻乐见的形式，常年不间断活跃在基层一线，使忻州市的防震减灾科普宣传步入常态化。据不完全统计，截至 2015 年底，全市地震系统的防震减灾文艺宣传队，深入乡镇、社区、农村等基层一线集中开展防震减灾宣传达 210 余场次。

在做好重点时段宣传和常规宣传的同时，忻州市地震局还加强对全市各级领导干部的宣传教育。通过讲座、演练、检查、考核等形式，不断强化全市各级领导的防震减灾意识。在市委党校举办的不同级别的领导干部培训班中，增加防震减灾知识讲座。市地震局与市委党校于 2014 年联合发文（忻震办发〔2014〕14 号），要求各县（市、区）地震局和党校也要将防震减灾科普知识讲座纳入县级党校干部教育内容。

这个时期的防震减灾宣传工作，主要由忻州市地震局内设的震灾防御科具体负责。

忻州市地震局中青年防震减灾文艺宣传队和老年防震减灾文艺宣传队进行宣传

忻州市地震局青年文艺宣传队和少儿文艺宣传队进行防震减灾宣传

第二节　示范创建

示范创建是地震科普宣传工作的一个重要平台。通过开展防震减灾科普示范学校、示范社区和示范县的创建工作，充分发挥示范引领、带动作用，切实增强广大人民群众的防震减灾意识，提升自救互救能力。

一、示范学校

2004年，国务院下发《关于加强防震减灾工作的通知》（国发〔2004〕25号），要求大力开展防震减灾宣传教育，逐步在每个县（市）建立一所防震减灾科普示范学校。2008年，忻州市地震局联合市教育局、市科协等单位下发《关于推荐全市开展地震科普示范学校的通知》，就开展防震减灾科普示范学校创建活动的推荐范围、条件、教育方式、教育内容、考核与命名、组织领导、时间要求等做了明确的规定。2008年，忻府区共建成示范学校35所、定襄县6所、原平市11所、代县2所、繁峙县5所、五台县5所。2010年，根据《山西省地震局关于申报省级防震减灾科普示范学校的通知》要求，忻州市加大科普示范学校创建工作力度，大力开展省级防震减灾科普示范学校的创建工作。截至2015年底，全市共建成省级防震减灾科普示范学校21所（见下表）。

全市省级防震减灾科普示范学校一览表

认定时间	学校名称	认定时间	学校名称
2010年	五台县实验小学	2012年	五台县龙泉学校
	忻州市第七中学	2013年	定襄县第二实验小学
	原平市第一小学		静乐县新建小学
	代县中学		原平市第四中学
	定襄县镇安寨学校	2014年	五台县东冶实验小学
	定襄中学		代县二中
2011年	定襄县西关学校		河曲县巡镇中学
	忻府区秀容中学	2015年	五台中学
	忻州市田家炳中学		岢岚县第二中学
2012年	代县第五中学		河曲县红星初级中学
	忻府区北关小学	—	—

二、示范社区

2011年，按照《山西省防震减灾示范社区创建标准》，忻州市开展防震减灾示范社区创建工作。截至2015年底，全市共建成省级防震减灾科普示范社区14个（见下表）。

忻州市省级防震减灾科普示范社区一览表

认定时间	社区名称
2011年	原平市南城街道办事处新世纪社区
2012年	原平市铁路社区
	五台县居民办事处西米市街社区
	定襄县光明社区
2013年	代县居民办事处丽华苑社区
	五台县居民办事处碧海花园社区居民委员会
	原平市吉祥花园小区
	忻府区开莱国际社区
2014年	五台县居民办事处向前社区居民委员会
	忻府区秀容文化大院
	定襄县居民办事处北城社区居委会
2015年	五台县学府社区
	忻府区和平社区
	繁峙县繁荣社区

三、示范县

2013年，按照《山西省地震局转发中国地震局〈关于加强基层防震减灾示范工作〉的通知》（晋震办〔2013〕32号），忻州市开展创建示范县工作，14个县（市、区）积极稳步开展创建活动。2015年11月24日，代县通过省地震局评审认定，被评为省级防震减灾示范县。

目前，创建示范学校、示范社区和示范县，已经成为忻州市开展防震减灾科普宣传教育工作的重要形式。

第三节　科普教育基地

2001年，中央宣传部和中国地震局联合下发《关于做好“十五”期间防震减灾宣传工作的通知》(中宣发〔2001〕10号)，要求充分发挥科普基地的教育功能，重视利用现有的科普教育基地开展防震减灾宣传教育。2005年，山西省人民政府办公厅印发《关于认真做好2005年防震减灾工作的通知》(晋政办发〔2005〕11号)，要求各市要尽快建立防震减灾科普教育基地，开展经常性的科普宣传活动，提高公众的防震减灾意识、心理承受能力和自救互救能力。2008年7月28日，忻州市举行纪念唐山地震33周年活动，市领导向奇村水化站、秀容中学授予了“防震减灾科普教育基地”铜牌。忻府区、五台县、代县、神池县等县（区）主要以学校为依托，开展科普教育基地创建工作。2013年，山西省地震局印发《山西省防震减灾科普教育基地评定标准》(晋震发防〔2013〕18号)，要求积极推进防震减灾科普教育基地建设工作。2014年，市地震局先后派人到北京等地参观学习，借鉴外地科普教育基地建设的先进经验，积极争取省地震局和市政府支持，投资80余万元，于2014年12月建成忻州市防震减灾科普教育馆。

代县被评为“山西省防震减灾示范县”

忻州市防震减灾科普教育馆位于忻州市利民西街16号（忻州市地震局办公楼一层）。科普馆总建筑面积326.04平方米，其中展厅面积237.6平方米，接待大厅（含休息区）和辅助用房面积88.44平方米，可同时容纳50人参观，面向全社会实行免费开放。科普馆展品主要由图文展板、实体模型仪器、互动体验装备及影院等四大类共15个展项组成。设备类型涵盖了虚拟仿真类、机电集成类、多媒体及软件类、大型综合类等四大类，分别是多媒体电子互动沙盘、建筑抗震演示平台、地震体验平台、虚拟翻书系统、地震应急逃生仿真体验系统、地震知识抢答系统、结绳训练系统、纵横波演示仪等，这些互动展项每个都具有完备的音频系统、显示系统、灯光系统、机械系

忻州市防震减灾科普教育馆外景

忻州市防震减灾科普教育馆内景

忻州师范学院选派茹攀等六名学生担任首批防震减灾科普解说员。图为六人合影

统和计算机控制系统。

为了确保科普教育馆的规范运行，忻州市地震局成立了防震减灾科普教育馆领导组，制定了科普馆管理办法和讲解员培训机制，要求科普馆年初有计划，年终有总结。在接待过程中，要求工作人员统一着装，统一礼貌用语，注重仪表仪态，微笑服务。在日常管理中，严格要求工作人员按时开放，实行上下班签到制度，并做好预约登记和参观登记，建立解说员、维护人员、管理人员档案，所有资料做到内容完整，分类归档。科普教育馆在做好常规宣传的同时，还在“5·12”、“7·28”、安全生产月、依法行政宣传月、科技活动周等重点时段，采取延长开放时间、增加工作人员等办法开展防震减灾科普宣传活动。科普馆自2015年元旦后逐步对外开放，2015年累计接待参观者3100余人次，已经成为忻州市防震减灾科普宣传教育的主阵地。

科普教育馆没有编制，工作人员来源与忻州师范学院支教处合作的方式解决，每学期从支教学生中选派。2015年上学期，师院选派茹攀、邢佳佳、王立竹、秦潘婷、马毓鍹、陈丹丹六名学生担任科普馆解说员；2015年下学期，选派宋世铭、武小雯、张昱、刘淑颖、栗坤、孙富杰六名学生担任科普馆解说员。

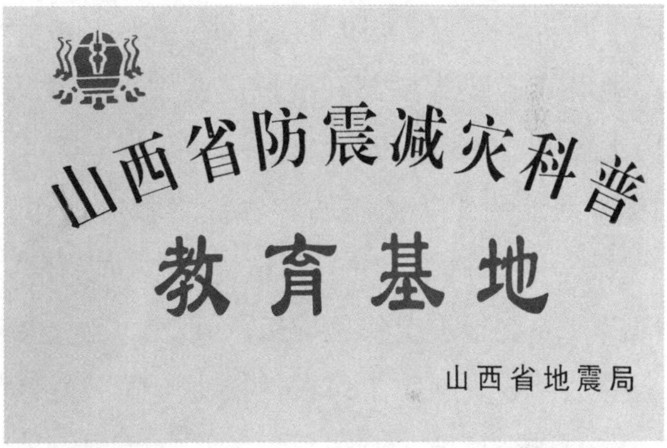

忻州市防震减灾科普教育馆被确定为“山西省首批防震减灾科普教育基地”

2015年11月，忻州市防震减灾科普教育馆通过山西省地震局验收评审，被确定为省级防震减灾科普教育基地。

忻州市防震减灾科普教育馆由忻州市地震局内设科室震灾防御科负责管理。

第六章　应急救援

应急救援是防震减灾三大工作体系之一，是震后各级政府、部门和社会公众最大限度减轻地震灾害损失的关键环节。1966年河北邢台地震后，国家成立以军队为主的军地联合救灾指挥部开展抗震救灾，是我国应急救援工作的雏形。从1976年河北唐山地震到1988年云南澜沧—耿马地震期间，我国地震工作主要对1966年河北邢台、1976河北唐山等地震的紧急抗震救灾工作做法进行全面总结、认真反思，总结提出“地震应急”概念，并且归纳提出工作途径。在此过程中，忻县地区逐步建立地震管理部门，成立地震工作领导组。到20世纪90年代，为保护人民生命财产安全，维护社会稳定，我国地震工作在“依法治国”方略的指导下，将“地震应急”列为抗震救灾工作的4个环节（监测预报、震灾防御、地震应急、灾后重建）之一予以重视，在全国范围推进地震应急工作的法治化并取得进展，地震应急工作迈上了一个新台阶。忻州地区在形成机构的基础上，开始制定预案。21世纪初期，社会经济大发展对维护生命财产、地震安全和社会安定提出更高要求，地震应急工作继续全面深入推进。忻州市地震应急工作逐步形成“政府主导，各部门配合”的大格局，在预案制定管理、应急演练、物资储备、专业队伍、避难场所建设等方面均进行积极探索，应急管理工作取得长足发展。

第一节　指挥机构

忻州市防震减灾领导组是市政府防震减灾工作的议事机构，实施地震应急响应时，自动转为市政府的抗震救灾指挥部，负责领导、指挥和协调全市地震应急工作。启动一、二级地震应急响应时由市长担任总指挥；启动三、四级地震响应时，由分管防震减灾工作的副市长担任总指挥。成员由生命线工程单位与应急救援单位领导组成，并根据人员变动，不定期进行调整，办公室设在地震局。

一、应急指挥机构沿革

1975 年，根据国务院〔1974〕69 号文件关于“把地震管理部门建立和健全起来”的指示和山西省第二次地震工作会议，以及省革发〔1975〕147 号文件精神，经地委批准，成立忻县地区地震工作领导组，张天槐任组长（忻地革发〔1975〕59 号）。1976 年，领导组进行调整，刘建峰任组长。同年，成立防震抗灾指挥部，下设办公室，启用防震抗灾办公室印章。

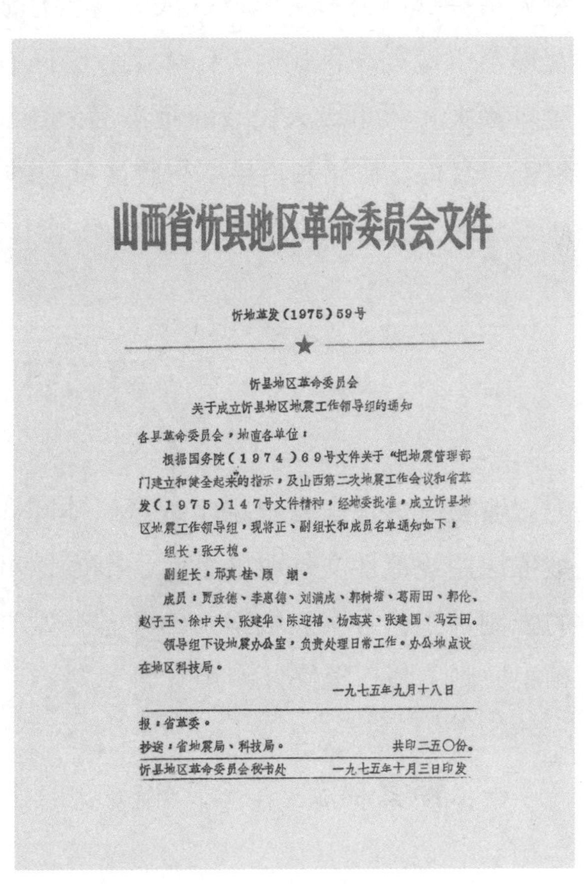

山西省忻县地区革命委员会文件

忻地革发（1975）59号

忻县地区革命委员会
关于成立忻县地区地震工作领导组的通知

各县革命委员会，地直各单位：

根据国务院（1974）69号文件关于“把地震管理部门建立和健全起来”的指示，及山西第二次地震工作会议和省革发（1975）147号文件精神，经地委批准，成立忻县地区地震工作领导组，现将正、副组长和成员名单通知如下：

组长：张天槐。

副组长：邢真桂、顾　琍。

成员：贾政德、李恩德、刘满成、郭树塘、葛雨田、郭伦、赵子玉、徐中夫、张建华、陈迎禧、杨志英、张建国、冯云田。

领导组下设地震办公室，负责处理日常工作。办公地点设在地区科技局。

一九七五年九月十八日

报：省革委。

抄送：省地震局、科技局。　　共印二五〇份。

忻县地区革命委员会秘书处　　一九七五年十月三日印发

1975 年忻县地区成立地震办公室

1986 年，地区行政公署印发文件（忻地行办〔1986〕31 号），对地区防震抗震指挥部进行调整，由行署副专员王文学任总指挥。

1989 年，地区行政公署秘书处印发文件（忻地行秘〔1989〕54 号文件），对地区防震抗震指挥部进行调整，由范怀成任总指挥。

1995 年，王成恩副专员开始分管地震工作（忻地行秘发〔1995〕1 号）。1995 年，地区行政公署秘书处印发《关于调整地区防震抗震指挥部人员的通知》（忻地行秘发〔1995〕5 号），由王成恩任总指挥。

2001 年，副市长谌长瑞开始分管防震减灾工作。4 月 5 日，市政府办公厅下发文件，对市防震抗震指挥部组成人员进行调整，谌长瑞担任市防震抗震指挥部总指挥。

2011 年，副市长王月娥开始分管防震减灾工作。参照山西省防震减灾工作领导机构名称，忻州市防震减灾工作领导机构名称由防震抗震指挥部改为防震减灾领导组，在实施地震应急响应时，市防震减灾领导组自动转为市抗震救灾指挥部。市防震减灾领导组组长由王月娥担任。

二、日常办事机构

忻州市防震减灾领导组下设办公室，办公室设在市地震局，承担市防震减灾领导组的日常工作，具体工作由地震局承担地震应急工作的科室承担。2003 年前，市地震局没有专门科室负责应急工作，应急工作由震防科（前身为群测群防管理科）兼管。

2003 年 12 月，忻州市人民政府办公厅印发《〈忻州市地震局主要职责、内设机构和人员编制方案〉、〈忻州市乡镇企业服务中心（忻州市民营经济发展局）主要职责、内设机构和人员编制方案〉的通知》（忻政办发〔2003〕150 号），市地震局增设防震减灾指挥部办公室，编制 3 人。主要职责如下：承担市防震减灾指挥部的日常工作；管理全市地震应急救援工作体系；会同有关部门编制防震减灾规划和拟定破坏性地震应急预案，报市级人民政府批准后实施；提出对市内地震做出快速反应的措施建议，检查、督促、协调和指导本行政区域内的防震减灾工作和地震应急工作。

至此，忻州市地震局地震应急工作从编制上确立了专门科室具体承担。

第二节　应急预案

地震应急预案是根据本地区、本单位的实际情况建立的一种地震应急工作规则，是依法用规范性文件明确事前、事发、事中和事后各个环节中，队伍组成、人员分工的强制性工作方案。根据《山西省突发事件应急预案管理办法》有关规定，地震应急预案原则上每三年修订一次。

一、预案制定

1990 年，忻州地区行政公署秘书处印发《关于转发地区防震抗震指挥部关于防震抗震救灾工作组织领导分工及其职责实施方案的通知》（忻地行〔1990〕88 号）。此实施方案可看作是忻州地区地震应急预案的雏形。

1991 年，忻州地区行政公署秘书处印发《防震救灾指挥组工作预案》（忻地行秘函〔1991〕1 号），这是忻州地区第一部预案。此预案仅有各单位职责分工，没有具体到人员职责。

1993 年，忻州地区行政公署秘书处印发《关于批转地区防震抗震指挥部忻州地区防震减灾工作方案的通知》（忻地行秘发〔1993〕26 号），对各单位职责进行了明确分工，将震后应急工作具体到人员。

1994 年 3 月 30 日下午，地区行署召开专员办公会议，研究防震减灾若干问题，要求“各县（市）和区直各单位要尽快制定防震减灾预案，已制定的要进一步完善，尚未制定的县（市）务于 4 月底前完成”。

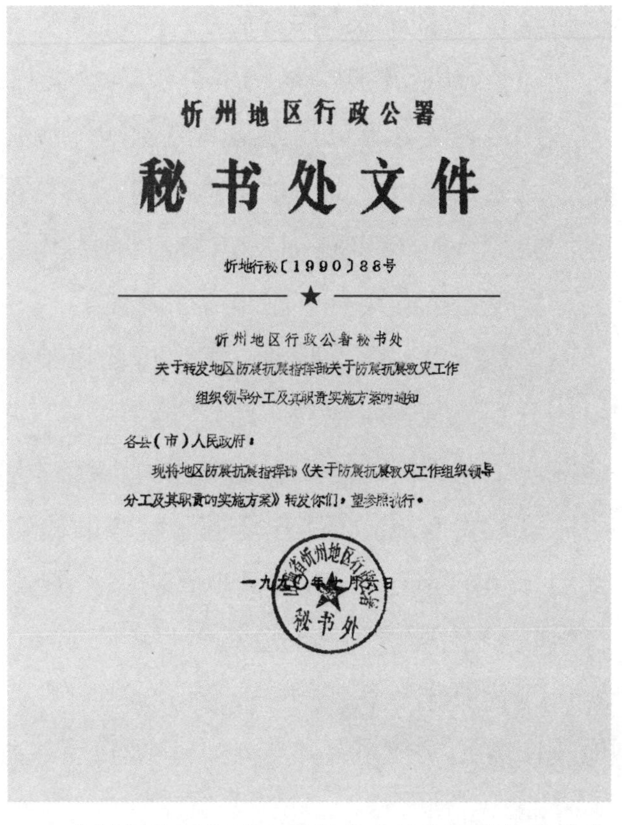

忻州地区行政公署

秘书处文件

忻地行秘〔1990〕88号

★

忻州地区行政公署秘书处
关于转发地区防震抗震指挥部关于防震抗震救灾工作
组织领导分工及其职责实施方案的通知

各县（市）人民政府：

现将地区防震抗震指挥部《关于防震抗震救灾工作组织领导分工及其职责的实施方案》转发你们，望参照执行。

1990 年忻州地区行政公署秘书处转发防震抗震救灾实施方案

1995 年，国务院颁布《破坏性地震应急条例》后，忻州地区各级、各部门、各单位都陆续编制、修改、完善了本级《破坏性地震应急预案》。1995 年、1996 年两年期间，由市地震局黄振昌、张锁仁编写预案和辅导教案，分别对区直单位、区直学校、区直生命线工程单位和次生灾害源单位以及各县（市）地震办的《破坏性地震应急预案》编写骨干进行培训。区直生命线工程单位和次生灾害源单位、区直学校的预案，由张锁仁审查修改，最后汇编成册。以后根据人员变动情况逐年修改。

二、预案体系

忻州市地震应急预案是由市地震局会同有关部门及有关单位，参照国家、省破坏性地震应急预案，制定的本行政区域内的破坏性地震应急预案，由市政府批准发布。现行预案于 2012 年开始修订，在预案修订过程中，忻州市地震局广泛征求意见，并邀请省内应急专家闫正萃指导并参与应急预案的起草工作。2013 年 11 月，忻州市政府副市长、忻州市防震减灾领导组组长王月娥组织召开《忻州市地震应急预案》专家评审会，市直 17 个部门的专家参加评审并对预案进行了认真审核，提出意见，并进行讨论，最后，全体参会人员通过了预案的修订案。同月，由市政府正式发布实施。为了增强应急预案的执行力度，提高操作性和实用性，忻州市陆续制定一系列配套制度，作为市本级地震应急预案的补充。

一是于 2013 年 12 月，市政府办公厅印发《关于成立忻州市抗震救灾指挥部预任机构的通知》文件，确立了忻州市抗震救灾组织体系和工作机制。该预任机构按照不同响应级别，对震后市抗震救灾指挥部的人员分组、分工进行了明确划分。

二是制定分级负责方案和应急指挥流程。忻州市地震局邀请省地震应急专家闫正萃，对制定分级负责、地方为主的应急救援新机制和市抗震救灾指挥部指挥流程进行专门指导。2014 年 3 月，市政府办公厅文件印发《忻州市地震应急救援分级负责方案》和《市抗震救灾指挥部指挥流程》。

三是制定工作组联动方案，忻州市地震应急预案将抗震救灾工作分解到 9 个工作组，分别承担抢险救援、医疗救治、次生灾害防范处置等工作的组织协调。为了增强地震应急各部门的协作、配合能力，2014 年 3 月，市政府办公厅下发《关于印发市政府防震减灾专题会议工作任务分解表的通知》，要求市地震应急预案 9 个工作组的牵头部门，制定各工作组的应急联动方案，有效提升全市地震应急救援能力。4 月，9 个工作组联动方案全部制定完成。

随着预任名单、联动方案、分级负责流程等配套方案、制度的逐步完善，忻州市地震应急预案体系基本形成，分级负责、地方为主的应急救援新机制基本建立。县、

忻州市人民政府办公厅

忻政办函〔2013〕172号

忻州市人民政府办公厅
关于成立忻州市抗震救灾指挥部预任机构的
通　　知

各县（市、区）人民政府，市人民政府各委、局、办：

为了依法建立健全高效有序、科学规范的地震应急体制，市政府决定成立忻州市抗震救灾指挥部预任机构。

一、启动Ⅰ、Ⅱ级响应，由市人民政府郑连生市长担任市抗震救灾指挥部总指挥。成员如下：

总　指　挥：郑连生　市委副书记、市长

常务副总指挥：王月娥　市政府副市长

副 总 指 挥：董一兵　市委常委、市政府常务副市长

梁　洁　市委常委、市政府党组成员

陈义青　市委常委、市委宣传部部长

忻州市政府成立抗震救灾指挥部预任机构

忻州市人民政府办公厅文件

忻政办发〔2014〕42号

忻州市人民政府办公厅
关于转发忻州市地震应急救援分级
负责方案的通知

各县（市、区）人民政府，市人民政府各委、局、办：

为加强地震应急救援体系建设，进一步做好防震减灾工作，市地震局制定了《忻州市地震应急救援分级负责方案》，经市政府同意，现转发给你们，请认真贯彻落实。

忻州市人民政府办公厅

2014年3月25日

忻州市政府办公厅转发地震应急救援分级负责方案

乡两级政府都相应修订本级《破坏性地震应急预案》，并把任务分解到有关部门，逐渐形成市、县、乡三级预案体系；市、县两级直属各部门、各单位、各学校都制定了适应本单位特点的《破坏性地震应急预案》，把任务分解到人；所有生命线工程单位和次生灾害源单位均结合自身实际制定预案并开展演练。至此，忻州市基本形成了纵向到底、横向到边的预案体系。

第三节　应急演练

地震应急演练是地震应急工作的重要组成部分，它可以检验预案的可操作性，提高各级抗震救灾指挥部的指挥决策、力量调度、协调联动、应急处置等能力。2010 年前，忻州市地震应急演练多为学校、医院等人员集中场所以及重要厂矿企业及生命线工程单位组织的紧急避震疏散或应急技能模拟演练，主要检验和锻炼应急队伍，完善地震应急预案。2010 年，忻州市逐步开始组织市、县级综合地震应急演练。

一、桌面推演

桌面推演是指将地震应急用口头汇报的方式在模拟情景中进行展现，可以检验预案的可操作性及参与部门的协调能力。

为了熟悉和掌握《忻州市地震应急预案》，借鉴芦山地震应急救援经验，提高忻州市地震应急指挥决策能力和成员单位应急反应能力，2013 年 7 月 28 日，作为纪念唐山大地震 37 周年系列活动之一，忻州市防震减灾领导组在市地震局指挥大厅开展了 2013 年地震应急桌面推演，市长郑连生任总指挥，副市长王月娥任常务副总指挥，18 个成员单位参加演练。省地震局副局长郭跃宏专程到忻州进行指导。

二、综合演练

实战演练相对于桌面推演更贴近实际，可以更好地锻炼队伍，提高地震事件应急处置能力。

忻州市首次地震应急综合实战演练是 2010 年 7 月 25 日，由忻州市委、市政府、军分区组织的《忻州市兴武 –2010 军地联合演习》。地震应急演练作为本次演练的三个单元之一，主要进行抢救与医疗救护、民政救灾、供电通信抢险、治安维护、次生灾

2013 年忻州市市长郑连生主持地震应急演练桌面推演

忻州市开展地震应急实战演练

2015 年市县联动抗震救灾综合实战演练

害处置、冰雹处理、病疫防治、新闻采访等 8 项应急演练。

2014 年 5 月 18 日，市政府组织军分区、武警支队、消防支队、地震局、民政局、卫生局等部门，举行了忻州市抗震救灾应急救援综合实战演练，市长郑连生担任总指挥，省地震局副局长田勇应邀观摩。实战演练圆满完成了预定任务，提高了忻州市地震综合救援能力。

2015 年 7 月 24 日，市政府在代县举行 2015 年市县联动抗震救灾综合实战演练。演练坚持务实、安全、节俭、高效的原则，由地震应急救援涉及的 19 个单位，实战演练震情灾情预评估、搜救被埋压人员、抢通道路、应急通信、供电、供水、供气、灾民安置等 14 个地震应急救援科目，整个演练阵容整齐，秩序井然，技术娴熟，作风顽强，达到了预期目的。

三、部门演练

为增强抗震救灾队伍综合救援能力，检验并完善地震应急预案的科学性、针对性和实用性，增强抗震救灾指挥决策、组织协调、攻坚克难的战斗力，忻州市各级各部门从行业特点出发，不定期开展行业内部的地震应急演练。

领导组成员单位演练：2014 年，安监局作为地震次生灾害防范处置组牵头单位，开展了 2014 地震次生灾害防范处置桌面应急演练。2015 年，卫计委组织了“卫生应急综合演练暨百名重症患者集中运转实战拉动”等较大规模的实战演练活动；移动公

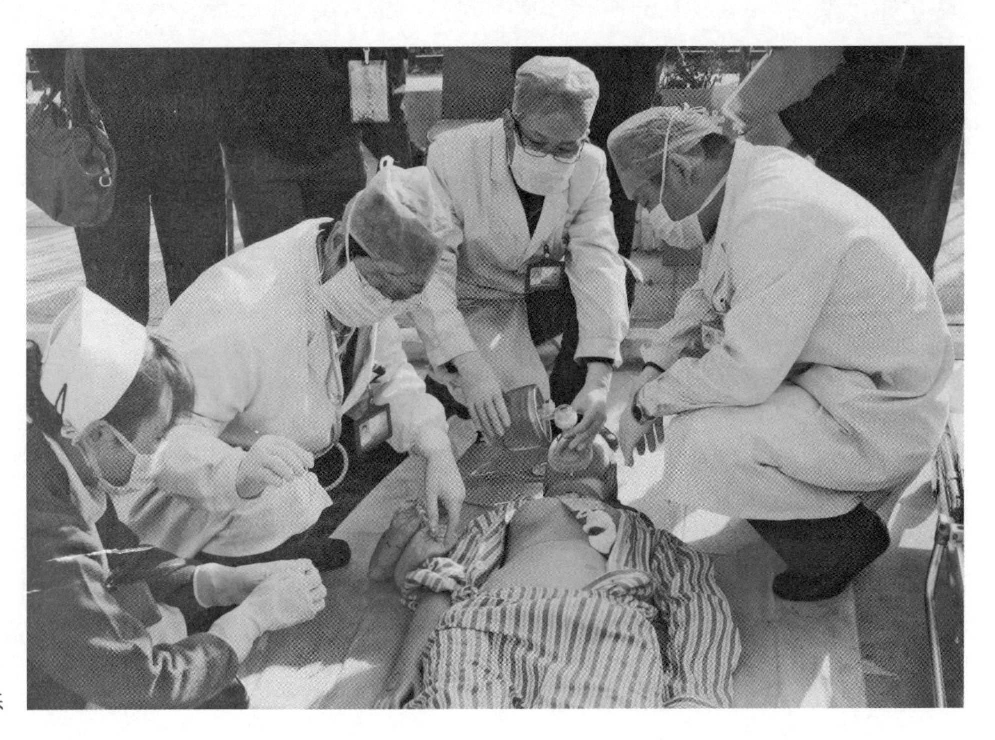

卫生系统应急演练

各类学校开展地震应急演练

司开展了晋北地区防震应急通信演练。此外，地震系统或配合省地震局，或机关内部经常不定期开展演练。

学校演练：为了使广大师生了解应急避险知识，提高师生在密集场所紧急避险、自救互救能力，掌握地震来临时最有效的逃生方法，各级各类学校经常性地开展地震应急演练，并邀请市地震局工作人员进行指导。2012 年 10 月，市地震局和市教育局联合下发《关于在各级各类学校组织开展地震应急疏散演练的通知》，要求各级各类学校将地震应急疏散演练制度化、规范化、常态化。自此，各级各类学校根据本校实际制定了详尽的地震应急演练实施方案，并在反复演练中加以完善，将演练作为制度坚持了下来。

与此同时，忻州市不同行业、不同部门及各县（市、区）也相继开展了各种专项演练和综合演练。

第四节　应急保障

应急保障是各级政府及部门震后开展高效、有序应急救援工作的重要支撑。随着我国地震应急救援体系的建立健全，组织指挥体系、技术体系、救援队伍、物资储备、避难场所规划与建设等各项保障措施开始在各级各部门的应急准备工作中得以落实。忻州市从 2001 年开始投资建设地震应急指挥中心，2003 年建立地震应急指挥系统，2009 年成立第一支地震应急救援队，地震应急保障能力逐步得到提高，为震后高效决策指挥、应急救援提供了重要保障。

一、应急指挥中心及指挥系统

忻州市地震应急指挥中心位于忻州市利民西街，1999 年由省计委立项，2000 年完成主体和土建工程，2002 年完成装修工程和设备配套。2003 年 4 月 7 日，山西省地震局下达《关于省、市（地）县共建山西省防震减灾体系重点工程有关项目经费配套的通知》（晋震发防〔2003〕28 号），由省、市按 60%∶40% 的投资比例共建山西省地震信息服务系统、地震应急指挥技术系统和前兆观测台网 3 个项目。6 月，忻州市地震局向山西省地震局申请将忻州市地震应急指挥技术系统列入山西省防震减灾体系重点工程共建项目。12 月，中国地震局下达中国数字地震观测网络山西分项、山西省数字地震观测网络项目建设任务，忻州市地震局信息节点作为山西省 4 个大中城市信息节点之一，纳入全省地震信息服务系统建设项目。

2004 年 11 月，由山西省地震局统一设计、统一招标、统一施工，忻州市地震应急指挥技术系统项目正式开工，工程建设内容包括主机房、操作室装修改造及信息网络建设两部分。2005 年 4 月开始设备安装与联调，5 月项目完成，忻州市地震应急指挥技术系统网络架构基本建成。信道通信链路采用山西移动公司提供的 SDH 链路，接入带宽 2 兆互联网 VPN 信道，与中国地震局、山西省地震局实现互联互通。此外，还开通 2 兆互联网链路，供局域网用户访问互联网，2014 年该链路升级为 10 兆。

2011 年底，市地震局对应急指挥大厅和应急指挥技术系统进行升级改造，应急指挥功能更加完备。改造后的指挥大厅，可容纳 60 人，不仅能满足地震应急指挥决策需要，为地震应急提供指挥调度场所，与山西省地震应急指挥中心实现互联互通，提供远程视频决策指挥，还可以进行震情会商、学术讨论以及其他会议服务。

地震应急基础数据库是城市地震应急技术系统开展应急工作的基础，其主要作用是

忻州市地震应急指挥中心

为地震灾害评估和了解地震灾害影响提供背景数据，为抗震救灾提供辅助决策依据，为地震应急处置提供灾区基础地理信息和地震专题信息。2010 年 8 月 18 日至 9 月 15 日，市地震局收集汇总了包括全市经济、建筑、交通、学校、重大水利设施、地震地质灾害、危险源、重点目标、医疗力量、物资储备、消防力量、通信联络、地震行业等数据，为应急指挥系统提供了基础数据支撑。以后，每年都根据变化情况进行数据更新。

二、救援队伍

忻州市的抗震救灾队伍由两支专业应急救援队伍和两支志愿者队伍组成。这四支队伍的成立，健全和完善了忻州市高效有序、科学规范的地震应急救援体系，进一步提升了忻州市的地震应急救援能力。

1. 专业应急救援队伍

忻州市目前有抗震救灾应急救援队消防支队和抗震救灾应急救援队武警支队两支专业救援队，共计 187 人。

忻州市抗震救灾应急救援队消防支队于 2009 年 7 月 23 日成立。该救援队为轻型应急救援队，队员由忻州市公安消防支队组成，具体任务由忻州市消防特勤中队承担，共有人员 37 人，配备的特勤器材装备主要有生命探测仪、氧气呼吸器、移动照明灯组、液压破拆工具组等。

忻州市抗震救灾应急救援队武警支队于 2013 年 12 月 17 日成立，由 150 人组成，配有应急保障车辆 10 台，破拆工具组 4 套，高压承重气垫 20 套等应急装备。

2. 志愿者队伍

2010 年 12 月 28 日，忻州市抗震救灾应急救援队青年志愿者支队成立。这是忻州

地震应急救援队消防支队应急演练

地震应急救援队武警支队应急演练

地震应急救援队青年志愿者支队应急演练

地震应急救援队蓝天志愿者支队应急演练

市第一支地震应急志愿者队伍，由医院、学校、公安、交通、电力等有关部门的100人组成，分为抢险救援、医疗救护、后勤保障、治安保卫、交通运输5个组，平时承担地震应急培训宣传、地震应急演练等任务；震时承担应急抢险救援、震情灾情速报任务。

2015年7月27日，忻州市抗震救灾应急救援队蓝天志愿者支队成立。该队下设快反组、医疗组、通信组、车辆组、秘书组等，有核心队员50余人。

三、应急避难场所

根据中国地震局提出的“利用广场、公园、绿地和大型体育场地建设应急避难场所”的思路，忻州市在城市建设中有计划地新辟或增加绿地和街头广场面积，增强应急功能，将公园、绿地等空旷场地建设地震应急避难场所，并不断向社区、学校的空地拓展。

2008年，国家标准《地震应急避难场所场址及配套设施》正式施行，忻州市逐步开始建设符合国家标准的避难场所。2010年，忻州市组织编制《忻州市应急避难场所专项规划（2010~2020）》，忻州市城区共规划市级避难场所5处，区级避难场所9处，社区级避难场所68处。

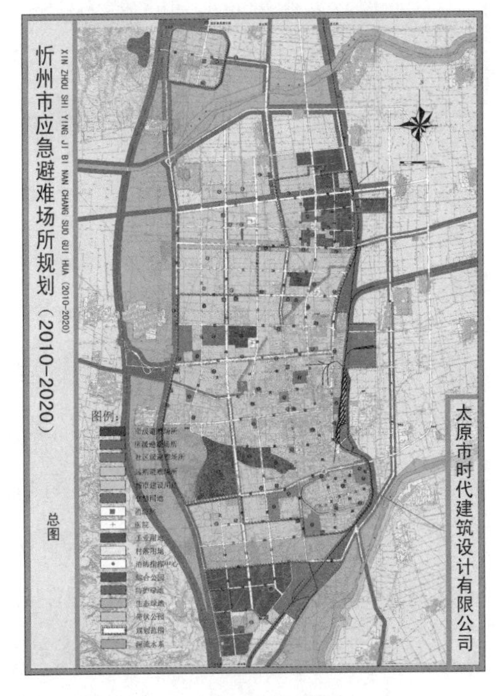

忻州市应急避难场所规划图

2014年，忻州市政府根据最新城市建设总体规划，组织编制《忻州市城市应急避难场所专项规划（2014~2030）》。根据规划，近期建设1个

忻州市区应急避难场所

Ⅰ类，改造1个、新建2个Ⅱ类，新建31个Ⅲ类符合规范要求的应急避难场所。远期建设目标为3个Ⅰ类、6个Ⅱ类、83个Ⅲ类符合规范要求的应急避难场所。

2014年开始，市政府大力推进应急避难场所建设。全市14个县（市、区）同时加大避难场所建设力度，确定本辖区的临时避难场所。其中，代县滹沱河湿地公园避难场所和繁峙滨河公园避难场所均符合国家Ⅱ类应急避难场所要求，2014年11月27日通过验收；市本级将市区和平广场列为国家Ⅱ类应急避难场所建设项目，市政府共投资110万元，市住建局组织建设，2015年底竣工。

忻州市Ⅱ类应急避难场所统计表

序号	名　　称	建筑面积（平方米）	场址有效面积（平方米）	设计容量（人）
1	忻州市和平广场避难场所	33000	22500	6000
2	代县滹沱河湿地公园避难场所	54000	21000	15000
3	繁峙县滨河公园避难场所	84000	43000	15000

四、通信保障

无线通信电台：20世纪80年代，忻州市地震局在利民西街机关测报站楼顶安装一架电台，向省地震局报送监测数据，同时承担应急通信任务。1995年，为了便于开展应急工作，该电台移至长征街科技大楼（地震局、科委共用此大楼），并对主要设备进行了更新。90年代后期，随着固定电话和移动电话以及互联网的普及，电台使用频率逐渐降低，2000年，该电台停止使用。2008年汶川8.0级地震后，无线电台在地震应急中的作用得到充分认可。2010年，按照山西省地震局要求，市地震局在利民西街市地震局办公楼重新安装启用无线电台。

卫星电话：2008汶川8.0级地震后，根据汶川地震应急工作的经验教训，忻州

忻州市地震局工作人员测试短波无线电台

市地震局购置一部海事卫星电话。2013 年 7 月，市政府为地震局配备了 2 部铱星电话，同时为各县（市、区）地震局和应急办各配备 1 部铱星电话。

应急短信平台：地震应急短信平台主要是依托中国移动通信集团 MAS 平台为防震减灾领导组（抗震救灾指挥部）成员以及地震系统工作人员提供应急短信服务。该平台于 2013 年 8 月建成并投入使用，由山西省地震局统一建设，与中国地震局 EQIM（地震台网速报信息共享服务系统）实现对接。忻州市地震局网络中心机房配备服务器一台，忻州市短信平台用户可在第一时间收到由市地震局网络中心服务器自动转发的适时地震信息，为抗震救灾提供及时、准确的信息服务。

第五节　大震救援

一、支援汶川地震灾区

2008 年 5 月 12 日 14 时 28 分，四川省阿坝藏族羌族自治州汶川县发生 8.0 级地震。灾难发生后，一周时间，全市自发捐款达 22861439 元，位居全省第一。党员干部在短短两天时间里，交纳“特殊党费”397 万元，同样走在全省最前列。

1. 忻州市住建局援川建房工作

2008 年 5 月 21 日，山西省委、省政府对忻州市下达了援助四川灾区 1000 套过渡性安置房建设任务。接受任务后，市委、市政府高度重视，成立了由副市长王学英任组长，市政府副秘书长乔晋田、住建局局长高益明任副组长，市发改委、财政局、民政局、交通局等 11 个单位主要领导为成员的忻州市援助四川重灾区过渡性安置房建设领导组。忻州市住建局作为落实承办单位，组建援川建房突击队。援建人员经过 40 余天的奋战，提前 6 天时间圆满完成了援建都江堰市崇义镇飞桥村、桂桥村、罗桥村和界牌村四村5个点和青城山镇1个点，共6个点的既定任务。

7月10日，875套住房、200套公用厨房、14套公共淋浴房、16套公共厕所、5套商店、4套诊所、13套供水点、14套垃圾点，总面积23712平方米，全部移交当地政府，875户灾区人民离开帐篷住进新居。忻州的援建工作受到山西省委省政府、省援川建房前方指挥部表扬。

2. 忻州市人民医院援川救援

“5·12”汶川地震后，市人民医院立即修订《抗震减灾应急预案》，储备相关防震物资、药品和医疗器械，做好援川准备。

5月14日，市医院根据省卫生厅和市卫生局安排，组建由副院长带队，从骨科、神经外科、胸外科、普外科、泌外科、麻醉科、手术室、护理部、电工组抽调的12名专家和技术骨干组成的医疗救援队，准备了充足的应急药品、器械和必备的生活用品及2辆救护车，上报省卫生厅待命，随时准备奔赴抗震救灾第一线。同时，医院迅速克服病床紧张困难，在院内条件较好的病区腾出病房，预留30支病床。

6月2日，市医院选派高泽文、银炯2名医生，作为忻州市援建四川过渡安置房随队医生，同市建设局援建工程队的200余名队员一起，前往四川省都江堰市崇义镇抗震救灾。7月11日，援川建房医疗队员高泽文、银炯圆满完成任务返忻。市委、市政府在忻州高速路口举行了欢迎仪式。

7月28日，忻州人民医院又派出燕鹏、刘水英、侯向华、周俊生4名医护人员赴川对口支援茂县一个月。这支队伍为当地医院建立了B超检查室、妇科诊室、心电图室和抢救室，规范了受援医院医疗护理工作制度和操作程序，培训了医务人员，规范了外科小手术室，开展了妇科疾病普查和外科手术，共接诊各类病人800余人次，解决疑难病例17例，抢救危重患者4人，协助输液200余人次，下乡5次，巡诊患者300余人，圆满完成了上级交付的各项工作任务，受到山西省卫生厅和茂县政府的表彰，4名队员全部被评为优秀队员、模范队员和有特殊贡献的优秀队员。2008年，该院被团省委授予“山西青年抗震救灾特别贡献奖”。2009年4月，受到市政府“2008年抗震救灾先进集体”表彰。

3. 忻州市红十字会抗震救灾和对外援助

“5·12”汶川地震后，忻州市红十字会当天下午紧急召开会议，通过周密的部署和细致的安排，募捐工作紧张有序展开。一方面通过搞特色活动募集善款抗震救灾，如联合电视台等多家单位举办“情系灾区，爱心烛光传递”活动；与礼品专卖店开展以救助灾区群众为主题的义卖活动；与杜宇舞蹈学校在忻州剧院组织了《祝福中国》大型公益义演筹集善款活动。另一方面通过在华美超级市场、和平家电城、理想家园等大型公共购物场所设立募捐箱开展捐款赈灾活动。在抗震救灾期间，全市共设置红十字会募捐点7个，共募集抗震救灾款项430多万元。

4. 忻州各界爱心行动

5月13日上午，忻州市田家炳中学将5000元捐款送到市红十字会，这是红十字会收到的第一笔捐款。市交通局全体职工捐款7600元，忻州五中为灾区紧急捐款4561元，市检察院捐款7000元。下午，忻州师范学院将首批30万元捐款通过红十字会汇往灾区。接着，第二批30万元捐款也汇往灾区。到5月22日，忻州师范学院共向灾区捐款106.12万元，为灾区紧急献血20万毫升。院党委从党费中拿出3万元，向每个受灾家庭的学生发放2000~2500元的慰问金。

5月14日，全市广大党员以交纳“特殊党费”的形式，掀起支援地震灾区人民抗震救灾的热潮。当时，正在北京学习的市委书记张建欣，带头将1万元的“特殊党费”交给党组织，市人大常委会主任郭连山、市长李平社、政协主席李玉清每人也捐款1万元。四大班子党员领导在第一时间向党组织交纳了“特殊党费”，各单位党员干部积极响应。截至5月28日，市直单位、14个县市区的15630名党员干部交纳“特殊党费”818.88万元。到6月6日，全市民政部门累计接受捐款4837.8万元。

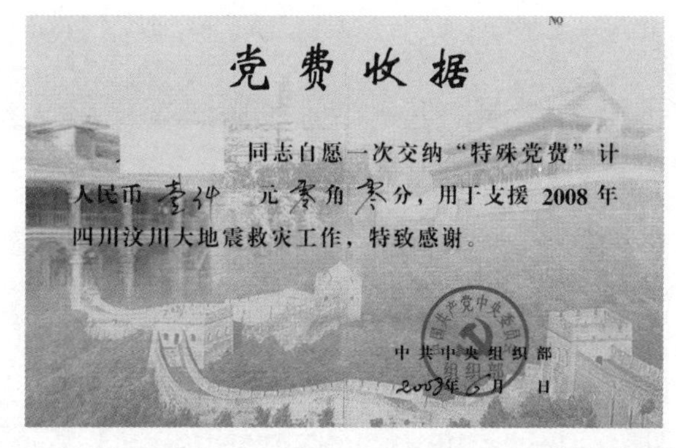
党费收据

同志自愿一次交纳“特殊党费”计人民币壹仟元零角零分，用于支援2008年四川汶川大地震救灾工作，特致感谢。

中共中央组织部
2008年6月 日

汶川地震后忻州市党员干部踊跃交纳“特殊党费”支援灾区

5月14日中午，五台山白云寺僧众37人风尘仆仆专程下山，为灾区人民捐赠了20万元及两车衣物，并义务为灾区献血。截至5月15日，五台山佛教界向灾区捐款捐物达130万元，并举行祈祷法会，为灾区人民求安祈福。

汶川特大地震发生后，忻州军分区积极进行救援准备工作，并在全市军事系统开展捐款捐物活动，共计捐款近10万元。

全市14个县（市、区）也掀起了捐款热潮，社会各界，特别是不少企业老板慷慨解囊。截至6月6日，代县捐款1141.3万元，保德县捐款630万元，原平市捐款553.3万元，繁峙县捐款438万元，忻府区捐款310万元，河曲县捐款310万元，宁武县捐款290.6万元，五台县捐款268.1万元，定襄县捐款229.4万元，五寨县捐款108.8万元，偏关县捐款105.3万元，静乐县捐款96.7万元，神池县捐款82万元，岢岚县捐款63万元。

5月22日，市委宣传部召开紧急会议，号召全市宣传、文化系统，以更加深入的新闻宣传报道，以文艺表演、书画展览、摄影展览、诗歌朗诵等形式，进一步鼓舞全市人民的抗灾热情。在不到一周的时间里，举办了以“吟诵生命礼赞，挺起民族脊梁”的诗歌朗诵会；开展了以“大爱无言，翰墨传情”的书画展；以聚焦抗灾一线可歌可泣先进事迹为主题的摄影展，如期走进市民视野。在书画展出的现场，在感人泪下的朗诵会上，在500余幅摄影作品展面前，本市的宣传文化工作者，倾情演绎，老少同台，取得了良好的宣传效果。

二、支援玉树地震灾区

2010年4月14日7时49分，青海省玉树藏族自治州玉树县发生7.1级强烈地震。在接到卫生部下达赴灾区救援的指令后，山西省卫生厅第一时间抽调厅机关和11个市急救、骨科、普外等专业的专家、医护人员、后勤保障人员324人，组成山西省抗震救灾医疗卫生队，赶赴青海省玉树县开展医疗救援任务。4月15日上午10时，按照市里的安排，忻州市人民医院统一带队指挥的由忻州市人民医院、忻州市中医院、忻

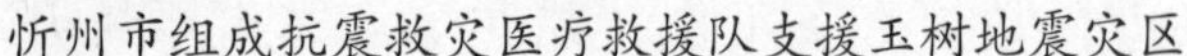
忻州市组成抗震救灾医疗救援队支援玉树地震灾区

州市第二人民医院、忻州市中心医院、原平市人民医院等5家医院5辆救护车、25人组成的医疗救援小分队，满载着氧气、药品器械、食品、棉被等救援物资，向青海省进发。4月16日上午10时30分，救援队到达西宁。期间共救治危重病人426人，轻伤病人1491人，完成手术101例，成功转送伤员345人，巡诊诊疗2134人。

忻州医疗队获得青海省人民医院颁发的荣誉证书，冯毅获得山西省卫生厅“赴青海玉树抗震救灾医疗卫生救援先进个人”荣誉称号。

4月26日医疗队返忻。

忻州市赴青海玉树抗震医疗救援分队工作人员及设备情况如下：

忻州市人民医院：队长冯毅，宣传干事班贵金，骨科医生杨智勇，护士石文菊、王志英、杨志华、张文娟，司机张春亮、周彭共 9 人及 2 辆救护车。

忻州市中医院：司机王麟、许喜文 2 人。

忻州市第二人民医院：马彦军、毕建平、李向平、梁晓丽 4 人及 1 辆救护车。

忻州市中心医院：杨京生、杨俊山、杨喜红、薛海霞、申春燕 5 人及 1 辆救护车。

原平市人民医院：李计东、王田芳、张金良、刘晓霞、徐雅平 5 人及 1 辆救护车。

三、支援芦山地震灾区

2013 年 4 月 20 日 8 时，四川省雅安市芦山县发生 7.0 级地震。忻州市邮政局开辟支援灾区的绿色爱心通道，免收寄往雅安地震灾区赈灾包裹邮费等费用。截至 4 月 24 日，全市 218 个邮政营业、储蓄网点累计办理 82 件“赈灾包裹”，全部按照收件人地址寄发雅安下辖的抗震救灾指挥部办公室及慈善机构；办理汇款 400 余万元。

山西省战略物资道路运输保障忻州总队在忻州市运管局指导下，积极启动“道路货物运输应急预案”，召开动员大会，检查车辆设备。应急保障队员、应急押运员、应急维修员书写《抗震救灾决心书》。对 50 辆战备车辆及应急器材等装备进行逐一检测和完善，购足方便面、食用水，强化 24 小时值班责任，备足“兵马粮草”，随时等待保障运输指令。

第七章　工作机构

忻州市防震减灾工作机构始建于20世纪70年代中期，历经40年发展，机构逐步完善，职能逐渐增强，队伍不断壮大，为忻州市防震减灾事业健康发展奠定了坚实基础。

第一节　机构概况

一、历史沿革

1975年前，忻县地区地震工作由科技局兼管，具体工作由张联友负责。1975年9月18日，忻县地区革命委员会下发《关于成立忻县地区地震工作领导组的通知》（忻地革发〔1975〕59号）。领导组下设地震办公室，负责处理日常工作。办公地点设在地区科技局，由科技局张联友、刘金凤兼管地震工作。

1976年2月8日，忻县地区革命委员会下发《关于调整忻县地区地震工作领导组成员的通知》（忻地革发〔1976〕8号），对地震工作领导组成员做出调整。领导组下设防震抗震办公室，负责处理日常工作。办公室主任由陈建勋兼任。办公地点设在地区科技局。

1977年，忻县地区地震办公室编制5人陆续到齐。有张占元、闫巨礼、张令鹏、李汉贤、黄振昌。陈建勋兼任办公室主任。

1978年2月8日，调整地震工作领导组，下设防震抗震办公室。地区科技局副局长陈建勋继续兼办公室主任。

1979年6月8日，忻县行署下发《关于忻县地区行署地震办公室改为地震局的通知》。根据山西省革委会 1979 年 4 月 11 日晋革发〔79〕46 号“批转省地震局关于加强地震工作的报告”的文件精神，将忻县地区行署地震办公室改为地震局。6 月 20 日，忻县地委下发《关于陈建勋同志任职的通知》（忻地干字〔79〕67 号），陈建勋任忻县地区行政公署地震局局长。

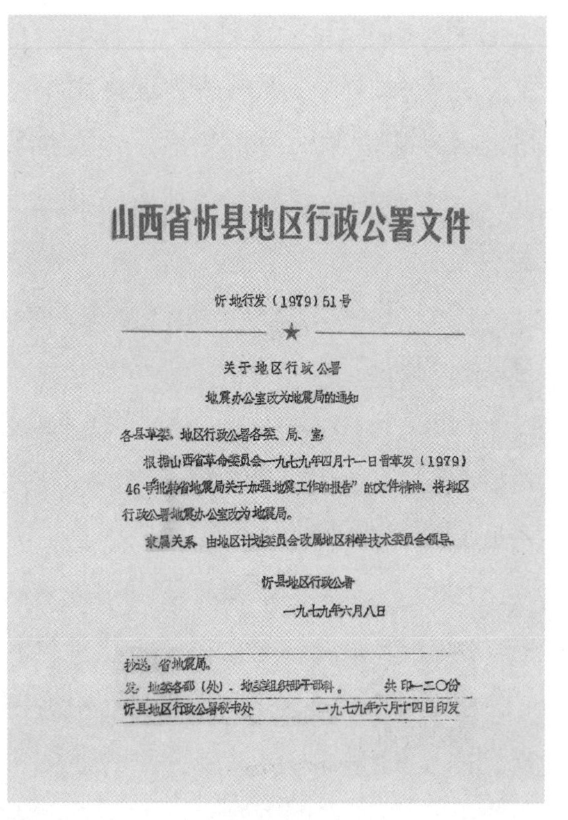

山西省忻县地区行政公署文件

忻地行发（1979）51号

★

关于地区行政公署

地震办公室改为地震局的通知

各县革委、地区行政公署各委、局、室：

根据山西省革命委员会一九七九年四月十一日晋革发（1979）46号“批转省地震局关于加强地震工作的报告”的文件精神，将地区行政公署地震办公室改为地震局。

隶属关系，由地区计划委员会改属地区科学技术委员会领导。

忻县地区行政公署

一九七九年六月八日

抄送：省地震局。

发：地委各部（处）、地委组织部干部科。　　共印一二〇份

忻县地区行政公署秘书处　　一九七九年六月十四日印发

1979 年忻县地区行署地震办公室改为地震局

1980 年 8 月 12 日，忻县地区行政公署下发《关于地区行政公署劳动局等内部机构设置的通知》（忻地行发〔1980〕89 号），忻县地区行署地震局内部机构设办公室，成立忻县地区地震中心分析室，与地震局为一套人员，挂两个牌子。

1983 年 12 月 10 日，忻州地委组织部下发忻地组干发〔83〕201 号文件，任命陈建勋为忻州地区行署地震局督导员。

1984 年 3 月 25 日，忻州地委下发《中共忻州地委、忻州地区行署关于我区地震工作机构和管理体制调整改革的通知》（忻地发〔84〕19 号）：地区设立地震局，各县（市）原地震局（办）全部撤销，根据震情监视需要，分别在地区、原平、五台、神池建立四个观测站，为地区地震局下属的工作单位，原平、五台、神池三县原地震局（办）的财产移交地震观测站；地震经费从 1984 年 1 月 1 日起，按 1983 年的年初包干数划转地区财政，由地区地震局统一管理使用。对地震观测站实行地区地震局、所在县人民政府双重领导，以地区领导为主。地区地震局编制 13 人，忻州地区地震观测站、原平、五台、神池县地震观测站各 3 人，以上人员均列入地方事业编制，所需经费由地方地震事业费中开支。今后，凡不设地震观测站的县（市），地震工作统一由县（市）科委负责管理，原有人员的工作分别由所在县（市）人民政府统筹安排，原地震局（办）的财产移交给县（市）科委，所需经费由县（市）财政拨给。

1984 年 7 月 5 日，忻州地委组织部下发忻地组发〔84〕164 号文件，任命封德俭为地震局副局长。7 月 25 日，忻州地委组织部下发忻地组发〔84〕194 号文件，任命黄振昌为地震局副局长。

10 月 9 日，忻州地区编委下发《关于行署计委等单位增设内部机构的通知》（忻

地编字〔84〕24 号文件），行署地震局设立办公室、业务科。同日，忻州地区行署下发《关于我区地震观测站管理体制调整改革的通知》（忻地行发〔84〕97 号文件），忻州地区地震观测站由忻州地区地震局直接领导，人、财、物由地震局统一管理，对原平、五台、神池三个县的地震观测站实行区县双重领导，忻州地区地震局负责业务技术领导。

1985 年 6 月 25 日，忻州地委组织部下发忻地组发〔85〕146 号文件，任命陈建勋为局级调研员。

1986 年 10 月 19 日，忻州地区编委下发《关于行署财税局等单位调整内部机构及人员编制的通知》，成立忻州地区奇村地震水化站，与地区地震观测站两个牌子，一套人员，增加事业编制 3 名。

1989 年 5 月，张福有任忻州地区行署地震局第一副局长，主持工作。

1992 年 5 月，王观亮任忻州地区行署地震局局长。

1997 年 12 月，忻州地区机构编制委员会下发《关于印发忻州地区地震局职能配置、内设机构和人员编制方案的通知》（忻地编发〔1997〕14 号），地区地震局内设机构为办公室、震情监测科、震灾防御科、抗震设防标准管理科。行署地震局机关编制 15 名，其中局长 1 名，副局长 2 名，正副科级职数 7 名（含科级保密员 1 名）。核定办公室编制 4 名，震情监测科编制 4 名，震灾防御科编制 2 名，抗震设防标准管理科编制 2 名。

2000 年，忻州地区撤地设市，忻州地区地震局随之更名为忻州市地震局。

2001 年 10 月，贺永德任忻州市地震局局长。

2002 年，田甦平、胡俊明、张玮任市地震局副局长。

2003 年 12 月，忻州市人民政府办公厅下发《关于印发〈忻州市地震局主要职责、内设机构和人员编制方案〉、〈忻州市乡镇企业服务中心（忻州市民营经济发展局）主要职责、内设机构和人员编制方案〉的通知》（忻政办发〔2003〕150 号文件），忻州市地震局是市人民政府的地震工作主管部门，全额事业单位，正处级建制，为参照公务员法管理的事业单位。负责管理本行政区域内的防震减灾工作，设办公室、震情监测科、震灾防御科、抗震设防标准管理科等 4 个职能科（室）和忻州市防震减灾指挥部办公室，编制 18 名（含工勤人员编制 3 名）。领导职数 10 名，其中局长 1 名，副局长 3 名，科级 6 名；非领导职数 4 名，其中处级 1 名，科级 3 名。

2006 年 8 月，陈树铭任忻州市地震局党组书记、局长。

2008 年 8 月，田甦平副局长主持工作。

2010 年 2 月，李文元任市地震局党组书记、局长。

2011年5月，忻州市机构编制委员会下发《关于印发忻州市地震局主要职责内设机构和人员编制规定的通知》（忻编发〔2011〕15号），市地震局为政府直属财政拨款事业单位，正处级建制。内设机构为办公室、震情监测科、震灾防御科、抗震设防标准管理科、忻州市防震减灾指挥部办公室，编制为财政拨款事业编制18名，正处级领导职数1名，副处级领导职数3名，科级职数5正1副，编制结构为管理人员编制15名，其他人员编制3名。下属忻州市地震观测站（忻州市奇村地震水化站），正科级建制，编制为财政拨款事业编制6名，科级领导职数1正1副，编制结构为管理人员编制2名，专业技术人员编制4名。

2011年12月，陈秀发、张俊民任副局长。

忻州市机构编制委员会文件

忻编发〔2011〕15号

关于印发《忻州市地震局
主要职责内设机构和人员编制规定》的通知

市地震局：

《忻州市地震局主要职责内设机构和人员编制规定》已经二〇一一年五月五日市编委会议审定，现予印发。

二〇一一年五月二十三日

忻州市编委印发市地震局三定方案的通知

市地震局历任局领导任职情况表

姓　名	职　务	任职年度	备　　注
陈建勋	局　长	1976~1983年	1976~1979年任地震办公室主任 1979~1983年任局长
封德俭	副局长	1984~2000年	1985年6月至1989年6月主持工作
黄振昌	副局长	1984~1997年	
张福有	第一副局长	1989~2001年	1989年7月至1992年主持工作
王观亮	局　长	1992~2001年	
贺永德	局　长	2001~2006年	
田甦平	副局长	2002~2015年	2007~2010年主持工作
胡俊明	副局长	2002~2004年	
张　玮	副局长	2002~2012年	

续表

姓 名	职 务	任职年度	备 注
陈树铭	局 长	2006~2008 年	
李文元	局 长	2010 年至今	
陈秀发	副局长	2011 年至今	
张俊民	副局长	2011 年至今	

二、机构职责

随着社会的发展进步，忻州市防震减灾事业不断规范和完善，由 20 世纪七八十年代单纯的地震监测、科研等职能，逐步增加社会管理职能。2011 年 5 月，市编委根据《中华人民共和国防震减灾法》等有关规定，审定忻州市地震局主要职责为：

（一）贯彻实施防震减灾法律、法规和规章。

（二）会同有关单位编制防震减灾规划和拟定地震应急预案，报市人民政府批准后实施。

（三）拟定防震减灾年度计划并组织实施。

（四）管理地震监测预报工作，提出地震趋势预报意见。

（五）管理震害预测、震情和灾情速报及地震灾害损失评估。

（六）参与震区救灾和参与制定重建规划。

（七）会同有关部门开展防震减灾知识宣传教育工作。

（八）负责建设工程抗震设防要求和地震安全性评价工作的管理、监督。

（九）承担市防震减灾指挥部的日常工作。

（十）承办市人民政府交办的其他事项。

三、内设机构

随着机构职责的不断调整，忻州市机构编制委员会以忻编发〔2011〕15 号文件印发了《忻州市地震局主要职责内设机构和人员编制规定》。按照规定，忻州市地震局内设机构为办公室、震情监测科、震灾防御科、抗震设防标准管理科、忻州市防震减灾指挥部办公室。核定编制 18 名，其中管理人员编制 15 名，其他人员编制 3 名；下属事业单位为忻州市地震观测站（忻州市奇村地震水化站），核定编制 6 名，其中管理人员 2 名，专业技术人员编制 4 名。

1. 办公室

负责建立机关办公制度并检查落实；组织协调各科室工作；负责人事劳资，机构编制、会议、文秘、档案、机要、信息、信访、安全、保密、接待等工作。编制 4 名，科级职数 1 正 1 副。

市地震局办公室历任负责人一览表

姓　名	职　务	任职年度	备　　注
郭玉田	主　任	1981~1993 年	
白迎春	副主任（主持工作）	1992~1999 年	1992 年任办公室副主任 1993~1999 年主持办公室工作
	主　任	1999~2011 年	
林建平	副主任（主持工作）	2010~2015 年	2010 年任办公室副主任 2011~2015 年主持办公室工作
	主　任	2015 年	

2. 震情监测科

管理全市地震监测预报工作，拟定全市地震监测预报方案并组织实施；负责收集处理全市地震监测资料；负责全市震情动态监视，震情分析会商；负责全市地震监测设施及观测环境管理工作；负责全市重大宏观、微观异常的调查落实工作；负责“三网一员”建设管理工作；负责本局与中国地震局、山西省地震局的计算机联网、通信工作；指导所属台站、县级地震部门的监测预报工作。编制 3 名，科级职数 1 名。

市地震局震情监测科历任负责人一览表

姓　名	职　务	任职年度	备　　注
田甦平	科　长	1992~2002 年	
张俊民	科　长	2002~2011 年	1999~2002 年任副科长
张俊伟	负责人	2011~2015 年	

3. 震灾防御科

拟定本局地震应急预案，并根据震情变化和实施中发现的问题及时进行修订；负责组织全市防震减灾法律、法规的宣传工作；会同有关部门开展防震减灾宣传教育工作；负责编印宣传教育资料；开展震后灾情调查和救援活动，组织岗位应急演练。编制 2 名，科级职数 1 名。

市地震局震灾防御科历任负责人一览表

姓　名	职　务	任职年度	备　　注
张锁仁	科　长	1999~2005 年	1986 ~1993 年任办公室副主任 1993 ~1999 年任群测群防管理科科长
肖建华	负责人	2005~2009 年	
苏琪	副科长（主持工作）	2010~2015 年	
	科　长	2015 年	

4. 抗震设防标准管理科

管理全市建设项目工程的抗震设防要求及地震安全性评价工作；组织管理全市震害预测及地震灾害调查与损失评估；负责全市建设工程的抗震设防鉴定工作；指导、督促产权单位采取抗震加固措施；组织、实施全市地震小区划工作；编制全市抗震设防规划，指导农村住户的抗震设防；负责管理实施本行政区域内的地震行政处罚行为、行政复议和地震行政诉讼。编制 2 名，科级职数 1 名。

市地震局抗震设防标准管理科历任负责人一览表

姓　名	职　务	任职年度	备　注
李和平	科　长	1998~1999 年	
申新生	科　长	1999~2011 年	
梁瑞平	负责人	2011~2015 年	

5. 忻州市防震减灾指挥部办公室

承担市防震减灾指挥部的日常工作；管理全市地震应急救援工作体系；会同有关部门编制防震减灾中长期规划和拟定防震减灾年度计划报市级人民政府批准后实施；提出对市内地震做出快速反应的措施、建议；检查、督促、协调和指导本行政区域内的防震减灾工作和地震应急工作。编制 3 名，科级职数 1 名。

市地震局防震减灾指挥部办公室历任负责人一览表

姓　名	职　务	任职年度	备　　注
陈秀发	负责人	2011 年	
韩永军	负责人	2011~2013 年	

续表

姓　名	职　务	任职年度	备　　注
韩永军	副主任（主持工作）	2013~2015 年	
	主　任	2015 年	
关素芳	负责人	2015 年	2015 年 5 月任抗震设防管理科副科长，韩永军 2015 年参加市委下乡工作队，关素芳主持指挥部办公室工作

6. 下属事业单位

忻州市地震观测站（忻州市奇村地震水化站）主要职责任务：进行水氡、水汞、水位、水温等项目的观测与分析；承担观测资料上报工作；维护仪器设备的正常运转；管理水化观测环境的安全工作，保证不受干扰；负责水化观测震情值班。正科级建制，核定财政拨款事业编制 6 名。科级领导职数 1 正 1 副；编制结构为管理人员编制 2 名，专业技术人员编制 4 名。

忻州市地震观测站历任站长任职情况表

姓　名	职　务	任职年度	备　　注
张占元	副站长	1984~1986 年	
段玉谦	站　长	1986~1991 年	
申新生	副站长（主持工作）	1991~1995 年	局机关工作
肖建华	临时负责	1995~1998 年	局机关工作
杨泽峰	副站长（主持工作）	1999~2015 年	
陈秀发	站　长	2002~2011 年	局机关工作
梁瑞平	副站长	2013~2015 年	局机关工作
	站　长	2015 年	

第二节　职工队伍

1975~2015 年，市级地震工作机构编制从 5 名增加到 24 名，职工队伍文化素质普遍提高，高学历人才逐年增加。

到 2015 年底，忻州市地震局共有职工 21 人。其中，硕士研究生（留学回国人员）1 人、本科 12 人、大专 6 人，大专以上学历人数占职工总人数的 90.5%，高中、中专学历 2 人，占职工总人数的 9.5%。

市地震局不同历史时期工作人员一览表

姓　名	性　别	姓　名	性　别	姓　名	性　别
陈建勋	男	张联友	男	刘金凤	女
张占元	男	张令鹏	男	李汉贤	男
黄振昌	男	安巧雅	女	闫巨礼	男
杜仲名	男	王东生	男	田甦平	男
张　荣	男	樊焕青	女	赵梅香	女
郭玉田	男	封德俭	男	白迎春	女
贺先荣	男	申新生	男	刘金兰	女
赵书田	男	张俊民	男	王亚南	女
李和平	男	张锁仁	男	陈丽英	女
段玉谦	男	刘兰卿	女	邢爱珍	女
张福有	男	葛素梅	女	王观亮	男
陈秀发	男	肖建华	男	梁瑞平	男
杨泽峰	男	张春花	女	封丽霞	女
张俊伟	男	张国荣	女	苏　琪	女
贺永德	男	张　玮	男	胡俊明	男
李仙春	女	赵俊伟	男	南海琴	女
叶声平	男	吕瑞强	男	林建平	男
李文元	男	关素芳	女	朱俊杰	男
贾军虎	男	任元杰	男	王　诚	男
马会亮	男				

2015 年 12 月市地震局在职人员一览表

部　门	姓　名	职务或职称	备　注
局领导	李文元	局党组书记、局长	
	田甦平	局党组成员、副局长	

续表

部　门	姓　名	职务或职称	备　注
局领导	陈秀发	副局长	
	张俊民	局党组成员、副局长	
办公室	林建平	主　任	
	张国荣	副主任科员	
	南海琴	副主任科员	
	王　诚	科　员	
	任元杰	科　员	
	朱俊杰	高级工	
	马　丽		大学生见习生
	赵新华		公益性岗位
震情监测科	张俊伟	负责人	实习研究员
	封丽霞	工程师	兼机关党支部副书记
	赵俊伟	中级工	
	曹海平		公益性岗位
震灾防御科	苏　琪	科　长	
	马会亮	科　员	
防震抗震指挥部办公室	韩永军	主　任	代县小观村挂职锻炼
	关素芳	负责人	抗震设防管理科副科长
	王美琴		公益性岗位
抗震设防标准管理科	梁瑞平	负责人	地震观测站站长
	贾军虎	高级工	
	吕瑞强	科　员	
	贾云彪	司　机	
	班秀琴		公益性岗位
奇村水化站	杨泽峰	地震观测站副站长	
《地震志》编委会办公室	赵富顺	主　任	聘　任

第三节 忻州市市地震局历任领导简介

陈建勋（1925~2004），山西神池县人，汉族，中共党员。1945年5月神池县政府任干事，1946年6月晋绥六专署任科员，1949年11月崞县中心县委宣传部任干事，1950年11月忻州地委宣传部任干事、科长，1971年任忻县地区科技局副局长，1974年开始分管地震工作，1976年兼任地区地震办公室主任，1979年任忻县地区行政公署地震局局长，1988年离休，享受副厅级待遇。

封德俭，1940年生，河北平山县人，汉族，中共党员。1967年北京农业大学毕业。1968年天津部队农场劳动锻炼，1970年任忻州二中副校长，1975年任忻县地震办公室副主任，1980年调入忻州地区地震局，历任分析预报室主任、副局长等职。1985年6月至1989年6月主持地震局工作。2000年6月退休。

黄振昌，1937年生，辽宁法库县人，汉族，工程师，中共党员。1959年毕业于南京地质学校，分配到山西省地质局217地质队工作，1965调入山西省地质局211地质队，1971年调入忻县地区重工业局，1976年调入忻县地区地震办公室，1984年7月任忻州地区行署地震局副局长。1997年退休。

张福有，1941年生，山西宁武县人，汉族，中共党员。1958年2月参加工作，1959年6月入伍，1962年入党。曾任宁武县武装部政委、县委常委等职，1989年转业，任忻州地区行署地震局第一副局长，1989年7月至1992年5月主持地震局工作。2001年退休。

王观亮，1946年生，山西原平市人，汉族，中共党员。1966年1月入伍，1976年6月任繁峙县人武部副部长，1982年12月任部长，1983年3月任吕梁军分区副司令员，1986年底调入忻州军分区，1988年1月任地区体委主任，1992年5月任地区地震局局长，2001年10月离任。2006年退休。

贺永德，1948年生，山西五寨县人，汉族，中共党员。1968年3月参加工作，4月入伍，1976年10月转业，历任忻州地区物资局干事、办公室副主任、办公室主任，1985年4月任地委整党办公室综合组副组长，1990年4月任宁武县委常委、纪检委书记，1995年7月任宁武县委副书记，2001年10月任忻州市地震局局长。2006年退休。

陈树铭，1952年生，山西代县人，汉族，中共党员。1977年9月参加工作，历任忻县地区滹沱河水利管理局云北灌区技术员、副主任、主任兼党支部书记等职，1992年9月任副局长，1998年1月任局长。2006年8月任忻州市地震局局长、党组书记，2008年8月任忻州市水利局调研员。2012年退休。

田甦平，1955年生，山西五台县人，汉族，中共党员。1973年高中毕业，1974年2月忻县解原公社六石大队（今忻府区解原乡六石村）插队，1976年河北地质学院地球物理探矿系学习，1979年毕业分配到忻县行署地震局，1984年任业务科副科长并主持业务科工作，1988年任行署监察局副科监察员，1989年晋升为助理研究员，1991年任行署地震局震情科科长，2002年8月任忻州市地震局副局长、党组成员，2005年4月兼任局机关党支部书记。2007年8月至2010年1月主持地震局工作。2015年12月退休。

胡俊明，1960年生，山西兴县人，汉族，中共党员。1976年2月神池县太平庄公社太平庄生产大队插队，1978年12月山西省阳方口汽车运输公司工会任干事，1980年10月神池县广播站任编辑，1981年12月神池县委通讯组任干事，1986年2月任共青团神池县委副书记，1987年2月任共青团神池县委书记，1988年11月任忻州地区经济体制改革办公室流通调节科科长，1994年3月任忻州地委督查室正科级督查员，1995年6月任忻州地委督查室副主任，2001年1月任忻州市委督查室正科级干部，2002年8月任忻州市地震局副局长、党组成员，2004年11月调忻州市委办公厅工作。

张玮，1961年生，山西代县人，汉族，中共党员。1983年毕业于山西大学，获教育学士学位，分配到山西工会工疗院工作，1986年山西省委党校教务处工作，1989年忻州地区国土资源局工作，历任办公室主任、财务科长。2002年任市地震局副局长、党组成员，2012年1月任忻州市工商联常务副主席。

李文元,1964年生，山西忻州市忻府区人，汉族，中共党员。1986年山西大学省委党校大学班毕业，获哲学学士学位，同年分配到定襄县委党校任教员，1988年9月忻州地区干部培训中心（1990年合并到忻州地委党校）任教员，1990年5月忻州地委信访局任干事，1993年2月忻州地委信访局任副科长，1993年10月忻州地委秘书处任科员，1995年10月忻州地委秘书处综合科任副科长，1997年10月忻州地委秘书处任正科级督查员，2002年6月忻州市委防范处理邪教办公室任副主任，2010年1月忻州市地震局任局长、党组书记。

陈秀发，1965年生，山西神池人，汉族，民革党员。1988年7月参加工作，1988年7月五寨师范任教师（期间1989年9月至1992年7月在北京师范大学汉语言文学专业学习），1993年6月任五寨师范团委副书记，1995年8月忻州地区地震局奇村水化站工作，2002年10月任奇村水化站站长，2011年12月任忻州市地震局副局长。

张俊民，1960年生，山西河曲县人，汉族，中共党员。1984年7月太原理工大学毕业，获工学学士学位。1984年8月忻州地区地震局任科员。1999年1月任震情科副科长，2002年1月震情科科长，2011年12月任忻州市地震局党组成员、副局长。

第四节　集体荣誉

1. 1993~1994 年忻州地区地震局被省地震局评为先进单位

2. 1994 年忻州地区地震局荣获山西省地震局地震观测质量评比优秀奖（通讯）

3. 1994 年忻州地区地震局奇村水化站荣获山西省地震局地震观测质量评比优秀奖（水氡）

4. 1995~1996 年忻州地区地震局被省地震局评为防震减灾先进单位

5. 1996 年忻州地区地震局被省政府命名为防震减灾工作先进单位

6. 1997 年忻州地区地震局奇村水化站荣获山西省地震局水氡观测质量评比第三名

7. 1997 年忻州地区地震局被省地震局评为防震减灾工作优秀单位

8. 1997 年忻州地区地震局荣获山西省地震局地方系统电台通讯评比第三名

9. 1998 年忻州地区地震局奇村水化站荣获山西省地震局水氡观测质量评比第三名

10. 1998 年忻州地区地震局被省地震局评为防震减灾工作先进单位

11. 1999 年忻州地区地震局荣获山西省地震局地震通讯质量评比第三名

12. 1999 年忻州地区地震局被省地震局评为防震减灾工作先进单位

13. 1999 年忻州地区地震局奇村水化站荣获山西省地震局水氡观测质量评比第三名

14. 1999 年忻州地区地震局奇村水化站荣获山西省地震局水汞观测质量评比第三名

15. 2000 年忻州地区地震局被省地震局评为防震减灾工作先进单位

16. 2002 年忻州市地震局奇村水化站荣获山西省地震局地震观测资料质量统评水氡观测质量第三名

17. 2003 年 3 月忻州市地震局荣获山西省地震局《防震减灾法》五周年宣传活动三等奖

18. 2004 年忻州市地震局荣获山西省地震局地震观测资料质量统评网络通信项目评比第三名

19. 2004 年 3 月忻州市地震局荣获中共忻州市委干部下乡领导组定点扶贫先进单位

20. 2006 年 7 月忻州市地震局荣获山西省防震减灾领导组办公室、山西省地震局纪念唐山地震 30 周年防震减灾文艺汇演优秀奖

21. 2010 年 1 月忻州市地震局荣获山西省地震局 2009 年度市级防震减灾工作综合奖优秀奖

22. 2010 年 3 月忻州市地震局荣获忻州市安全生产委员会 2009 年度全市安全生产

工作先进单位

23. 2010 年 8 月忻州市地震局荣获中共忻州市委、忻州市政府、忻州军分区“兴武-2010”地震救援演练优秀科目

24. 2011 年 1 月忻州市地震局荣获山西省地震局 2010 年度市级防震减灾工作综合三等奖

25. 2011 年 2 月忻州市地震局荣获忻州市精神文明建设指导委员会市级文明单位

26. 2011 年 3 月忻州市地震局荣获中共忻州市委依法治市领导组 2009~2010 年依法治理示范单位

27. 2011 年 4 月忻州市地震局荣获忻州市安全生产委员会 2010 年度全市安全生产工作先进单位

28. 2011 年 12 月忻州市地震局荣获中共忻州市委依法治市领导组 2006~2010 年法制宣传教育先进办公室

29. 2011 年 12 月忻州市地震局荣获忻州市爱国卫生运动委员会爱国先进单位

30. 2012 年 1 月忻州市地震局荣获山西省地震局 2011 年度市级防震减灾工作综合二等奖

31. 2012 年 1 月忻州市地震局荣获山西省地震局 2011 年度地震应急工作先进单位

32. 2012 年 3 月忻州市地震局荣获全省地震观测资料质量检测评比前兆数据管理优秀奖

33. 2012 年 3 月忻州市地震局荣获山西省地震局《地震趋势研究报告》评比市局组优秀第三名

34. 2012 年 3 月忻州市地震局荣获全省观测质量评比优秀第二名

35. 2012 年 11 月忻州市地震局奇村水化站荣获全国地震监测预报质量水汞单项评比优秀奖

36. 2012 年 11 月忻州市地震局奇村水化站荣获全国地震监测预报质量水氡单项评比优秀奖

37. 2013 年 1 月忻州市地震局荣获山西省地震局 2012 年度市县防震减灾目标考核防震减灾法制工作先进单位

38. 2014 年 1 月忻州市地震局荣获山西省地震局 2013 年度市级防震减灾工作优秀单位

39. 2014 年 1 月忻州市地震局荣获山西省地震局地震灾害预防工作先进单位

40. 2014 年 5 月忻州市地震局荣获山西省地震局“5·12”防震减灾知识宣讲比赛组织奖

41. 2014年8月忻州市地震局荣获山西省地震局2014年防震减灾宣传作品评选活动组织奖

42. 2014年忻州市地震局荣获“平安中国”防灾宣导系列活动组委会第三届“平安中国”防灾宣导系列活动优秀组织奖

43. 忻州市政府在省政府2014年度防震减灾年度目标任务考核中位列全省第一；忻州市地震局荣获山西省2014年度市级防震减灾工作先进单位、法制工作先进单位、地震监测预报工作先进单位

44. 忻州市地震局在市委2014年度目标任务考核中被评为优秀等次

45. 忻州市政府在省政府2015年度防震减灾年度目标任务考核中位列全省第一；忻州市地震局荣获山西省2015年度市级防震减灾工作先进单位、防震减灾宣传工作先进单位

46. 2015年12月忻州市荣获中国地震局全国地市级防震减灾工作综合考核先进单位

47. 忻州市地震局在市委2015年度目标任务考核中被评为优秀等次

第五节　县级机构

20世纪70年代中后期，各县陆续成立地震局（办公室）。

1984年，中共忻州地委、忻州地区行署根据山西省人民政府办公厅晋政办发〔1984〕5号文件通知精神，对全区地震工作机构和管理体制做出调整：各县（市）原地震局（办）全部撤销，根据震情监视需要，分别在地区、原平县、五台县、神池县建立4个地震观测站，为地区地震局下属的工作单位。原平、五台、神池三县原地震局（办）的财产移交地震观测站。对地震观测站实行地区地震局、所在县人民政府双重领导，以地区领导为主。不设地震观测站的县（市），地震工作统一由县（市）科委负责管理。

2005年7月，忻州市机构编制委员会下发《关于完善设置县（市、区）地震工作机构的通知》（忻编办字〔2005〕62号），忻府区、原平市、定襄县、五台县、代县、繁峙县、宁武县、静乐县、神池县、河曲县等十县（市、区），机构单独设置，名称统一规范为××县（市、区）地震局，为政府直属事业局，正科级建制。五寨县、岢岚县、保德县、偏关县等四县可在政府办公室挂地震办公室牌子。

忻府区地震局

1976年7月正式成立忻县地震办公室，隶属于忻县科技局，编制人数3人。1981年6月根据忻地编〔1981〕5号文件通知，撤销忻县地震办公室，工作人员合并到忻

县地区地震局。1992 年根据忻州市（今忻府区）编办〔1992〕3 号文件，恢复忻州市（今忻府区）地震办公室，事业单位，副科级建制，核定事业编制人数 4 人，与忻州市（今忻府区）无线电遥测水网测报站（编制人数 3 人）合署办公。2000 年撤市改区后，忻州市地震办公室更名为忻府区地震办公室。2006 年根据忻府区编办〔2006〕13 号文件，忻府区地震办公室更名为忻府区地震局（正科级事业单位）。2011 年根据忻府区编办〔2011〕9 号文件，撤销忻府区无线电遥测水网测报站，并入忻府区地震局，内设办公室、震防科、震情科 3 个科（室）。并加挂忻府区防震抗震指挥部办公室牌子，全局编制为 7 人，其中管理人员 4 人、专业技术人员 2 人、工勤人员 1 人。

定襄县地震局

1976~1992 年，县科委设地震科。1992~2005 年，设立地震办公室。2005 年定襄县机构编制委员会办公室下发定编办字〔2005〕21 号文件，撤销定襄县地震办公室，成立定襄县地震局，为县政府直属事业局，正科级建制，编制 4 名，核定科级职数 1 正 1 副。

原平市地震局

1976 年 5 月成立原平县地震观测站，隶属原平县科技局。根据忻州地区编制委员会忻地编发〔1992〕14 号文件精神，经 1993 年 2 月 5 日政府常务会研究同意，将原平县地震观测站更名为原平县地震办公室，事业性质，编制 4 人，配主任 1 人，隶属政府办公室。2005 年，根据忻编办字〔2005〕62 号文件通知，更名为原平市地震局，正科级建制，编制 4 人，为政府直属事业单位。根据忻编办字〔2010〕222 号文件，原平市地震局为政府直属事业单位，正科级建制，编制 4 人，正科级职数 1 人，副科级职数 1 人。

五台县地震局

1992 年成立五台县地震办公室，副科级建制，隶属于五台县人民政府办公室。2005 年 8 月成立五台县地震局，为县政府直属事业局，正科级建制。原地震办公室相应撤销，编制和人员划入五台县地震局。2011 年 10 月 21 日，重新编制为五台县地震局，财政拨款事业单位，编制 6 名，其中局长 1 名、副局长 1 名。

代县地震局

1973 年 2 月，代县人民政府设立代县防震抗震指挥部，下设地震办公室。1976 年唐山大地震后，代县设立地震办公室为行政单位，隶属代县科委，干事 4 人。1979 年 4 月恢复代县科学技术委员会，设置地震办公室，至 1982 年地震办公室全员 5 人。1983 年机构改革，撤销地震办，业务工作由科委负责。1992 年 5 月，根据代编发〔1992〕4 号文件精神，恢复地震办公室，由行政建制改为为副科级事业单位，归口政府办，核定编制 3 人。2006 年升格为代县地震局，正科级建制，全额事业单位。

繁峙县地震局

1976 年 10 月成立地震办公室。1983 年 11 月，繁峙县政府在机构改革时撤销地震办公室，业务工作由县科学技术委员会负责。1992 年 12 月按照上级要求，成立繁峙县地震办公室，副科级建制，全额事业单位，编制 4 人，隶属政府办公室。2005 年 11 月，根据忻编办字〔2005〕62 号文件精神成立繁峙县地震局，为政府直属事业局，正科级建制，全额事业编制 3 名，核定科级领导 1 名，同时撤销地震办。

宁武县地震局

1981 年至 1989 年 7 月隶属于县科委，为股级。1989 年 7 月设地震办公室，挂靠县政府办公室。1992 年 4 月成立宁武县地震办公室，副科级建制。2006 年 10 月升格为宁武县地震局，正科级建制。

静乐县地震局

1976 年 8 月设地震办，1980 年 3 月并入县科学技术委员会。1983 年机构改革，撤销地震办。1991 年恢复地震办。2006 年升格为地震局。

神池县地震局

1976 年成立县革命委员会地震办公室，初隶属于县计委管理。1978 年，改属县科委管理。建立初即安装土地电、地应力观察仪等，以宏观观测为主。下设神池中学、八角中学、马坊中学 3 个观察点，经常观察并记录动物、气候、井位等异常现象，逐月上报省和地区地震观察部门。1983 年冬更名为地震观测中心，下属观测机构均停。1992 年 8 月更名为县地震办公室。2006 年升格为县地震局，编制 3 人，局长 1 人，干事 2 人，全额正科级事业单位。2011 年增加编制为 6 人，局长 1 人，副局长 1 人，科员 4 人，为参照公务员法管理的正科级事业单位。

五寨县地震办公室

1973 年五寨县科技办公室设立地震测报站，负责地震工作，2002 年原科技局和原教育局合并成立了五寨县科技教育局，内设地震办公室，由科技教育局安排一名工作人员负责防震减灾工作。2009 年，根据忻编办字〔2005〕62 号关于完善设置县（市、区）地震工作机构的通知，五寨县政府办公室挂地震办公室的牌子，防震减灾工作由科技教育局移交县人民政府办公室，县政府办公室专门安排一名副主任负责全县防震减灾工作。

岢岚县地震办公室

1975 年 2 月 4 日辽宁海城发生 7.3 级地震，为开展防震工作，由县科技局设置兼职人员，负责具体业务。1976 年 7 月 28 日，唐山发生 7.8 级地震后，为搞好群测群防工作，于10月在科技局建立了地震办公室，由兼职人员分管此项工作。1979年地震办公室配备了专职主任，开展地震测报，宏观异常观察，地震知识宣传，防震工作，实行昼夜值班制度，密切注意震情并建立了2个测报组及5个宏观观察点。城关公社土地电测报组进行了土地电观察测报。驻军89740部队地测组进行了土地电、地应力、地温的测报。确立各观察点观察、记录、报告制度，每周由县地震办公室汇总上报地区地震办公室，提供震情分析资料，县地震办公室进行业务指导，并给测报人员适当加班补助。1983年后因震情日趋缓和，停止了测报工作。机构改革中，撤销县地震办公室，由科委兼管。2006年设置地震办公室，由县政府办公室兼管。

河曲县地震局

2007年1月以前，河曲县防震减灾工作属河曲县科技局负责管理。2005年8月3日，按照忻编办字〔2005〕62号文件要求，河曲县机构编制委员会发文成立河曲县地震局（河编字〔2005〕25号），为县政府直属事业局，正科级建制，编制3名，领导职数1名。2007年2月9日，执行河政发〔2007〕13号文件，河曲县地震局正式启动运行。

保德县地震办公室

1976年3月成立保德县地震办公室，属科技局内设机构。1979年8月，科技局改为科学技术委员会。1980年地震办划归计划委员会管理，1981年复归属科委。2005年，根据忻编办字〔2005〕62号关于完善设置县（市、区）地震工作机构的通知，保德县政府办公室挂地震办公室的牌子，地震办归属政府办。2010年，根据保编发〔2010〕96号文件，保德县地震局为副科级建制，财政拨款事业单位，事业编制3名，隶属于保德县人民政府办公室。

偏关县地震办公室

1991年偏关县成立地震办公室，隶属县科技局。2005年，根据忻编办字〔2005〕62号《关于完善设置县（市、区）地震工作机构的通知》，偏关县在县政府办公室挂地震办公室的牌子，县政府办公室安排一名副主任兼管防震减灾工作。

第八章　学术交流

忻州的防震减灾事业经过40年的发展，已经拥有一支专群结合的地震工作队伍。在地震地质构造、震情监测预报、地震科普宣传、抗震设防管理和震后应急救援等方面，通过广大地震工作者与技术人员的不懈努力，撰写科研论文数十篇，在各类学术期刊和系统内部刊物共发表论文49篇。同时，为进一步做好各项业务工作，提高工作人员的工作水平和履职能力，忻州市地震局采取“请进来，走出去”的方式，广泛与全国各地地震工作者进行学习交流，促进各项业务工作稳步发展。

第一节　研究成果

忻州市地震科研学术活动主要围绕地震危险性研究和微观观测研究两方面展开。

地震危险性研究方面：主要从忻定盆地断裂分布、历史破坏性地震发生情况，以及现代地震活动情况等方面进行综合分析研究。重点论文有:《忻定盆地地质构造特征》《忻定盆地未来破坏性地震的探索》《从卫星照片看忻州地区新构造运动特征》《滹沱河上游断面盆地断裂盆地未来几年内地震危险区的研究》《忻州地区地震活动性分析及相应对策》等。

在微观观测研究方面：主要针对两站（奇村水化站、静乐水位观测站）一网（忻州遥测水网）的观测项目进行深入研究。(1)水位观测方面:《晋5-1井水位干扰因素与地震关系的研究》《XZ-3号井与晋4-1井水位动态相关性分析》《XZ-2号井水位动态气压效应研究》《晋5-1井水位年度动态分析》《一种消除水位自记曲线阶梯状的简易方法》等，对水位干扰问题进行深入研究，探索各水井主要干扰因素及干扰规律，提出排除干扰的方法。(2)地震水化方面:《奇村温泉水氡干扰因素分析》《奇村水氡干扰因素与短临异常特征研究》《奇村水氡、水汞对比分析》《奇村热田与水化动态分析》《奇村地热田区域水文地质报告》《奇村水汞相关性分析与区域分布特征研究》《奇村水汞观测干扰因素浅析》《奇村水汞干扰动态识别方法初探》等应用奇村水氡干扰问题的研究成果，圆满解决并排除了几起曾引起国家地震局关注的水氡异常。应用奇村水汞干扰问题的研究成果，找到了利用空白水样与观测水样的平行对比观测的方法，提出排除水汞干扰素的方法和探索水汞真假异常的新思路。应用晋5-1井降低干扰水位的研究成果，提出了水位正常年变形态的识别方法及如何判断年变形态异常的识别标准。

一、忻州市地震科技人员主要科研论文目录

1. 黄振昌、马云飞、赵谦：《从卫星照片上看忻州地区新构造运动特征》（《山西地震》1980年第2期）

2. 黄振昌：《忻定盆地未来破坏性地震地段的探讨》（《山西地震》1984年第3期）

3. 陈国顺、王发锟、刘凯、黄振昌：《太原至霍县地区一些重力地貌的形成可能与全新世的强震活动有关》（《华北地震科学》1985年第2期）

4. 陈国顺、黄振昌：《稷王山前发现历史地震遗迹》（《山西地震》1986年第1期）

5. 迟广久、黄振昌：《忻定盆地地质构造特征》（1988年京晋冀内蒙地震联防组编《地震论文集》第1集）

6. 封德俭：《关于土地电预报能力讨论》（1988年京晋冀内蒙地震联防组编《地震论文集》第1集）

7. 封德俭、白迎春：《奇村水氡干扰因素分析》（1988年京晋冀内蒙地震联防组编《地震论文集》第1集）

8. 田甦平、张俊民：《晋5-1井水位干扰因素与地震研究》（1988年京晋冀内蒙地震联防组编《地震论文集》第1集）

9. 张俊民：《消除井水位自记曲线阶梯状的简易方法》（《山西地震》1989年第4期）

10. 陈国顺、黄振昌、郭树卿：《新近发现公元512年大地震的遗迹》（《山西地震》1990年第3期）

11. 封德俭、段玉谦：《奇村热田与水化动态分析》（《山西地震》1992年第2期）

12. 陈国顺、黄振昌：《山西全新世古地震的基本特征》（《地震学刊》1992年第1期）

13. 黄振昌、田甦平、申新生：《忻州MS5.1级地震研究》（1993年京晋冀内蒙地震联防组编《地震论文集》第2集）

14. 黄振昌、王亚南、田甦平：《晋西北黄土高原土质窑洞震害及预防》（1993年

京晋冀内蒙地震联防组编《地震论文集》第 2 集）

15. 黄振昌、田甦平：《忻定盆地地震活动特征分析》（1993 年京晋冀内蒙地震联防组编《地震论文集》第 2 集）

16. 封德俭、段玉谦、白迎春：《奇村水氡干扰因素与短临异常特征研究》（1993 年京晋冀内蒙地震联防组编《地震论文集》第 2 集）

17. 田甦平、黄振昌、封德俭：《忻州地区近一二年地震趋势分析》（1993 年京晋冀内蒙地震联防组编《地震论文集》第 2 集）

18. 陈国顺、黄振昌：《山西侯马——河津一带西汉初期的强烈地震》（《中国地震》1993 年第 3 期）

19. 陈国顺、黄振昌、郭树卿：《公元 512 年山西省北部 7.5 级地震有关问题的探讨》（《地震研究》1993 年第 2 期）

20. 封德俭：《忻州 XZ-2 号井水位动态气压效应研究》（《山西地震》1994 年第 2 期）

21. 陈国顺、黄振昌、侯越爱、王洪力：《1695 年临汾大震的发震断层及有关问题初探》（《山西地震》1995 年第 Z1 期）

22. 封德俭：《奇村水氡水汞动态对比分析》（1996 年山西省地震学会第三届学术年会《论文摘要汇编》）

23. 张瑞丰、黄尚瑶、肖建华：《山西奇村地热田的勘察与研究》（《地质评论》1996 年第 5 期）

24. 肖建华：《XG-4 型测汞仪一种常见故障的简易排除法》（《山西地震》1996 年第 4 期）

25. 王观亮：《简论山西省抗震设防标准管理结构图的科学性》（1996 年山西省地震学会第三届学术年会《论文摘要汇编》）

26. 田甦平：《谈抓好震前宏观异常》（《山西地震》1997 年第 Z1 期）

27. 肖建华：《气象异常与地震关系分析》（《山西地震》1997 年第 Z1 期，获得市级一等奖）

28. 肖建华：《奇村地震水汞动态图像分析》（《地球学报》1997 年第 4 期）

29. 封德俭：《奇村水氡水汞的动态对比分析》（《山西地震》1997 年第 Z1 期）

30. 封德俭：《XZ-03 井与晋 4-1 井水位动态相关性分析》（《山西地震》1997 年第 Z1 期）

31. 黄振昌、梁瑞平：《滹沱河上游断陷盆地未来几年内地震危险区的研究》（《山西地震》1997 年第 Z1 期）

32. 封德俭、田甦平、邢爱珍、张俊民：《奇村水汞相关性分析与区域分布特征研

究》(《山西地震》2001 年第 4 期)

33. 王爱英、高栓图、张俊民:《山西静乐井水位年变异常——地震活动的前兆窗口》(《山西地震》2001 年第 2 期)

34. 肖建华、张瑞丰:《山西奇村井水汞动态的映震能力与特征分析》(《地质力学学报》2003 年第 1 期)

35. 吴攀升、肖建华:《未来 10 年忻定断陷盆地地震趋势》(《忻州师范学院学报》2004 年第 6 期)

36. 肖建华、张瑞丰:《山西奇村地热田水文地球化学特征与地震监测》(《山西地震》2005 年第 1 期)

37. 肖建华:《1900 年以来山西 5 级以上地震活动初探》(《山西地震》2005 年第 S1 期、《山西省地震学会第四届学术年会论文摘要专刊》)

38. 肖建华、杨泽峰:《山西奇村水汞的观测实验》(《山西地震》2005 年第 S1 期、《山西省地震学会第四届学术年会论文摘要专刊》)

39. 张玮、肖建华:《西部防震减灾工作应突出政府主导作用》(《高原地震》2007 年第 2 期)

40. 封丽霞:《晋 5-1 井水位年变动态分析》(《山西地震》2008 年第 4 期)

41. 范雪芳、孟彩菊、田甦平、邢爱珍、杨泽峰:《山西忻州奇村井水汞高值原因分析》(《地震地磁观测与研究》2008 年第 2 期)

42. 封丽霞、杨泽峰:《奇村水汞观测干扰因素》(《山西地震》2009 年第 4 期)

43. 范雪芳、孟彩菊、张俊民、邢爱珍、杨泽峰:《奇村井数字水汞观测异常分析》(《内陆地震》2009 年第 4 期)

44. 封丽霞:《奇村水化站水汞观测干扰动态识别法初探》(《山西地震》2010 年第 2 期)

45. 吕芳、张淑亮、胡玉良、宁亚灵、刘瑞春、张俊民:《山西静乐井水位异常调查与分析》(《山西地震》2013 年第 3 期)

46. 李文元:《稳中求进逐步强化社会管理,主动作为不断拓展公共服务》(《市县防震减灾工作》2014 年第 1 期)

二、国内外科研人员关于忻州地震活动及地震地质论文目录

1.《代县小震群》(《山西地震》1980 年第 3 期)

2. 程绍平、冉勇康:《滹沱河太行山山峡段河流阶地和第四纪构造运动》(《地震地质》1981 年第 1 期)

3. 韩晓光、吴景峰:《忻定盆地新构造运动迹象》(《山西地震》1982 年第 4 期)

4. 徐锡伟、邓起东、尤惠川:《山西系舟山西麓断裂右旋错动证据及全新世滑动速率》(《地震地质》1986 年第 3 期)

5. 尹兆民:《山西忻定盆地活动断裂几何学、运动学特征及地震活动性研究》(《山西地震》1986 年第 1 期)

6. 贾宝卿、武烈:《公元 512 年山西北部 7.5 级强震的震中位置商榷》(《华北地震科学》1986 年第 1 期)

7. 郑文涛、段烽军、杨景春、苏宗正:《山西代县基岩裂缝》(《山西地震》1989 年第 4 期)

8. 尹兆民、王克鲁、刘慧敏:《山西忻定盆地震害地质条件及其与未来震害关系的研究》(《华北地震科学》1989 年第 2 期)

9. 张世民、杨景春、苏宗正:《公元 1038 年定襄地震的地质、地貌遗迹的研究》(《华北地震科学》1989 年第 3 期)

10. 任振起:《山西大同、忻定盆地近 20 年地震活动的几个特点》(《地震》1991 年第 6 期)

11. 郑文涛、段烽军、杨景春:《山西恒山南麓断层晚更新世后期以来活动状况研究》(《北京大学学报》〔自然科学版〕1991 年第 2 期)

12. 武烈:《忻定盆地的地震活动》(《华北地震科学》1993 年第 2 期)

13. 王泽皋、戴英华、李淑莲:《1993 年 9 月 11 日山西五寨 ML4.8 级地震预报纪实》(《华北地震科学》1994 年第 1 期)

14. 李金森、王恩福、张正墨、许成林:《用浅层数字地震仪探测五台山山前活动断裂》(1994 年《地壳构造与地壳应力文集》)

15.《五寨 ML4.8 地震宏观考察与震害评估》(《山西地震》1995 年第 2 期)

16. 王爱英、张淑亮、杨占山:《山西静乐井水位高值异常及其与华北地震活动的关系》(《山西地震》1998 年第 2 期)

17. 丁学文、程新源、陈国顺:《公元 512 年山西省北部 7.5 级地震发震断层初探》(《地震研究》1999 年第 4 期)

18. 苗培森、张振福、张建中、赵祯祥、续世朝:《五台山区早元古代地层层序探讨》(《中国区域地质》1999 年第 4 期)

19. 窦素芹、苏刚、刘文元:《滹沱河系舟山段冲沟洪积扇分期及沉积环境》(2002 年《地壳构造与地壳应力文集》)

20. 陈绍绪、张跃刚、乔子云、丁瑞同、吴晓岚、孟娣、何彦英:《晋冀蒙交界地

区主要断裂的现今活动》(《华北地震科学》2003 年第 2 期)

21. 孙占亮、续世朝、李建荣、刘成如、高建平、杨耀华、闫文胜、张玉生:《山西五台地区系舟山逆冲推覆构造地质特征》(《地质调查与研究》2004 年第 1 期)

22. 任俊杰、张世民:《忻定盆地晚更新世晚期的一次构造运动》(《地震地质》2006 年第 3 期)

23. 张世民:《忻定盆地第四纪断块活动分期研究》(2007 中国地震局地质研究所)

24. 胡博、徐建德、清巴图:《山西代县中小地震活动与晋冀蒙交界地区中强地震的关系》(《山西地震》2007 年第 1 期)

25. 宋美琴、王秀文、梁向军、程紫燕:《山西代县震群序列特征及其指示意义》(《山西地震》2007 年第 2 期)

26. 靳玉科、赵虎明、梁向军:《山西代县震群尾波 Q 值研究》(《山西地震》2008 年第 1 期)

27. 张世民、任俊杰、罗明辉、丁锐、吕志强:《忻定盆地周缘山地的层状地貌与第四纪阶段性隆升》(《地震地质》2008 年第 1 期)

28. 丁锐、任俊杰、张世民:《五台山北麓断裂南峪口段晚第四纪活动与古地震》(《中国地震》2009 年第 1 期)

29. 徐扬、赵向佳:《山西原平 4.2 级地震山西数字强震动记录分析》(《山西地震》2009 年第 1 期)

30. 卢海峰、李玉森、马保起、王成虎:《山西断陷北部北东东向断裂带晚第四纪活动性探讨》(《现代地质》2009 年第 3 期)

31. 赵俊香、任俊杰、于慎谔、张世民、丁锐:《山西忻定盆地断层崩积楔 OSL 年龄及其对古地震事件的指示意义》(《现代地质》2009 年第 6 期)

32. 王跃杰、范雪芳:《2009 年 3 月 28 日山西原平 4.2 级地震现场考察报告》(《山西地震》2009 年第 3 期)

33. 杨耀华:《山西中部系舟山一带新生代构造特征》(《华北国土资源》2010 年第 2 期)

34. 王立凤、陈小斌、赵国泽、詹艳、汤吉:《代县盆地可控音频大地电磁浅层电性结构探测》(《地震地质》2011 年第 4 期)

35. 张世民、龚正、丁锐、李天龙:《五台山北麓南峪口段晚第四纪洪积作用与影响因素分析》(《第四纪研究》2012 年第 5 期)

36. 宋美琴、梁向军、李斌:《2009 年 3 月 28 日原平 ML4.5 地震对周边地震形势影响》(《地震地磁观测与研究》2012 年第 Z1 期)

37. 龚正、丁锐、李天龙、张世民:《五台山北麓东段晚第四纪洪积扇形成年代与

成因分析》(2012年《地壳构造与地壳应力文集》)

38. 高立新、戴勇:《晋冀蒙交界地区地震活动性特征分析》(《华北地震科学》2012年第3期)

39. 赵丽媛、张世民、丁锐、任俊杰、龚正、李天龙:《五台山北麓断裂南峪口段山前断层地貌与沉积的关系》(2014年《地壳构造与地壳应力文集》)

40. 乔敏敏:《忻州市农村房屋抗震设防现状及对策》(《首都师范大学学报》〔自然科学版〕2015年第2期)

41. 王莉:《忻定盆地第四纪中晚期湖盆演化研究》(2015年上海师范大学)

三、获奖成果目录

1. 黄振昌等二人:《卫片解译新发现断裂带掺感地震危险区划》(获山西省地震局1978~1979年科技成果五等奖)

2. 黄振昌:《开发利用地下热水为经济建设服务》(1984年市级科技成果三等奖)

3. 忻州行署地震局:《山西省忻州地区1991年度地震趋势研究报告》(获1990年度山西地震分析预报三等奖)

4. 陈国顺、黄振昌:《侯马、河律一带正断型古地震遗迹》(获1992年山西省地震局科技进步四等奖)

5. 黄振昌等二人:《晋西北黄土高原土质窑洞的震害及预防》(获1992年山西省地震局科技进步四等奖)

6. 封德俭、杨学书、胡成喜:《忻州地区地震活动性分析及相应对策》(获1993年忻州地区科技进步一等奖)

7. 邢爱珍等二人:《奇村水化站水氡观测成果(1989~1991年)》(获1994年山西省地震局科技进步四等奖)

8. 陈秀发:《忻州地区新构造运动特征浅析》(获1994年忻州地区科技论文一等奖)

9. 吕贵珍:《晋5-1井水位观测成果(1989~1993年)》(获1995年山西省地震局科技进步四等奖)

10. 黄振昌、梁瑞平:《忻定盆地未来几年内地震危险区的研究》(获1995年度忻州地区优秀学术论文二等奖)

11. 忻州行署地震局:《97年度震情研究报告》(获地〔市〕优秀奖)

12. 王观亮、陈秀发、赵富顺、刘正清:《忻州市城区地震灾害损失预测与减灾对策》(获1996年忻州地区科技进步一等奖、1998年山西省地震局科技进步三等奖)

13. 王观亮、黄振昌、樊文新、梁瑞平、曹建华:《避险与应急》《自然报警信号》(分别获中国地震学会 1996~1999 年度全国地震科普作品评比声像类二等奖)

14. 王观亮、黄振昌、樊文新、梁瑞平、冯子良:《录像片〈避险与应急〉〈厂矿防震对策〉的编辑与制作成果报告》(获山西省地震局 1997 年科技进步四等奖)

15. 王观亮、黄振昌、梁瑞平、曹建华:《自然报警信号》(获山西广播电视学会 1997 年度优秀社科类专题节目一等奖)

16. 王观亮、肖建华:《忻州地区全区地震灾害损失预测》(获 2002 年山西省地震局防震减灾优秀成果三等奖)

17. 忻州市地震局:《忻州市地震监测志》编写工作(获 2003 年全省评比优秀第二名)

18. 忻州市地震局:《送钢筋》(文案)(获 2014 年全省防震减灾宣传作品征集评选活动三等奖)

19. 忻州市地震局:《纪念"5·12 汶川大地震文艺晚会"》(视频)(获 2014 年山西省防震减灾宣传作品征集评选活动优秀奖)

20. 李文元等:《不忘"七二八"》(歌曲)(获 2014 年全省防震减灾宣传作品征集评选活动优秀奖)

第二节　交流合作

1984 年 8 月 4~10 日,山西省地震局、国家地震局兰州地震研究所在忻州地区繁峙县联合召开鄂尔多斯块体周缘震情暨山西地震带学术讨论会,国家地震局地球物理研究所朱传镇、郑治真分别作专题学术报告。

1986 年 8 月 3~11 日,山西省地震局在大同市和忻州地区五台山举办全国第五届青少年地震科学夏令营山西分营活动。

1988 年 6 月 24 日,中国历史地震研究会成立暨全国历史地震学术讨论会在繁峙召开。丁国瑜、谢毓寿、郭增建等 50 余名高级科技人员参会。会议推选郭增建为中国历史地震研究会会长,孙国学、齐书勤、章伯锋等为副会长。

1990 年 10 月 21~30 日,日本富山大学地质系的博士竹内章到大同、忻州、太原进行野外考察和学术交流,并在山西省地震趋势会商会上作题为"日本列岛新构造与地震活动"的学术报告。

1995 年 9 月 18~19 日,首届中国—以色列地震研讨会在太原召开。会后,外宾代表考察了山西忻定盆地系舟山断裂的断层剖面及公元 1038 年地震断错。

俄罗斯专家与忻州市地震局工作人员合影

1995 年 10 月，俄罗斯生态研究院后贝尔主席团成员、赤塔大学科学专家弗列什廖尔·弗拉基米尔·伊沙科维奇到奇村水化站考察交流。

1996 年 8 月 5 日，山西省地震学会第三次学术年会在忻州举办，共征集论文 59 篇。年会特邀日本气象研究所地震火山研究部博士石川有三作了有关 1995 年 1 月日本兵库县南部地震的专题报告。

1996 年 8 月 5~9 日，土耳其灾害事务管理总局地震所 R. 德米尔塔斯先生（R.Denirtas）、Y. 依拉吾尔女士（Y.lravul）考察忻定盆地和太原盆地之间的石岭关隆起和系舟山西麓断裂的晚生代活动。

1998 年，韩国汉城大学教授李基和等 4 人考察忻定盆地恒山南麓断裂和系舟山断裂。

忻州市地震局工作人员在邢台市考察交流

2012 年 2 月 7~14 日，忻州市地震局组成由局长李文元带队、各科室业务骨干参加的 8 人学习考察组，赴河北省邢台市、唐山市、辽宁省海城市三个老震区，就当地的防震减灾工作与三市地震局（站）进行了广泛交流和学习考察。每到一处，考察组通过召开座谈会、查阅资料、参观纪念馆（博物馆）、走访老专家等形式，详细了解邢台地震、唐山地震、海城地震的基本参数和当时抗震救灾的真实情况，学习三市现在的防震减灾工作经验，并经双方友好协商，分别签订了防震减灾工作战略合作框架协议。

忻州市地震局工作人员在西安考察交流

4 月 18~23 日，忻州市地震局派出由张俊民副局长带队的业务学习考察组赴临汾市地震局、西安市地震局进行考察学习。考察组每到一处，通过座谈、查阅相关资料等方法，详细了解当地的防震减灾工作情况，学习先进经验。双方还通过友好协商，分别签订了友好合作协议。

4 月 24 日，忻州市地震局邀请汪成民研究员一行 4 人来忻考察指导，专家组一行在结束对奇村水化站实地考察后，在局机关进行了座谈。副市长王月娥、市地震局全体工作人员、部分县（市、区）地震局长参加座谈会。座谈会上，我国著名地理学家、中国地震局预测咨询委员会常务副主任汪成民、中国地震局台网中心原预报部主任郑大林等专家围绕地震监测预报以及群测群防工作作了深入浅出的报告，并对忻州市监测预报工作提出了许多建设性意见。

忻州市地震局局长李文元与四川省北川县防震减灾局局长签署合作协议

6 月 2 日，河北省隆尧县地震局东瑞华局长一行 4 人来忻州市地震局考察交流。

6 月 29 日，晋城市地震局局长毕明荣带领业务骨干一行 13 人来忻州市地震局考察交流。双方议定在今后工作中多沟通、多交流，互相取长补短，实现双赢。

10 月 10~14 日，中国西部防震减灾论坛在四川省北川羌族自治县举行。中国地震局副局长刘玉辰、震害防御司司长孙福梁、工程力学研究所所长孙柏涛、四川省政府副秘书长张晋川、绵阳市委书记罗强、防灾科技学院院长薄景山等相关领导、专家和学者参加了本次论坛。来自全国17个省、市、自治区和中国地震局直属机关的235名代表参加了论坛。忻州市派出市政府副处督查员郭宏为组长、市地震局局长李文元为副组长的4人代表团参加。李文元的《稳中求进，强化社会管理；主动作为，拓展公共服务》专题论文被收入此次论坛论文集中。同时，忻州市地震局与绵阳市防震减灾局、北川羌族自治县防震减灾局分别签订战略合作框架协议。

2013年8月20日，忻州市地震局局长李文元、副局长张俊民、抗震设防管理科负责人梁瑞平等一行4人到长治市地震局考察学习抗震设防要求管理、震情监测等工作，并与长治市地震局工作人员就今后进一步的交流合作进行深入探讨。

9月3日，市地震局局长李文元带领震防科、抗震设防管理科负责人赴大连市学习考察震害防御、科学宣传等工作。并与大连市地震局签署了关于加强防震减灾工作战略合作框架协议。

11月9日，辽宁省大连市地震局局长王忠国及丹东市地震局局长连秀君一行5人组成的考察组，在市地震局副局长张俊民陪同下，到五台地震科技中心进行考察。

2014年6月6日上午，忻州市地震局局长李文元等一行4人，与朔州市地震局局长李恒瑞一起赴大同市地震局，签订山西省北部震情跟踪协作方案。山西省北部震情跟踪协作方案对推进我省北部地区观测信息的共享、应用与交流，提高数字化观测数据的使用效益，分析研判我省北部震情形势有积极作用。

2015年10月9日，吕梁市地震局刘智平局长率领部分县市地震局局长就市县防震减灾工作和防震减灾科普教育馆建设情况来忻观摩交流。

10月30日，新疆吐鲁番市地震局局长王勇一行4人，在山西省地震局震害防御处副处长郄晓云陪同下来忻州考察交流。两市地震局围绕防震减灾工作进行了深入交流，就建立友好合作关系达成广泛共识，并签订了战略合作框架协议。

第三节　论文辑存

忻定盆地位于汾渭地堑系北段，是汾渭地震带地震多发区之一。其边界由北东向的五台山北麓断裂、系舟山北麓断裂、恒山南麓断裂和北北东向的云中山东麓断裂所围限，其中五台山北麓断裂与系舟山北麓断裂垂直错动强度较大，控制了盆地的主体地貌格局。该区域断裂十分发育，活动性强，地震多发，引了国内外众多专家、学者及科研机构进行考察研究。本节主要从忻定盆地地震地质构造、地震危险性分析、地震前兆观测等方面收录了忻州市部分专家在学术期刊公开发表和在学术交流会议论文集收录的研究成果，供读者参阅，为今后研究该区域地震活动等提供参考借鉴资料。

重要论文选编目录表

序号	题　目	作　者
1	忻定盆地地下水动态研究	田甦平　黄振昌
2	晋 5-1 井水位干扰因素与地震关系研究	田甦平　张俊民
3	奇村温泉水氡干扰因素分析	封德俭　白迎春
4	忻定盆地地震活动特征分析	田甦平　黄振昌
5	忻州地区近 1~2 年地震趋势分析	田甦平　黄振昌 封德俭
6	京西北—晋冀蒙交界地区未来发生中强震地段的探讨	黄振晶　李和平 白迎春
7	忻州 MS 5.1 级地震研究	黄振昌　田甦平 申新生
8	晋西北黄土高原土质窑洞的震害及预防	黄振昌　王亚南 田甦平
9	消除井水位自记曲线阶梯状的简易方法	张俊民
10	忻州 XZ-2 号井水位动态气压效应的研究	封德俭
11	滹沱河上游断陷盆地地震危险区的研究	黄振昌　梁瑞平
12	山西奇村水汞相关性分析与区域分布特征的研究	封德俭　田甦平 张俊民　邢爱珍
13	晋 5-1 井水位年变动态分析	封丽霞
14	山西忻州奇村水汞观测干扰因素浅析	封丽霞　杨泽峰
15	山西忻州奇村水化站水汞观测干扰动态识别方法初探	封丽霞
16	稳中求进 逐步强化社会管理　主动作为 不断拓展公共服务	李文元
17	谈抓好震前宏观异常（摘要）	田甦平
18	奇村水氡水汞的动态对比分析（摘要）	封德俭
19	XZ-03 井与晋 4-1 井水位动态相关性分析（摘要）	封德俭

忻定盆地地下水动态研究

田魁平　黄振昌

一、忻州地区概况

本区位于晋北中部，在北纬 38°10′~39°40′，东经 110°56′~113°58′之间，东与河北省接壤，南同省城太原毗连，西隔黄河与陕西省为界，北以雁同地区为邻。辖一市十三县，习惯上有“东六县”和“西八县”之称。东六县即忻州市、定襄、原平、五台、代县、繁峙；西八县就是宁武、静乐、神池、五寨、岢岚、河曲、保德、偏关。忻定盆地位于东六县。全区地形复杂，山区、丘陵、黄土高原居多，约占全区面积 25472 平方公里的 86%，川地占 14%。

综观全境，北有恒山山脉，包括勾注山、馒头山等；东北部有五台山；东南部有系舟山、太行山；西部有吕梁山脉，包括云中山、管涔山、芦芽山，群山环抱，自然环境错综复杂。忻定盆地主要受系舟山、五台山、云中山、恒山南麓等构造断裂带控制。次一级的构造和隐伏断裂也比较发育，有朔县至董村、崞阳至界河铺、西张至长梁沟、碾河隐伏断裂等。

表 1　忻州地区主要河流特征

水　系	河　名	流域面积（平方公里）	河长（公里）	河道平均坡度（‰）	备　注
子牙河	滹沱河	11936.0	250.7	2.17	至定襄南庄
	清水河	2405.0	113.2	8.31	
	云中河	458.0	49.6	9.56	
	牧马河	1498.0	118.3	3.06	
	阳武河	972.0	72.6	11.80	
汾　河	碾　河	612.5	83.2	10.96	至静乐丰润
	汾　河	2975.0	95.2	6.02	
黄　河	岚漪河	2159.0	94.5	13.60	
	朱家川	2915.0	167.6	5.02	
	关　河	2040.0	124.9	6.53	
	县川河	1610.0	109.0	6.53	

本区地形起伏显著，温差甚大。全区多年平均气温为5~9℃，五台山多年平均为-4.2℃，全区平均1月-9~-14℃，7月20~24℃。历史最低温度是1957年2月9日五寨-38.1℃，最高温度为原平40.4℃，出现在1960年6月10日。全区多年平均降水量为463毫米，忻定盆地主要县份为400~500毫米，五台山正常年降水量是950毫米，云中山近600毫米，管涔、芦芽山约700毫米。雨量随高程增高而递增，关系相当密切，地形高程每增加百米，年雨量即增加25~30毫米。全区多年平均水面蒸发量为876~1109毫米，新中国成立后特大旱年出现于忻定盆地，如1972年定襄县降水量只有164.9毫米。

二、本区历史地震情况

忻州地区历史上曾发生过不少中强地震，其中7级以上强震就达4次之多，且都集中在东部即忻定盆地（见表2）。忻定盆地地震的频度和强度，在整个山西带中都是最有名的。

表2　忻州地区历史地震目录（MS ≥ 5.0）

发震日期	震中位置			震级
	地点	北纬（°）	东经（°）	
512年5月21日	代县	39.0	113.0	7.5
1038年1月9日	忻—定	38.4	112.9	7.5
1542年	保德	39.0	111.0	5.0
1588年8月	忻县	38.4	112.8	5.0
1624年春	忻县	38.4	112.8	5.0
1626年6月28日	灵丘	39.4	114.2	7.0
1664年	原平	38.7	112.7	5.5
1673年10月18日	保德	39.0	111.0	5.5
1683年11月22日	原平	38.7	112.7	7.0
1898年9月22日	代县	39.1	113.0	5.5
1952年10月8日	崞阳	38.9	112.8	5.5

该区1979年和1980年曾出现过代县、五台小震群，历年都发生过3~4级有感地震。历史和现今地震，都说明发震构造仍在进行活动。本区属北三省（河北、山西、内蒙古自治区）交界地区，近年来均被列入全国重点监视区之一。这就要求我们进一

步加强对各种观测手段，尤其是对地下水动态的分析研究，掌握其复杂规律，排除干扰因素，提取地震信息，把观测、科研、预报紧密结合起来，使地震工作有效地为社会和经济建设服务。

三、忻定盆地地下水动态变化情况

通过对水文、地震观测井孔资料的研究，发现盆地内地下水位呈下降趋势。这样便提出了一个研究课题：忻定盆地地下水动态的研究。

首先从本区历年来降水量特征分析入手。从该区的气象资料中求得盆地主要县份及全区 27 年（1954~1980 年）的平均降水量值（以下简称“多年平均降水量”）。

表 3　1954~1980 年忻定盆地多年平均降水量统计表　（单位：毫米）

县市＼月份	1	2	3	4	5	6	7	8	9	10	11	12	合计
忻州	2.7	5.3	9.5	24.7	30.0	62.8	121.7	118.4	71.1	27.1	10.9	2.9	487.4
定襄	1.8	3.3	7.2	18.1	25.3	55.8	95.2	113.0	55.6	22.1	7.7	1.9	405.3
原平	2.5	4.4	7.3	17.0	24.5	47.4	108.3	121.3	60.1	23.3	9.3	1.7	427.1
代县	2.3	6.0	10.2	23.9	29.0	66.7	132.6	129.5	68.9	24.4	10.3	1.9	505.6
全区	2.8	4.5	9.6	22.2	28.6	58.1	113.7	122.8	63.8	25.4	9.3	2.5	463.3

概括地讲，盆地多年平均降水量在 400~500 毫米之间，年降水日数一般在 80 天左右，且多集中在夏、秋季。

表 4　忻定盆地 1980~1982 年降水量表　（单位：毫米）

县市＼年份	1980	1981	1982
忻州	365.0	345.8	394.0
定襄	350.5	354.4	428.0
原平	371.4	386.6	431.5
代县	392.6	329.5	390.9

把多年平均降水量与近年来的降水量对比后，后者小于前者。由此可知近年来降水量在不同程度地减少，那么相应的地下水的补给也势必在减少。这是忻定盆地地下

水位下降的一方面原因。

另一方面原因是，为了满足工农业生产、建设、人民生活的需要，在地表水已远不能满足各种用水量需求的情况下，势必增大对地下水的开采量。

表5 1980~1982年忻州市部分县市地下水开采量 （单位：万吨）

项目 / 县份	地下水开采量		
	1980年	1981年	1982年
忻州	9020	8940	9820
定襄	5050	3530	3530
原平	5150	3750	3230
代县	3930	3730	3790

再一方面，蒸发量也是不可忽视的。全区多年平均水面蒸发量是在876~1109毫米；东六县平均水面蒸发量为906~1040毫米（繁峙较大）。

从以上分析可知，降水量在减少，蒸发量可观，开采量在增加，动用了地下水贮量，那么地下水位下降便是显而易见的了。上述可为定性分析。

盆地水位究竟下降了多少呢？分析大量水文资料，可得出盆地地下水位平均埋深值。

表6 忻定盆地地下水位平均值埋深表 （单位：米）

项目 / 县名	当年与上年同期比较升（+），降（-）			1981年水位埋深
	1980年5月比1979年5月	1981年6月比1980年6月	1982年6月比1981年6月	
忻州	-0.36	-1.94	-0.62	6.99
定襄	-0.81	-1.48	-1.21	7.69
原平	+0.19	-0.78	-0.24	12.60
代县	-0.19	-0.98	-0.25	11.05

由表6知，盆地地下水位下降幅度是可观的，应引起各有关部门的重视。在生产不断发展的前提下，尽可能地综合用水、节约用水、科学用水，要有计划地合理开采利用地下水资源，避免盲目开采破坏之。在水位日趋下降过程中，更要注意识别干扰因素与地震信息，莫把正常背景当作异常现象来对待，当然也不能把异常现象看成趋

势背景而漏掉地震信息。

四、相关分析

为了进一步搞清降水量与地下水位的相互关系，本文试用数理统计的方法，对忻州、定襄的资料分别做了一元回归，降水量为自变量，地下水位为应变量，计算结果如表 7，计算过程略。

表 7　回归分析计算结果

项目 / 市县	回归方程	相关系数
忻　州	y=5.14+0.01x	r=0.72
定　襄	y=5.53+0.02x	r=0.88

注：相关系数 r 愈接近于 1，说明降水量和地下水位的相关性愈好。

通过以上各项分析，我们对忻定盆地的地下水动态变化情况有了一定的认识，这对于研究地下水动态与地震的关系，排除干扰因素，识别真假异常，摸清变化规律，提取地震信息，无疑是颇有益处的。

（原载京晋冀内蒙地震联防区《地震论文集》第 1 集，1988 年 8 月）

晋 5–1 井水位干扰因素与地震关系研究

田甦平　张俊民

一、晋 5–1 井概况

晋 5–1 井位于北纬 38°21′21″，东经 112°02′07″，孔口标高 1274.596 米。该井构造部位处于忻定盆地西缘的东碾河南岸碾河断裂带上。井深 362.92 米，水位埋深 7.20 米，水温 12℃，pH 值 8.1，止水情况良好，库尔洛夫式为：

$$M_{0.17}\ \frac{HCO^{3}_{87.80}}{Ca_{53.43}\ Mg_{17.45}}\ T_{11.52}$$

渗透系数 2.41~11.15 米 / 日，单位涌水量 84.5 升 / 秒·米。地表以下至 46.30 米处为 Q_4 卵砾石层；46.30 米以下为奥陶系地层，主要以灰岩为主。套管直径为 146 毫米，深度为 53.52 米。揭露厚度 69.00 米，观测段在 120 米以下，含水层溶洞发育，地下水类型属裂隙溶洞水，在井深 230~290 米处通过断层破碎带。水源补给主要以断层破碎带补给为主。

该井从 1982 年 4 月投入观测以来至 1983 年 6 月，使用红旗 1 型水位自记仪。之后，改用 SW–40 型水位仪；1986 年 7 月更换为 SW40–1 型水位仪。辅助观测项目有气压、降水量。

二、井水位干扰因素

静乐县多年（1954~1980 年）平均降水量为 474 毫米，且受季节影响。通过对水位观测资料分析，笔者认为对该井水位的干扰因素主要是降水量及其下渗并通过断裂破碎带补给，与气压并无明显关系。

关于降水对水位的影响，经分析认为，当年降水量多时，水位峰值明显升高，而该县降水量大部集中在 6~9 月这个时段内。这个时段的多年平均降水量是 362 毫米，占多年平均降水量 474 毫米的 76% 强。如 1983 年降水量为 442 毫米，水位埋深最小值（即峰值）为 6.70 米。当年降水量少时，水位峰值明显下降，如 1984 年降水量是 351 毫米，水位埋深最小值为 7.60 米。

从上述不难看出，相邻两年的降水量差 90 毫米左右，而水位值也相应差 0.9 米。这样我们可以说年降水量比上一年少 10 毫米左右，水位峰值也相应比上年低 0.1 米上下。

10 毫米的降水量所以会引起 0.1 米的水位变化，这是因为，除了降水直接下渗补给外，主要是降水通过周围及上游广大地区形成的径流补给。补给的多少当然与降水量有直接的关系。

三、强震效应

晋 5–1 井具有较好反映强震的能力，能够很好地记录到某些强震所引起的水震波。现仅举数例：如 1983 年 6 月 21 日 14 时 25 分发生在日本的 7.4 级地震，记录到的水震波最大幅度 142 毫米。1985 年 8 月 23 日 20 时 41 分在新疆乌恰发生的 7.4 级地震，水震波最大幅度达 150.4 毫米。又如 1985 年 9 月 19 日 21 时 18 分在墨西哥发生的 8.1 级地震，其水震波竟高达 207 毫米以及同年 9 月 21 日 9 时 52 分又在该地发生的 7.6 级地震，水震波幅是 28 毫米。再如 1986 年 11 月 15 日 5 时 20 分在台湾发生的 7.8 级地震，水震波高达 400 毫米；同日 7 时 04 分、11 时 28 分、15 时 24 分该地分别发生的 6.9 级、5.7 级、6.2 级地震，该井均有所反映。

四、存在问题

晋 5–1 井虽有记录强震的较好能力，但是对于不同地区同一震级所引起的水震波幅度的差异以及相同地区发生的地震，震级相差不大而水震波变化幅度很大等问题，尚待进行更深入细致的分析研究。

若山西地震带、北三省交界区未来发生强震的话，该井一定能记录到很好的水震波，并且很可能会有临震前兆信息反映。

（原载京晋冀内蒙地震联防区《地震论文集》第 1 集，1988 年 8 月）

奇村温泉水氡干扰因素分析

封德俭　白迎春

奇村温泉，地处忻定盆地的北部，于1975年建成。泉井总深26米，穿过20米厚的泥土层，5米厚的砂层，打入基岩1米。水位一般保持在3米左右，水温56~58℃，专为浴池供水。

1977年3月开始温泉水氡观测，1978年元月又增设了水位观测项目。除两次因标定仪器断测外，基本上保证了资料的连续。

自水氡观测以来，氡值一般维持在29.6~40贝克/升幅度范围，日变幅差一般保持在3. 7贝克/升以内。从水氡曲线来看，测值不稳定，锯齿波形连续出现。有时甚至出现7.4~11.1贝克/升的突跳点，也曾出现过持续时间长达180天，变幅竟达40%（即14.8贝克/升）的所谓“长趋异常”，但都没有明显对应震例。是什么因素干扰造成的呢？我们从水位、水温、气象、水文地质甚至农事活动等方面进行多路探索，分析其内在联系及诸因素对水氡的干扰规律。处理1977、1978两年的资料，初步提出以下几点：

一、奇村温泉的水位变化是干扰水氡的主要因素

奇村温泉的水氡、水位，都存在趋势性年变规律，即冷季高、热季低，随季节而变化。虽然二者的年变形态各年有异，但变化的趋势波形却是较为吻合的。以1978年的资料为例：

	1月1日~3月25日	3月26日~5月13日	5月14日~6月6日	6月7日~7月中旬	7月下旬~8月下旬
升降变化	平　稳	下　降	上　升	下　降	上　升
氡（贝克/升）	37.0	37.0→29.6	29.6→37.0	37.0→22.2	22.2→35.9
水位（厘米）	310	310→400	400→350	350→460	460→360

除9月下旬出现一次为期10天的反向变化外，水氡、水位的趋势性变化完全一致（见图1）。

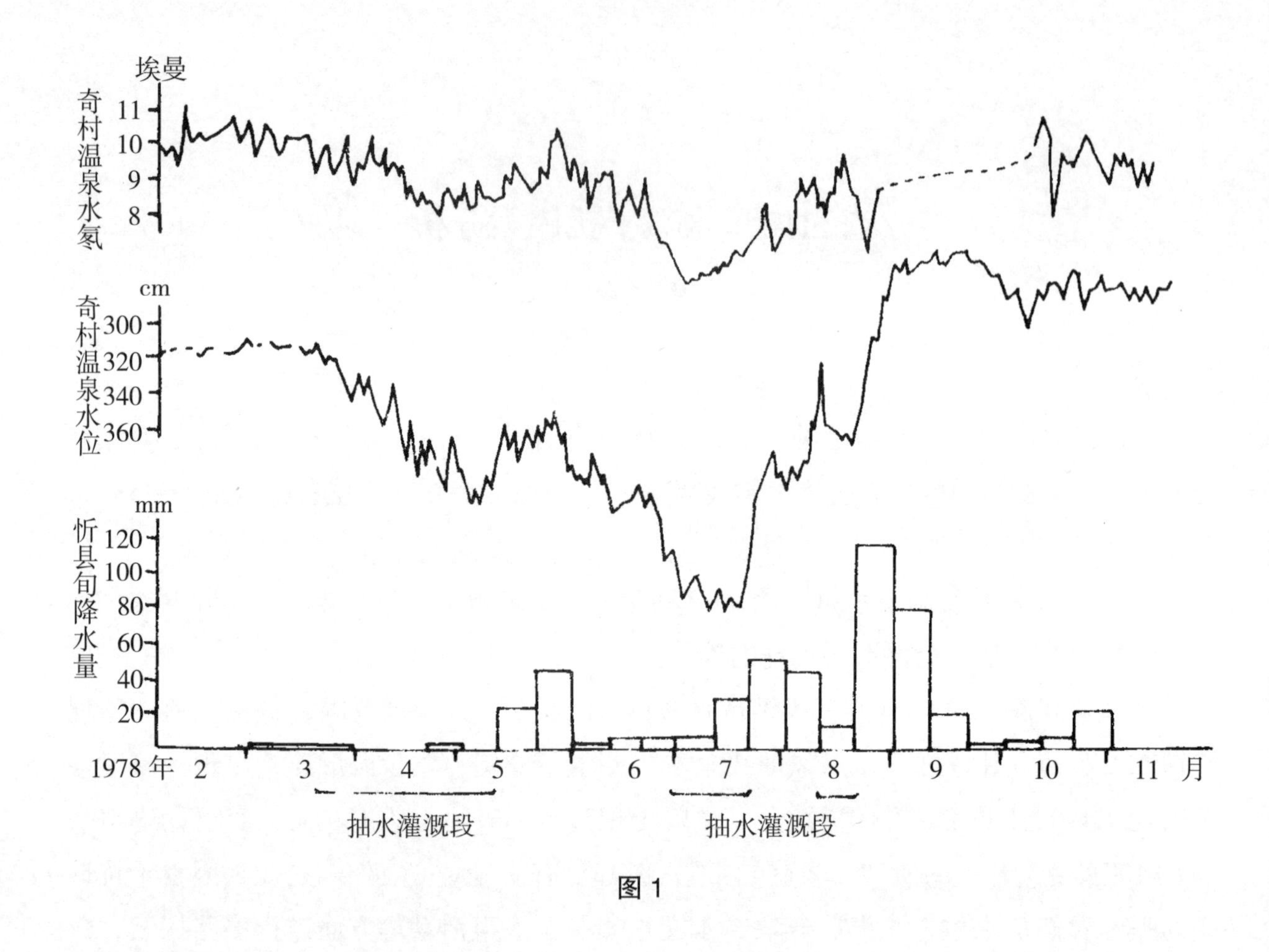

图 1

为了探讨水位对水氡干扰的定量关系，我们对 1978 年的观测资料进行数理统计，用回归分析的方法计算出相关系数，求出了回归方程，（用 Rn 代表水氡，单位为贝克 / 升；h 代表水位埋深单位为厘米；ρ为相关系数）分别为：

$$\rho=0.833 \qquad Rn=62.2-0.096h$$

统计表明，水位与水氡存在较为密切的正相关关系。

观测两年来，水位与水氡一般呈正相关关系，但有两次出现负相关。第一次出现在 1977 年 6 月下旬，雨后水位升高 1 米，水氡下降 11.7 贝克 / 升；第二次出现在 1978 年 8 月下旬，雨后水位升高 1 米，水氡下降 9.25 贝克 / 升。两次降雨量为 114 毫米和 108 毫米。不难看出，大雨后出现的负相关是由于雨水渗入的浅层水对水氡的稀释造成的。突测证明，奇村一带的浅层水的含氡量仅有 3.7~7.4 贝克 / 升。

水位变化既是水氡的干扰因素，又是监视震情的一个前兆手段。掌握水位的正常变化规律，是排除水位正常变化对水氡的干扰以及识别水位异常的关键。为了探讨水位的变化规律分析影响水位变化的因素，我们对 1978 年的水位、大气降水、农事活动进行综合分析，绘制了“综合分析图”（见图 1）。图中反映以下几个特点：（1）在降水很少又无农事抽水的时段水位稳定（1~3 月）；（2）降水少，又大量抽水灌溉的农时季节，水位急速下降（4 月上旬 ~5 月上旬，8 月中旬 ~ 下旬）；（3）降水不太多，但暂时缓解了旱象，不需抽水灌溉的农时季节，水位稳定或稍有回升（5 月上旬末 ~ 下旬）；（4）进入大量降水的雨季，停止抽水灌溉。地下水位迅速上升（8 月下旬 ~9 月上旬），上升到最高水平之后，水位趋于基本稳定。

以上事实说明，奇村温泉的水位变化，主要决定于大气降水和抽水农灌两方因素。因此，在正常情况下，大气降水和抽水农灌引起水位变化，水位变化又导致水氡的变化，是水位干扰水氡的基本途径。

奇村温泉的水位对水氡的干扰规律，是由奇村一带特定的水文地质条件所决定的。奇村温泉实际上是深层热水与浅层冷水混合水，是通过不同的介质，经过不同的途径汇集而来的。不同的介质含氡量不同，不同的途径又直接影响到氡的溶解量。地下水的补给与排泄，必然打破原来的动态平衡，进行新的调整，达到新的平衡。水位变化，实质上反映了平衡状态的调整过程。因此，水位变化对水氡的干扰反映了内在的必然联系。

二、气压对水氡的干扰

从 1977、1978 两年的水氡、气压日均值图分析，可以发现二者存在趋势性的相关关系（见图 2、3）。对两年的观测资料进行回归分析。并把水位、水氡变化幅度较大的时段（1978 年 3 月 20 日 ~8 月 20 日）作了特殊分析，分别得出以下结果：

1. 1977 年降水均匀，雨水充足，全年降水 576 毫米，奇村温泉水位稳定，可以排除水位变化对水氡的干扰因素。水氡与气压的相关系数 $\rho=0.9662$，回归方程为：$Rn=-304.9+0.368P$（为了计算方便 P 以毫巴为单位）

2. 1978 年 7 月份以前降雨很少，雨水集中在 7 月份以后，年降水量 469 毫米。3

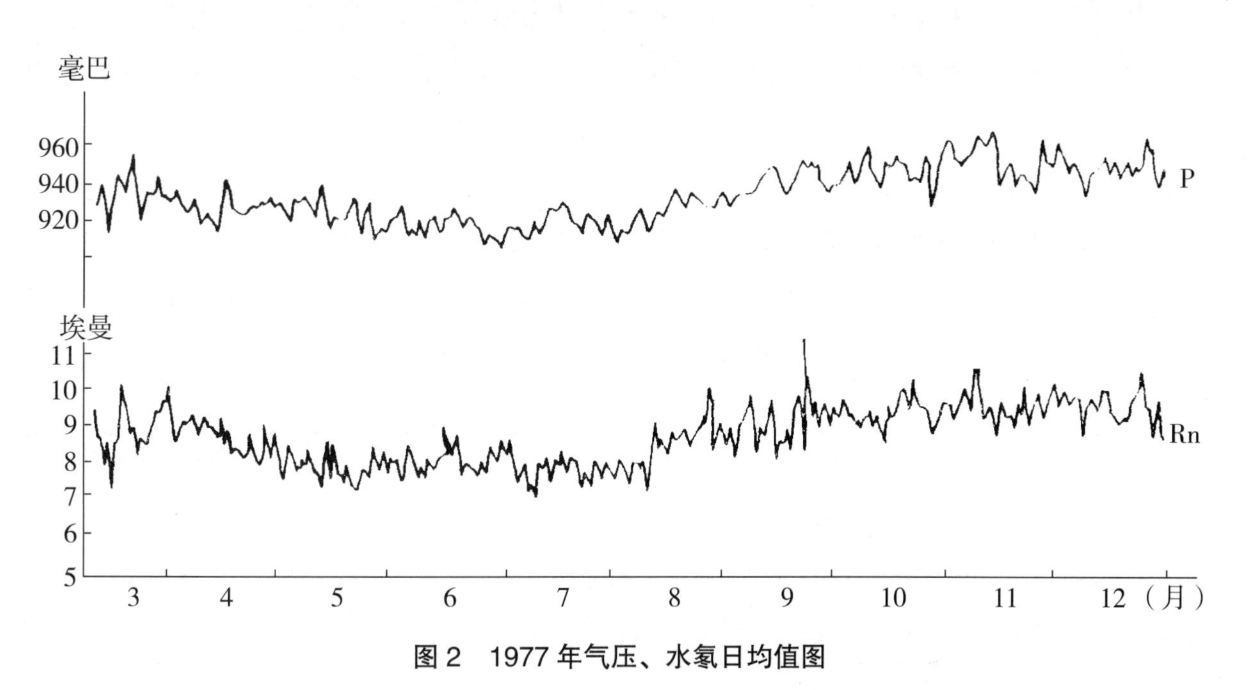

图 2 1977 年气压、水氡日均值图

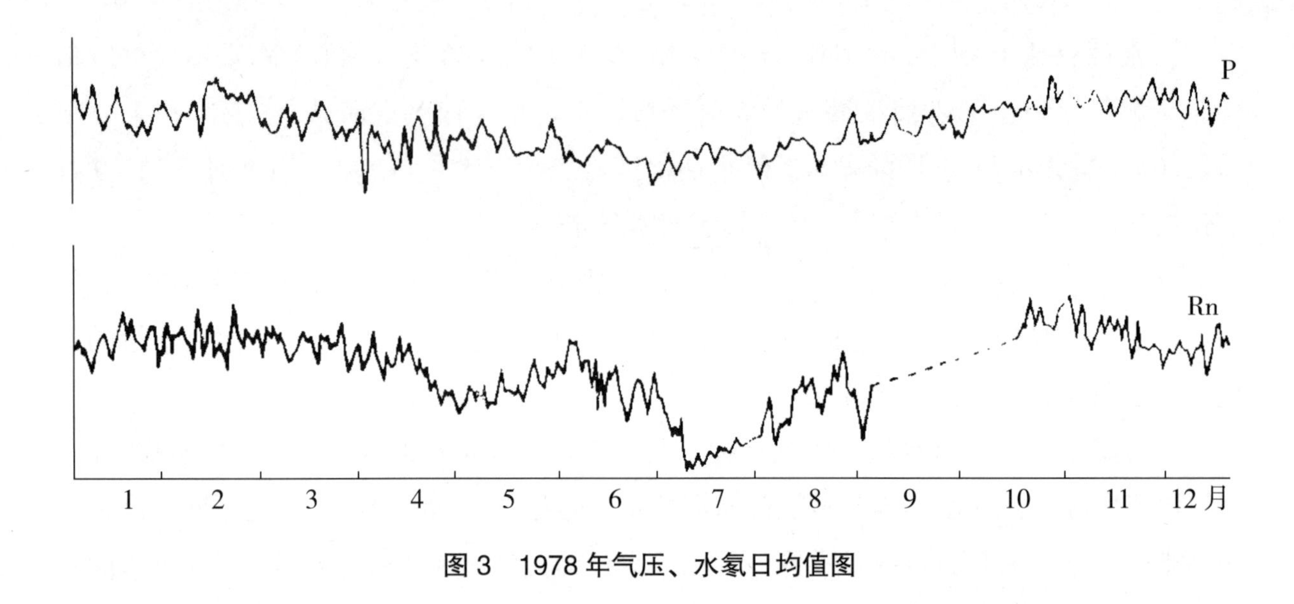

图3 1978年气压、水氡日均值图

月20日~8月20日这一时间段内形成水位大幅度的变化。本年内水氡与大气压的趋势性变化虽有一致性，但对全年资料的分析结果，两者的相关系数偏低，ρ =0.5363，回归方程为：Rn=-240.9+0.296P。造成相关系数偏低的主要原因是水位变化对水氡的共同干扰所造成的。

3. 把3月20日~8月20日作为特殊时段进行分析。分别进行了水氡（Rn）与水位（h）、水氡（Rn）与气压（P）、减水位（h）的相关性分析，目的在于把水位当作产生地下水压强的一个力看待，通过比较相关系数分析大气压强对水氡的干扰。计算结果是：Rn-h的相关系数 ρ_1=0.833，Rn-（P-h）的相关系数为 ρ_2=0.948。回归方程分别为：

$$Rn=62.6-0.1h \qquad Rn=-25.5+0.1(P-h)$$

由以上三个结果表明：（1）气压与水氡处正相关关系。（2）气压与水位同时起干扰作用。（3）在水位稳定的情况下，气压是干扰水氡的主要因素；在水位激烈变化的情况下，突出了水位对水氡的干扰，气压的干扰处于次要地位。（4）比较 ρ_1 与 ρ_2，气压对水氡的干扰，似乎是通过影响水对水氡的溶解作用而实现的。

三、取水时间不严格是造成人为干扰的重要原因

奇村温泉是个抽水井。我们作了如下抽水实验：抽水开始后每隔5分钟进行一次水位、水温测量，并取一个水样化验水氡。其结果如下表：

抽水时（分）	0	5	10	15	20	25	30	35	40	45	50	55	60	65
水位（厘米）	291	370	570	580	588	574	575	574	574	575	575	576	576	576
水温（摄氏度）	50.5	51.0	53.5	55.5	56.0	56.5	56.5	56.5	56.5	56.5	56.5	56.5	56.5	56.5
水氡（贝克/升）	—	26.5	28.9	—	—	—	31.5	—	—	—	—	—	—	33.7

以上结果表明，动水位在抽水 25 分钟后基本平衡；水温在抽水 25 分钟内逐渐升高，25 分钟以后水温保持稳定；水氡随着抽水时间的延长逐渐增加，30 分钟以后水氡升高的速度明显减慢（见图 4）。

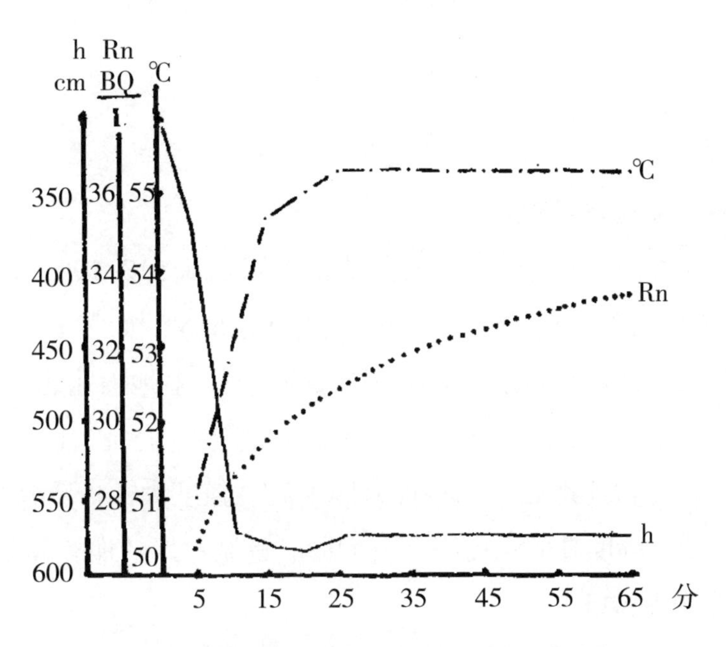

图 4　抽水时间与水氡、水温、水位关系图

由此可见，抽水开始后的取水样时间的选择直接影响到水氡测值的高低。因温泉与测报站属两个单位，工作配合不太协调，所以很难掌握抽水的准确时间，造成人为的干扰，这也是形成日均值曲线上出现锯齿波形的一个主要原因。

为解决这一问题，我们把温泉定为宏观点，工作协调起来，并严格掌握抽水 30 分钟取水。结果正常的水氡日变幅度大大减小，这一人为干扰问题得到了解决。

由以上分析，我们初步认为干扰奇村温泉水氡的主要是水位、气压、大气降水、地下水开采（主要是抽水农灌）四大因素。对我们的启发是：分析水氡资料，必须进行多因素的综合分析，才能正确判断真假异常，为地震预报服务。

（原载京晋冀内蒙地震联防区《地震论文集》第 1 集，1988 年 8 月）

忻定盆地地震活动特征分析

田甦平　黄振昌

一、山西地震活动基本特征

山西地震具有频度高、震源浅、破坏性大的特点。从512~1991年，山西已发生过8级地震2次，7~7.5级地震4次，6~6.9级地震10次，5~5.9级地震48次。各盆地与两端横向隆起的复合部位，盆地内垂直差异运动最大的地段，盆地内北北东向或北东向断裂与北西向断裂的交汇部位均为孕震场所。力学特征与发震构造特征有的与盆地走向一致，有的则正交或斜交。临汾盆地地震活动特征是频度高、强度大；忻定盆地则是强度大、频度低；太原盆地表现为频度高而强度中等；大同、运城盆地的地震频度、强度均属中等。

二、忻定盆地构造特征

忻定盆地位于山西地震带断陷盆地的北中部，地处祁吕贺山字形构造东翼。盆地地质构造复杂，有华夏和新华夏构造。该盆地主要受系舟山、五台山、云中山、恒山南麓等山前断裂控制。盆地内隐伏构造较发育，主要有崞阳—界河铺、董村—朔县、合索—五台东碾河等隐伏断裂。盆地内新生代沉积物厚度可达700米。晚第三纪以来，新构造运动较活跃，活动断裂以正断层为主。历史地震和现今地震活动大部分发生在断裂带及其附近，说明地震活动与活动断裂关系密切。如1038年董村$7\frac{1}{4}$级地震就发生在系舟山断裂带与董村—朔县隐伏断裂之交汇处。盆地内小旋卷构造也在活动，如1991年忻州5.1级地震便发生在五台—合索隐伏断裂与姑姑山旋卷构造西北缘的交汇部位（图1）。

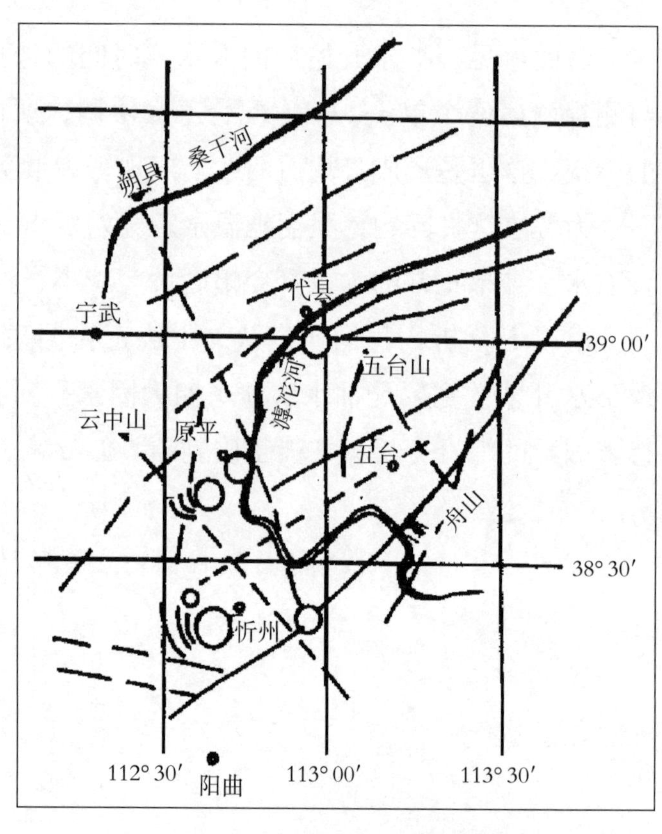

图1　忻定盆地地质构造图

三、忻定盆地历史地震时空特征

1. 北南轮回迁移性

山西地震带历史上 7 级地震 6 次，主要分布在忻定盆地及临汾盆地，其空间迁移特征为:512 年代县 $7\frac{1}{2}$ 级→ 1038 年忻州董村 $7\frac{1}{4}$ 级→向南迁到 1303 年赵城 8 级地震;然后又北移到 1626 年灵丘 7 级→ 1683 年原平 7 级→南下到 1695 年临汾 8 级。强震震中由北往南迁移已结束两个轮回。忻定盆地仍存在发生强震的构造条件，那么下一个轮回的强震又有可能从忻定盆地开始。

2. 历史地震的周期性

从忻定盆地≥ 5 级地震 M–T 图可见，512 年以来已结束了 3 个地震活跃期。各个活跃期以若干 5 级地震开始，7 级地震结束，且 5 级地震有逐步密集、时间间隔逐渐缩短的趋势。第四活跃期从 1898 年开始，至目前已发生 3 次 5 级地震，尚未发生 7 级地震，说明该活跃期尚未结束。第一、二活跃期没有 5 级地震记载，认为可能是历史原因遗漏所致。求得 5 级地震平均复发周期为 30 年左右，最小周期 9~10 年。忻定盆地没有发生 6 级地震记载，这可能与地质构造及岩性特点有关，有待进一步研究探讨。

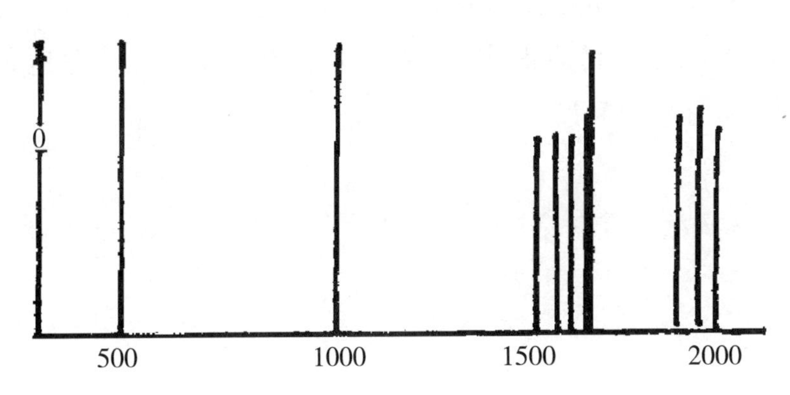

图 2　忻定盆地≥ 5.0 级地震序列图

四、盆地小震活动性分析

1. 浅源震群活动性

1979 年 11 月代县白草口出现的小震群持续活动 69 天，发生地震 196 次，其中 3.0~3.8 级地震 4 次，2.0~2.9 级地震 5 次，＜ 2.0 级地震 187 次，最大震级 3.8 级。五台县门限石乡小震群发生于 1980 年。据震源深度分析，此二震群 60% 的小震发生在 20 千米范围内，相当于康氏界面附近。

2. 小震鞍状周期性

资料取 1976~1991 年，忻定盆地≥ 1.0 级地震，作地震频次图（见图 3）。

小震活动具有以下特征：

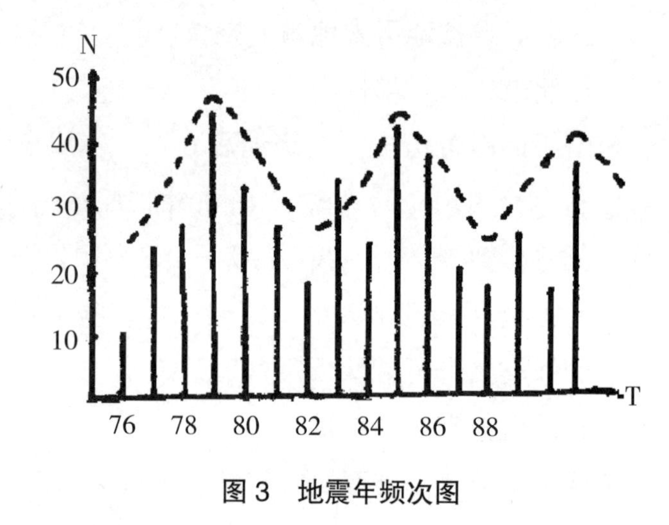

图 3 地震年频次图

（1）小震活动频度每 6 年出现一个频度周期，呈马鞍状，目前已完成两个马鞍周期，即 1976~1981 年和 1982~1987 年。第三个周期从 1988 年开始，基本符合前两个周期的特点。

（2）每个鞍状周期内均有一个高频次年份，即 1979 年、1985 年、1991 年。由图不难看出，各周期的最低频度年份则是本周期的开始，即 1976 年、1982 年、1988 年。

（3）基于上述认识可推测，1992~1993 忻定盆地各年小地震活动频次将很可能依次低于上年。1992 年 1~6 月份小震频次即明显低于 1991 年同期。

1976 年以来我区小震年均频次 27 次，≥ 3.5 级地震全部发生在盆地诸县，而尤以忻州、原平、代县更集中；在时间分布上则以 1979~1980 年较集中，占一半。1991 年虽发生忻州 5.1 级地震，但忻定盆地及其邻区的震情趋势仍较严峻，况且忻定盆地仍存在发生强震的构造背景。目前正处在新的地震活跃期中，对该盆地尤其是忻州—原平—代县一线更应加强监测和设防。

（原载京晋冀内蒙地震联防区《地震论文集》第 2 集，地震出版社 1993 年 6 月）

忻州地区近 1~2 年地震趋势分析

田甦平　黄振昌　封德俭

一、构造背景

忻州地区处在山西地震带的中北部。忻定盆地南到忻州、定襄，北到繁峙、代县。忻定盆地主要受恒山断裂、五台山断裂、云中山断裂和系舟山断裂控制。盆地内次级构造有崞阳—忻口断裂、恒山南麓断裂和柳院—忻口断裂。历史上在代县发生了 $7\frac{1}{2}$ 级地震、忻定间发生 $7\frac{1}{4}$ 级地震，原平发生 7 级地震。

二、忻定盆地地震活动分析

1989 年 10 月大同—阳高 6.1 级地震，打破了华北块体十多年相对平静的局面，标志着华北已进入一个新的地震活跃期。地震活动的主体地区是山西带、燕山带（1991 年 9 月 30 日内蒙古自治区苏尼特右旗发生 MS5.2 级），同时也说明山西带已经开始活跃。那么，1991 年的忻州 5.1 级地震、大同—阳高 5.8 级地震，则进一步证明山西带地震活动在加剧，并可能呈现起伏状态。从 1990 年全省≥ 3.0 级地震分布特征看出，主要集中分布在省境南北两头，即运城、大同盆地，而 1991 年≥ 3.0 级地震，从北到南各主要断陷盆地都有一定数量的分布，且大同、忻定盆地发生了中强地震。

1. 从历史地震活动分析，该盆地历史上 5~5.5 级地震的平均复发周期近 40 年。1952 年原平发生 5.5 级地震，据此，近 1~2 年前后忻定盆地有发生 5~6 级地震的可能性。

2. 从忻州地区 1975 年以来 ML≥ 1 级的地震发生频次分析，有“低—高—低”现象，完成这样一个过程约需 6 年。1979 年、1985 年为高频次年，按此推算，1991 年同样可能是高频年份。

3. 本区 1984 年以来≥ 3.0 级地震均未超过年平均频次（1977~1990 年≥ 3.0 级平均频次为 3 次）。

4. 1977~1989 年每隔 1~2 年就发生≥ 3.5 级地震 1~3 次，自原平 1986 年 3.7 级地震以来，已连续 4 年未发生≥ 3.5 级地震。

5. 1977 年以来≥ 3.5 级地震全部发生在东六县（忻州、原平、定襄、代县、繁峙、五台），其中 67% 发生在原平—代县间。1988~1990 年我区 85% 小震也发生在该六县。

三、地下水动态与水氡

近年来，我区地下水位未发现明显异常，虽夏季干旱少雨，观测井水位普遍下降，但仍未打破年变规律。从地下水位看不出趋势性变化，可是在忻州 5.1 级地震前后，少数井水位出现短临异常。

1. 晋 5–1 井震前一天（1 月 28 日）水位突降 8.3 厘米，震后未恢复。

2. 晋 4–1 井震时水位上升 7.3 厘米。少数宏观水位也有变化，如：忻州市三交乡、下佐乡水位在震前下降。

3. 奇村水化站 1989 年水位、水氡、水温年变幅度大于 1988 年，其中氡值比 1988 年 7~9 月下降 7 贝克 / 升。结果 10 月 18 日发生大同—阳高 6.1 级地震。

从 1990 年 7 月份观测以来，水氡日均值曲线出现了 3 次趋势性异常，分别为：

1989 年 9 月下旬至 11 月下旬，为负异常，变化幅度为 7 贝克 / 升，并伴有突跳，突跳幅度为 4 贝克 / 升。

第二次出现在 1990 年 3 月 19 日至 4 月 19 日为负异常，变化幅度为 3.5 贝克 / 升。

第三次出现在 1990 年 6 月下旬至 7 月中旬，为正异常，变化幅度为 4 贝克 / 升。

在第一个异常段中，水温偏低 1℃，无水位资料，若以 1990 年间的水位资料相比，应属缓慢上升阶段，在本异常段中呈水位上升—水温下降—水氡下降的动态现象。

在第二个异常段中，虽然水位资料不全，但可看出水位与水温呈正相关的变化关系。水温下降 1.5℃，在这个异常段中呈现出水位下降—水温下降—水氡下降的正相关关系。

第三个异常段中，水位下降 3.5 米，水温下降 7℃，呈现出水位下降—水温下降—水氡上升的变化关系。

综合上述情况并参照奇村温泉井十多年的观测资料，可以看出水位变化对水温、水氡一般存在正相关关系，在水位所引起的水温变化不大的情况下，水氡突出了受水位的干扰（呈正相关）。如第二个异常主要反映了水位的干扰。在水位变化引起水温大幅度变化的情况下，水氡突出了受水温的干扰，而水位干扰仅占次要地位。（水位干扰呈正相关，水温干扰属负相关）。如第三个异常突出反映了水温下降的干扰，其原因是水温降低，增大了氡气在水中的溶解系数。

第二、第三个异常虽为一正一负，但都是由于水位变化所造成的，属干扰异常。

第一个异常却不符合上述规律，我们认为异常中存在着大同—阳高地震的信息。

资料处理分析意见：对本站井孔水氡资料在日均值曲线分析的基础上，又对全部水氡资料进行了一阶差分、二阶差分、三点剩余三种方法处理绘图分析。三种方法处理的资料均显示了大同—阳高地震前后约 3 个月内存在异常。而上述第二、第三个日均值趋势性异常内却均无异常显示。

在三点剩余值的基础上，筛选出日变速率大于 1 贝克 / 升及小于 1 贝克 / 升的各点，分别进行统计，求出标准差（d= ± 0.44）用一倍标准差在三点剩余曲线上做出警戒线（ ± 1.8 贝克 / 升）。发现超出警戒线的四个点分别为：1989 年 9 月 29 日（+2.3），9 月 30 日（–2），10 月 18 日（–2.2），11 月 3 日的（+2.6）。大同—阳高地震前三个异常点，地震后一个异常点。进一步证实第一个异常为大同—阳高地震的异常反映。

总结大同—阳高地震的经验，以警戒线为判断异常标准。以此分析，大同—阳高地震之后，水氡值一直处于正常状态。

四、电阻应变仪及电磁波

我局观测站电阻应变仪于 1991 年 9 月中旬以来三组测值同步升高 300 毫安以上，未查出其他影响因素。

该站电磁波 1991 年 7 月以来呈高位数变化（ ≥ 5 位数），而 1990 年同期以来则多是低位数（ < 5 位数）。

五、动物宏观

1988~1990 年 11 月我区共收集宏观现象 21 起（见表 1）。

表 1　各时段宏观异常次数

时　间　段	异常次数
1988 年至 1990 年 10 月 16 日	无
1989 年 10 月 17 日	5
1989 年 10 月 18 日至 12 月	12
1990 年 1~11 月	4

表 2　异常种类及其分布统计

类型 / 单位	蛇	狗	鸡	猫	鹰	老鼠	地光	植物	水井
代　县	3	2				2	2		
繁　峙				1					
忻　州					1			1	
定　襄			1					1	1
五　台			1				2		
静　乐					1				
宁　武									1

不难看出，宏观异常主要集中在大同地震前后的二个月的时间内。具体分布市（县）：忻州 2 次、定襄 2 次、五台 4 次、代县 10 次、繁峙 1 次、宁武 1 次、静乐 1 次。

综上分析，处于 10 年的地震活跃期，我区的震情形势严峻，近一二年或稍长时间忻定盆地存在发生 5~6 级地震的可能性。对此，我们要立足大震，做好工作，力争为捕捉未来破坏性地震做出应有的贡献。

（原载京晋冀内蒙地震联防区《地震论文集》第 2 集，地震出版社 1993 年 6 月）

京西北—晋冀内蒙交界地区未来发生中强震地段的探讨

黄振昌 李和平 白迎春

一、前言

京西北—晋冀蒙交界地区，属于首都圈（北纬 38.5°~41°，东经 113°~120°）地区地震监视的一部分及其附近，同时是煤炭能源、重化工基地。近几年来被列为全国地震重点监视区之一，特别是 1985 年以来，这个地区发生中强地震的可能性越来越大。因此，对此地区进行震情监视，显得尤其重要。

二、构造背景与历史地震概况

1. 本区构造背景

京西—晋冀内蒙交界区，位于华北构造块体北缘，是阴山—燕山东西向构造带与北东向的山西断陷带的多组构造复合地区，区域构造应力场的主压力轴近东西向。地质演变及构造分布较复杂，主要有京西隆起区、延怀断陷区、山西隆起区和断陷带，四个构造单元。并以北东向、北西向和东西向三组断裂形成本区的构造格局。其内部又被断裂带切割成十分复杂的规模不等的块体。这些块体之间有的以相对水平运动为主，有的以相对垂直运动为主。地震即沿着这些活动的断裂密集成带。

2. 本区历史地震概况

本区是华北地区历史上及现今地震的主要活动区之一，历史上记载的地震十分丰富。据统计，自公元 274 年至 1988 年，本区共发生 5 级以上地震 43 次，其中，7~7.5 级地震 4 次，6~6.9 级地震 11 次，5~5.9 级地震 28 次。从 1815 年开始至今的华北第四个地震活动期与第三期相比，本区地震活动有所减弱，只发生 5 级以上地震 11 次，其中，6~6.9 级地震 1 次，5~5.9 级地震 10 次。

三、现今地震活动与围空区

1. 现今地震活动

现今地震以小震活动为主，并间有中等强度的地震，多沿北东向、北西向、东西向断裂带方向展布，呈条带状，在 14~20 千米之间，常以震群型出现。1979 年到 1980 年出现代县、五台小震群。后于 1981 年发生了丰镇 5.8 级的地震。1988 年又出现了沙城、怀安、代县小震群，预示着本区在今明两年还将发生 5 级左右地震。

2. ML ≥ 4 级地震的围空区

天镇—宣化—怀来围空区、怀来—延庆—昌平—房山围空区，预示着怀来、涿鹿附近将发生 5 级左右地震。

四、地震迁移与前兆的主要异常

1. 地震迁移性

本区地震有自西向东迁移的趋势，即：和林格尔→丰镇→万全、阳原。

1976 年和林格尔地震后 4 年发生了 1981 年丰镇地震，后又于 1983 年发生万全地震，1988 年发生了阳原地震。如果这是规律的话，那么，在今明两年在涿鹿、怀来一带将有发生 5 级左右地震的可能。

2. 地震前兆的主要异常

京西北—晋冀蒙交界地区，主要前兆异常有：（1）地震活动异常：地震空区、低 b 值、释放加速高，应力低，地震活动增强。地震学指标对该区的地震趋势进行综合决策认为下一个 MS≥ 5 级的地震的发震点为 1989 年和 2000 年。（2）地下水异常：怀来 3 号井水氡，后 4 孔的氡存在趋势异常，五里营、高村井水位异常。（3）南口短水准趋势变化。（4）流动重力东园至营城子测段的异常变化。（5）太阳黑子活动 22 周年，地球自转速度加快。这些情况都值得我们在监测中严密注视。

五、结语

京西北—晋冀内蒙交界地区地质构造十分复杂。由于地壳岩性的不均一分布，使地壳块体在垂直方向上表现为分层，在水平方向上表现为分块。新构造运动的差异性，使华北块体分割成大小不同、活动性差异的块体边缘和层间接触带为介质分布不均地区，也是新构造发育和活动地段。中强震在地震带内有时集中发生在某些地段，这种地段往往是地质构造的特殊部位。如活动性深大断裂的交汇、汇而不交、拐弯、端点、闭锁区等部位，都是地应力易于积累和集中的地区，在特殊部位和特定条件下，其断陷盆地是未来发生中强地震的场所。

依据活动构造的特殊部位并结合历史地震和现今地震活动的特征，以及前兆趋势异常，笔者认为，在今明两年将在涿鹿、怀来一带发生 MS5 级左右地震。

（原载京晋冀内蒙地震联防区《地震论文集》第 2 集，地震出版社 1993 年 6 月）

忻州 MS5.1 级地震

黄振昌　田甦平　申新生

一、震情回顾

1991 年 1 月 29 日忻州 MS5.1 级地震是 1989 年大同—阳高 6.1 级震后在晋北发生的又一次较强地震，也是 1952 年崞阳 5.5 级震后忻定盆地的第二次破坏性地震。

1991 年 1 月 12 日山西省局震情会商，提出了“1991 年 1 月 12 日至 1 月底，在太原盆地及边缘地区，可能发生 4.5~5.0 级地震”的预报意见。忻定盆地处于南北两个重点监视区的复合部位，具有发生中强以上地震的条件，历史上曾发生 3 次 7 级地震、8 次 5 级地震。

二、基本参数

震时：1991 年 1 月 29 日晨 6 时 28 分 5.2 秒

震中：微观：东经 112°33′，北纬 38°28′

宏观：东经 112°34′，北纬 38°26′（忻州市西部上社乡—合索乡）

震级：MS5.1 级

震源深度：14 千米

烈度：Ⅴ~Ⅵ度

序列特征：5.1 级地震无前震，主震之后，发生≥ 1.0 级余震共 9 次，其中最大余震 2.0 级 1 次。与同样级别的震例比较，这次地震主、余震级差较大，衰减很快，余震次数较少，此次地震属孤立型。

发震构造：忻定盆地位于山西地震带的中北部，受华北区域应力场控制，出现北东向斜列式断陷盆地，构成线性明显，多数为北北东向和北东向，次为北西向，少

表 1　震源机制解

	走　向	倾　向	倾　角
A 节面	5°	SEE	80°
B 节面	267°	NNW	50°
P 轴	55°		35°
T 轴	309°		18°
N 轴	197.5°		49°

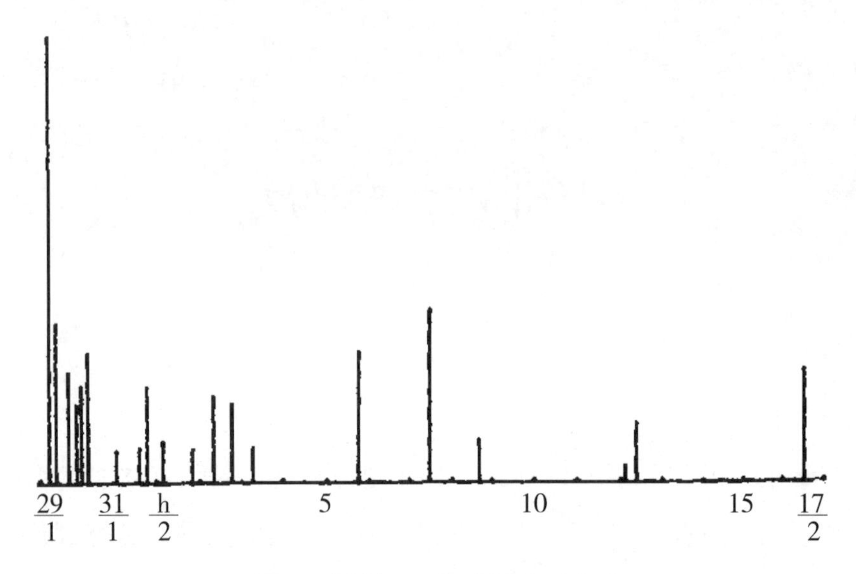

图 1　忻州 5.1 级地震序列图

数为近东西向。盆地受系舟山、五台山、恒山和云中山山前断裂所控制，次级构造发育，由北向南有崞阳隆起、永兴、受录和姑姑山隆起，忻州 5.1 级地震发生在五台—合索断裂与姑姑山隆起西北缘交汇处。

三、宏观考察

震时多数人从梦中惊醒跑出户外，地声犹如鼓声，上下颠簸，震感强烈。

上社乡在忻州城西北约 10 千米处，忻州地区地震局现场考察人员于 7 时 50 分到达乡政府，冒雪进行现场考察。通过调查，虽然震时大多数人感觉震动强烈，但一些村子建筑物破坏程度轻微，村民情绪比较稳定，合索乡、上社乡附近和作头村震害较重。对下列几个村进行了抽样调查，确定出各村的平均震害指数（见表 2）。

表 2　V 度区平均震害指数比较（以Ⅱ类房为准）

<table>
<tr><th>村　名</th><th>平均震害指数</th><th>抽样数（间）</th><th>备　注</th></tr>
<tr><td>土陵桥</td><td>0.0078</td><td>122</td><td rowspan="10">全村抽样去掉
村东部软地基</td></tr>
<tr><td>作　头</td><td>0.0080</td><td>112</td></tr>
<tr><td rowspan="2">东胡延</td><td>0.0106</td><td>104</td></tr>
<tr><td>0.0057</td><td>61</td></tr>
<tr><td>合　索</td><td>0.0010</td><td>102</td></tr>
<tr><td>东冯域</td><td>0.0053</td><td>85</td></tr>
<tr><td>会　里</td><td>0.0028</td><td>36</td></tr>
<tr><td>上　社</td><td>0.0028</td><td>94</td></tr>
<tr><td>上　沟</td><td>0.0037</td><td>41</td></tr>
</table>

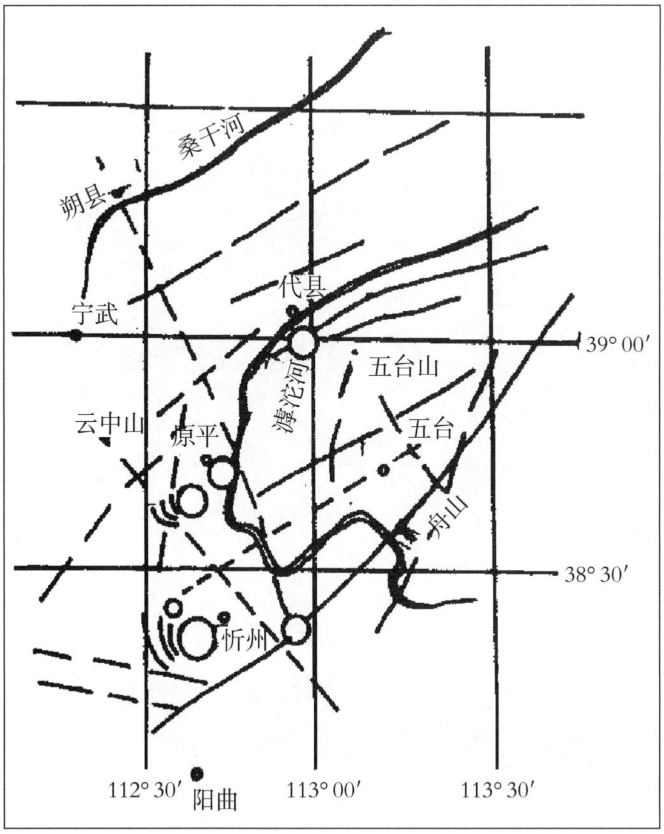

图 2　忻定盆地地质构造图

表中的东胡延的东部地基条件为新填土层，排除这一影响因素，得出的平均震害指数较低。通过分析比较，并考虑到处于丘陵与平原过渡带上的作头村比其他几个位于近河流的冲积层上的村庄地基条件要好，最后把宏观震中定在作头村。

个别Ⅰ类房屋受害程度较重，如东胡延村西部村内的一幢陈旧房屋，墙体内砌土坯，外表立砌一层砖，房屋外墙根部的砖体因经多年风雨侵蚀，最大剥蚀量超过三分之一砖厚，震后砖体明显外鼓，砖体之间沿砌缝开裂，成为墙体严重变形的房屋。上社村内有一幢年久失修的土坯单坡房，受震后沿墙体的接合部附近和窗框附近开裂。

震后受损坏最多的房屋为Ⅱ类房，表现为沿墙体之间的结合处开裂，出现细微裂缝，但大多数房屋为沿原有的干裂缝略有增大，也有的房屋损坏较重，如作头村一家房屋的檩条断裂和北张村一幢上半部为木结构的房屋，震后有榫现象。

震区也有个别房屋顶上的烟囱房脊有掉落倒塌现象，有些房屋表现为震时落土，纸糊顶棚崩裂等现象。

震区中的Ⅲ类房屋仅受到轻微损坏，主要表现为沿墙体之间的接合裂缝略有增大，个别结构不合理或地基不好者，受损害情况略重。

另外，其他窑洞类的房屋和墙体类的损坏（极少数房屋），主要反映为风化部位局部坍塌、掉落或窑内原有的旧裂缝增宽。作头村中有一砖砌四周边框、土坯填砌中部的照壁，其南侧的砖框原已与土坯砖砌体间剥离，震后该侧的砖框沿原裂缝开裂增宽，砖柱体上半部顺时针方向旋转 15 度左右。还有在上沟村至会里村间有一处黄土塌方，塌方处长 10 余米，塌方平均厚 1.5 米左右，高度约 8 米，大约有 120 立方米黄土倒塌，沿途还有多处小塌方。

四、烈度的确定与划分

震区地面建筑物破坏低、震害小、震级与烈度不相匹配。依据《地震现场工作大纲》中有关确定地震烈度标准，经实地考察确定如下：

1. Ⅵ度点：作头村和土陵桥村。

2. Ⅴ度区：北起东冯城，南至作头村南，东起会里村、西至水泉沟村，呈北东向的椭圆状，长轴约 10 千米，短轴约 6.7 千米，面积为 52.6 平方千米。

3. Ⅳ度区：北起代县，南达太原市，东自五台，西至静乐。南北长约 162 千米，东西宽约 116 千米，面积 1475.7 平方千米，总体呈北北东向的椭圆状。

4. 有感范围：这次地震的有感范围较大，北自丰镇，南至临汾，东到石家庄市，西达陕晋交界黄河西岸，走向为北北东向的椭圆状。

五、前兆异常

1. 晋 4–1 井水位异常。震前 2 小时至震后 2 小时左右，水位陡升 0.12 米，至 2 月 1 日水位又连续上升 0.17 米，之后恢复原水位。

2. 晋 5–1 井。此井水位于震前 2 天开始突降 0.19 米，震后未恢复。

3. 奇村水化站氡值经三点剩余曲线分析。震前半月有一超越警戒线的向上突跳点，震后出现一向下突跳点并超越警戒线。1989 年大同—阳高 6.1 级地震也曾出现类似现象。

4. 动物宏观反应。本次地震前后，宏观异常 13 起，微观异常 3 起，经实地调查核实，可靠性较好的有 3 起，难以解释的 1 起，经核实排除 2 起，经调查又无法落实的 10 起。

应指出的是，在震前的 1 月 24 日五台 6904 工厂地震测报员辛会元报告，24 日下午在厂区附近的小银河旁水坑里发现数十只青蛙，25 日落实，在水坑里见到 3 只青蛙，1 条小鱼在活动，当时气温 4℃，水温 6℃，认为数九寒天出现青蛙实属罕见，应视为异常。这是震前唯一上报区局的一起动物异常（难以解释的 1 起）。可靠性较好的 3 起为：（1）忻州鱼种场附近，在 1 月 28 日晚 10 点多有千只红嘴乌鸦乱叫，直至地震发生。（2）奇村乡屯庄一户养的驴晚上拴不住，家里的猪出圈外乱跑，主人曾自言自语：今晚要地震。（3）解村陈龙家养的十多只鸡，震前的 28 日晚不进窝。29 日早，震前一小时，该农场有些奶牛拒不进棚，吼叫，不让挤奶。

总之，此次地震前宏观异常反应不多，可信度也较低。房屋损害轻微，仅个别房屋需加以局部修补，无直接人员伤亡。

（原载京晋冀内蒙地震联防区《地震论文集》第 2 集，地震出版社 1996 年 6 月）

晋西北黄土高原土质窑洞的震害及其预防

黄振昌　王亚南　田甦平

黄土在我国分布很广，面积达 4.4 万平方千米，绝大部分在黄土高原区。在古老的黄土高原区，窑洞是古人类生息的园地，也是现今人们居住的场所。本文试通过对黄土性质的分析及地震中受破坏的特点，寻找土质窑洞的抗震加固方法，以减轻破坏性地震所造成的损失。

一、窑洞的分类及特点

晋冀内蒙交界区的黄土高原区窑洞可分三类：土质窑洞、砖石窑洞、砖石夹土窑洞。其中土质窑洞又分直接在黄土层挖的窑洞和土坯旋成的窑洞。由于窑洞冬暖夏凉、成本低、省木料，所以成为黄土高原区农村的主要居住场所。因为黄土垂直节理发育，具有湿陷性，因此对挖窑洞尤为不利。目前黄土高原区居住土质窑洞的人占多数，所以有必要研究土质窑洞的震害及其抗震加固问题。

二、黄土的特征

黄土是第四纪一种特殊的堆积物，其特征概括有六点：

（1）以黄色为主，次为灰黄、褐黄等色；

（2）具有湿陷性；

（3）天然剖面呈垂直节理；

（4）具有可见的大孔隙；

（5）富含碳酸钙成分及结核；

（6）含有大量的粉土颗粒（0.005~0.05 毫米），一般在 55% 以上，大于 0.25 毫米的颗粒基本上没有。

根据黄土堆积的顺序可划分为三期，即早更新世（Q_1）午城黄土、中更新世（Q_2）离石黄土、晚更新世（Q_3）马兰黄土。因午城黄土本区出露较少，所以不作论述。

中更新世（Q_2）离石黄土位于前第四纪基岩、第三纪红土及第四纪初期泥河湾层上，均为不整合接触。分布很零星，其范围较马兰黄土小，被马兰黄土所覆盖，多出露在冲沟两壁。但在静乐县，因水流侵蚀较强，在山梁的顶部亦常有小片的离石黄土出露。其岩性为：为黄棕色，具有大孔隙，以粉土为主，富含碳酸盐，垂直节理发育，结构较紧密，抗蚀力较强，被蚀后的沟谷呈陡的V形，其多夹有几层古土壤层。古土壤层下部多有钙质结核，层厚0.5~1.0米，其产状随古地形而异，水平、弯曲或倾斜，其厚度各地不一，一般在20~60米。

晚更新世（Q_3）马兰黄土，覆盖在前第四纪基岩、第三纪红土以及第四纪初期的泥河湾层和离石黄土之上，都为不整合接触。它的分布较零星，直接出露在地表。其岩性为：淡黄色，具大孔隙、虫孔和植物根孔，含碳酸盐，以粉土为主，垂直节理发育，结构较松，抗蚀力较弱，被蚀后的沟谷呈浅缓V形，剥蚀面光滑，无层理，质地均匀，厚度一般在7~18米。

从马兰黄土和离石黄土的物理性质对比看，马兰黄土粉土含量高、黏土含量低、干容重小、孔隙比大、含水量低、具强烈湿陷性。离石黄土，粉土含量相对较低、黏土含量较高、干容量大、孔隙比小、湿陷性微弱（或不具湿陷性）。因此，离石黄土工程地质性质比马兰黄土好。

三、土质窑洞的震害

晋西北黄土高原区，大部为群众居住土质窑洞。经调查，仅一部分是在离石黄土依崖挖窑洞，而大部分是在马兰黄土层中依崖挖窑洞。由于马兰黄土具垂直节理，有湿陷性等特征，对窑洞的安全性有一定的影响，地震时易造成窑洞的崩塌。为此，研究窑洞在地震时遭到破坏的形式，可为抗震加固提供有用资料。

1. 窑洞震害实例

（1）1952年10月8日22时24分，原平县崞阳镇发生5.5级地震，震中烈度Ⅷ度强。据原崞县人民政府的统计材料，受灾区93个村，其中崞县占74个村，死53人，伤112人，死牲畜5头，伤牲畜15头。土窑较房屋易坍塌，故破坏较大，死伤人最多。

（2）1976年4月6日0时54分37.7秒，和林格尔县发生6.3级地震，震源深度18千米，震中烈度Ⅶ度，死亡28人，轻重伤865人，砸死牧畜3551头，其中大牲畜106头。房屋（包括土窑）倒塌30542间，在震中区土质窑洞破坏较重、较普遍，基本完好的较少，石砌拱窑的破坏较弱。

综上所述，土质窑洞在中强地震中破坏严重，给人民的生命财产造成很大损失。

2. 土质窑洞的破坏特征

土窑洞的震害程度，主要取决于黄土崖的稳定性，倒塌的土窑洞中多数是由于土崖崩塌造成。土窑洞开挖在黄土垂直节理发育的地方，往往是拱体大片土块塌落，轻者有的拱体顶部有明显龟裂，或者有纵向水平裂缝和环向裂缝，有的前墙或接土旋拱的相接处开裂或局部崩落，或者前墙外倾等。

3. 土石砌拱窑的破坏特征

在震区所调查的居民点中，土石拱窑的破坏也相当普遍，震后基本完好者数量不多。其拱体在震后拱圈大多有环向或纵向裂缝，少数拱体龟裂，拱顶掉块。拱圈前端部的破坏比内部严重，表现为前墙下拱体拉裂，有些拱顶前端掉块，尤其是旋拱时土坯石条斜贴的破坏严重。

总之，在中强地震时，破坏较严重的土质窑洞，大多与黄土崖崩塌、陡坎边缘土体滑坡有关，或者拱圈整体坍塌或部分坍塌。

四、窑洞抗震措施

鉴于土质窑洞在中强地震时的破坏特征，建议采取如下抗震的措施。

1. 对现有窑洞采取加固措施

（1）在窑洞内用木架支护，顶部安装护板。

（2）在窑洞的前脸部位加筑高 1.5 米、底宽 1.0 米、顶宽 0.3 米的护墙。

2. 新建窑洞的结构形式与抗震措施

（1）采用三连拱或将更多的拱连成一排。不用单拱或一窑两房，或两窑一房的形式，土拱窑不宜一侧靠近土崖。

（2）砌筑半圆拱圈，不可将层层土坯后侧斜贴，应使拱圈前端有 3~4 块坯形成有支承的楔体。

（3）不单砌前后墙。前墙上部要与侧墙同时咬槎砌筑，两拱之间的前墙要在墙内侧（即拱圈之间）加扶垛。

（4）侧墙下部与拱圈的支承墙及窗洞下的墙体同时砌筑，上部与前后墙咬槎砌筑，侧墙厚度为两坯。

（5）隔墙厚度要大于两拱圈加半坯，通道也应旋半圆形拱顶，不宜太宽。

（6）烟道宜设在隔墙之间或侧墙之外，并与侧墙同时咬槎砌筑。

（7）增加土坯强度，选用黏性较好的土料制坯。

砖石砌拱窑的抗震措施可参考前述的土坯拱窑。要注意地基的均匀性，避免连拱的不均匀沉陷，石砌拱窑应尽量采用条石、片石，不用河卵石或圆毛石。其侧墙宜加强，最好下部加宽做成倾斜形。

土窑洞要建在土质坚实、崖体稳定、坡度较缓的坡下，窑前不要接土拱，连窑内的通道以 0.8 米为宜，开间不宜大于 2.5 米。

五、结语

晋西北黄土高原区具有鲜明的区域性特征，应遵循因地制宜的原则加以利用改造。

（1）对黄土特性的研究，认为在离石黄土里挖掘洞较马兰黄土好。

（2）砖石结构窑洞较土质窑洞的抗震性能好。

（3）土窑洞要建在土质坚实、崖体稳定、坡度较缓的坡下，应避开黄土垂直节理发育，具湿陷性、易崩塌的陡崖或黄土台地侵蚀严重的边缘部位。

（4）对现有土窑洞要进行抗震加固工作。

参考文献

[1] 翟礼生:《中国湿陷性黄土区域建筑工程地质概要》，科学出版社 1983 年版。

[2]《山西岞县 1952 年地震调查报告》。

[3]《内蒙古和林格尔 6.3 级地震初步总结》1976 年。

（原载京晋冀内蒙地震联防区《地震论文集》第 2 集，地震出版社 1993 年 6 月）

消除井水位自记曲线阶梯状的简易方法

张俊民

在地下水位观测中，由于自记水位仪的浮子与井壁摩擦，而使浮子随水面上下运动受阻，水位自记曲线出现阶梯状、直线状畸变（见图 1）；浮子与平衡锤配比适当时在井管较细、井水位埋深较大的情况下，由于水位的波动，不易使浮子经常在井水面上保持居中位置，而出现阶梯状、直线状畸变记录曲线，这不易用人工调整浮子位置的方法来消除。为此，笔者根据滚动摩擦的减阻原理，对浮子进行了改装。经在晋5-1 井一年多的实践证明，改装后的滑轮式浮子能够有效地消除水位自记曲线因浮子碰壁而形成的阶梯状、直线状畸变（见图 2）。

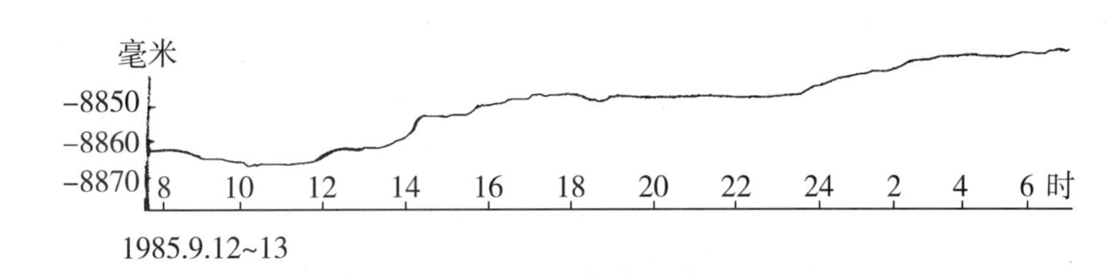

图 1　浮子与井壁摩擦形成的阶梯状自记曲线

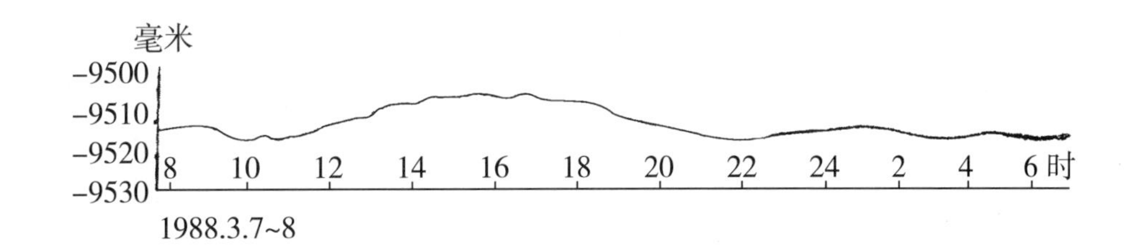

图 2　改装成滑轮式浮子后的自记曲线

这种改装方法简便易行，现介绍如下，供参考。

1. 准备一些塑料小轮（可用小算盘珠等轻质物品代替，但小轮直径不宜过大）、直径约 2 毫米的铅丝一截。

2. 用钳子将铅丝弯成如图 3 所示的环状轴架，应使每个小圆环的内径略大于铅丝直径，小圆环的个数可根据浮子的大小设置 6 个、8 个或 10 个。应使各个小圆环对称

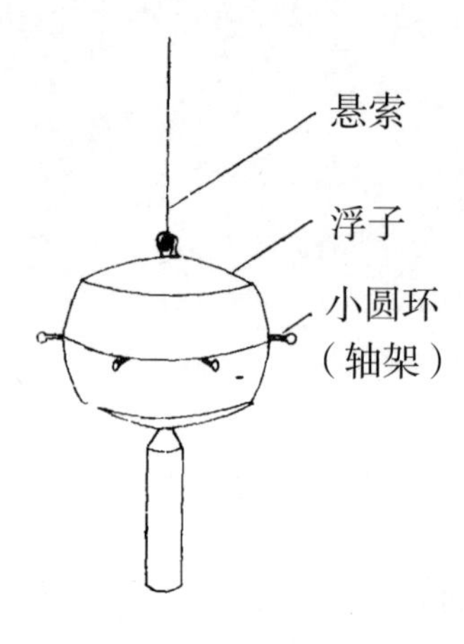

图 3　安装在浮子上的环状轴架

等距分布于浮子体侧，每个小圆环所在的平面均应平行于悬索。然后，将轴架整体固定在浮子体侧的周界线上（周界线所在的平面平行于水面），为防止脱落，亦可先在浮子上沿周界线锉一浅凹槽，然后固定轴架。

3. 以一截铅丝为轴，将若干小轮串在小圆环与小圆环之间，注意应使每个小轮都能够灵活转动。这样，滑轮式浮子改装完毕（注意应使改装后的滑轮式浮子与平衡锤配比正常）。

（原载《山西地震》1989 年第 4 期）

忻州 XZ-2 号井水位动态气压效应的研究

封德俭

引言

实践证明，各种地震测报手段都程度不同地受到某些因素的干扰。研究干扰因素及其干扰规律，探讨排除干扰的有效方法，是地震监测分析预报的一个不容忽视的问题。从某种角度认识，开展排除干扰的研究，不仅是地震监测预报的基础工作，而且也是地震监测预报的重要组成部分。

对忻州 XZ-2 号井水位动态气压效应的研究，目的就在于搞清气压对该井水位的干扰程度及其规律和排除气压干扰的方法，为分析预报提供科学依据。

一、忻州 XZ-2 号井概况

忻州 XZ-2 号井位于系舟山北侧脚下鸦儿坑村南的一级台地上，距西南方向的石岭关约 10 千米。该井正处在南起石岭关、北至五台县楼上村长达 100 千米的系舟山断裂带上。井孔资料表明：在孔深 124.53 米处往下夹有 0.2 米的断层泥。

该井深度 210.60 米，99.42 米以下为花岗岩。井管为内径 108 毫米的钢管。水位埋深 45 米左右。这眼井处于偏僻山沟，周围无地下水的开采干扰。属遥测水网专用井，使用国家地震局康地公司生产的水位遥测精密仪器进行自动观测，避免了人为观测误差。该套仪器设有水位、气压、水温 3 个测项，每时整点报数。自 1992 年 5 月开始观测以来，仪器性能可靠。该井水位稳定，能反映出 3~4 厘米的水位固体潮。受其他因素的干扰很小，突出显示了气压对水位动态的影响（见图 1）。

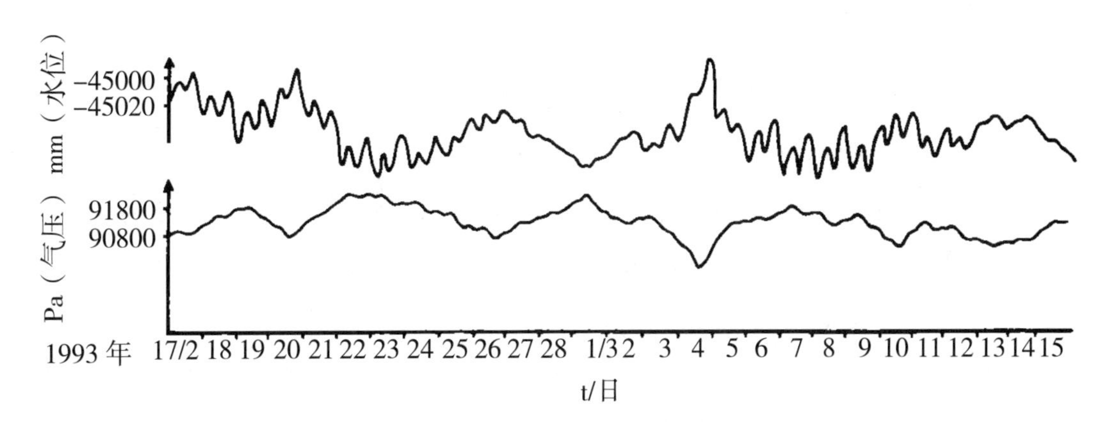

图 1　XZ-2 号井水位气压整点值曲线图

二、XZ-2 号井水位与气压的相关分析

如上所述，该井水位动态突出显示了气压与固体潮的干扰。为方便计算，把“水位与气压、固体潮”的二元回归简化为“水位与气压的一元回归”。根据水位固体潮具有日变化的规律性，而采用以下两种方法尽量压低固体潮对水位与气压一元回归统计的影响。

1. 用气压与水位的日均值进行线性回归分析

水位动态曲线中主要包含着气压和固体潮两种干扰成分。从理论角度分析，两者对水位动态的干扰是各自独立的，两者之间不存在任何相关关系。采用日均值相关统计的目的，在于尽量滤去固体潮的日变波形，而达到压低固体潮日变动态对水位与气压相关分析的影响。

采用 1993 年 2 月 17 日至 3 月 15 日的气压、水位日均值资料进行统计分析，结果如表 1。

表 1　气压水位日均值统计表

日　期	气　压（Pa）	水　位（mm）	日　期	气　压（Pa）	水　位（mm）	日　期	气　压（Pa）	水　位（mm）
02–17	90910	–45008	02–26	90920	–45029	03–07	91770	–45054
02–18	91400	–45022	02–27	91190	–45037	03–08	91540	–45051
02–19	91600	–45030	02–28	91610	–45049	03–09	91440	–45049
02–20	90950	–45013	03–01	91890	–45058	03–10	90800	–45032
02–21	91410	–45030	03–02	91350	–45045	03–11	91190	–45043
02–22	92100	–45055	03–03	91260	–45042	03–12	91120	–45041
02–23	92020	–45056	03–04	90210	–45011	03–13	90680	–45029
02–24	91800	–45053	03–05	91120	–45035	03–14	90810	–45032
02–25	91360	–45042	03–06	91500	–45045	03–15	91390	–45049
统计结果		相关系数　$\gamma_1=-0.786$			回归方程　$h_i=-42728-0.025P_i$（1）			

2. 采用零点值进行气压与水位的相关性分析

实践表明，若采用每日 24 个小时的整点值进行气压与水位的相关分析，相关系数仅有 –0.3 ~ –0.2。这是由固体潮对水位动态的影响所造成的。因此对固体潮反应明显的井孔而言，采用每日 24 个小时的整点值进行气压与水位一元回归分析是不可取的。

根据固体潮具有明显日变规律的特点，为消除固体潮日变动态对相关分析的影响，而选用每日零点的气压、水位对应值进行统计分析。为便于比较，仍选用 1993 年 2 月 17 日至 3 月 15 日时段的资料，统计结果见表 2。

表 2　气压水位对应值统计表

日　期	气　压（Pa）	水　位（mm）	日　期	气　压（Pa）	水　位（mm）	日　期	气　压（Pa）	水　位（mm）
02–17	90900	–45019	02–26	91090	–45034	03–07	91750	–45069
02–18	91130	–45027	02–27	90940	–45028	03–08	91760	–45070
02–19	91810	–45048	02–28	91420	–45041	03–09	91490	–45062
02–20	91290	–45037	03–01	92010	–45060	03–10	91120	–45046
02–21	90950	–45027	03–02	91520	–45048	03–11	91040	–45041
02–22	91940	–45061	03–03	91420	–45049	03–12	91250	–45041
02–23	92210	–45070	03–04	90850	–45036	03–13	90860	–45029
02–24	91920	–45061	03–05	90530	–45031	03–14	90730	–45026
02–25	91650	45052	03–06	91460	–45058	03–15	91170	–45041
统计结果			相关系数　γ_2=–0.867			回归方程　h_i=–42310–0.03P_i　（2）		

统计结果表明，两种统计方法都显示出水位与气压存在着较为密切的负相关关系。用零点值进行统计，虽然还不能完全排除由于零点值和固体潮出现的周期不同（零点值以 24 小时为周期、固体潮以 24.8 小时为周期）而产生的长周期固体潮的影响，但 –0.876 较高的相关系数，足以说明长周期固体潮对统计的影响是较微弱的。

式（1）、（2）反映了两种不同的统计方法所得出的气压与水位的相关规律有差异。从理论角度分析，相关系数 $\gamma_2>\gamma_1$（绝对值）的事实说明采用零点值进行统计更有利于消除固体潮日变规律对相关分析的影响。

三、XZ–2 号井气压系数的确定

能否准确地确定气压系数，决定着能否彻底地消除气压对水位动态的干扰。式（1）表明，气压变化 1 帕，则能引起 0.025 毫米的水位变化量，气压系数为 –0.025 毫米 / 帕；式（1）所示的气压系数则为 –0.03 毫米 / 帕（系数前的负号表示气压与水位的负相关关系）。

比较这两个气压系数排除气压干扰的效果可以看出，利用“–0.025 毫米 / 帕”排除气压干扰后的水位动态曲线中，仍然残留着受气压负相关干扰的成分，仍然存在水位随气压反向变化的特征；而采用“–0.03 毫米 / 帕”排除气压干扰后的水位动态曲线，则完全消除了受气压干扰的痕迹，变为一条与气压毫无关系，基值稳定的固体潮水位曲线（见图 2）。

经过几个月的实践，采用“–0.03 毫米 / 帕”消除气压干扰，都获得了很好的效果（见图 3）。

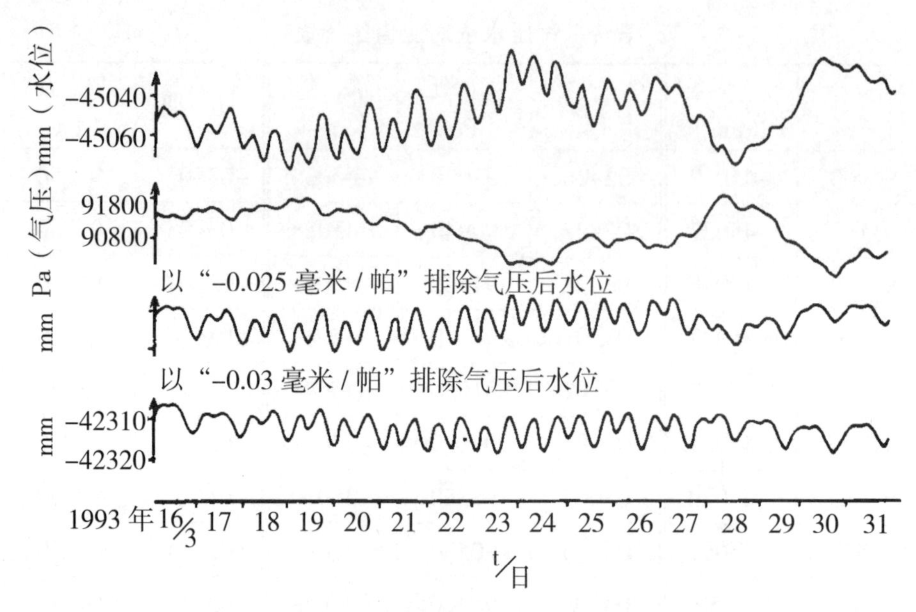

图 2　用两个气压系数排除气压效果对比图

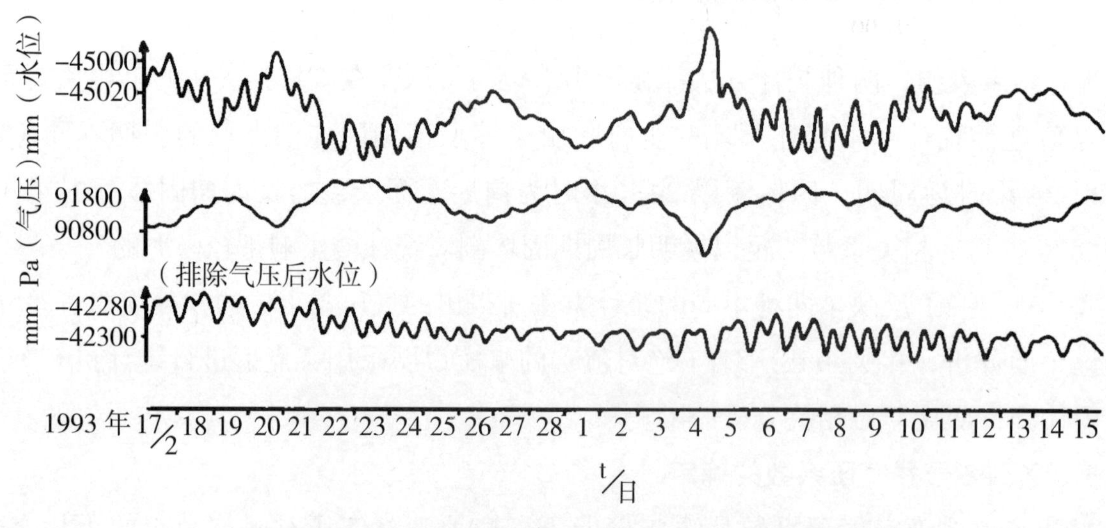

图 3a　用“-0.03 毫米 / 帕”排除气压后的水位曲线图

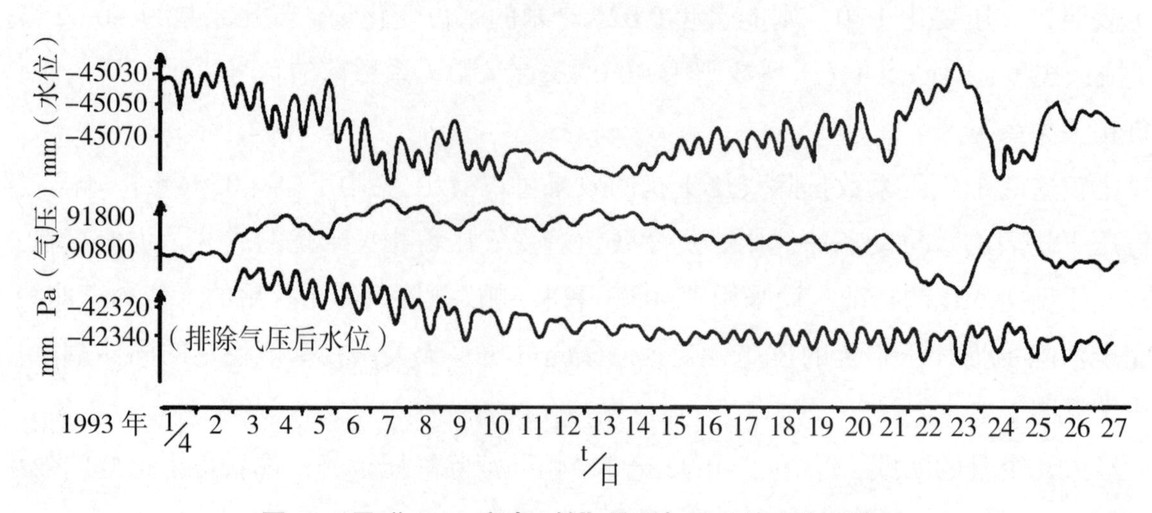

图 3b　用“-0.03 毫米 / 帕”排除气压后的水位曲线图

因此，经相关系数的比较和实践的检验，确定 XZ–2 号井的气压系数为 –0.03 毫米 / 帕。气压系数的确定，说明了相关分析中采用“零点值”比“日均值”效果好些。

四、利用气压系数排除气压干扰的方法

确定了 XZ–2 号井的气压系数为“–0.03 毫米 / 帕”，也就确认了式（2）（h_i=–42310–0.03P_i）为气压对该井水位的干扰规律。式（2）表明，该井的水位动态是在稳定水位 –42310 毫米的基础上叠加着气压的干扰成分。采用方程“$h'_i = h_i+0.03\ P_i$”逐时计算，则可得出排除气压干扰后的水位整点值；（式中，h'_i 为排除气压干扰后的水位整点值；h_i 为水位实测整点值；P_i 为气压实测整点值），计算方法如表 3。

表 3　计算方法表

日	时	P_i（Pa）	h_i（mm）	h′（mm）（以 h_i'=h_i+0.03P_i 计算）
03.01	0：00	90430	–45034	–45321
	1：00	90450	–45033	–42319
	2：00	90430	–45031	–42318
	…	…	…	…
	23：00	90550	–45044	–42327
03.02	0：00	90520	–45038	–42322
	1：00	90480	–45038	–42319
	2：00	90470	–45030	–45316
	3：00	90480	–45209	–45315
	…	…	…	…
	23：00	90900	–45056	–42329

用 h_i 逐时点图，则可绘出排除气压干扰后的水位动态整点值曲线。

五、效果检验

排除气压干扰后的水位动态曲线与原始动态曲线对比分析，显示了以下处理效果：

1. 这种处理方法，能较好地排除气压干扰而完整地保留固体潮水位波形。

2. 可以看出 XZ–2 号井排除气压干扰后的水位动态曲线是一条在稳定水位背景上叠加出现的有固定周期节律的水位固体潮变化图形。这是该井正常水位的重要特征，是判断水位异常的重要识别依据。

3. 排除气压干扰后，使本来由于气压干扰所造成的水位固体潮畸变恢复了正常形态，为分析判断水位固体潮畸变的地震异常提供了明确的思路（见图 4）。

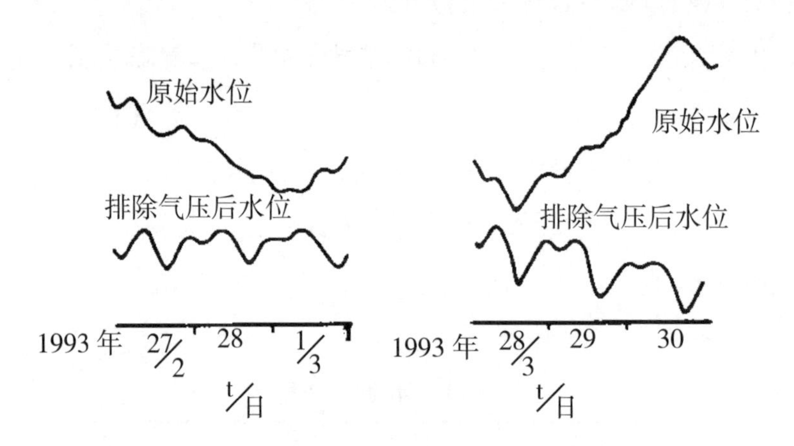

图 4　排除气压后水位固体潮曲线图

4. 对出现的几次“水位异常”原因做出了科学的解释。如 1993 年 3 月 2~6 日、3 月 26~30 日分别出现了幅度为 7.4 厘米（正异常）、5.5 厘米（负异常）两次水位异常，排除气压干扰后“异常”消失，而是一条正常的水位固体潮波形曲线（见图 5）。

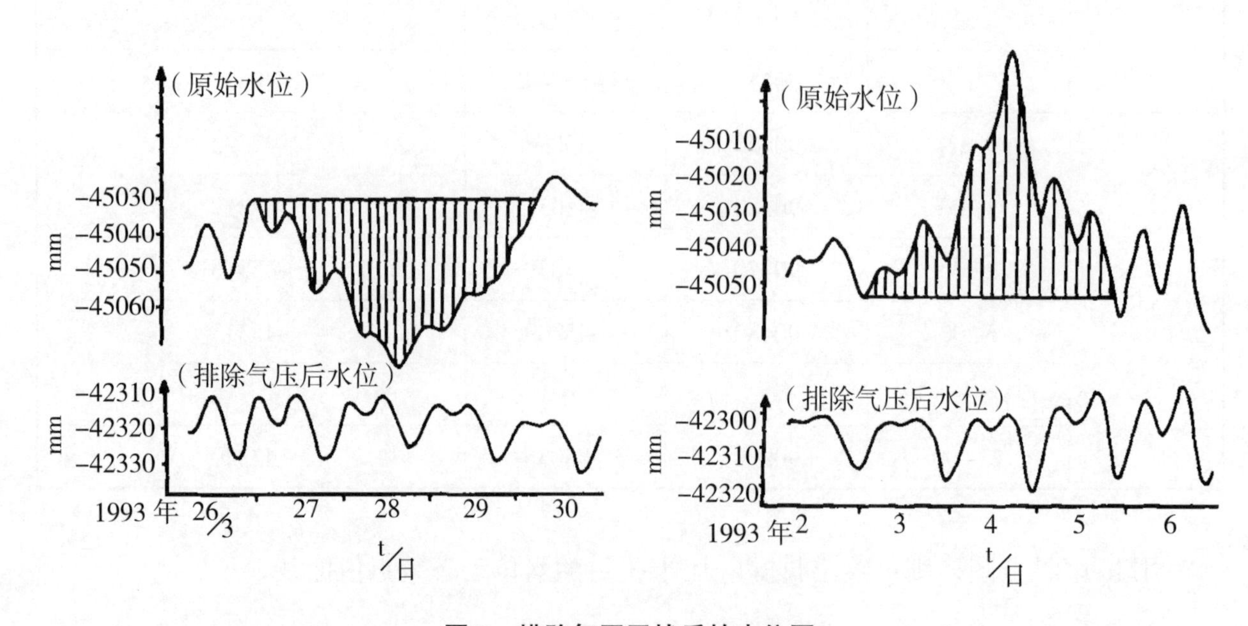

图 5　排除气压干扰后的水位图

又如，1993 年 4 月 23 日 20 时至 24 日 10 时，水位速降 6 厘米，如此大的下降速率前所未见。接到忻州市地震办公室的紧急报告后，经计算表明，属气压干扰所致，及时予以排除。

5. 排除气压干扰后，清晰显示了固体潮的日变、月变规律。为进一步开展水位固

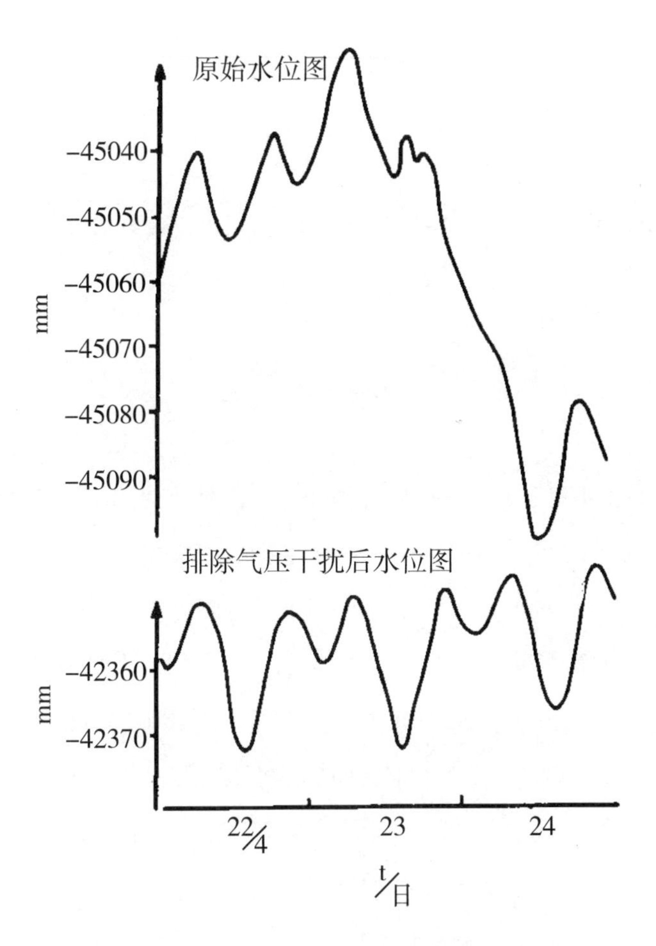

图 6 排除气压干扰后“水位异常”消失

体潮的研究创造了条件。

研究表明，气压是该井的主要干扰因素。判断水位异常，必须首先排除气压的干扰，方能做出科学的结论。

（原载《山西地震》1994 年第 2 期）

滹沱河上游断陷盆地地震危险区的研究

黄振昌　梁瑞平

一、引言

滹沱河上游断陷盆地位于山西断裂带的中北部（东经 112°00′~114°00′，北纬 38°10′~39°20′）。该区地质构造复杂、断陷盆地边缘受活动性正断层所控制。在盆地内历史上曾发生破坏性地震 9 次，其中 7~7.5 级强震 3 次，1952 年原平崞阳发生 5.5 级地震 1 次，有喷水冒沙等现象；1991 年忻州上社 5.1 级地震均给人民的生命、财产造成很大损失。所以本区的地震活动应引起地震工作部门的高度重视。

本区被国家地震局列为未来十年内地震重点防御区及 1996 年度地震重点危险区。笔者在滹沱河上游断陷盆地进行了初步研究，在地震构造、历史地震和现今地震综合分析的基础上，认为未来几年内可能发生破坏性地震的地段有 3 个：即代县—原平一带、忻州—石岭关一带、子干—播明一带。

二、活动构造的特征

本区地质构造复杂。既有东西向构造带、南北向构造带、祁吕弧构造，又有华夏系、新华夏系构造带。特别是晚近期后活动断裂比较发育从地貌地质看，山区不断上升，盆地缓慢下降，相对高差达 500 多米。在新生代以来，滹沱河上游断陷盆地（见图 1），开始形成并发展。断陷盆地新构造运动突出地反映在水系演化过程。

系舟山断裂带由一系列相互平行断层组成，经多次构造运动至燕山运动末才基本完成构造轮廓。而新生代构造运动使其更趋于定型，并且使凹陷进一步下沉，沉积中心在系舟山山前。第四纪地层厚度约 500 米。如果加上第三纪地层，总厚度千余米。公元 1038 年 $7\frac{1}{4}$ 地震就发生在差异活动最大的地段。

近南北向的云中山和五台山西麓断裂，控制原平谷地的形成。两侧高山不断抬升，而谷地相对下沉，于 1683 年在原平发生 7 级地震。

北东向的五台山山前断裂和恒山山前断裂，控制代县谷地的形成。据物探资料和钻孔资料，代县谷地为掀斜式，其基底为断阶带。（见图 2）恒山南麓沉降较浅，沉积物亦较薄。而五台山山前断裂沉降较深，故沉积物亦厚。1973 年在代县赵村附近打 2 个钻孔，ZK_2 孔孔深 352.77 米，见基岩风化壳；在其西北向 320 米处的 ZK_4 孔，孔深

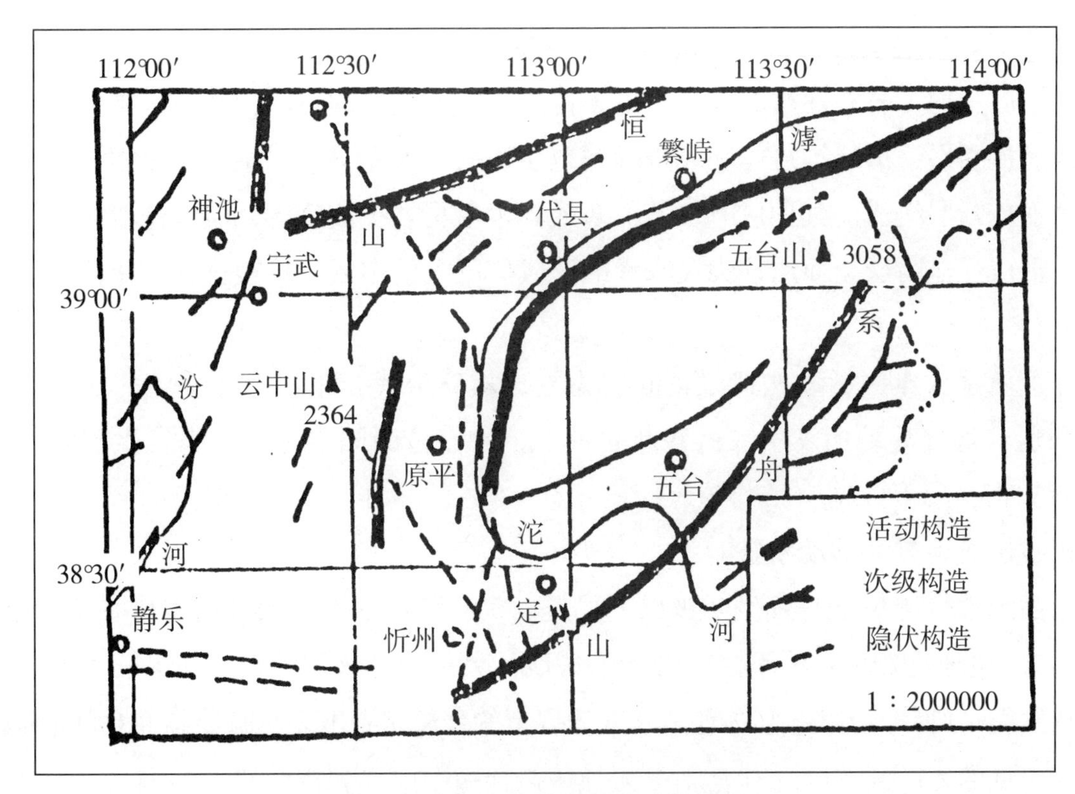

图1　滹沱河上游断陷盆地构造图

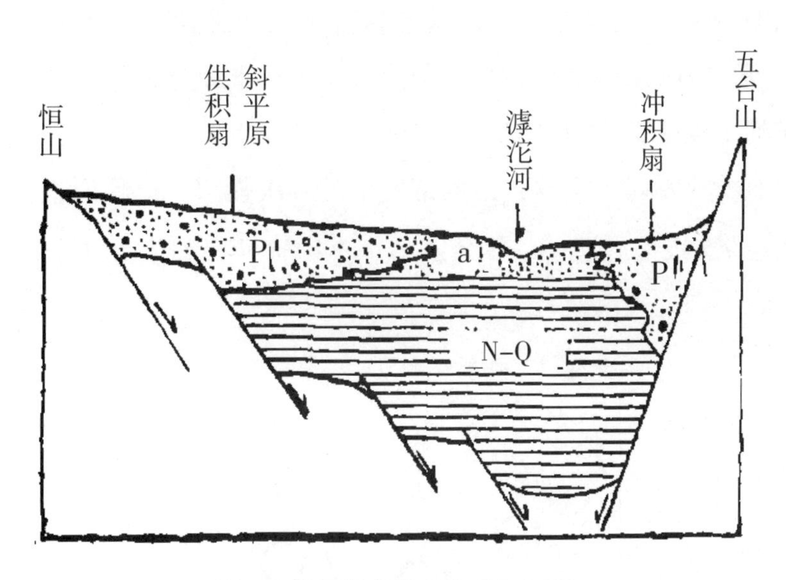

图2　代县谷底基底构造与沉积

556米，未见基岩，仅打到更新统顶部的砾卵石层夹薄层泥沙和棕红色亚黏土。表明沉降深度很大，512年7$\frac{1}{2}$级地震就发生在差异运动较大的地段。

盆地周围有系舟山、五台山、恒山南麓、云中山等山前断裂。在盆地内有：崞阳—界河铺、白村—关城、董村—朔州、西烟—长梁沟及东碾河等隐伏断裂，控制着盆地的范围、形态沉降深度。盆地内新生代沉积物较厚，一般达700多米。沿五台山北侧盆地沉降幅度较大，新生代沉积物也较厚。

盆地周围均为岩石裸露的高山，由于古主压应力方向的不同，使山区构造多成为逆断层或逆掩断层，形成推复体和飞来峰等地质现象。如系舟山山系的白家山一带，至少由两个逆掩断层组成。其形成时，使下寒武系紫色页岩推成倒转，使滹沱群白云岩发生破裂，形成逆掩断层，而六岔尖飞来峰的形成使巨大的白云岩块被推到下寒武系紫色页岩之上。

综上所述，本区活动构造以正断层为主，从新生代以来一直在不停的活动。历史地震和现今地震活动均发生在这些断裂带上，所以该断陷盆地是未来发生破坏性地震的场所。

三、历史地震的活动特征

山西地震带历史上曾发生 7 级以上强震 6 次，其中 2 个 8 级地震发生在临汾盆地。3 个 7~7.5 级地震发生在滹沱河上游断陷盆地，另一个 7 级地震发生在灵丘盆地。

从发震序列看，历史上曾发生 6 次 7 级以上的强震，有由北向南迁移再由南向北跳迁的特征（见图 3）。由 512 年代县 $7\frac{1}{2}$ 级地震后，震中南迁到董村的 1038 年 $7\frac{1}{4}$ 级地震，继续南迁到赵城 1303 年 8 级地震后，又向北跳迁到灵丘 1626 年的 7 级地震。此后，震中由北向南迁到原平 1683 年的 7 级地震，又继续南迁，直到临汾 1695 年发生 8 级地震。假如 1989 年大同—阳高 6.1 级地震的出现，是震中由南向北跳迁的话，那么下一个强震震中可能南迁到滹沱河上游断陷盆地。或者说 1695 年临汾 8 级地震后，震中又应向北跳迁到滹沱上游断陷盆地。从发震类型看，山西带发生的 6 次强震（史料记载）皆属主震—余震型。如 512 年代县 7.5 级地震后，一年余震不止；1038 年董村发生 $7\frac{1}{4}$ 级地震后，地震至

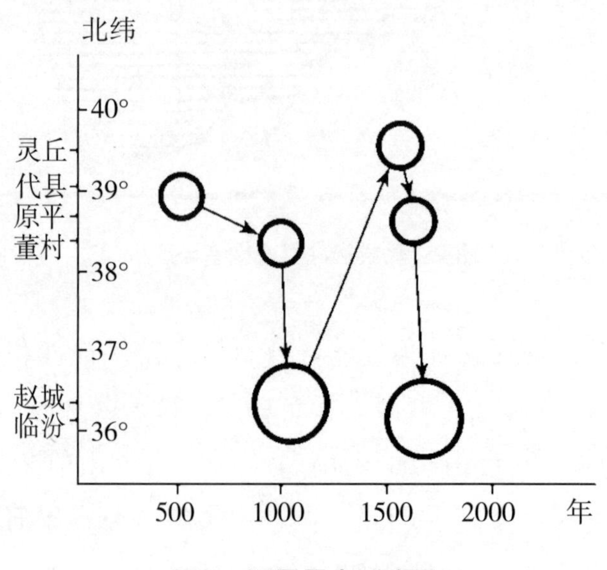

图 3　强震震中迁移图

5日不止，翌年正月又震，有称历旬不止或十年震动不已者；1683年原平7级地震后，应时或摇动，每日夜数十次，五六年内或一日数次，或数日一次，此后渐复其常。

四、现今地震活动的特征

从1952年到现在的44年间，本区发生5.5级以下，能交汇震中的地震达430余次。其活动特征为：

1. 小震活动频度逐年增加。

2. 小震活动常以震群出现。如：1979年代县小震群，在30天内发生小震169次，最大震级3.8级；1980年出现五台小震群。

3. ML3~5级地震常呈突发型地震。如：1979年1月31日在忻口发生4.5级地震一次，虽然没有造成破坏，但有感范围较大，附近7个县的群众有感；1971年4月22日在忻县发生4级地震一次；1972年9月19日在繁峙发生3.9级地震；1991年1月29日忻州发生MS5.1级地震等都是突发型地震。

4. 小震活动在垂直方向上分层，在水平方向上分带。从小震震源深度剖面图可以看出，震源深度可分3层。第一层在10公里左右，相当于结晶基底顶面附近。地震分布较少，而且较分散。第二层在20公里左右，相当于康氏面附近。地震分布较多，而且亦较集中。代县小震群、五台小震群等60%地震均发生在该层，所以说本区康氏面附近为易震层。第三层在30公里左右，相当于玄武岩层顶部。地震分布较少但较集中。其分布在东冶东社一带、白村至王家庄一带，均呈北西向分布。在莫霍界面附近只有零星地震分布。（见图4）小震活动除北西向带状分布外，还有北北东向、北东向和东西向带状分布。

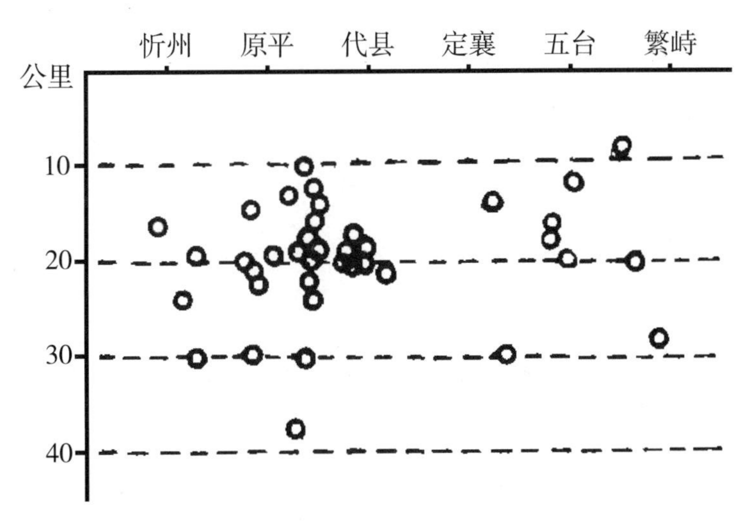

图4 震源深度剖面图

本区地壳结构与震源深度关系，大致为山区震源一般较浅。如：五台山、恒山山系震源深度在 8~20 公里。相反在断陷盆地内或盆地周边震源深度一般在 20~30 公里。其说明盆地内的地震均发生在深大断裂的较深部位。

五、结论

滹沱河上游断陷盆地，由于地壳岩性的不均一分布，使地壳块体在垂直方向上表现为分层，水平方向上表现为分块。新构造运动的差异性，使盆地分割成大小不同，活动性差异的块体。在块体边缘和层间接触带为介质分布不均一地区也是新构造发育和活动地段。所以在断裂的端点转弯处或几条构造的交汇地区和复合部位，是地应力易于积累和集中地区。在特定部位和特定条件下，是未来发生破坏性地震的场所。根据活动构造的特定部位，圈定出三个地震危险地段，即代县—原平一带、忻州—石岭关一带、子干—播明—带。

参考资料

[1] 马杏垣等:《五台山区地质构造基本特征》，地质出版社 1957 年版。

[2] 山西省地震局：地震目录汇编。

[3] 211 地质队:《山西省代县赵村磁异常报告》。

[4] 省水文地质一队:《1977 年山西省忻县地区水文地质图》。

（原载《山西地震》1997 年 Z1 期）

山西奇村水汞相关性分析与区域分布特征的研究

——剖析山西奇村水汞与空白样同步的原因

封德俭　田魁平　张俊民　邢爱珍

一、引言

山西奇村水汞自 1992 年观测以来，积累了大量的观测资料，在震情监视中曾多次出现值得研究并进一步验证的信息。但自增测空白样以来，一直存在奇村水汞与空白样同步的现象（见图 1），从而对奇村水汞的映震能力产生了疑问。为弄清这一问题，笔者对此进行了研究。随着研究工作的不断深入和研究区域的逐步扩大，不但揭示了产生同步现象的原因，而且对忻定盆地主要地段的水汞区域性分布特征有了初步了解。这为进一步发挥水汞观测项目的震情监视能力开阔了思路。

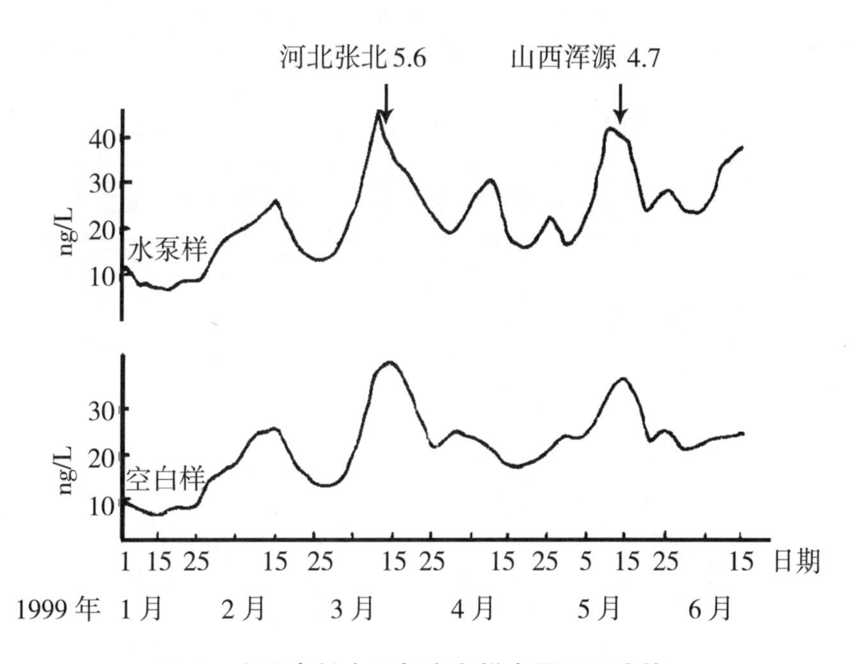

图 1　山西奇村水汞与空白样水汞五日均值

二、山西奇村水汞测井及空白样水井的概况

1. 山西奇村水汞测井（下称“水化热水井”）设在奇村热田地震水化站院内，属热水井，井深 51 米，未见基岩，水温 60℃，为地震水化专用井。一般情况下每日观

测一次，严格依操作规程及技术要求进行操作。

2. 空白样取于奇村工人疗养院生活用水井（下称“工疗冷水井”），该井设在热田西侧的冷水区内，井深百余米，水温正常，与热水区完全隔绝。该井属热田疗养区各单位的生活用井，用管道与各单位相通，用水量大，水在水塔中存留时间短，因此，该井的自来水与直接从井中取水无明显水化差异。制作空白样及该井水样皆取于该井自来水。将该井自来水加热沸腾处理后作为空白样使用。每 4~5 天制作一次。

三、3 种水样的相关分析

为分析水化热水井的水样与空白样同步的原因，自 1999 年 6 月 23 日起对水化热水井、工疗冷水井、空白样同时进行每日一次的连续观测。对 1999 年 6 月 23 日至 8 月 14 日连续 53 天的观测资料进行了对照分析，3 种样的五日均值列于表 1。水化热水井与空白样、工疗冷水井与空白样、工疗冷水井与水化热水井的五日均值的动态对比见图 2、3、4。

表 1　山西奇村水化热水井工疗冷水井空白样五日均值表

水　样	五日均值 /（纳克 / 升）											
水化热水井	18.5	24.9	24.8	52.8	62.6	67.6	67.2	36.5	27.1	31.3	35.8	40.8
工疗冷水井	24.1	22.4	23.4	54.0	65.2	61.4	69.3	28.9	20.1	27.2	39.8	39.6
空　白　样	15.6	23.6	22.4	65.3	62.2	68.1	64.3	36.6	21.7	27.2	40.0	40.6

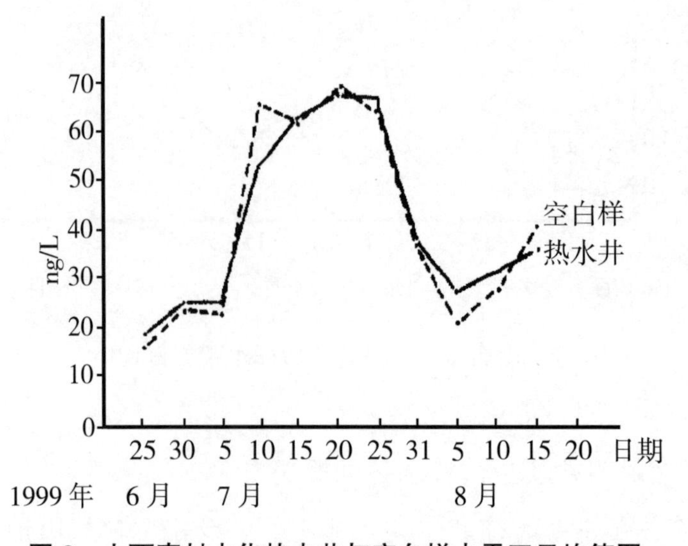

图 2　山西奇村水化热水井与空白样水汞五日均值图

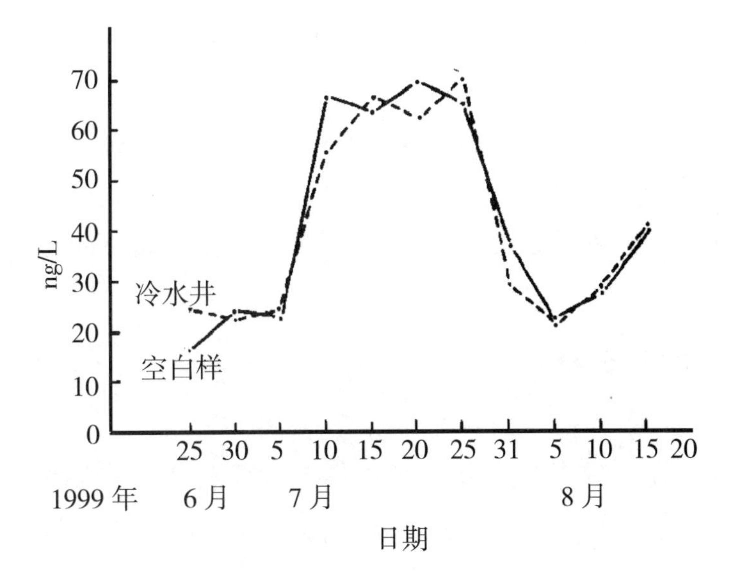

图 3　山西奇村工疗冷水井与空白样水汞五日均值图

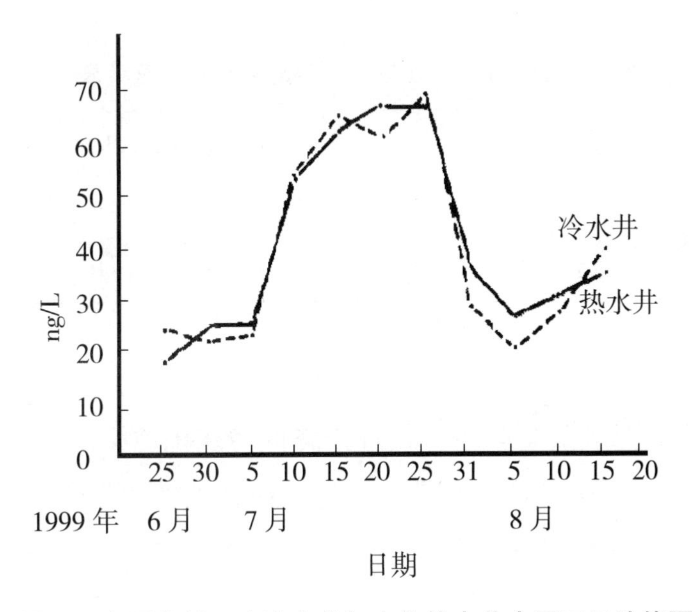

图 4　山西奇村工疗冷水井与水化热水井水汞五日均值图

1. 水化热水井与空白样统计结果

回归方程：

$$y_{kongbai}=1.09x_{shuihua}-3.76$$

相关系数：$r_1=0.97$。

2. 工疗冷水井与空白样的统计结果

回归方程：

$$y_{lengjing}=0.9x_{kongbai}+3.14$$

相关系数：$r_2=0.96$。

3. 工疗冷水井与水化热水井的统计结果

回归方程：

$$y_{lengjing}= 1.01x_{shuihua}-1.73$$

相关系数：r_3=0.97。

以上结果表明，两者之间存在正相关关系，显示出3种样的动态变化皆受同一因素的制约。

四、紧密相关的原因分析

1. 工疗冷水井与空白样紧密相关的原因

制作空白样的水取于工疗冷水井，经加热沸腾后备用。沸腾的目的在于把水中的汞蒸发出去，而得到无汞空白水。通常认为沸腾持续时间越长，蒸发出去的汞应越多，空白样越纯净。为检验这一问题，我们做了沸腾持续时间与水汞含量关系的实验，结果见表2。

表2　沸腾持续时间与水汞含量关系实验统计表

加热状况	加热前（冷水）	沸腾持续时间 / 分				
		0	2	4	6	8
汞测值（纳克 / 升）	20.6	28.2	25.9	19.0	29.5	24.2

实验结果说明如下问题：

（1）不显示随沸腾时间的延长汞含量逐步降低的变化规律。

（2）沸腾处理的空白样与未经沸腾处理的水样，汞的含量无明显变化，说明工疗冷水井中可挥发的纯汞含量甚微。通过不加试剂直接鼓泡测量的方法也证实了这一点（有时测值为0）。按通常规定加入试剂后所测汞值明显升高，说明水中的汞主要是以无挥发性的汞化物形式存在。通常所测汞值主要反映了汞化物的还原量。

（3）加热沸腾对不挥发汞化物起不到应有的净化作用，基本与未沸腾水含量相同。这是导致空白样与工疗冷水井水样汞含量紧密相关的根本原因。

2. 工疗冷水井与水化热水井所处地质环境分析

工疗冷水井与水化热水井无论水文地质条件还是井孔自身状况都有很大差异。水化热水井的水温之高，表明地下水的循环深度极大，受到深大断层的直接影响，与工疗冷水井相比，水文地质条件截然不同。但表1及图4所示，两井的水汞含量及动态极为相似，反映出两井水汞含量及其动态变化的高度一致性。

研究表明，两井水汞含量动态的一致性，是由区域性的水汞分布特征所决定的。

在忻定盆地的忻州—原平区域，南至下佐乡（盆地的南端），北至原平市闫庄镇，东至顿村热田一带，西至三交乡（盆地的西侧），在这南北长 40 公里，东西宽 24 公里的范围内，对 21 眼井（其中，热水井 10 眼，包括奇村热田有 8 眼、顿村热田有 2 眼；冷水井 11 眼）进行了水汞含量的实地测量，并进行了综合分析。井孔分布见图 5a、5b、5c，对水化热水井与工疗冷水井进行每日一次的连续观测，目的在于得到连续的水汞动态曲线。对其他各井进行不定时测量，不要求资料连续，主要看其测值与上述两井水汞动态曲线是否吻合。通过实测资料进行区域性水汞分布特征的分析，实测结果见图 6。

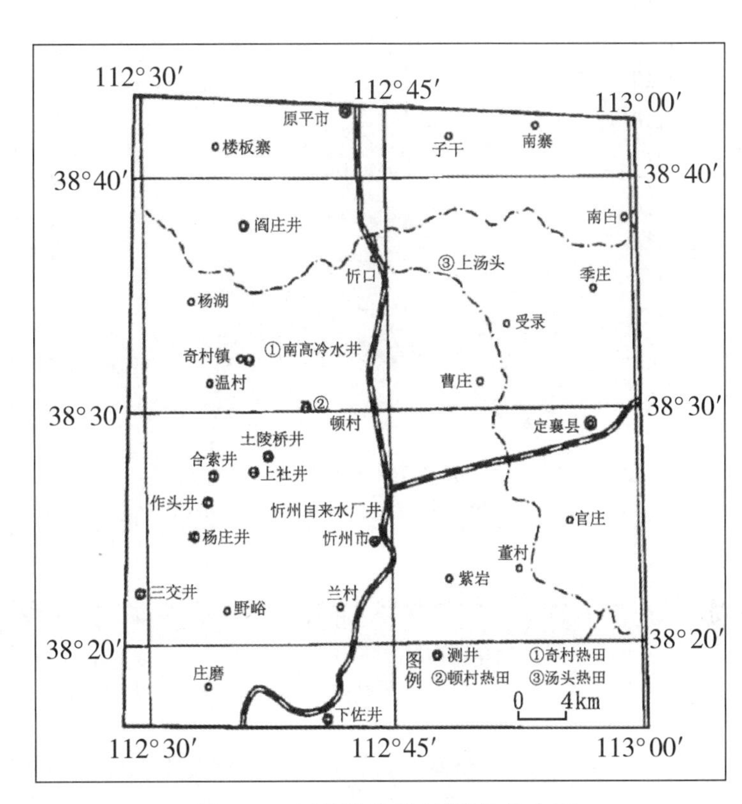

图 5a　山西忻定盆地测井分布图

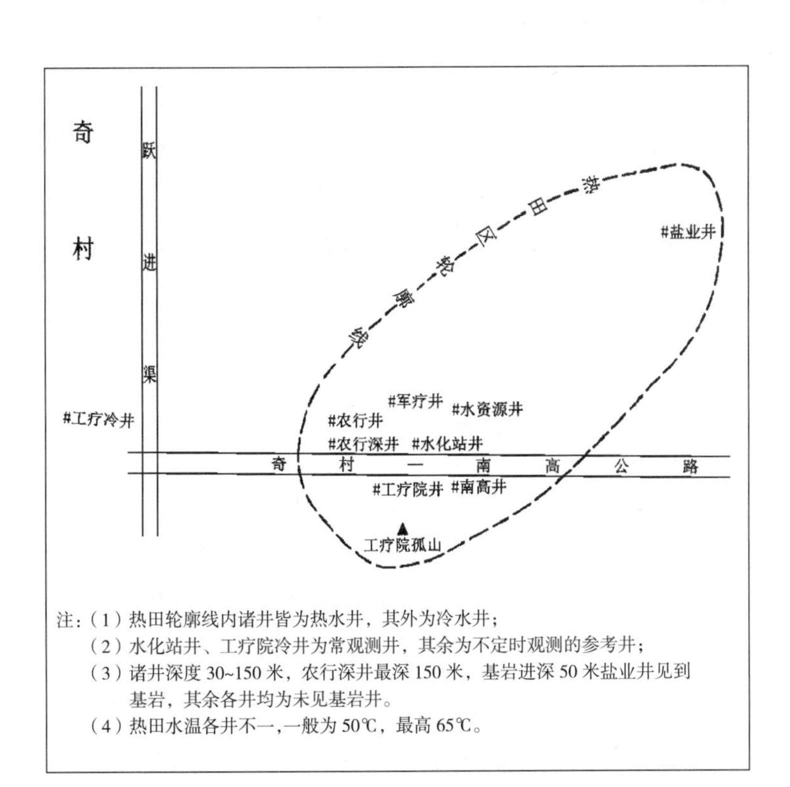

注：（1）热田轮廓线内诸井皆为热水井，其外为冷水井；
（2）水化站井、工疗院冷井为常观测井，其余为不定时观测的参考井；
（3）诸井深度 30~150 米，农行深井最深 150 米，基岩进深 50 米盐业井见到基岩，其余各井均为未见基岩井。
（4）热田水温各井不一，一般为 50℃，最高 65℃。

图 5b　山西奇村热水田一带测井分布示意图

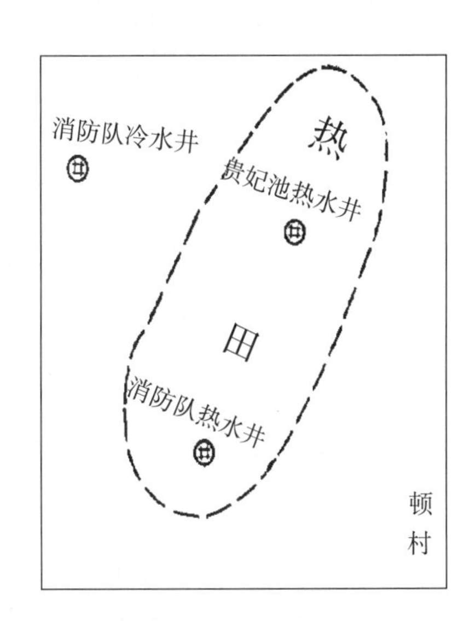

图 5c　山西顿村热田一带测井分布示意图

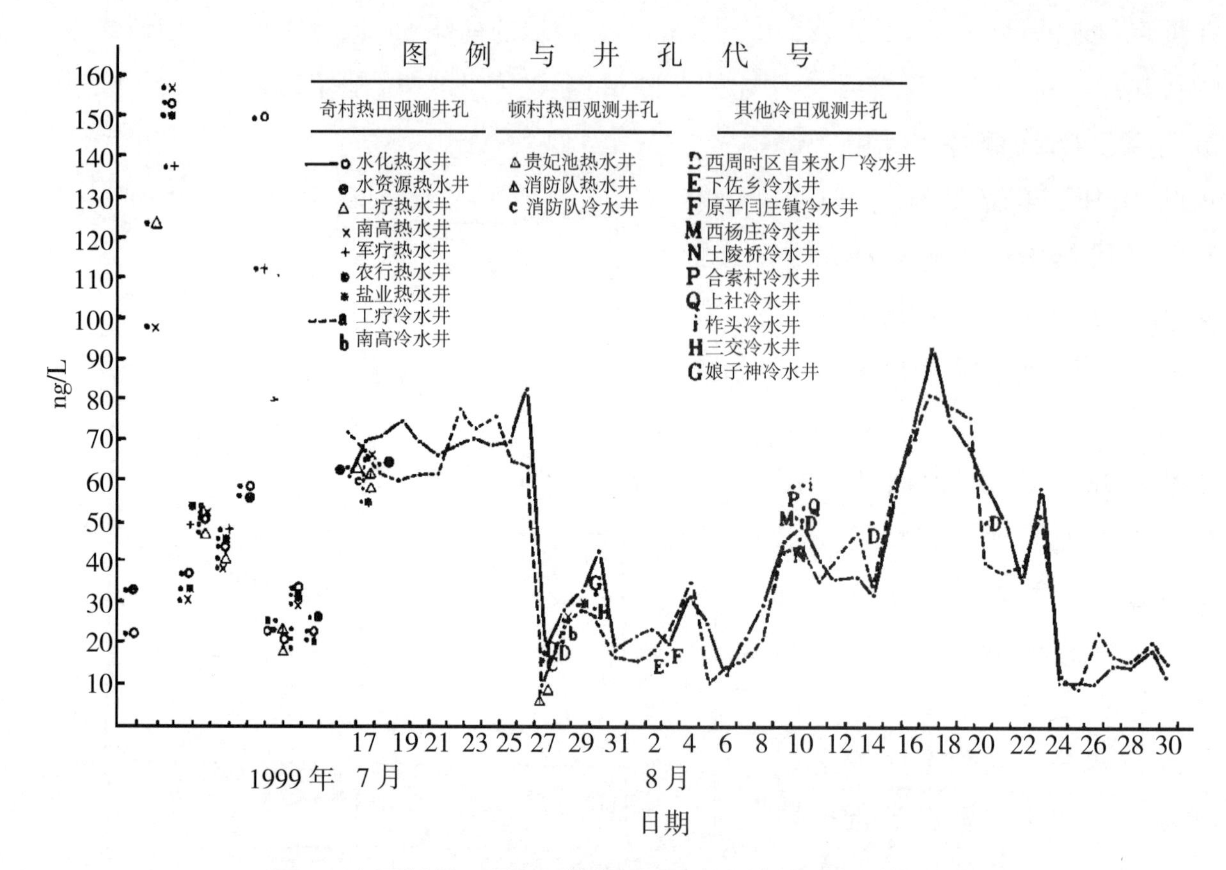

图6 山西忻州—原平一带各测井水汞测值分布综合分析图

从图6可明显看出，不仅水化热水井与工疗冷水井的水汞含量及动态变化存在较好的一致性，而且两个热田的各热水井与热田外的各冷水井的水汞测值皆与连续观测的两井水汞动态曲线吻合较好。这一现象揭示了忻定盆地（起码在960平方公里实测区域内）具有水汞含量均匀分布、动态变化同步的特征。由此可见，水化热水井与工疗冷水井水汞动态紧密相关的现象是由区域性水化特征所决定的，是区域性水化特征在两侧井之间的具体反映。

五、对水汞区域性分布特征的几点看法

1. 水汞区域性均匀分布可能与大构造有关

在近1000平方公里的测区内，各测井局部的水文地质条件有明显差异，特别是热田区域与冷水区域的差别更为显著，前者以深大断裂为通道与地壳深部连通，后者则不然。但水汞含量却无明显差别，说明决定水汞分布状况的主要因素不是局部的构造条件，而是更大规模的构造背景。如果这一分析成立，测点的水汞动态则可反映大区域、大构造的变化信息，水汞不但对近震有一定反映，而且对远震的反映也是可能的。

2. 水汞动态可能是地壳深层信息的反映

来自浅层的信息易受到局部因素的影响，各测点之间必然出现明显的信息差异。研究表明，水汞分布不因局部水文地质条件及局部构造条件的差异而变化，而是表现出区域性分布的高度一致性。以此推断，水汞动态信息很可能来自地壳的深部。

3. 水汞的地震异常特征

水汞的地震异常，常常是以高于背景值几倍甚至十几倍大幅度突跳为基本特征的。其原因可能与汞的物理性质有关。汞是液态金属，具有较强的挥发性。这一特点决定了汞不但具有向地壳深部渗透的趋向，而且随着渗透深度的加深，地温越来越高，挥发作用越来越强，最终由液态变为气态而上涌，当通道开通时溢出地壳，当通道闭塞时，上涌的气态汞被储于合适的构造部位，形成气囊，如因某种动力原因（如应力作用）通道被打通时，高压气汞必然产生爆发性喷发，造成水汞大幅度突跳异常。实测表明突跳时纯汞含量明显升高，与上述分析是一致的。

（原载《山西地震》2001 年第 4 期）

晋 5–1 井水位年变动态分析

封丽霞

一、引言

晋 5–1 井位于忻州市静乐县娘子神乡黑汉沟村东碾河南侧的河谷中，井深 362.92 米，水位埋深一般在 7~9 米之间，属承压井，观测层岩性时代为奥陶系灰岩。自 1983 年观测以来，已积累了大量的资料。多年的观测资料表明，该井的水位固体潮、水震波映震能力良好。

在地震中短期分析预报中，常常以水位年变动态的异常作为震情分析的依据。因此，科学认识水位的年变动态及其产生的原因是分析判断震情的关键。为满足日常震情监视工作的需要，需对该井连续多年的水位观测资料进行研究分析，以找出观测井水位动态变化规律。

二、晋 5–1 井水位年变动态分析

在通览逐年水位动态观测资料的基础上，着重研究分析了 2000~2007 年连续 8 年的观测资料。虽然各年的水位动态有所差异，但在相同时段却有一些规律可循，概括起来有以下几点（见图 1）。

（1）第一时段：1~4 月，逐年水位动态变化较为一致，显示出较好的变化规律。表现为：1~2 月水位持续缓慢下降，3 月上旬开始缓慢回升，至 4 月底或 5 月上旬升到顶峰，形成一个较为平滑的弧形图像。

（2）第二时段：5 月中旬至 7 月下旬，水位动态趋势性下降，但各年图像形态略有些差异，显示出既有个性又有共性的动态特点。

（3）第三时段：8 月上旬至 10 月中旬左右，水位上升，但各年的上升幅度及速度一致性较差，个别年份（如 2001 年、2002 年）上升不太明显。

（4）第四时段：一般在 10 月下旬至 12 月底，水位下降，下降的起始时间有提前或推后的现象，个别年份（2002 年）还出现降后缓升现象。

综上所述，可以看出逐年起伏变化在同一时段的一致性是该测井水位年变规律的基本特征。

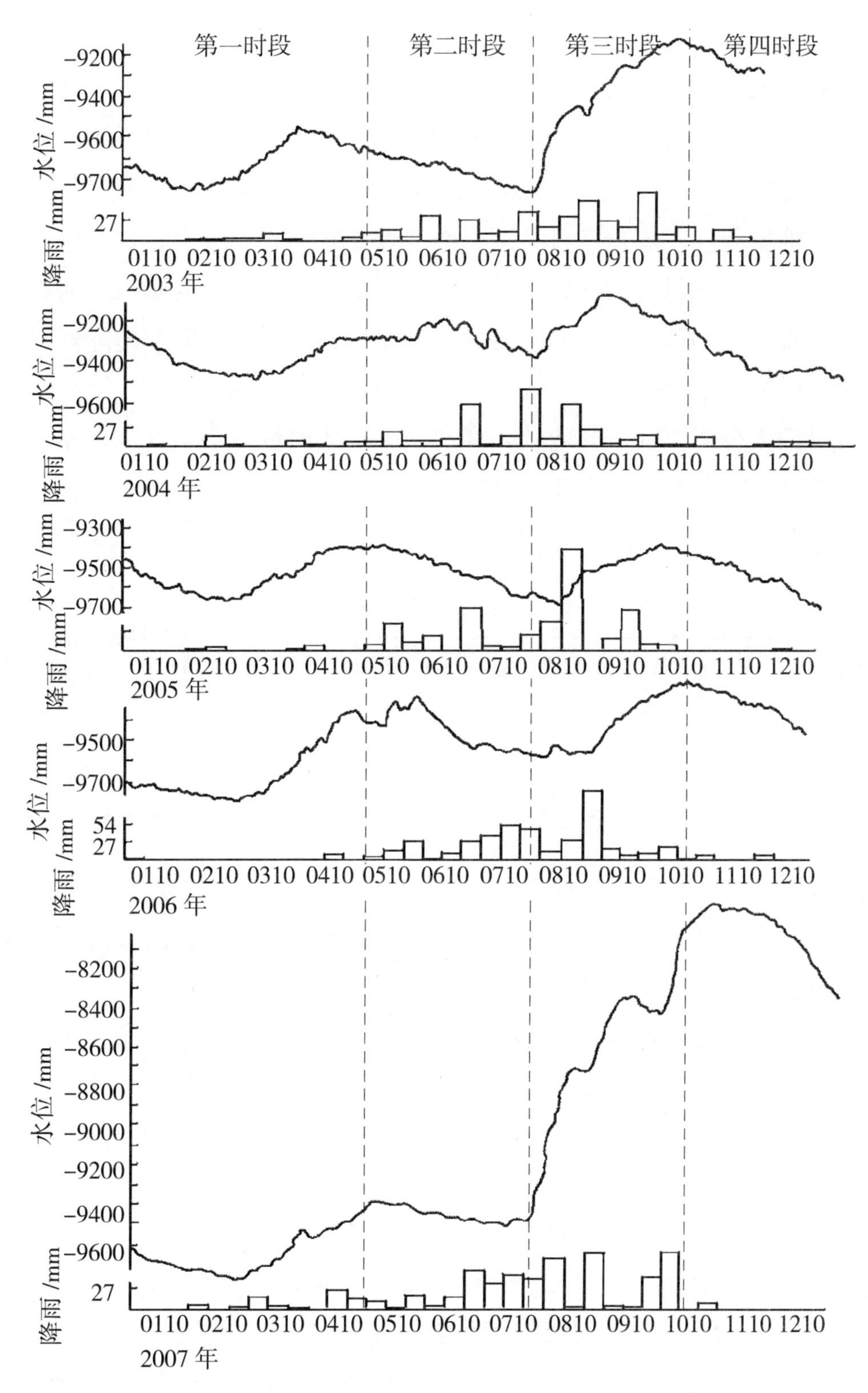

图 1　晋 5-1 井 2003~2007 年水位日均值、旬降雨量图

三、影响水位动态相关因素的分析

水位动态的正常变化，其实质是反映了地下水的补给与排泄的动态平衡过程。为探讨该测井水位动态年变规律生成的机理，对测井的周围环境、水文地质条件、所处

构造部位以及气象等有关因素进行了综合性的分析。

（1）测井周围的环境概况。据调查，测井周围未发现深层井开采，地下水开采以浅层水开采为主，但浅层井农用开采地下水会对深层补给产生一定影响。测井位于碾河河畔，碾河是地下水补给的主要来源。

（2）水文地质条件。成井资料显示，测井处在断裂破碎带上，含水层岩石溶洞发育，在井深230~290米处测井通过破碎带。碾河断裂的存在，为碾河及河谷的浅层水向深层补给提供了有利条件。测井上游的碾河流域宽阔，为大面积的降雨向碾河及河谷汇聚提供了很好的地貌条件。

（3）气象因素分析。静乐县地处高寒地带，年降雨量平均440毫米左右，枯水年雨量仅有300毫米，富水年雨量可达600毫米。在一年中降雨量的时间分布极不均匀，县气象站近10年的降雨量统计见表1。

表1　静乐县气象站近10年降雨量统计表

月　份	1	2	3	4	5	6	7	8	9	10	11	12
月均降雨量（mm）	2.0	4.4	7.9	15.9	38.2	72.0	75.6	116.3	71.7	28.3	5.5	3.7
年均降雨量（mm）	441. 5											

由上表可知，1~5月降雨量仅占全年的15.5%，10~12月占全年的8.5%；6~9月占全年的76%，是多雨时段，其中8月是降雨的高峰期。各年的实际降雨量及时间分布情况又有较大差异，对地下水的补给状况也会产生不同的结果。

四、水位年变动态特征生成机理的分析

地下水的补给与排泄决定着深层水位的动态变化。据上述分析结果，拟从“补给”与“排泄”两个方面对各时段水位动态特征生成的机理予以分析。地下水的补给方式主要是降雨，排泄通常有二个途径：一是地下水的径流，二是地下水的开采灌溉。图2给出了深层水位动态平衡的情况。

1. 第一时段水位弧形动态的生成原因。每年1至3月上旬，水位缓慢下降，属前一年后期水位回落的继续（原因后述）。3月中旬以后气温逐渐回升，碾河冰层逐渐融化，河谷冻土解冻，河水流量增大，地表水向深层补给增强，致使深层水位由缓降逐渐转为缓升，形成该时段水位动态的弧形曲线。在这一时段，既无有效降水的干扰，又无地下水开采的影响，水位动态显示出缓变平滑的特点。

2. 第二时段水位趋势性下降的原因。由表1和历年旬降雨量可以看出，5~7月虽然降雨量逐渐增多，但该时段的水位却逐渐下降。其原因有二：一是农用井开采。该

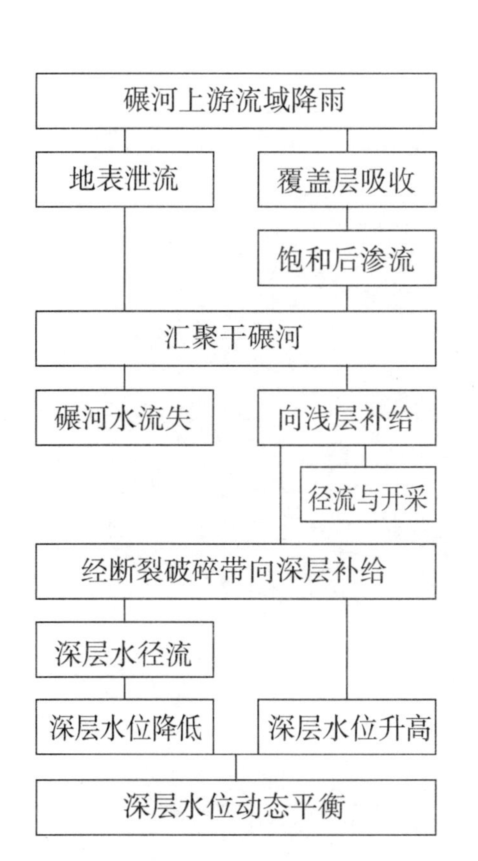

图 2　降雨与深层水位动态关系图

时段正是农业溉灌的时段，虽无发现深层井的开采，但浅层井的开采势必导致浅层水向深层补给不同程度地减少；二是降雨虽有所增多，但由于气温升高与较长时间的少雨干旱，造成覆盖层严重失水，需吸纳大量水分才能达到饱和。在此时段降雨量虽有所增多，但仍不能形成地下水的有效补给。因此，在有“排”无“补”的情况下，形成地下水位总趋势下降的状况。值得一提的是，该时段的降雨虽不达地下水的有效补给，但增加了覆盖层的湿度，为 8 月以后降雨对地下水的补给创造了条件。

3. 第三时段正处于多雨季节，地下水位的升高是由大量降雨造成的。如图 2 所示，碾河上游区域的雨水通过地表与渗流两个途径向河谷汇聚，并通过较长的断裂破碎带向深层补给，致使深层水位升高。上升幅度与第二、第三时段的总降雨量有密切关系（见图 1）。

对晋 5-1 井而言，在分析降雨对地下水位的影响时，应考虑到两个问题：一是降雨对地下水位的影响有一过程。因此，降雨与水位升高在时间上并无严格的对应关系，水位升高常常滞后降雨一段时间。二是每次降雨的雨量与水位升高的幅度不存在严格的定量关系，水位升高的幅度是多次降雨的综合反映。正因如此，每年的多雨时段为 6~9 月，水位升高时段却在 8 月上旬至 10 月中旬。

4. 第四时段水位下降的原因。自每年 10 月开始，降雨急剧减少，但由于水位变化的滞后效应，10 月份水位往往还在继续升高。进入 11 月份，降雨有效补给地下水的作用完全消失，而处于高水位的地下水泄流仍在继续。因此，地下水位由升转为下降，这一过程一直持续到次年 3 月初。

在静乐井水位具有基本年变规律的情况下，各年的动态图像仍有一些差异，主要表现在第三时段。一是第三时段“起始”与“结束”的时间有所错位。这一现象的产生，是由雨季到来得早晚及持续时间的长短决定的。雨季早来，起始时间提前；晚来，则推后。雨季持续时间长，结束的时间推后；否则，结束时间提前。二是升高幅度的差异，这一现象是由降雨量的多少所决定的。

由此可见，晋 5-1 井水位动态的年变规律是以测井所处的周围环境、水文地质条件以及较为稳定的季节性气象因素（降雨、气温）所决定的。

五、晋 5-1 井地下水位年变动态的畸变

连续多年的观测资料显示，绝大多数年份的水位动态符合上述年变规律。在 2000~2007 年连续 8 年的资料中，完全符合上述规律的有 5 年（2003~2007 年），部分时段发生动态畸变的有 3 年（2000~2002 年），如图 3 所示。

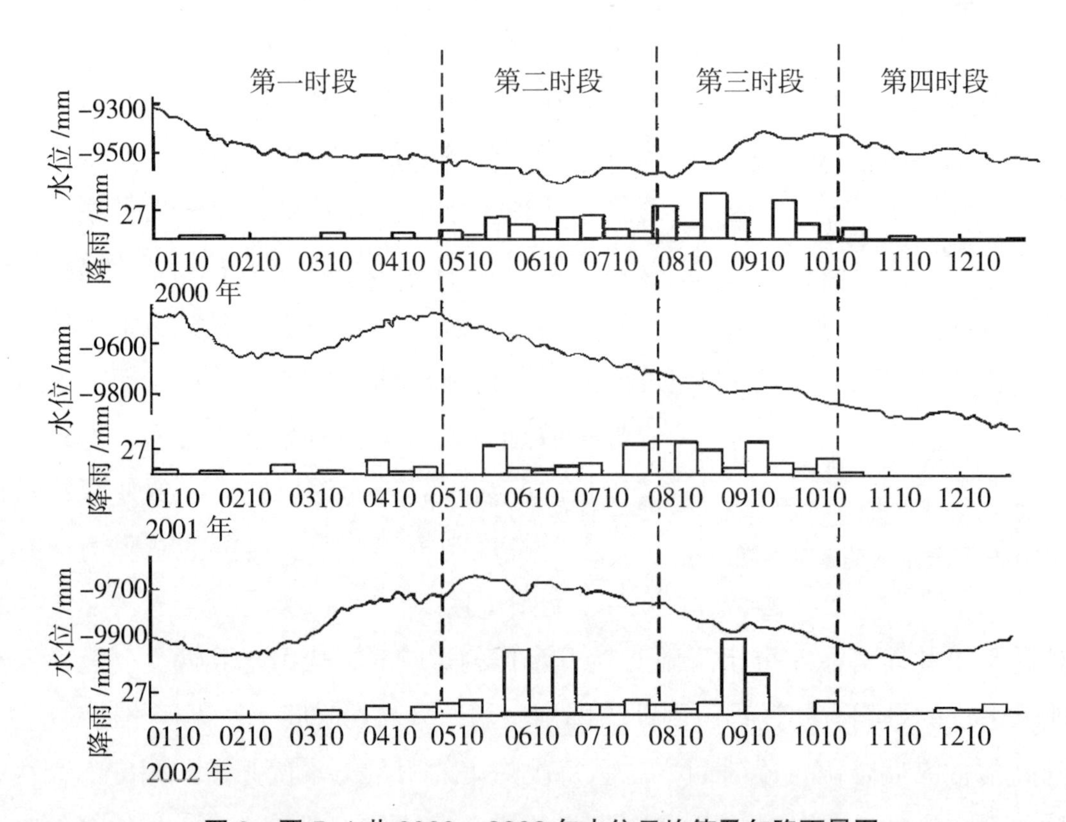

图 3　晋 5-1 井 2000 ~ 2002 年水位日均值及旬降雨量图

1. 动态畸变的基本情况

由图 3 可知，2000 年未出现 3~5 月的水位缓慢回升，从年初至 7 月底一直保持缓降态势；2001 年未出现自 8 月份开始的水位上升，从 5 月中旬开始至年底水位一直下降；2002 年第三、四时段水位出现反向变化。

2. 水位动态畸变原因的分析

（1）降雨规律的显著改变，可造成水位年变动态的非震畸变。

2000 年动态畸变产生的原因是由于连续干旱，碾河枯竭造成的。2000~2007 年连续 8 年的年均雨量为 441.5 毫米（见表 1），而 1998 年、1999 年连续两年的雨量分别仅为 344.7 毫米、312.9 毫米。据了解，连续两年的少雨干旱致使碾河断流，造成 2000 年春地下水无融冰可补。因此，深层水位出现无升反降的畸变。

2001 年全年的降雨量仅有 341.6 毫米，雨季降雨量远低于正常年份的雨量，造成

第三时段深层水位未出现上升的畸变形态。

2002 年第三与第四时段水位动态反向畸变的原因。7~8 月连续少雨是历年稀有的，第三时段水位一直维持下降状态；第四时段的水位反升是由于 9 月上中旬多雨的滞后效应。9 月上中旬雨量之多也是历年少有的。

（2）在降雨及其分布状况无明显差异的情况下，出现的水位动态畸变，应考虑是否与构造活动有关。

1991 年 1 月 29 日忻州 5.1 级地震，是该井自观测以来，发生在测区的最大地震，也是检验测井对本地地震监测能力的唯一较强震例。研究表明，该测井水位对此次地震不但临震异常明显，而且震前出现水位年动态畸变。

地震发生在第一时段的年初水位缓降区。由年动态规律可知，在第一时段特别是在水位缓降区，既无降雨影响，又无地下水开采干扰，水位下降应缓慢且平滑。日降幅度一般保持在几个毫米。查阅近 20 年的连续资料，最大日降幅度也不超过 30 毫米。在 5.1 级地震发生的前一天，由 1 月 27 日的 8926 毫米突降到 28 日的 9009 毫米，下降幅度竟达 83 毫米，是明显的临震突跳异常（见图 4）。

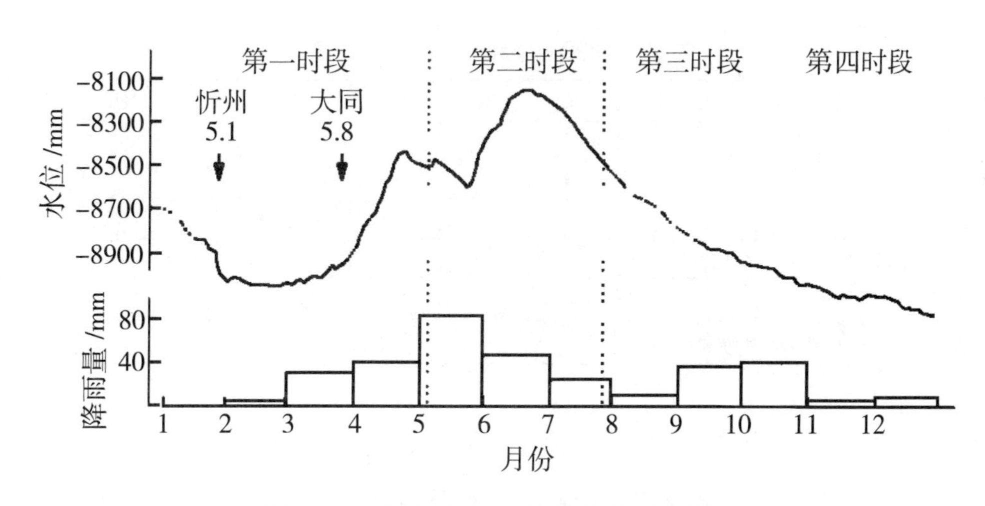

图 4　1991 年水位日均值及月降雨量图

通过对水位年动态的畸变情况分析可知，5.1 级地震前一年的日均值水位自 7 月份以后具有两个特点：一是波动大，二是打破了降雨正常年的变化规律，出现了动态畸变。具体表现为：第二时段的下降态势较正常年变规律提前一个月结束；第三时段前期略有上升外，一直保持下降状态。即 1990 年的 7 月初至 10 月中旬出现了三个半月的水位动态畸变（见图 5）。

关于 1990 年是否属降雨正常年份的判定。如图 1 所示，把符合水位年变规律的 2003~2007 年与 1990 年逐月的降雨量进行对比分析。鉴于水位变化对降雨的反映具有

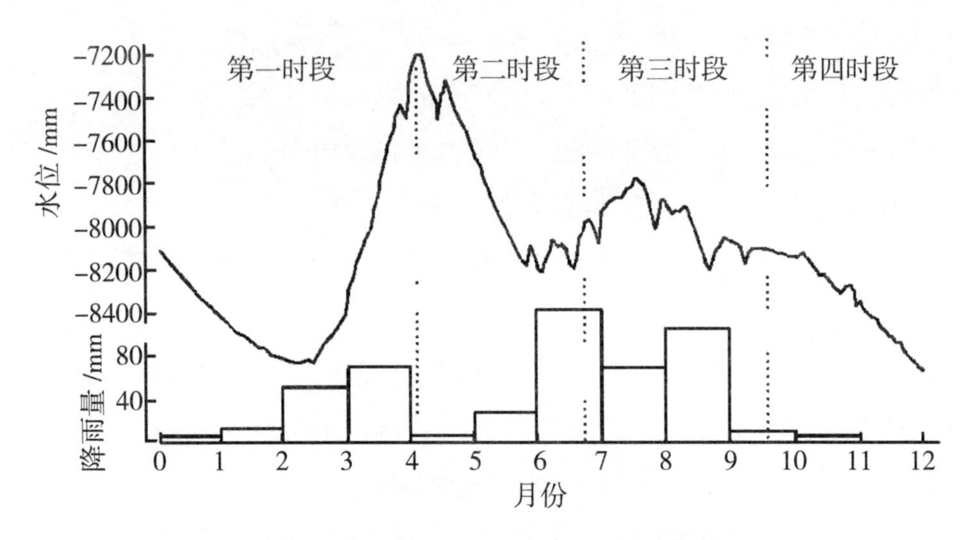

图 5 1990 年水位日均值及月降雨量图

滞后性，故对各年的月降雨量作了滑动处理。找出 1993~1997 年诸月最大与最小滑动值，两极值之间属正常年份月降雨量范围。再用 1990 年的逐月月降雨滑动值与此对比，凡落入范围内的视为正常。统计结果如表 2 所示。

表 2 1990 年降雨量判定指标值

月 份	1	2	3	4	5	6	7	8	9	10	11	12
正常滑动值范围（mm）		2~9	1~14	4~32	15~36	43~54	62~103	82~142	51~135	27~78	4~24	0~10
1990 年月滑动值（mm）		9	33	63	48	18	76	98	89	59	9	4
对比结果		√	×	×	×	×	√	√	√	√	√	√
注：划"√"号的为降雨量的正常月。												

由表 2 可知，1990 年 7~12 月的降雨量是符合正常水平的，而上半年虽然雨量较少，但根据以上分析可知，不足以影响水位年变动态。因此，对于 1990 年出现的水位动态畸变，认为可能是 1991 年 1 月忻州 5.1 级与 3 月 26 日大同 5.8 级两次较强地震前的短期地震前兆异常。

晋 5-1 井水位动态的年变规律是在特定的水文地质构造条件下，由季节性降雨及气温的变化规律所决定的。季节性降雨的特殊变化，会造成测井地下水位动态非地震畸变。在雨水分布正常的情况下，出现地下水动态打破年变规律时，在进一步调查是否存在其他干扰因素的同时，需进行跟踪监视，密切注意其发展动态。

（原载《山西地震》2008 年第 4 期）

山西忻州奇村水汞观测干扰因素浅析

封丽霞　杨泽峰

引言

汞元素具有的化学性质稳定、易挥发、穿透力强、在自然界广泛分布之特点，为通过汞含量的变化来监视震情创造了良好的条件，但不足之处是容易受到干扰。实践表明，水汞测项有背景值清晰、异常信息显著、较好的地震反映能力，也存在干扰信息不易识别，真假异常不易判断的实际问题。因此，开展水汞各种干扰因素及其干扰规律的研究，逐步掌握干扰因素的排除方法是有效发挥水汞测项监视震情作用的基础。现通过试验，做一些初步探索性的工作。

一、试剂对水汞观测的干扰

由于汞的挥发性，在水汞采样时需借助浓硫酸、高锰酸钾使汞氧化。测量时，加入草酸、氯化亚锡使汞离子再度还原为可挥发的零价汞。汞元素的广泛分布，会使所用试剂有遭受汞污染的可能。试剂污染必然会干扰水汞观测，使水汞测值中包含试剂汞的成分，尤其是硫酸的干扰问题更应引起关注。为探讨试剂对水汞观测的干扰问题，从两方面做了试剂干扰情况的试验。

1. 硫酸试剂对水汞观测干扰

从试剂的制作工艺流程及所用原料分析，在所用各种试剂中，硫酸是最可能遭受汞污染的化学试剂。因此，首先做了硫酸单试剂干扰情况的试验。

现用硫酸的生产厂家是太原市瑞正特化学试剂有限公司，批号为 060513，于 2007 年开始使用。试验方法是：在其他试剂用量不变的情况下，变更硫酸用量（以滴为单位），分别测出水汞值，进一步分析硫酸用量与水汞测值的关系。测量结果如图 1、表 1 所示。

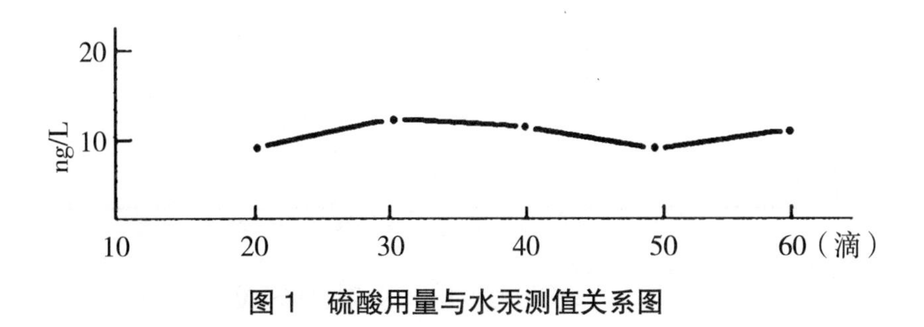

图 1　硫酸用量与水汞测值关系图

表 1　现用硫酸用量与水汞测值比对表

浓硫酸用量（滴）	水汞测值（纳克 / 升）		水汞均值（纳克 / 升）
20	9.0212	9.4777	9.2494
30	12.5516	12.3686	12.4601
40	11.6828	11.1850	11.5239
50	9.6785	8.9190	9.2988
60	10.1470	11.2565	10.7018

对硫酸用量与水汞均值作线性回归分析，得出的相关系数 r=-0.029，表明两者之间不存在任何相关关系。试验证实，硫酸试剂未受到汞的污染（或污染甚微），对水汞观测无干扰。

用同样的方法对原用的旧硫酸试剂做了对比试验。旧硫酸试剂于 2004 年购回使用，铭牌已遗失又无记载，经向销售单位询问，得知与现用硫酸属同一厂家生产，但属不同批次。新旧硫酸的试验结果表明，同一厂家的硫酸产品，因批次不同，汞污染情况竟有明显差别。试验结果如表 2、图 2 所示。

表 2　旧硫酸用量与水汞测值对比表

硫酸用量（滴）	20	30	40	50	60	70
水汞测值（纳克 / 升）	25.4	30.1	34.4	39.5	43.7	45.9

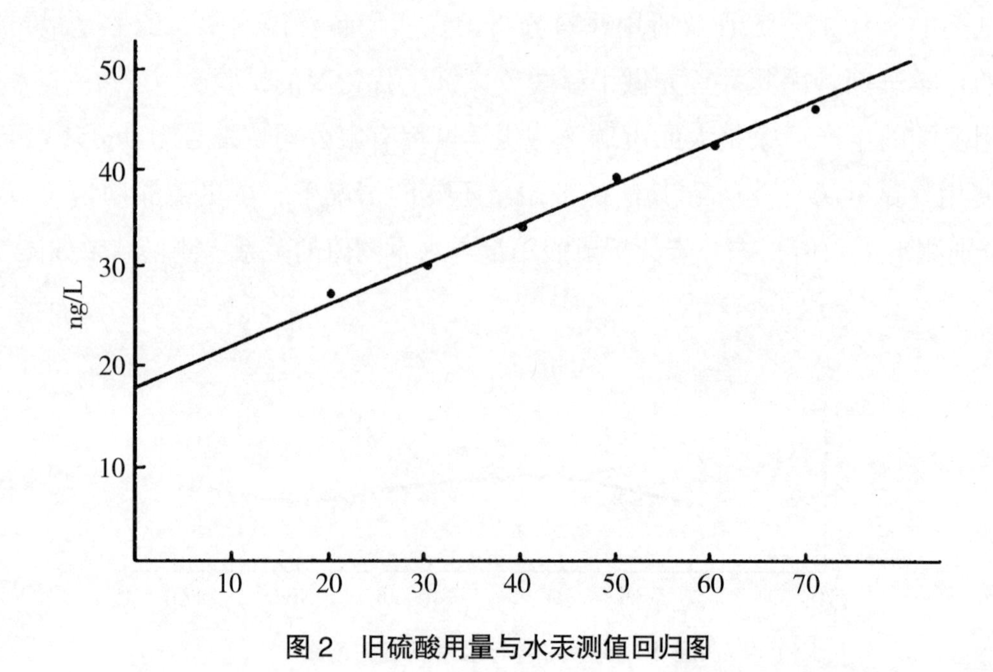

图 2　旧硫酸用量与水汞测值回归图

回归方程：

$$y=17.42+0.424x \quad (1)$$

（1）式中：y 表示水汞测值，x 为硫酸滴数。

作线性回归分析，得到相关系数 r=0.995。

统计表明，旧硫酸试剂的用量与水汞测值存在密切的正相关线性关系，说明旧硫酸试剂中含有一定量的汞杂质，对水汞观测存在一定干扰。它的干扰量可用以下方法评估。

按规范要求，50 毫升被测水样中加入硫酸 1.25 毫升（实测 33 滴）。在每次观测所用水样 10 毫升中，含硫酸 0.25 毫升（6.6 滴），由（1）式可知，水汞测值受到旧硫酸的干扰量为 2.8 纳克 / 升。新旧硫酸的干扰对比情况的试验结果表明，在更换硫酸试剂时（特别是不同厂家的产品），应对新批次的硫酸做干扰情况的试验。

2. 对高锰酸钾、草酸、氯化亚锡三种试剂是否受到汞污染的试验

由前所述，表明现用硫酸试剂没有受到汞的污染。为证实其余三种试剂是否含有汞杂质，做了如下试验。为确保氧化与还原充分进行，保持各种试剂的正常比例，采用各种试剂正常用量的 1 倍、1.5 倍、2 倍、2.5 倍、3 倍五个档次分别测量水样中的汞含量。测试结果如表 3、图 3 所示。

表 3　三种试剂用量变化与水汞测值对比表

各试剂正常用量倍数	水汞测值（纳克 / 升）		平均测值（纳克 / 升）
1.0	16.9023	13.0479	14.9830
1.5	14.3803	13.3397	13.8600
2.0	13.8593	11.5820	12.7206
2.5	14.0653	13.2858	13.6756
3.0	16.1900	13.3289	14.7595

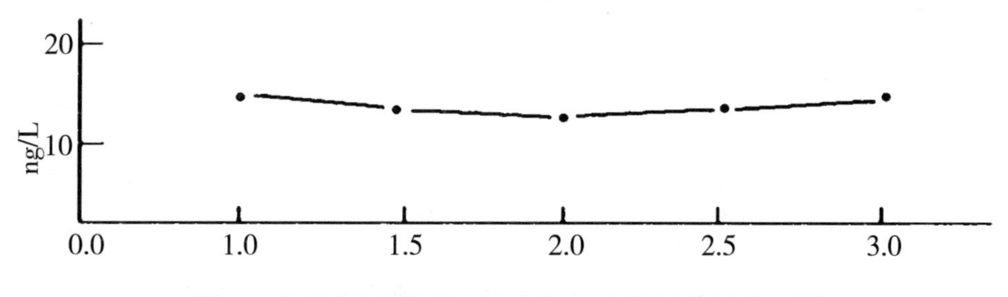

图 3　各种剂用量同比例变化与水汞测值的关系图

图 3 表明，水样中汞的含量不随试剂用量的增加而升高，说明高锰酸钾、草酸、氯化亚锡三种试剂皆未受到汞的污染，对水汞观测无干扰。

上述两个试验说明，现用的各种试剂的质量符合规范要求，但硫酸极易受到汞污染，使用前应进行测试。

二、空气湿度对水汞观测干扰情况的试验

在净化金丝管时，多次出现难以烧尽的现象，并常常出现在阴雨天过后。这一现象的产生是否与空气湿度有关？水汞观测是以空气为载气，若这一现象确为空气湿度过大所致，则空气湿度显著升高时，对水汞观测必然会造成干扰。为得到证实，做了空气湿度干扰情况的试验。因无观测室的空气湿度资料，只好在人为改变空气湿度的情况下进行试验。试验分三步进行。

第一步：启动观测仪器（RG-BS 智能数字测汞仪）进行空气净化吸收室，使仪器读数为零，达到彻底净化。

第二步：冷水润湿毛巾并放入盆内，使盆内空气湿度升高。为缩短等待时间，盆口略加覆盖。稍待片刻后，抽取盆内空气进行仪器实测，测值为 2.9956 纳克。

第三步：盆内换用温水润湿的毛巾，目的是在短时间内加大盆内空气湿度，用同样的方法再次抽气测量，仪器读数为 408 纳克。

试验证实，空气高湿度对水汞观测会产生一定的干扰，空气湿度越大，干扰越显著。若置于上述湿度空气环境中实测水样，分别存在 2.9956 纳克 / 升、408 纳克 / 升量值的干扰。空气湿度过大，出现水汞测值大幅突跳的现象。

空气湿度对水汞观测干扰的原因是：尽管在仪器设计中采用了窄通带的单色光或锐线光源，但各种干扰物质如臭氧、二氧化硫、水蒸气等分子的吸收是无法与汞原子的吸收区分开的。因此，观测时的透光率是由汞原子及干扰物质对汞灯单色光双重吸收所决定的。空气湿度的大小反映了空气中水分子浓度的大小。

朗伯—比尔公式 $I= I_0e^{-KcL}$

式中：I_0 为原始光强度，c 为吸收介质的浓度，L 为吸收介质的厚度。

从上式可知，当光线通过均匀介质时，被衰减的程度或吸收的多少与介质的浓度与厚度成正比。水汞含量的测定是以汞灯单色光的衰减程度来度量的。透光率越小，水样的测值越大，光线被吸收得越多。观测时以空气作为载气，与汞原子同时进入吸收室，空气的湿度越大（即水分子浓度越大），对汞灯单色光的吸收越明显，对水汞观测的干扰越大。试验结果是符合朗伯—比尔理论的。

三、改变鼓泡延续时间及空气流量会造成水汞测值的人为干扰

水汞观测是以鼓泡释放、金丝管富集零价汞的形式进行的。改变空气流量会影响汞的释放效果，鼓泡延续时间的改变会引起金丝捕汞量的变化。试验表明，通常所说的“水汞含量”并不是水汞的实际含量，而是在规定鼓泡延续时间及空气流量的特定条件下，测出的水汞含量相对值。在规定条件下对同一个水样依次进行多次水汞测量（只加一次试剂，其他观测程序不变），结果如表 4 所示。

表 4　同一水样多次测试水汞值

测　序	1	2	3	4	5	6	7	8
测　值（纳克 / 升）	15.0871	8.6923	5.2529	2.2945	5.3265	3.9787	0.3876	0.0000

以本次试验为例，水样的含汞量为 41 纳克 / 升左右，第一次观测（正常水汞观测）水汞测值占总含量的 37% 左右。第一次观测之后，水样中仍含有相当比例的汞。若鼓泡延时不足、空气流量减小会使测值降低，反之会升高。因此，只有在二者固定不变的情况下进行水汞观测，才能保证水汞测值的可比性。

结论

通过以上试验，得出如下结论。

1. 不同厂家或同一厂家不同批次的硫酸出现汞污染情况各有所异，在更换硫酸试剂前，应做新旧硫酸的对比观测。奇村水汞观测现用各种试剂的汞污染均不明显，对水汞观测构不成干扰。

2. 观测室内空气高湿度对测汞有一定干扰，湿度越大，干扰越显著。空气高湿度的干扰会造成水汞测值突跳。

3. 水汞观测值并不是水汞的真实含量，而是在特定条件下的相对含量，改变鼓泡延续时间及空气流量，会出现水汞观测的人为干扰，只有二者固定不变，才能保证观测值的可比性。

参考文献

[1] 范雪芳、孟彩菊、田甦平等:《山西忻州奇村井水汞高值原因分析》,《地震地磁观测与研究》2008 年第 2 期。

（原载《山西地震》2009 年第 10 期）

山西忻州奇村水化站水汞观测干扰动态识别方法初探

封丽霞

引言

在水汞观测实践中，经常出现水汞测值大幅度突跳现象，由于干扰因素的存在，为震前真假异常的识别造成一定困难。水汞测值是水汞真实含量与多种干扰信息共存的综合量。水汞动态测值曲线是水汞真实含量与多种因素综合干扰动态曲线的合成曲线。如何把水汞真实含量的动态曲线从合成曲线中分离出来，是分析判断水汞异常的先决条件。但因干扰因素的多样性及干扰机制的复杂性对分离造成一定困难。目前提出，双样（空白样与水样）综合分析法可能是达到水汞分离的捷径。其特点是不必了解干扰因素及其干扰规律，而看重的是各干扰因素最终的综合干扰效果，把复杂的问题进行简单处理，从而达到排除干扰的目的。

一、水样与空白样测值曲线所含信息的分析

山西忻州奇村水化站水汞观测显示，水样与空白样的测值动态曲线存在一定的同步现象，说明两者所含信息之间存在某种关系。通过研究分析同步现象产生的原因，试图探索排除水汞干扰、识别水汞真实动态的方法。

1. 水样与空白样干扰因素的一致性

分析奇村水化站的周围环境及观测实践表明，测井水汞基本不受地下水的干扰。水汞观测所受到的干扰因素大致有三种类型：一是汞污染，主要来自试剂和空气，这一类型的干扰会使测值中汞的实际含量升高；二是某些气象因素通过某些途径对测汞的干扰；三是仪器本身在使用过程中，特别是长期使用可能导致测汞性能的改变。二、三类型的干扰会使仪器显示虚假数字。把这三种类型的干扰统称为多因素的综合干扰。通常的汞测值可归为“实际含汞量”与“综合干扰”两大部分。分析认为，上述三种类型的干扰对水样与空白样而言，干扰效果是完全一致的。原因是：两者所用试剂相同，受到的试剂干扰是一致的；在较短的时间内依次完成水样与空白样的观测，气象因素对两者的干扰是完全一致的；观测时用同一套仪器，仪器性能变化对两者测值的影响也是完全一致的。由此可见，水样与空白样受多因素的综合干扰也必然是完全一致的。

2. 空白样测值曲线的信息内涵

理想的空白样应是无汞水，测值曲线应接近“零”值，但如此理想的空白样是难以保证的。试图先后采用蒸馏水、沸腾处理的自来水、矿泉水三种空白样，但都得不到“理想”的观测效果。一是空白样的测值曲线均有一定幅度的背景值；二是在背景值的基础上均有较大幅度的波动或高值突跳。分析认为，背景值应是空白样自身汞含量，为一恒量；较大幅度的波动（或突跳）绝不是反映空白样汞含量的变化，而是多因素综合干扰的结果。因此，空白样的测值曲线中包含两类信息，一是恒定不变的自身汞含量，二是多因素的综合干扰。空白样的测值曲线是这两种信息曲线的合成。

3. 水样与空白样测值曲线的信息关系及产生同步变化的原因

图 1 为 1998 年的观测曲线，是蒸馏水空白样。图 2 是 2006 年的观测曲线，是沸腾处理的自来水空白样。图 3 是 2009 年的观测曲线，是矿泉水空白样。

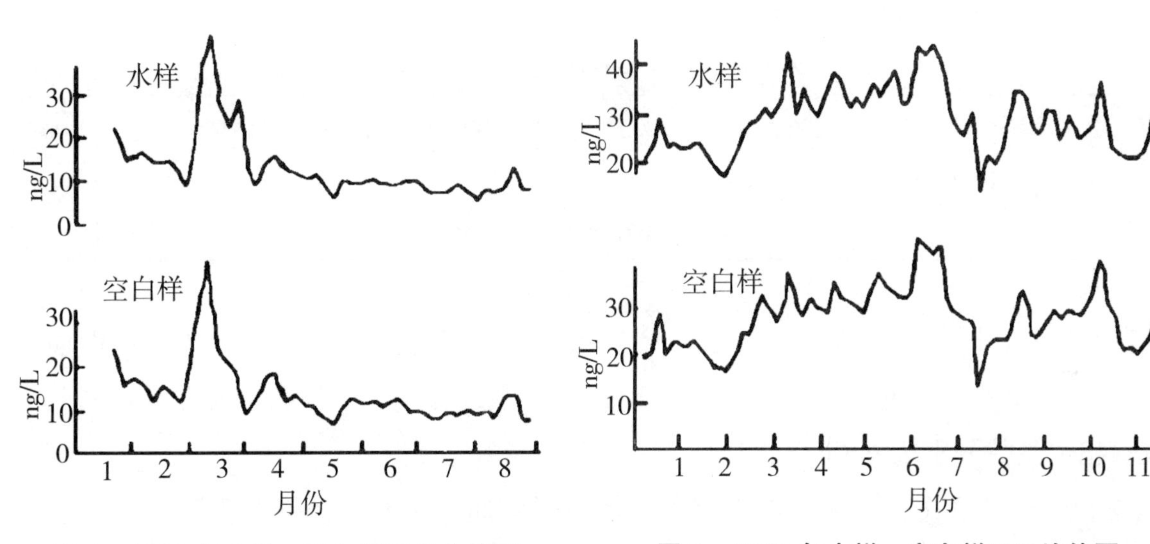

图 1　1998 年水样、空白样五日均值图　　**图 2　2006 年水样、空白样五日均值图**

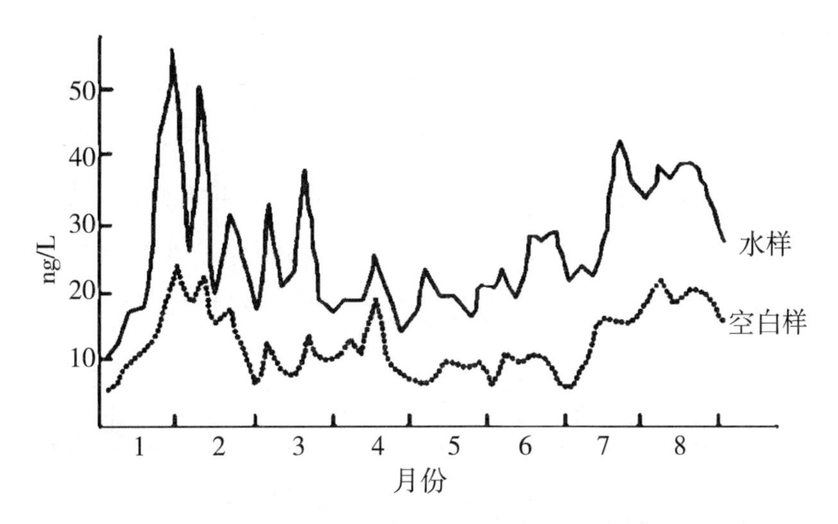

图 3　2009 年水样、空白样五日均值图

三种不同的空白样测值曲线都出现与水样测值曲线同步的现象，表明水样与空白样之间存在某种关联。分析认为，水样与空白样测值曲线中同含两类信息：一是自身汞含量，二是多因素综合干扰。但两种“样”的汞含量之间无任何关系，与同步现象的形成无关。因此，只有水样与空白样共同受到的多因素综合干扰，才是产生两者同步的重要原因之一。两者测值曲线的同步现象为识别水汞干扰提供了分析依据。

4. 水样与空白样测值曲线同步的基本特征

水样与空白样测值曲线的同步现象特征有以下两点：

（1）同步现象的普遍性。主要表现在两个方面：一是无论何种类型的空白样，都会出现同步现象，说明现用方法测水汞要受到某些因素的干扰是难以避免的；二是同步现象年年出现，表明所受干扰不是偶然的。对 1998 年至 2009 年 9 月连续 12 年的观测资料进行逐年相关性分析，结果表明，两者相关是普遍存在的（见表 1）。

表 1　水样测值与空白样测值逐年相关性统计

年　份	1998	1999	2000	2001	2002	2003	2004	2005	2006	2007	2008	2009
相关系数	0.93	0.97	0.90	0.95	0.99	0.89	0.93	0.92	0.94	0.18	0.75	0.68
空白样类型	蒸馏水	沸腾处理的自来水									矿泉水	

表 1 显示，以年度计算的相关系数除 2007 年外，都呈现较好的相关关系。即使相关性很差的 2007 年，也有 1 月至 4 月 10 日、10 月 20 日至 12 月底相关性较好的两个时段，相关系数分别为 0.85、0.84。

（2）同步现象的时段性。水样与空白样的测值曲线在某时段同步现象很好，有接近 1 的相关系数；有的时段同步性较差，相关系数较小；有的时段也有不同步的现象。以 2009 年为例（见表 2、图 3）。同步现象的时段性主要是由地下水汞含量的动态变化情况而决定的。地下水汞含量的动态平稳时，突出了两者共同受到的综合干扰，呈现出很好的同步关系；汞含量变化较明显的时段，在水样的汞测值中增加了与同步无关的成分，导致两者的相关性降低；在水汞含量变化产生大幅度突跳的时段，在水样的测值中突出了汞含量的变化，而出现两者不同步的现象；在综合性干扰加剧的时段，导致水样与空白样的测值同时升高，而出现两者突跳的同步现象。

表 2　2009 年水样测值与空白样测值逐月相关性统计

月　份	1	2	3	4	5	6	7	8
相关系数	0.98	0.79	0.73	0.90	−0.61	0.14	0.57	0.90

同步现象的这两大特征，为识别水汞异常的性质提供了判断依据。

二、排除综合干扰方法及水汞异常的识别

1. 综合性干扰的排除方法

由前所述，空白样测值曲线包含两种信息：一是自身的汞含量（恒量），二是综合性干扰（变量）。空白样测值的变化归为综合性干扰所致。水样与空白样所受干扰相同，因此，导出水样测值 -（空白样测值 - 空白样背景值）= 水样实际汞含量。用上述计算方法可排除综合干扰。因空白样背景值为一恒量，不会改变曲线的变化形态，上式中的空白样背景值可略去不计，直接采用两者测值之差作图分析（见图 4、5）。

图 4、5 中，与差值图相对应的五日均值图附于其上方，便于比较分析。如图所示，差值作图能较好排除综合性干扰。

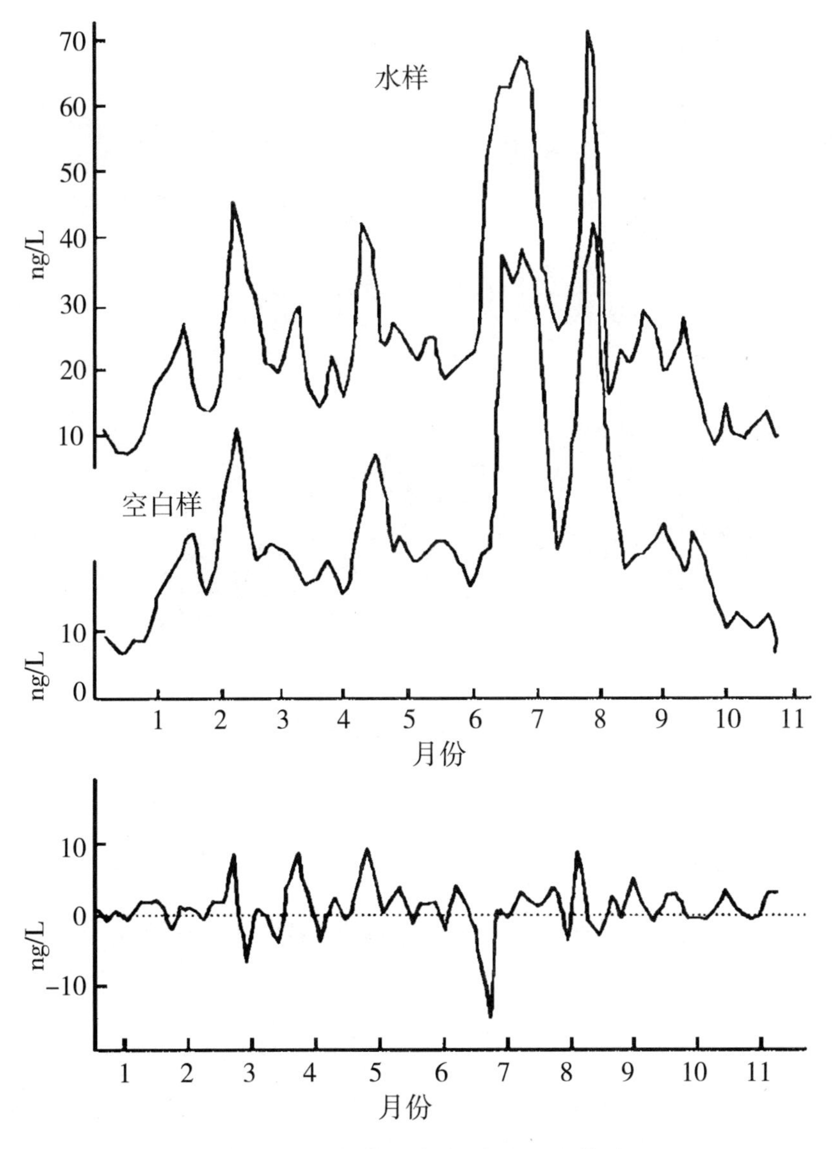

图 4　1999 年水样、空白样五日均值差之图

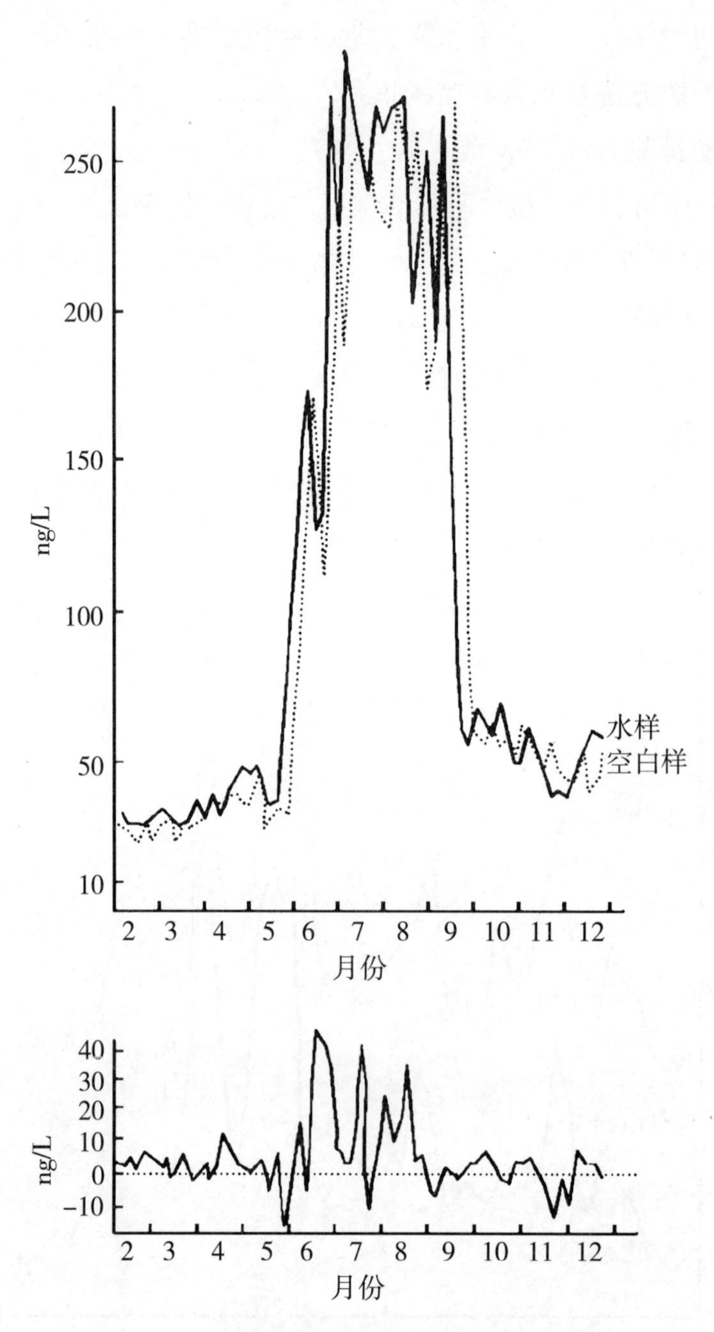

图 5 2002 年水样、空白样五日均值差值图

2. 水汞异常的识别

识别水汞异常需做到“三看一确认”：

一看异常的同步性。若水样与空白样的测值曲线同步出现异常，且形态相似者，属干扰异常的可能性大。

二看相关性。同步反映的是动态，相关反映的是变量之间的关系。在直观同步性的基础上，再做两者异常的相关性分析。若“同步”与“相关”皆佳，则可视为干扰异常；若相关性很差，则不可排除在突出干扰的同时，水汞动态也在发生显著变化的可能。为此，还需要借助相关性再作判断。

三看差值图形。排除干扰后的差值图可直观反映水汞的实际动态，可在差值图上再作分析。差值图与测值图相比较，有的异常消失（如图 4），有的仍有异常存在（如图 5），则对差值图的异常还需作具体分析。一般说来，幅度越大的异常，其测值的绝对误差越大。异常的幅度可作为识别异常的衡量标准，异常幅度在观测允许误差之内者则可排除。在空白样无异常出现的时段而水样测值曲线孤立出现的异常可确认为水汞异常。

结束语

上述是以奇村水化站单台资料为基础，文中所提的“多因素综合干扰”未包括地下水方面的干扰。原因有：一是经调查奇村水化站周围较大区域，未发现可能污染地下水的汞源；二是多年的观测资料表明，奇村水汞不受水位动态的干扰。主要表现在每年春夏之交，奇村水位都会出现大幅度下降时段，但水汞动态不受影响。在不同区域，地下水所受干扰情况不尽相同，因此，奇村水汞的变化规律可能具有一定的区域性。此项研究仅为水汞观测干扰动态识别方法的初步探讨，文中所述观点还有待于进一步实践检验。

（原载《山西地震》2010 年第 2 期）

稳中求进 逐步强化社会管理
主动作为 不断拓展公共服务

——山西省忻州市地震局探索市县防震减灾工作融合式发展新模式

李文元

山西省忻州市地处晋西北，居山西地震带中部，面积2.55万平方千米，人口300万，历史上发生过3次7.0级以上地震，15次5.0级以上地震，曾多次被中国地震局划定为年度地震危险区。

近年来，忻州市地震局坚持“稳中求进，逐步强化社会管理；主动作为，不断拓展公共服务”理念，震情监测开展“大监测、大会商”，抗震设防监管形成“全过程、无缝隙”，科普宣传体现“全方位、立体式”，地震应急构建“政府主导、应急办支持、地震局协调、各部门参与”大架构，着力用大手笔探索市县防震减灾工作融合式发展新模式，强力提升全市防震减灾综合能力建设水平。

一、创新思路，群测群防，着力构建震情监测“大格局”

地震局开展震情监测，常规做法是由地震局震情监测科的同志对本局监测数据进行分析对比。由于忻州市属集中连片贫困地区，历史投入欠账较多，市地震局只有两眼井进行流体监测，监测力量十分薄弱。

2012年以来，为了做好震情监测工作，忻州市地震局立足新时期、新特点，创新群测群防，充分利用政府各部门的专业技术优势，在水利、气象、林业、农业、畜牧及专业台站聘请了10多位专家学者，不定期召开联席会议，发现并研究全市各行业宏观异常，开展震情“大监测、大会商”，努力探索市县震情监测新机制。截至2013年10月底，共召开5次联席会议，收到了良好效果。

此外，忻州市地震局组织各县（市、区）地震局广泛发动养殖户、种植户以及经常活跃在户外的业余无线电爱好者、户外运动爱好者等加入群测群防队伍，与现有的专业台站、“三网一员”队伍，共同形成覆盖全市的震情监测“大格局”。

二、专业牵头，业余跟进，着力构建防震减灾宣传“大网络”

普及防震减灾知识，是增强全社会防震减灾意识和提高自救互救能力的主要途径。近年来，忻州市地震局彻底改变过去只有宣传展板，只是散发传单的单一宣传方式，充分利用电视、网络、报纸、广播等现代传媒，整合专业和民间文艺资源，大力开展全方位、立体式防震减灾科普宣传活动，积极构建防震减灾宣传“大网络”。

一是通过在电视上播出防震减灾公益广告、在报纸上连载防震避震科普知识、交通广播电台开展知识问答、自办网站和当地主流网站上制作专版、地震出版社出版发行避震逃生手册等方式，全面构建主流媒体防震减灾宣传“大网络”，直接覆盖人群近百万。

二是积极协调当地戏曲研究所、晋北二人台剧团和高校艺术舞蹈系的师生，创作、编排专业水准的防震减灾系列文艺节目，两年内先后举办 6 场防震减灾专场文艺晚会，受教育人数达数万。

三是充分利用晋西北丰厚的民间文艺资源，动员并组织乡镇“文化大院”文艺宣传队和常年活跃在田间地头、社区广场的晨练人群，在全市范围内成立了 23 支 420 多人组成的忻州市地震局防震减灾文艺宣传队，采取自编自导自演的形式，寓教于乐，常年不间断地开展防震减灾科普宣传，受教育人数超过数 10 万。

三、审批前置，全程管理，着力构建抗震设防监管“一条龙”

市县防震减灾工作中，震灾防御是重点。近年来，忻州市地震局稳中求进，逐步强化社会管理，不仅将抗震设防要求作为规划、住建、房地产管理局等部门行政审批的前置必备内容，而且在施工图纸审查、竣工验收等环节进行无缝隙监管，真正将抗震设防要求管理纳入市政府基本建设管理程序，实现了审批和监管“双到位”。

近年来，忻州市地震局通过协调规划局、住建局和房地产管理局，将地震部门提供的抗震设防要求，作为建设单位办理规划许可证、施工许可证和房屋预售许可证的前置必置内容；通过协调市行政审批改革领导组办公室，将抗震设防管理纳入市政府基本建设管理程序，在项目科研、施工图审查、竣工验收等各个环节提供服务和进行无缝隙监管，确保所有新建、改建和扩建项目 100% 达到抗震设防要求。今年，忻州市地震局又成立了行政审批服务办公室，实行“两集中、两到位”，在政务大厅集中办理行政审批服务，抗震设防管理工作实现了规范化、程序化。截至目前，全市共审批建设工程 96 项，其中市地震局审批 45 项，县（市、区）地震局审批 51 项，对 28 个建设项目进行了地震安全性评价。

四、政府主导，部门参与，着力构建地震应急保障“大架构”

忻州市地震局紧紧依靠市委市政府，积极协调各部门，努力构建地震应急大架构体系，全市地震应急保障能力显著提升。

忻州市地震局针对全市地震应急保障基础薄弱和地震部门社会影响力相对较小的现状，及时抓住今年华北震情形势给地震部门开展工作带来的机遇，积极争取市委、市政府领导的支持。仅今年7月份至今，市委书记、市长、市委副书记、常务副市长、分管副市长等领导就多次听取地震局工作汇报，并参加地震局组织的各类活动10余次。市委市政府领导的大力支持，带来的是“政府主导、应急办支持、地震局协调、各部门参与”的地震应急大架构体系的快速建立，和全市地震应急保障能力的大幅提升。截至目前，我市已成立3支地震应急专业救援队、1支青年志愿者队伍。除此之外，市应急办、商务局、民政局、住建局等单位各司其职，全市应急指挥体系和工作机制基本建立；市、县两级和有关部门的应急预案相互衔接，初成体系；应急演练做到了全市各级各类学校全覆盖；市县地震部门和应急部门配备了卫星电话。全市地震应急工作融合式发展大架构初步形成。

（原载《市县防震减灾工作》2014年第1期）

谈抓好震前宏观异常（摘要）

田甦平

抓好震前各类宏观异常现象，目的是为了搞好宏微观观测项目的综合分析判断，力求较准确地搞好地震预测预报；为了防御和减轻地震灾害，使我国在新的地震活跃期大大增强防震减灾能力；也为了我国在21世纪更安全、更发达，“在各级政府和全社会的共同努力下，争取用10年左右的时间使我国的大中城市和人口稠密、经济发达地区，具备抗御6级左右地震的能力”。

结合以往震例，介绍了几种主要宏观异常的表现形式，以便城乡广大人民群众识别和掌握。对如何报告、落实、综合分析宏观异常等进行了阐述，并就如何保护解决上报宏观异常的积极性提出了新的观点。认为在广泛深入宣传宏观异常知识的同时，应建立激励机制。

由于较好地开展了这项工作，从而增强了广大群众的震情观念，做到了发现异常能够及时上报，如忻州市解原地裂缝异常、阳方口煤矿的地下水异常、繁峙县城西的地裂缝异常等，由于群众的积极参与，及时上报宏观异常，对于正确地分析判断震情趋势起到了很好的作用。

因此，在新的地震活跃期中，重新提出进一步抓好震前宏观异常，绝非老生常谈、可有可无，而是既重要且必要的明智之举、适时之举；是一种投资较少、被观测对象极广，便于大众掌握的、具有前途和生命力的前兆监测项目，尤其对短临预报具有重要意义。故应引起各级政府和地震部门的高度重视。

（原载《山西地震》1997年第Z1期）

奇村水氡水汞的动态对比分析（摘要）

封德俭

以同一井孔、同一时间观测的水氡、水汞、水位数据资料为基础，重点研究了水位对水氡、水汞的干扰，提出了水氡与水汞动态相关情况的三种可能。（1）如果决定二者动态变化的因素是同源的，则水氡与水汞的动态变化是密切相关且同步的；（2）如果决定二者动态变化的因素不同源，则二者的动态变化互不相关；（3）如果主要因素同源，次要因素不同源，则水氡与水汞存在一定的相关性，但不完全相关，反之则相关性很差。只有在各自的主要因素同时稳定的情况下，才能显示出二者之间的相关性。

分析结果表明，奇村水氡受测井水位的干扰严重，是决定奇村水氡动态变化的主要因素。在水位稳定的情况下，水氡与水位处于正相关关系，在水位剧烈变化时段，水氡与水位处于负相关关系。并对此变化规律的机制进行了探讨。

奇村水汞动态主要表现为稳定的背景与突跳二种形态。稳定的背景反映了水汞的正常变化，测值在 20~40 纳克 / 升之间。奇村水汞的突跳是水汞异常的重要标志。水汞突跳，明显反映了四大特点：（1）时间分布的无规律性。突跳的出现与季节变化、天气情况、水位动态不存在明显的相关性。（2）水汞突跳的成丛性。表现为某一时段内成丛出现，呈现出水汞极不稳定的势态。（3）突跳幅度的显著性。突跳幅度往往高达背景值的几倍到几十倍。（4）水汞突跳与地震活动存在一定的相关性。多次震例都出现在水汞突跳时段。

经分析比较提出了五点基本看法：（1）决定二者动态变化的主要因素是不同源的。影响水氡含量变化的主要因素是水位，水汞动态与水位变化无关。奇村水汞不受水位变化的干扰，对在奇村热田开展水汞观测具有重要意义。（2）奇村水氡受水位变化的干扰较大；异常难于识别。而水汞突跳幅度大，且不受水位影响，利于识别异常信息。（3）水氡与水汞动态变化不相关，表现出各自独立变化的特点。（4）奇村水汞比水氡的映震能力强。（5）奇村热田多口井的实测表明，各个井的水汞动态有较强的一致性。因此，一口井的水汞动态，就能较好地反映热田的区域性信息。正常情况下水氡反映的信息多为由周围环境条件所决定的局部信息。

（原载《山西地震》1997 年第 Z1 期）

XZ-03 井与晋 4-1 井水位动态相关性分析（摘要）

封德俭

晋 4-1 井，井深 52.3 米，多年来被列入全国地下水动态观测网，又是首都圈指定的地震监测井，肩负着向国家地震局日报观测资料的任务。该井使用水位自动记录仪连续观测，积累了大量的数据资料。但由于电台陈旧多故障，曾经一度严重影响了观测资料的及时上报。XZ-03 井，深 59.7 米，是一眼遥测井。二井皆见基岩，且相距很近。遥测井启用以后，为科学回答二井水位动态是否一致，能否用 XZ-03 遥测井代替晋 4-1 井观测，并以遥测代替电台人工报数；能否把多年积累的晋 4-1 井的观测资料运用到 XZ-03 井；二井之间是否存在特殊的水文地质条件差异等问题，开展了研究。

推理认为，二井相距很近，受气压等因素的干扰应该是一致的。因此可把决定水位动态的多因素复杂问题，化简为单因素问题进行统计分析。

选取水位起伏较大，且受干扰明显的 1993 年 6 月 1~10 日的整点值水位资料为样本，进行了二井水位动态相关性分析。用随机抽样和总体统计的两种方案都得到了二井水位动态极高的相关系数，前者为 r= 0.986，后者为 r= 0.987。前者的样本个数仅为后者的 1/24，但二者的相关系数竟如此相似，说明二井水位动态具有很好的一致性。

用方差分析的方法，对二井相对应的整点水位差值进行统计。计算结果为：二井水位差的平均值 XS=247.8 毫米，标准差 W=4.46 毫米。标准差仅占到水位差均值的 1.8%。整点水位差绝大多数坐标点分布在仅有 ± 4.46 毫米宽的范围内，进一步说明了二井水位动态具有很好的一致性。

以 XZ-03 井的为纵坐标，以晋 4-1 井的水位为横坐标，用二井水位整点对应值点图的方法，可直观地看出二井水位具有很好的线性关系。经一元回归分析，得出二井水位之间的换算关系为：$H_1=H_2\times 1.21-720.3$（H_1 为 XZ-03 井的水位，H_2 为晋 4-1 井的水位，单位毫米）。检验表明，该式准确地反映了二井水位之间的统计规律。

通过研究得出三条结论：

a）二井的水位动态变化规律完全一致；b）二井的水位观测资料具有严格的统计关系，可以互相代用，可用 XZ-03 遥测井代替晋 4-1 井；c）二井的水位动态的干扰因素相同，水文地质条件也无明显差异。

（原载《山西地震》1997 年第 Z1 期）

附录　文献选编

类别	发文单位	名　称	文件号	发文日期
机构编制	忻县地区革命委员会	忻县地区革命委员会关于成立忻县地区地震工作领导组的通知	忻地革发〔1975〕59号	1975年9月18日
	忻县地区革命委员会	关于调整忻县地区地震工作领导组成员的通知	忻地革发〔1976〕8号	1976年2月8日
	忻县地区行政公署	关于地区行政公署地震办公室改为地震局的通知	忻地行发〔1979〕51号	1979年6月8日
	中共忻州地委	中共忻州地委 忻州地区行署关于我区地震工作机构和管理体制调整改革的通知	忻地发〔1984〕19号	1984年3月25日
	忻州市机构编制委员会办公室	关于完善设置县（市、区）地震工作机构的通知	忻编办字〔2005〕62号	2005年7月27日
	忻州市机构编制委员会	关于印发《忻州市地震局主要职责内设机构和人员编制规定》的通知	忻编发〔2011〕15号	2011年5月23日
综合业务	忻州地区行政公署办公室	关于进一步加强防震抗震工作的通知	忻地行办〔1986〕53号	1986年7月14日
	忻州地区行政公署秘书处	忻州地区行政公署秘书处印发行署地震局关于加强防震减灾工作意见的通知	忻地行秘〔1992〕36号	1992年4月11日
	山西省忻州地区行政公署	关于印发忻州地区防震减灾十年目标实施纲要的通知	忻地行发〔1996〕70号	1996年10月14日
	忻州市人民政府办公厅	关于进一步加强我市防震减灾综合能力建设的通知	忻政办发〔2009〕137号	2009年7月5日
	忻州市人民政府	关于进一步加强防震减灾工作的意见	忻政发〔2012〕34号	2012年12月24日
	忻州市防震减灾领导组	关于印发忻州市进一步加强全市防震减灾能力建设工作方案的通知	忻防震组〔2014〕3号	2014年12月20日
	中国地震局	关于2015年度全国市县防震减灾工作考核结果情况的通报	中震防发〔2015〕63号	2015年12月14日

续表

类别	发文单位	名　称	文件号	发文日期
震情监测	忻州市地震局	关于印发《忻州市强震强化监视跟踪工作方案》的通知	忻震发〔2012〕16号	2012年7月31日
	忻州市地震局	关于印发忻州市地震震情会商及预测预报管理制度和忻州市地震异常核实工作制度的通知	忻震发〔2014〕8号	2014年5月22日
抗震设防	山西省忻州地区行政公署	关于对全区重大工程建设场地地震安全性评价工作实行归口管理的通知	忻地行发〔1994〕85号	1994年8月5日
	忻州地区行署计划委员会忻州地区行署地震局	关于将工程场地地震安全性评价与抗震设防标准管理纳入基本建设程序的通知	忻行计投字〔2000〕第252号	2000年6月29日
	忻州市人民政府办公厅	关于印发忻州市农村民居地震安全工程实施意见的通知	忻政办发〔2008〕51号	2008年4月14日
	忻州市人民政府办公厅	关于转发忻州市地震安全性评价和抗震设防要求管理规定的通知	忻政办发〔2010〕196号	2010年9月2日
	忻州市人民政府办公厅	关于印发忻州市城区商品房预售许可证申领审批办法的通知	忻政办发〔2012〕38号	2012年4月12日
	忻州市人民政府办公厅	关于印发忻州市建设项目联合审批办法（试行）和忻州市企业注册登记联合办理办法（试行）的通知	忻政办发〔2012〕155号	2012年12月13日
	忻州市人民政府办公厅	关于印发忻州市2013年农村住房抗震改建试点工作实施意见的通知	忻政办发〔2013〕138号	2013年9月5日
	忻州市防震减灾领导组	关于印发忻州市建设工程抗震设防工作联席会议制度的通知	忻防震组〔2015〕4号	2015年9月24日
科普宣传	忻州市地震局	关于组建防震减灾文艺宣传队和进一步加强“三网一员”队伍建设的通知	忻震发〔2011〕14号	2011年7月4日
	中共忻州市委宣传部忻州市地震局	关于印发忻州市地震应急新闻联动方案的通知	忻震发〔2013〕5号	2013年5月26日
	中共忻州市委党校 忻州市地震局	关于将防震减灾知识纳入党校（行政学院）领导干部及公务员培训教育内容的通知	忻震办发〔2014〕14号	2014年7月24日
	忻州市防震减灾领导组	关于印发《忻州市“7·28”防震减灾宣传周系列活动实施方案》的通知	忻防震组〔2015〕2号	2015年7月3日

续表

类别	发文单位	名　称	文件号	发文日期
应急救援	忻州地区行政公署秘书处	关于转发地区防震抗震指挥部关于防震抗震救灾工作组织领导分工及其职责实施方案的通知	忻地行秘〔1990〕88 号	1990 年 10 月 6 日
	山西省忻州地区行政公署	关于印发忻州地区破坏性地震应急反应预案的通知	忻地行发〔1992〕40 号	1992 年 4 月 14 日
	忻州市人民政府办公厅	关于印发忻州市地震应急预案的通知	忻政办发〔2013〕161 号	2013 年 11 月 18 日
	忻州市人民政府办公厅	关于成立忻州市抗震救灾指挥部预任机构的通知	忻政办函〔2013〕172 号	2013 年 12 月 9 日
	忻州市人民政府办公厅	关于转发忻州市地震应急救援分级负责方案的通知	忻政办发〔2014〕42 号	2014 年 3 月 25 日

山西省忻县地区革命委员会文件

忻地革发〔1975〕59 号

忻县地区革命委员会
关于成立忻县地区地震工作领导组的通知

各县革命委员会，地直各单位：

根据国务院〔1974〕69 号文件关于“把地震管理部门建立和健全起来”的指示，及山西第二次地震工作会议和省革发〔1975〕147 号文件精神，经地委批准，成立忻县地区地震工作领导组，现将正、副组长和成员名单通知如下：

组　长：张天槐

副组长：邢真桂、顾潮

成　员：贾政德、李惠德、刘满成、郭树塘、葛雨田、郭伦、赵子玉、徐中夫、张建华、陈迎禧、杨志英、张建国、冯云田

领导组下设地震办公室，负责处理日常工作。办公地点设在地区科技局。

一九七五年九月十八日

山西省忻县地区革命委员会文件

忻地革发〔1976〕8号

忻县地区革命委员会
关于调整忻县地区地震工作领导组成员的通知

各县革命委员会，地直各单位：

为加强地震防震、抗震工作的领导，现将地区地震工作领导组成员作如下调整：

组　长：刘建峰

副组长：刘毅、邢真桂、孟昭伟

成　员：李惠德、贾政德、刘满成、郭树塘、刘国玺、张权

领导组下设防震、抗震办公室，负责处理日常工作。办公室主任由陈建勋同志兼任。办公地点设在地区科技局。

一九七六年二月八日

山西省忻县地区行政公署文件

忻地行发〔1979〕51号

关于地区行政公署
地震办公室改为地震局的通知

各县革委、地区行政公署各委、局、室：

根据山西省革命委员会一九七九年四月十一日晋革发〔1979〕46号“批转省地震局关于加强地震工作的报告”的文件精神，将地区行政公署地震办公室改为地震局。

隶属关系由地区计划委员会改属地区科学技术委员会领导。

忻县地区行政公署

一九七九年六月八日

中共忻州地委文件

忻地发〔1984〕19号

中共忻州地委 忻州地区行署
关于我区地震工作机构和管理体制调整改革的通知

各县（市）委、县（市）人民政府，地委各部、委，行署各委、局，地区各公司：

为了加强我区地震群测群防工作，根据山西省人民政府办公厅晋政办发〔1984〕5号文件通知精神，对我区地震工作机构和管理体制做如下调整改革。

一、地区设立地震局。各县（市）原地震局（办）全部撤销。根据震情监视需要，分别在地区、原平县、五台县、神池县建立四个地震观测站，为地区地震局下属的工作单位。原平、五台、神池三县原地震局（办）的财产移交地震观测站；地震经费从一九八四年一月一日起按一九八三年的年初包干数划转地区财政，由地区地震局统一管理使用。对地震观测站实行地区地震局、所在县人民政府双重领导，以地区领导为主。

二、人员编制。地区地震局十三人，忻州地区地震观测站、原平、五台、神池县地震观测站各三人。以上人员均列入地方事业编制。所需经费由地方地震事业费中开支。

三、今后，凡不设地震观测站的县（市），地震工作统一由县（市）科委负责管理。原有人员的工作分别由各所在县（市）人民政府统筹安排。原地震局（办）的财产移交给县（市）科委，所需经费由县（市）财政拨给。

一九八四年三月二十五日

忻州市机构编制委员会办公室文件

忻编办字〔2005〕62号

关于完善设置县（市、区）地震工作机构的通知

各县（市、区）机构编制委员会办公室：

根据省编办《关于完善设置县（市、区）地震工作机构的通知》（晋编办字〔2004〕269号），各县（市、区）要尽快完善设置地震工作机构，承担本行政区域内的防震减灾工作。位于地震重点监视防御区、地震烈度六度以上和经济发达、人口稠密地区的忻府区、原平市、定襄县、五台县、代县、繁峙县、宁武县、静乐县、神池县、河曲县等十县（市、区），机构单独设置，名称统一规范为××县（市、区）地震局，为政府直属事业局，正科级建制，编制数仍按忻地编发〔1992〕14号文件执行，忻府区、原平市、定襄县各4名，核定科级职数1正1副；五台县、代县、繁峙县、宁武县、静乐县、神池县、河曲县编制各3名，核定科级职数1名。

五寨县、岢岚县、保德县、偏关县等四县可在政府办公室挂地震办公室牌子。

特此通知

忻州市机构编制委员会办公室

二〇〇五年七月二十七日

忻州市机构编制委员会文件

忻编发〔2011〕15号

关于印发《忻州市地震局主要职责内设机构和人员编制规定》的通知

市地震局：

《忻州市地震局主要职责内设机构和人员编制规定》已经二〇一一年五月五日市编委会议审定，现予印发。

二〇一一年五月二十三日

忻州市地震局
主要职责内设机构和人员编制规定

根据山西省机构编制委员会《关于忻州市副县级以上事业单位清理规范审核确认的通知》（晋编字〔2011〕17号），忻州市地震局为市政府直属财政拨款事业单位，正处级建制。

一、主要职责

（一）贯彻实施防震减灾法律、法规和规章。

（二）会同有关单位编制防震减灾规划和拟定地震应急预案，报市人民政府批准后实施。

（三）拟定防震减灾年度计划并组织实施。

（四）管理地震监测预报工作，提出地震趋势预报意见。

（五）管理震害预测、震情和灾情速报及地震灾害损失评估。

（六）参与震区救灾和参与制定重建规划。

（七）会同有关部门开展防震减灾知识宣传教育工作。

（八）负责建设工程抗震设防要求和地震安全性评价工作的管理、监督。

（九）承担市防震减灾指挥部的日常工作。

（十）承办市人民政府交办的其他事项。

二、内设机构

根据上述职责，忻州市地震局设5个科室：

（一）办公室

负责建立机关办公制度并检查落实；组织协调各科室工作；负责人事劳资、机构编制、会议、文秘、档案、机要、信息、信访、安全、保密、接待等工作。

编制4名，科级职数1正1副。

（二）震情监测科

管理全市地震监测预报工作，拟定全市地震监测预报方案并组织实施；负责收集处理全市地震监测资料；负责全市震情动态监视，震情分析会商；负责全市地震监测设施及观测环境管理工作；负责全市重大宏观、微观异常的调查落实工作；负责“三网一员”建设管理工作；负责本局与中国地震局、山西省地震局的计算机联网、通讯工作；指导所属台站、县级地震部门的监测预报工作。

编制3名，科级职数1名。

（三）震灾防御科

拟定本局地震应急预案，并根据震情变化和实施中发现的问题及时进行修订；负责组织全市防震减灾法律、法规的宣传工作；会同有关部门开展防震减灾宣传教育工作；负责编印宣传教育资料；开展震后灾情调查和救援活动，组织岗位应急演练。

编制2名，科级职数1名。

（四）抗震设防标准管理科

管理全市建设项目工程的抗震设防要求及地震安全性评价工作；组织管理全市震害预测及地震灾害调查与损失评估；负责全市建设工程的抗震设防鉴定工作；指导、督促产权单位采取抗震加固措施；组织、实施全市地震小区划工作；编制全市抗震设防规划，指导农村住户的抗震设防；负责管理实施本行政区域内的地震行政处罚行为、行政复议和地震行政诉讼。

编制2名，科级职数1名。

（五）忻州市防震减灾指挥部办公室

承担市防震减灾指挥部的日常工作；管理全市地震应急救援工作体系；会同有关部门编制防震减灾中长期规划和拟定防震减灾年度计划报市级人民政府批准后实施；提出对市内地震做出快速反应的措施、建议；检查、督促、协调和指导本行政区域内的防震减灾工作和地震应急工作。

编制3名，科级职数1名。

纪检监察机构按有关规定执行。

三、人员编制和领导职数

忻州市地震局财政拨款事业编制18名。正处级领导职数1名（局长）、副处级职数3名（副局长）；科级职数5正1副。编制结构为管理人员编制15名，其他人员编制3名。

四、下属事业单位

忻州市地震观测站（忻州市奇村地震水化站）

主要职责任务：进行水氡、水汞、水位、水温等项目的观测与分析；承担观测资料上报工作；维护仪器设备的正常运转；管理水化观测环境的安全工作，保证不受干扰；负责水化观测震情值班。

正科级建制，核定财政拨款事业编制6名。科级领导职数1正1副；编制结构为管理人员编制2名，专业技术人员编制4名。

忻州地区行政公署办公室文件

忻地行办〔1986〕53 号

关于进一步加强防震抗震工作的通知

各县、市人民政府，行署各委、局、办：

我区位于晋、冀、蒙三省区交界地带，是全国地震危险重点监视区之一。据全国震情趋势会商会议分析，中国大陆可能进入一个持续十年左右的新的地震活跃时期。今年六月十七日，在原平县石寺乡一带曾发生一次三点七级地震。对此，地委、行署领导十分重视，指出“地区、县都要确定专人，搞好防范措施。县委、政府要确实加强领导，坚决克服麻痹思想，采取有效预防措施，确保人民生命财产不受损失”。为了尽快落实这一精神，加强防震抗震工作，特作如下通知：

一、进一步加强对防震抗震工作的领导。各县、市要根据本地实际情况建立必要的机构或确定专人负责此项工作。要定期研究分析地震工作中存在的实际问题，并认真加以解决。

二、要牢固树立长期预防地震的思想。对各种公共重要设施要定期进行抗震检查，确保人民生命财产的安全。在具体工作中，既要坚决克服麻痹思想，又要尽量避免在群众中造成思想混乱。

三、要认真贯彻省政府晋政发〔1985〕57 号文件。加强工程地震工作（即区域——场地的地震危险性分析、稳定性评价、提供地震动参数）。各级地震、计划、科技、建设、财政等部门要共同把关。确保重点工程和城市建设预期抗震的最大经济效益。

四、各级地震部门要有计划地向群众宣传一些地震预防知识。进一步建立健全专门机构和群众性相结合的监测网络。强化重点监视区的监测工作。地震情报、资料的反馈要迅速，重要的情报要及时报告地区地震局。

忻州地区行政公署办公室

一九八六年七月十四日

忻州地区行政公署秘书处文件

忻地行秘〔1992〕36号

忻州地区行政公署秘书处印发
行署地震局关于加强防震减灾工作意见的通知

各县、市人民政府，行署各委、局、办：

行署地震局《关于加强防震减灾工作意见》，已经行署领导同意，现印发你们，请贯彻执行。

特此通知

一九九二年四月十一日

关于加强防震减灾工作的意见

为了进一步加强我区防震抗震减灾工作，根据上级有关精神，结合我区实际，提出1992年防震抗震减灾工作如下意见：

一、积极开展防震减灾知识的宣传工作，增强人民群众的防灾意识

根据国家地震局预测，我区为地震重点监视防御区。各县、市人民政府、各部门都要高度重视我区所面临的地震严峻形势。各级领导要克服麻痹侥幸思想，提高防震减灾的思想认识，要认真研究防震抗震减灾对策，切实采取有力措施，狠抓落实工作。

要广泛深入地开展地震知识和防震抗震常识宣传活动，以增强群众识别地震异常现象和震时自防的能力。要注意加强科学性宣传，防止盲目恐震。要有组织、有计划、有针对性进行宣传并做到经常化。

二、加强领导，努力搞好地震综合防御工作

地震灾害不仅是单一的房倒屋塌，而是多种次生灾害的迭加。减轻地震灾害是一项社会系统工程，需要全社会各部门的配合。减轻震害必须从测、报、防、抗、救的各个环节上坚持综合防御减灾的原则。各级政府要充分发挥主导作用，以对人民生命财产和国家财产高度负责的精神，把防震减灾工作当作一件大事来抓，切实加强领导，积极组织有关部门并动员社会各界力量参与防震减灾工作，及时解决实际问题，把防震工作做在大震到来之前，真正做到临震不乱，把可能发生的震害损失减少到最低限度。为适应我区地震工作的需要，经地区编委研究决定，在忻州、定襄、原平、繁峙、代县、五台、神池、宁武、静乐九县市恢复地震机构，成立县、市地震办公室。各有关县、市要尽快解决人员、经费、办公条件等具体问题，力争机构在今年5月份正式运行起来。

三、建立群测群防网点，积极改善观测条件，提高监测预报地震的水平

实践证明，地震预报必须走群测群防、专群结合道路。为适应震情监测需要，省地震局将要在全省重点监测地区更新部分地震观测设备。今年在我区部分重点县、市装备一批新仪器设备。凡涉及到的县、市都应从人、财、物方面予以大力支持，积极搞好配合，确保安装任务顺利完成。各县、市要充分动员群众，注意观测地震前兆异常，建立和完善群测群防观测网点，明确专人负责，加强管理，常抓不懈，保持捕捉地震短临宏观异常信息的工作经常化、制度化。真正做到一有异常能快速反映。

四、积极开展工程防震，搞好抗震设防工作

搞好工程设施的地震安全设防是减轻地震灾害的关键之一。各县、市都要组织力量，对大型建筑、生命线工程、人口稠密区建筑进行检查，对危险建筑要采取加固措施，做到有备无患。

五、地震部门要努力做好本职工作

各级地震部门要努力做好震情监视工作，要严格观测、值班、分析研究会商制度，积极捕捉短临预报信息，及时向政府反映震情，要以艰苦奋斗、认真负责、兢兢业业的工作精神，完成好各项任务。

各县、市人民政府、各有关部门近期要及时把贯彻、落实上述意见情况报行署地震局。

山西省忻州地区行政公署文件

忻地行发〔1996〕70号

忻州地区行政公署关于印发忻州地区防震减灾十年目标实施纲要的通知

各县、市人民政府，行署各委、局、办：

现将《忻州地区防震减灾十年目标实施纲要》印发给你们，请认真组织实施。

特此通知

一九九六年十月十四日

忻州地区防震减灾十年目标实施纲要

一、防震减灾的指导思想

（一）防震减灾，加强地震的监测预报与防治，已经纳入国家和我省我区国民经济和社会发展。“九五”计划和 2010 年远景规划，成为推动社会事业全面进步，实施可持续发展战略的内容之一。根据国务院确定的我国防震减灾十年目标：“在各级政府领导和全社会的共同努力下，争取用十年左右的时间，使我国的大中城市和人口稠密、经济发达地区具备抗御 6 级左右地震的能力”，结合我区已被列为十年甚至更长时间的全国地震重点监视防御区（率先实现我国防震减灾十年目标的战略区）和我区未来地震活动趋势及经济社会发展实际，特制定我区防震减灾十年目标实施纲要。

（二）坚持经济建设同减灾一起抓的指导思想，将防震减灾工作纳入各级国民经济和社会发展计划，增加防震减灾投入，逐步提高抗御地震灾害的能力，以促进国民经济和防震减灾事业协调发展。

（三）切实加强各级政府对防震减灾工作的组织与领导，健全、完善防震减灾工作管理体系，充分依靠和发挥各部门的积极性，协调配合，各司其职。

各级政府、各部门要认真贯彻“预防为主，防救结合，综合减灾”的方针，努力抓好四个防震减灾工作环节，即监测预报、震灾预防、地震应急、地震救灾与灾区重建，努力变被动救灾为主动综合防震减灾。

（四）加强防震减灾的法规建设，以法规约束政府、社会和个人在震灾预防和地震应急期间的行为，避免各种失误，从而减轻地震灾害。

（五）各级政府、各有关部门要加强工程场地地震安全性评价管理，严格从抗震设防标准、抗震设计和施工质量三个环节上把好关，切实提高我区重要工程和城市的抗震能力。要依靠科技进步，提高地震预报水平，抓紧做好地震预测和防治工作。

二、防震减灾的十年目标

（一）目标的区域划分

争取用十年左右的时间

1. 使忻州市内的重要工程设施、大中型企业具备抗御当地设防烈度地震的能力。

2. 使位于地震重点监视防御区内的原平市、定襄县、代县、繁峙县、五台县、静乐县、宁武县、神池县八个县的生命线工程具备抗御当地设防烈度地震的能力。

3. 偏关、河曲、保德、五寨、岢岚五个县及全区广大的乡（镇）、村，要根据本地经济和社会发展情况，在国土规划、民用建筑、科普宣传、群测群防、应急组织等方面强化管理，使本地防震减灾能力有明显提高。

（二）抗御6级左右地震能力的目标

1. 凡按所在区域烈度（或地震动参数）进行抗震设防的建筑物，遭受严重破坏的比例不超过8%。

2. 生命线工程整体不遭受严重破坏，局部遭受严重破坏的，5~7日内能抢修恢复正常。

3. 易燃、易爆、毒气等引发严重次生灾害的设施不遭受严重破坏和中等破坏，个别产生跑漏情况能当即发出警报和抢修，不致蔓延成灾。

（三）迅速准确地实施。“破坏性地震应急条例”，60分钟左右由计算机（或书面）拿出政府应急方案（建议）。震后社会民众不产生混乱，不造成人为损失，5~7日内恢复正常生活秩序。

（四）防震减灾科普知识家喻户晓，有识别宏观地震前兆的能力；大、中、小学生，部分市民和各级政府、各部门防震减灾指挥部成员及其他应急组织，经过不同形式、不同规模防震减灾模拟演练，基本具备自救、互救、避险能力。

三、实施防震减灾十年目标的主要任务

（一）加强全区地震监测台网建设，重点放在数字化地震台网及前兆台网数数据自动采集系统传输和分析预报计算机网络系统建设上，提高和完善无线通讯网自动化处理和信息传输能力，开展地震预报科学研究，提高监测预报水平，力争在破坏性地震前有一定程度的预报。

（二）对已有建筑物、构筑物、生命线工程、桥坝、水库、电力工程、易燃、易爆、毒气工程等，要按国家地震局颁发的“地震重点监视防御区震害预测工作指南”及有关部门的行业标准进行震害预测，在预测基础上，按部门职责分工提出改造、维修、加固规划并组织实施。需要制定防震减灾规划和分阶段实施计划的系统和部门有：煤炭、电力、供水、通讯、煤气、消防、医疗，交通、水利、人防、城建规划和区域内大中型企业。重点监视防御区内的城市和企业，应编制防震减灾规划、方案。

（三）建立地震灾害损失快速评估信息系统。在震害预测基础上，对各类建筑物、构筑物、生命线工程、易燃、易爆、有毒设施，结合居住人口分布、资产、经济状况及震害预测的结果，建立震害预测资料数据库和快速评估计算机处理软件，形成我区地震灾害损失快速评估系统。该系统力争达到震后两小时内通过计算机处理软件，为各级政府决策提供地震灾害损失估算结果。

（四）认真贯彻国务院批准的《中国地震烈度区划图（1990）使用规定》和《山西

省工程场地地震安全性评价管理规定》(山西省人民政府第 73 号),加强工程立项前的地震安全性评价管理。

(五)参照国家《破坏性地震应急条例》制定本区域(含大中型企业)或部门的破坏性地震应急预案。制定应急预案应从本地区、本部门的实际出发,做到切实可行。应急预案由本级人民政府批准,报上级主管部门备案,每两年进行一次修订。

(六)加强防震减灾宣传工作,努力提高全民的防震减灾意识和应急能力。地震重点监视防御区内的宣传工作,要做到家喻户晓。

(七)开展防灾、救灾技术研究。结合人防、化工、军工、消防等行业逐步建立一支训练有素、快速机动,熟练掌握抢险救灾技术的特种专业队伍。

四、实现十年目标的途径和措施

(一)建立健全防震减灾工作体系

1. 加强防震减灾工作的组织领导,成立以各级政府主管领导为组长(指挥),各有关部门(计划、建设、经贸、宣传、民政、卫生、电力、公安、财政、保险、邮电、交通、广电、物资、粮食、气象、水利、石油、铁路、煤炭、地矿、人防、科技、教育、武警、驻军、地震)负责人为成员的防震减灾协调领导组,本地区发生破坏性地震时,该领导组即成为抗震救灾指挥部。政府防震减灾工作主管部门为该领导组的办事机构。

2. 在政府统一领导下,实行由防震减灾协调领导组统一综合协调,各主管部门分工管理,各负其责的管理体制,以强化政府防震减灾工作的领导和管理职能。防震减灾工作主管部门作为专门机构,行使其政府赋予的防震减灾工作和行政职能,为保障所辖区域内防震减灾十年目标规划的实施和经济发展与社会稳定服务。

(二)防震减灾工作纳入国民经济和社会发展规划、计划的主要内容是:建立和完善地震监测系统,提高监测能力;完善充实地震信息、通讯系统,提高地震快速反应能力;开展震害预测和地震危险性分析,建立震害预测数据库;建立大震应急和地震灾害快速评估系统;建立震后抢险救灾系统和救灾物资储备库;地震预报和救灾技术研究等。

防震减灾规划、计划要结合本地区经济发展实际,做到实事求是,切实可行,分步实施。每年应按地方可用财力的一定比例投入,逐步增强防震减灾实力,实现防震减灾十年目标。

(三)加强防震减灾法规建设。根据《破坏性地震应急条例》、《地震监测设施和地震观测环境保护条例》、《山西省防震减灾暂行条例》、《山西省工程场地地震安全性评价管理规定》,从防震减灾工作需要出发,制定本地的实施细则、规定。重点监视防御区内各目标区的政府和防震减灾各工作部门，要依据职责分工制定政府和部门的年度责任目标。

（四）推进地震科技进步和成果应用，建设现代化地震监测台网，不断增强监测能力，开展地震危险性分析、震害预测以及地震短临预报、地震预警、应急关闭油、气、有毒系统等技术研究、引进和推广应用工作。

（五）加强防震减灾宣传教育，提高全社会的防震减灾意识和自觉性。有关部门应积极开展广泛、深入、持久的宣传教育，落实年度常规宣传计划，制定应急宣传和救灾宣传预案。加强中小学防震减灾知识普及教育，提高自防自救能力。

五、防震减灾十年目标规划的制定和实施步骤

（一）一类目标区的忻州市要在1996年底前按本纲要要求，制定出防震减灾十年规划。二类目标区的八个县市区于1996年底前做出生命线工程系统防震减灾十年规划，需要进行生命线工程震害预测的可在预测后再修订计划。三类目标区的县城根据本纲要要求制定工作计划。

制定规划要广泛收集、调查整理与防震减灾工作有关的资料，对本区域防震减灾能力现状进行分析，确定本县市防震减灾十年目标的具体指标。各有关部门和单位，有义务提供编制规划所必需的各类基础资料。

开展震害预测，对城市及附近地区做出地震安全性分析和场地稳定性评价，提出不同烈度时当地的工程震害、场地震害和次生灾害，在此基础上做出人员伤亡、经济损失及社会影响的预测。

（二）从1997年起进入规划全面实施阶段，大致需要七年左右时间，基本完成十年目标要求。因我区全部国土处于地震设防区，其中，国家重点监视防御区和近期危险区面积较大，所以，各县市和有关部门任务重、责任大，要认真制定阶段性实施计划指标和监督、检查措施、办法及奖惩办法等。

（三）2005年行署在各县市、大中型企业自查验收基础上组织全区性检查、验收、评比、表彰并做好上级验收的准备工作。

本纲要从发布之日起执行。有关内容由地区防震减灾行政主管部门负责解释。

忻州市人民政府办公厅文件

忻政办发〔2009〕137号

忻州市人民政府办公厅
关于进一步加强我市防震减灾综合能力建设的通知

各县（市、区）人民政府，市直各有关单位：

根据《山西省人民政府办公厅关于进一步加强我省防震减灾综合能力建设的通知》（晋政办函〔2009〕63号）、《忻州市人民政府办公厅关于做好我市省级地震重点监视防御区和市重点防御县城防震减灾工作的意见》（忻政办发〔2008〕53号）文件精神和省政府两次对我市检查、调研的情况，以及市政府对各县市区政府检查的情况，结合我市实际，现就进一步加强我市防震减灾综合能力建设通知如下：

一、充分认识我省我市目前复杂严峻的震情形势

我省处在构造背景独特的山西地震带区域，历史上地震活动较强较多，我市代县2006~2008年连续三年发生震群活动，2009年3月28日原平发生4.2级地震。我省北部地区被列入2006~2020年全国地震重点监视防御区，近年来山西地震带及其周边4~5级地震平静异常突出。当前和今后几年我市地震形势复杂严峻，人民生命财产安全和人口、经济发展的主体地区面临着地震灾害的潜在威胁。各县（市、区）人民政府、市直各有关单位要深入贯彻落实晋政办函〔2009〕63号、忻政办发〔2008〕53号文件精神，做好防震减灾各项工作。

二、加强组织领导和考核工作

各县市区人民政府要尽快充实和完善防震减灾领导机构和工作机构，明确部门职责，配齐领导班子和队伍。各县（市、区）人民政府、市财政局在保证防震减灾经费占一般预算收入万分之三至五的基础上，要根据工作需要逐年适当增加一定数额的专项业务经费，保障监测预报、震灾预防、应急救援等业务工作的正常开展。全力推进忻政办发〔2008〕53号文件中各阶段指标、任务和2009年市政府目标责任书任务的落实，建立健全我市各级防震减灾工作投入、考核、奖惩、监督、评价机制，并纳入当地人民政府年度目标综合考评体系。

三、加强震情监视跟踪工作

各县（市、区）要强化地震台站（网）的管理，新增有效监测项目（如流体、电磁波），要确保正常运行，提高监测能力。全市各级地震部门要采取应对跟踪措施，强化、细化落实我市强震监视跟踪工作方案。加强“三网一员”工作体系的运行管理和培训，进一步明确任务与责任，强化24小时值班，保障信息渠道畅通。

四、强化抗震设防监管

今年，各县（市、区）要真正把新建、改建、扩建的基本建设项目纳入审批流程。要进一步加强对重大工程，生命线工程和易产生次生灾害工程地震安全性评价的管理，加大对重要工程、学校、医院等公共建筑抗震设防质量的监管力度。2009、2010年全市将组织开展城乡建筑物的抗震性能普查，已开展震害预测、地震活断层探测的县市区，其成果要充分运用于城乡规划；未开展震害防御基础工作的县市区要按照忻政办发〔2008〕53号文件要求按期完成。全市农村民居地震安全工程要在示范点的基础上全面推进，切实提高我市城乡建设工程抗震设防能力。

五、深入开展防震减灾宣传教育

各县（市、区）人民政府要认真做好新修订的《中华人民共和国防震减灾法》的宣传和实施工作，提高公众防震减灾法制观念。要把防震减灾知识宣传作为一项长期的工作任务来抓，以防震减灾科普示范学校为载体，充分利用国家防灾减灾日、科普、法制宣传日，大力开展防震减灾知识宣传。深入开展防震减灾知识进机关、进学校、进社区、进乡村、进企业活动，推进各级防震减灾科普教育基地建设，增强全民防震减灾意识和能力。

六、加强地震应急管理能力建设

各县（市、区）人民政府、市直各有关单位要积极完善地震应急工作管理体制、机制，尽快修订地震应急预案并开展以地震为背景的应急综合演练，尤其是教育、卫生、商务、交通等部门要加强对学校、医院、商场、车站等人口密集型场所的应急疏散演练。要因地制宜推进地震应急指挥能力建设，建立并完善市、县市区两级政府地震应急指挥中心和地震应急指挥系统。各级政府要协调移动、联通、电信等通信部门进一步完善应急通信保障系统，提升应急通信保障能力。电力部门要全力保障应急用电。各级政府要协调发改、商务、民政、财政、国资委等部门，制定应急物资目录，建立应急物资储备管理机制。保险公司要完善地震灾害保险机制。各级政府要协调发改、建设、规划、财政、国土部门加快全市各级地震应急避难场所规范化建设。尽快完善我市各级地震灾害紧急救援队伍建设，配齐装备，加强演练，提高地震应急专业救援能力。各级政府要协调交通、运输、建设等部门建立挖掘机、推土机、起重机、大客、大货车等大型机具的数据库，一旦有破坏性地震发生，便于立即征用。各级政府要组织并完善各级各类救援队伍的协同联动机制和志愿者队伍的建设和管理，提高各级政府应对地震灾害的处置能力，最大限度地减轻地震灾害可能造成的人民群众生命和财产损失。

七、根据忻政办发〔2008〕53号文件规定，今年各县（市、区）政府和市直有关部门必须完成以下工作任务：

（一）辖区内至少有一台（项）地震监测设备（流体、电磁波），以保障监测系统正常运转，负责地震观测环境保护。完成“三网一员”的验收、聘请、注册、备案工作，落实岗位津贴。进一步搞好异常落实和震情会商制度，做好震情短临跟踪工作及重要时段的震情监视。

（二）强化城乡地震安全工作。完成市县两级城市各类建（构）筑物等的抗震性能普查；推进危房改造和抗震加固；市县两级地震部门参与国土利用和城市规划工作；务必把抗震设防要求纳入基本建设审批流程。忻府区、定襄县、原平市、代县、繁峙县应开展震害预测和地震小区划工作。制定农村民居地震安全工程实施方案；建立农居基础数据库；结合小康村建设、移民搬迁、沉陷区改造危房，完成符合抗震设防要求的农居示范工程建设，并推进农居地震安全管理。

（三）各县（市、区）要制定防震减灾宣传规划，推进建设宣传教育网络。2009年底前筹建一个防震减灾科普教育基地，防震减灾科普示范学校达到30%。农居示范工程和科普示范学校要挂牌。

（四）应急预案和指挥中心建设。完成各级政府、各单位、各基层组织地震应急预案制订和修订工作，使预案具有可操作性。组织地震应急演练。建成地震应急指挥中心或场所。根据文件精神，结合我市目前防震减灾工作的需要给县级地震部门配备交通工具。

（五）加强救援队伍和避难场所建设。建立并完善地震灾害紧急救援队伍建设并组织培训、演练。组建若干支地震救助志愿者队伍并培训。在各城区建设若干功能基本齐备的紧急避难场所。

二○○九年七月五日

忻州市人民政府文件

忻政发〔2012〕34号

忻州市人民政府
关于进一步加强防震减灾工作的意见

各县（市、区）人民政府，市人民政府各委、局、办：

防震减灾工作事关人民群众生命财产安全和经济社会发展全局，市委、市政府对此高度重视。近年来，通过各级人民政府和全社会的共同努力，我市防震减灾综合能力得到一定提高，但还存在监测分析水平较低、城乡建筑和基础设施抗震能力不足、应急救援体系不健全、公众应对地震的心理承受和逃生避险能力较低等问题。为最大限度地减轻地震灾害损失，根据《山西省人民政府关于进一步加强防震减灾工作的意见》（晋政发〔2011〕10号）要求，结合我市实际，就进一步做好防震减灾工作提出以下意见：

一、总体要求

（一）指导思想。以邓小平理论、“三个代表”重要思想和科学发展观为指导。坚持以人为本，始终把人民群众的生命安全放在首位；坚持预防为主、防御与救助相结合，依靠科技、法制和全社会的力量，进一步提高地震监测分析、灾害防御和应急救援能力。形成政府主导、军地协调、专群结合和全社会参与的防震减灾工作格局，全面提高防震减灾综合能力，为建设富裕文明、开放和谐、充满活力的新型工业旅游城市提供有力保障。

（二）工作目标。到2015年，地震监测分析、震灾预防、应急救援“三大工作体系”在全市全面覆盖，全社会抵御地震灾害的能力进一步提高。加强测震台网站点建设，大力提升我市地震监测能力。城市新建、改扩建及城镇建筑危旧房改造工程全部达到抗震设防要求，完成地震重点监视防御区抗震能力不足的重要公共建设工程和基础设施的加固、改造；大幅度提高农村抗震民居比例；健全完善地震应急预案和指挥体系，提高应急救援和保障能力；破坏性地震发生后，本区域2小时内救援队伍赶到灾区开展救援，24小时内基本安置受灾群众生活；地震科技投入有较大提高；社会公众普遍掌握防震减灾基本知识和防震避险技能。

到2020年，建成覆盖全市的地震监测网络和较为完善的预警系统，地震监测能力明显增强，力争做出有减灾实效的短临预报。城乡建筑、重大工程和基础设施能抗御相当于当地地震基本烈度的地震；建成完备的地震应急救援体系和救助保障体系；地震科技基本达到全省同行业先进水平。

二、进一步提高地震监测预报能力

（三）继续推进地震监测台网现代化建设。坚持科学规划，优化台网布局，增加台网密度，构建多学科、多手段的综合观测系统。加强台网运行维护管理和质量监控体系建设，及时更新维护各类监测设备，保证台网正常运转。依法加强地震监测设施和观测环境保护，强化对危害地震监测设施和地震观测环境建设工程项目的审批管理。

牵头部门（单位）：市地震局

配合部门（单位）：市发改委、市公安局、市规划局、市国土资源局、市住建局，各县（市、区）人民政府

（四）做好地震趋势分析预测工作。多学科、多途径探索地震分析预测方法。加强与地震科研单位和有关部门的合作，共享我市、地震联防区和全国的观测资料，开展跨地区、跨部门的地震分析研究及联合会商，不断完善落实地震前兆异常专家库和地震会商机制，努力提高地震分析预测能力。进一步完善地震分析预测管理，依法规范社会组织、公民的地震预测预报行为。

牵头部门（单位）：市地震局

（五）加强群测群防工作。继续完善地震宏观测报网、地震灾情速报网、地震知识宣传网和乡镇防震减灾助理员的“三网一员”群测群防队伍建设。强化培训和管理，落实补贴政策，充分发挥群测群防在地震短临预报、灾情信息报告和普及地震知识中的重要作用。制定奖励政策，引导和支持社会组织和公民积极参与群测群防活动。推广简便、实效的观测仪器和观测方法，丰富地震临震信息，为地震预测预报提供补充资料。

牵头部门（单位）：市地震局

配合部门（单位）：各县（市、区）人民政府，各县（市、区）地震局

三、进一步提高城乡建筑物抗震设防能力

（六）强化建设工程抗震设防监管。进一步完善建设工程抗震设防监管制度，依法

规范工程建设各方责任主体的责任。把抗震设防要求审批纳入基本建设管理程序，作为建设工程项目可行性论证、工程选址、设计、施工、监理和竣工验收的必备内容。严格按照审定的抗震设防要求和相关行业的抗震设计规范进行设计、施工、监理，确保新建、改扩建工程及须进行地震安全性评价的建设工程 100% 达到抗震设防要求。推广应用成熟可行的抗震新技术，加大城市危旧房改造力度，有计划地推动未达到抗震设防要求建筑的拆迁建设和加固改造，逐年消除抗震设防不达标、结构抗震存在安全隐患的房屋建筑。逐步完成城镇建筑危旧房改造。

牵头部门（单位）：市发改委、市住建局、市规划局、市地震局，各县（市、区）人民政府

（七）加强农村民居抗震设防管理和服务。继续实施农村民居地震安全工程。强化对农村基础设施、公共设施和新建农居抗震设防的指导管理。农村新建公用建筑要按照抗震设防要求和抗震设计规范进行规划、设计和施工。县级人民政府要制定切实可行的农村建设安全民居的扶持政策和保障措施，积极引导农民在新建住房时采取科学的抗震措施，支持农民改造达不到抗震要求的住房。加强对农村建房抗震设防的技术指导，建设一批农村民居地震安全服务中心，为农民提供建房选址评估、房屋设计及施工、工匠培训和防震减灾知识宣传服务。结合新农村建设、移民整体搬迁等建设农村民居示范工程，加强示范工程推广工作，推进农村抗震民居比例大幅度提高。

牵头部门（单位）：市住建局、市规划局、市农委、市水利局、市地震局，各县（市、区）人民政府

（八）提高人员密集场所抗震设防能力。继续实施地震安全示范社区建设。开展学校、医院、商场、文化体育场馆等人员密集场所建筑物的抗震性能普查、鉴定和加固工作。加强对学校、医院、超限高层和大跨度结构建筑等大型公共建筑抗震设防管理，新建、改扩建、加固的学校、医院等人群密集场所的建设工程要高于当地房屋建筑抗震设防要求。

牵头部门（单位）：市住建局、市规划局、市地震局、市教育局、市卫生局、市文广局、市商务局、市体育局，各县（市、区）人民政府

四、进一步提高基础设施抗震设防和保障能力

（九）提高城市市政公用基础设施的抗震设防能力。严格执行道路，含桥梁、城市交通、供水、排水、燃气、热力、园林绿化、环境卫生、道路照明等设施及附属设施等市政公共设施的工程建设标准。进一步强化城市市政基础设施规划、施工、运营及应急处置的全过程管理，针对市政公用设施存在的薄弱环节，制订技术措施和应急预案，切实提高城市市政公用设施的防灾避险能力。

牵头部门（单位）：市住建局、市规划局、市地震局，各县（市、区）人民政府

（十）全面提升交通基础设施抗震能力。严格落实公路、铁路、航空等交通设施抗震设防要求，在地震重点监视防御区、人口稠密地区适当提高设防标准。加强公路、铁路、桥梁的巡检，对处于地震活动断层及地质灾害易发路段、危险路段及时整治改造。完善交通运输网络，建立健全紧急情况下运力征集、调用机制，增强应对巨灾的综合运输协调能力和抢通保通能力。

牵头部门（单位）：市交通运输局、市国土资源局、市地震局、五台山机场有限公司、太原铁路局原平车务段

（十一）加强电力、通信保障能力建设。本着安全性和经济性相结合的原则，适当提高电力、通信系统抗震设防标准。优化电源布局和电网结构，对重要电力设施和输电线路实行差异化设计，加强重要用户自备保安电源的配备和管理。加强公用通信网容灾备份能力建设，提高基础电信设施防震能力。结合卫星通信、集群通信、宽带无线通信和短波无线电台等各种技术，建设应急通信网络，保证震时应急通信畅通。

牵头部门（单位）：忻州供电分公司、中国移动忻州分公司、中国联通忻州分公司、中国电信忻州分公司、忻州市长途线务局、市地震局

（十二）提高水利工程、输油气管线等重大工程的抗震能力。优化抗震设计、施工，确保重大工程安全。加强抗震性能鉴定与核查，及时消除安全隐患。开展地震重点监视防御区内病险水库的除险加固。加强输油气管线、易燃易爆化工企业的管理和维护，防止地震引发次生灾害。

牵头部门（单位）：市发展改革委、市水利局、市住建局、市地震局，各县（市、区）人民政府

（十三）加快震害防御基础建设。推进各县（市、区）城区活断层探测、城市地震小区划和震害预测工作。地震活断层探测结果和地震小区划的工作成果要作为编制国土利用规划、城乡规划的必要依据，合理避让潜在的地震风险。编制大比例尺的地震地质构造图，为工程抗震设防要求管理提供服务。普查、制订地震活动断层以及地质灾害易发地段建筑搬迁计划，并逐步实施。

牵头部门（单位）：市地震局

配合部门（单位）：市发改委、市国土资源局、市住建局、市规划局，各县（市、区）人民政府

五、进一步提高地震应急救援能力

（十四）完善落实地震应急预案。按照纵向到底、横向到边、管理规范的要求，做好各级各类地震应急预案的制订和修订工作，并落实到学校、医院、社区、村镇、企

业等基层单位。加强地震应急预案动态管理，健全应急预案的备案、督查、评估和演练制度，不断增强地震应急预案的针对性、实用性和可操作性。加强预案的落实和演练，各县（市、区）人民政府每年至少开展1次军警民联合应急演练；地震应急预案各应急工作组每年要结合地震应急职责开展演练；各级各类学校每年至少组织2次疏散演练。

牵头部门（单位）：市政府应急办、市地震局，各县（市、区）人民政府

配合部门（单位）：各预案涉及单位

（十五）建立健全地震应急指挥体系。按照统一指挥、反应迅速、运转高效、保障有力的要求，加强市抗震救灾指挥体系建设。指挥部实行AB角工作机制，常态下由各部门分管负责人抓好防震减灾工作，紧急状态下主要负责人为第一责任人，第一时间到达指挥部接受命令，组织开展抗震救灾工作。健全各级防震减灾领导组工作机制，完善规章制度，明确职责分工，强化领导组办公室协调管理职能。建立健全指挥调度、协调联动、信息共享和社会动员等工作机制。加强地震应急指挥平台建设，完善各级地震应急指挥技术系统、灾情速报系统，及时更新应急基础数据，为抗震救灾指挥决策提供支撑。加快市地震应急指挥中心和地震现场指挥部建设，提高地震现场指挥决策能力。组建市地震灾害损失评估队伍，建立健全灾情获取、快速上报和评估工作机制。

牵头部门（单位）：市政府应急办、市地震局，各县（市、区）人民政府

配合部门（单位）：市委宣传部、市发改委、市经信委、市公安局、市民政局、市卫生局、市安监局

（十六）加强地震应急救援力量建设。加强市级地震灾害紧急救援队伍建设，完善装备保障，开展专业救援培训和演练，提高机动作战能力，满足同时开展多点、跨市、跨县实施救援任务的要求。建立健全军地地震应急救援协调机制，充分发挥解放军、武警部队和民兵预备役部队在抗震救灾中的作用。以公安消防队伍为依托，组建本级综合应急救援队伍；加强对防汛、交通运输、水电气、化工、森林等各有关行业抢险救援队伍的地震救援培训，做到“一专多能、一队多用”。各县（市、区）人民政府要积极推进地震应急志愿者队伍和社会动员机制建设，组织救援培训与演练，规范有序地发挥志愿者和民间救助力量的作用。破坏性地震发生后，灾区县、乡人民政府及各单位要立即组织开展有效的自救互救行动，本地综合救援队2小时内开展救援行动。

牵头部门（单位）：市政府应急办、市地震局、军分区、市公安消防支队、团市委，各县（市、区）人民政府

配合部门（单位）：市卫生局、市安监局、市交通运输局、市水利局、市林业局、

市煤炭工业局、忻州供电分公司、武警忻州支队

（十七）推进地震应急避难场所建设。各地要充分利用广场、绿地、公园、学校和文化体育场馆等公共设施，因地制宜，按照国家标准将其建设或改造成设施齐全、功能完备的应急避难场所。编制完善避难场所建设规划，分年度实施，2015年建成与当地人口相适应的应急避难场所。学校、医院、商场、酒店、文化体育场馆、候车、候机等人员密集场所设置紧急疏散通道、明示疏散路线、明确疏散地点，配备必要的应急避险、救生设施和设备，提高城市的应急避险保障能力和公众的应急逃生能力。

牵头部门（单位）：市政府应急办、市发改委、市住建局、市公安消防支队，各县（市、区）人民政府

配合部门（单位）：市教育局、市民政局、市国土资源局、市卫生局、市地震局、市人防办、市体育局、市文广局

（十八）提升应急救援救助保障能力。加强全市救灾物资储备体系建设，优化储备布局和方式，科学合理确定储备品种和规模，整合仓储资源，避免重复建设，建设完善物资仓储设施，实现专业储备与社会储备、物资储备与生产能力储备的有机结合。到2015年，全市基本具备6级地震所需的物资储备。完善跨地区、跨部门的物资生产、储备、调拨和紧急配送机制。建立和完善省、市、县联动的医药储备体系。加强供水、供气等公共设施应急保障能力建设，确保震后快速恢复群众基本生活需求供应。切实提高伤员救治、疾病防控、灾民安置和救助救济的应急处置能力。

牵头部门（单位）：市政府应急办、市发改委、市财政局、市民政局，各县（市、区）人民政府

配合部门（单位）：市经信委、市住建局、市交通运输局、市商务局、市卫生局、市粮食局、市地震局

六、加强防震减灾教育及新闻宣传工作

（十九）开展防震减灾教育培训。建立防震减灾宣传长效机制，将防震减灾知识纳入国民素质教育体系及中小学安全教育纲要。各类学校要将防震减灾等安全知识教育作为开学第一课，各级党校、行政学院要将防震减灾知识教育作为各级领导干部及公务员培训的必备内容。继续加大对社区、农村防震减灾知识普及力度。科学规范防震减灾科普教育内容，制作富有时代特色的地震科普教材和科普作品。建设市级地震科普教育基地。以防震减灾科普示范学校、示范社区、示范企业、示范村和县级防震减灾科普教育基地建设为载体，深入推进防震减灾知识“进学校、进社区、进企业、进农村、进机关、进家庭”。

牵头部门（单位）：市教育局、市人力资源和社会保障局、市委组织部、市委宣传

部、市地震局，各县（市、区）人民政府

（二十）做好防震减灾新闻宣传工作。地震、新闻宣传、通信等部门要密切配合，及时公布防震减灾信息，增加防震减灾政府信息公开透明度。建立与完善地震突发新闻快速反应、舆论收集研判和引导工作预案及工作机制，提高主流新闻媒体地震突发新闻报道快速反应能力。充分发挥舆论引导作用，及时有效处置地震谣传，引导震后舆论，保持社会稳定。充分利用“5·12”防灾减灾宣传周、“7·28”防震减灾宣传周等时段开展宣传活动，同时加大日常宣传力度，逐步使防震减灾宣传工作常态化，不断增强公众防震减灾意识、谣传识别能力和应急避险能力。

牵头部门（单位）：市委宣传部、市地震局

配合部门（单位）：市文广局、市广播电视台、忻州日报社、中国移动忻州分公司、中国联通忻州分公司、中国电信忻州分公司

七、加强组织领导，落实各项保障措施

（二十一）加强防震减灾工作的组织领导。各级人民政府要将防震减灾工作列入重要议事日程，及时研究解决影响防震减灾事业发展的突出问题，各县（市、区）人民政府每年至少听取1次防震减灾工作汇报。各相关部门要依法履行防震减灾职责，形成工作合力。各级人民政府要将防震减灾工作纳入政府工作考评体系，全面落实防震减灾目标管理责任制。要依法加强对防震减灾工作落实情况的监督检查，确保各级各部门防震减灾职责得到落实。

牵头部门（单位）：各县（市、区）人民政府、市地震局

（二十二）加强基层防震减灾工作。认真落实省编办《关于完善设置县（市、区）地震工作机构的通知》（晋编办字〔2004〕268号）要求，继续健全防震减灾工作机构，充实人员队伍，提高人员素质。落实好群测群防、宣传教育、震情跟踪、应急准备和技术系统运维等业务经费，保障工作正常开展。推进本地区防震减灾事业发展项目实施，提高基层防震减灾技术水平。强化防震减灾行政管理部门职责履行，提高基层防震减灾行政管理能力。

牵头部门（单位）：各县（市、区）人民政府

（二十三）增加防震减灾投入。各级财政要把防震减灾工作经费列入年度预算，建立与经济社会发展水平相适应、以财政投入为主体的稳定增长投入机制。制定对重点监视防御区、贫困地区的财政倾斜政策，并引导社会各方面加大对各类工程设施和城乡建筑抗震设防的投入，保障全市防震减灾能力全面提高。健全完善抗震救灾资金应急拨付机制。加强防震减灾基础建设，改善地震科学研究条件，支持开展防震减灾及相关科学研究。

牵头部门（单位）：市财政局、市发改委、市科技局，各县（市、区）人民政府

（二十四）完善防震减灾规划体系。各县（市、区）人民政府要结合本地区地震安全形势，以防震减灾基础建设为重点，以提高防震减灾综合能力为目标，编制好本地防震减灾“十二五”规划，并纳入当地国民经济和社会发展总体规划。做好省、市、县防震减灾规划的相互衔接、防震减灾与其他各相关规划的衔接及“十二五”规划与“十一五”规划的衔接，统筹资源配置，落实重点项目，以项目确保防震减灾任务和措施的有效落实。

牵头部门（单位）：市发改委、市地震局，各县（市、区）人民政府

（二十五）提高地震科技水平。密切跟踪地震科技前沿和重点领域，开展地震基础与应用研究，加强地震科技交流与合作，加快地震科研成果的推广应用。充分发挥中长期地震预测研究成果的指导作用，为制订完善国民经济和社会发展规划、国土利用规划和城市规划提供科学依据。加强对减隔震等新技术、新材料、新工艺的研发和推广应用，为提高建设工程抗震能力提供技术支撑。

牵头部门（单位）：市地震局、市科技局

（二十六）加强防震减灾法制建设。认真贯彻《中华人民共和国防震减灾法》等法律法规，进一步落实防震减灾法定职责，建立健全防震减灾行政执法、行政监督体制和协调机制，依法推进防震减灾各项工作。

牵头部门（单位）：市政府法制办、市地震局、市住建局、市司法局

配合部门（单位）：市交通运输局、市水利局、市煤炭工业局、忻州供电分公司

忻州市人民政府
二〇一二年十二月二十四日

忻州市防震减灾领导组文件

忻防震组〔2014〕3号

忻州市防震减灾领导组
关于印发忻州市进一步加强全市防震减灾能力建设
工作方案的通知

各县（市、区）人民政府，市防震减灾领导组有关成员单位：

为了贯彻落实中国地震局、山西省人民政府《共同加强山西防震减灾能力建设合作实施方案》精神，提升我市防震减灾综合能力，进一步推动防震减灾事业科学发展，制定本方案，请认真贯彻落实。

附件：《忻州市进一步加强全市防震减灾能力建设的工作方案》

忻州市防震减灾领导组

二〇一四年十二月二十日

忻州市进一步加强全市防震减灾能力建设的工作方案

为了贯彻落实中国地震局、山西省人民政府《共同加强山西防震减灾能力建设合作实施方案》，提升全市防震减灾综合能力，进一步推动防震减灾事业科学发展，制定本工作方案。本工作方案执行期为2013年至2017年。

一、总体目标

以全市转型跨越发展总体战略为统领，将防震减灾工作全面融入转型综改试验区建设，共同推进防震减灾重点工作，提升防震减灾综合能力，为全市转型综改提供地震安全保障服务。

二、主要任务

以最大限度减轻地震灾害损失为根本宗旨，强化社会治理，拓展公共服务，全面提升全市防震减灾综合能力，服务转型综改试验区建设和全市经济社会发展。

（一）提升防震减灾社会治理能力

一是完善属地为主、分级负责的防震减灾工作体制机制，科学规划部署防震减灾工作，落实防震减灾规划任务，完善防震减灾事业投入机制，稳定防震减灾机构与队伍，完善各级防震减灾目标评价考核与监督检查机制，推进防震减灾各项工作开展。

二是认真贯彻落实《山西省防震减灾条例》，加强重大建设工程地震安全性评价管理，广泛开展防震减灾普法宣传，加强执法人员培训，强化地震违法行为查处，提升地震行政执法能力。

三是服务保障转型综改试验区建设，为重大项目特别是电力、化工、燃气等重点项目和易产生严重次生灾害建设工程开通绿色通道，提供优质、高效、便捷的地震安全服务。

四是夯实城市社区和农村防震减灾基础，健全防震减灾公共安全体系，为基层群众提供精准有效的防震减灾服务和管理。

责任单位：市地震局、各县（市、区）人民政府。

（二）提升地震科技支撑能力

一是协助配合省地震局实施山西地震构造环境精细探察系列工作，为山西省防震减灾工作提供科学基础数据支撑。

二是积极争取省地震局开展针对忻州市的地震科学研究，深化对区域地震科学问题的认识。

三是以中国地震局确定我省为试点省份为契机，积极争取上级地震部门在我市开展新型地震仪器设备观测试验，推进科技成果转化应用，提高我市防震减灾工作科技水平。

责任单位：市地震局、各县（市、区）人民政府。

（三）提升地震监测预报能力

一是持续开展强震短临跟踪。开展我市及周边地震重点监视防御区、重点危险区的强震短临跟踪工作，完善工作机制、加强区域协作，配合省地震局实施“重点危险区震情强化跟踪”项目，提升我市强震短临跟踪能力。

二是逐步提高地震预测预报水平。协助并配合上级地震部门实施涉及我市的有关预测预报科研项目，不断深化对我市地震活动性的认识和地震危险性研究，提高预测预报水平。

三是有效提高我市地震监测能力。协助并配合上级地震部门实施涉及我市的有关地震监测科研项目，完善我市地震监测台网布局，新增和升级改造部分观测台站，提高技术水平，提升监测效能。

责任单位：市地震局、各县（市、区）人民政府。

（四）提升地震烈度速报与预警能力

以我省率先实施“国家地震烈度速报与预警工程”为契机，积极争取省地震局优先建设涉及我市的山西地震烈度速报与预警台网，协助省地震局开展重大工程、生命线工程地震动监测，在破坏性地震波到来之前发出预警信息，快速完成地震烈度速报，为我市大型煤矿、电力、交通、油气管线等重大项目建设和运行提供地震安全服务。

责任单位：市地震局、各县（市、区）人民政府。

（五）提升地震灾害防御基础能力

一是夯实建设工程抗震设防基础。协助并配合省地震局实施“国家‘喜马拉雅’计划山西探测工程”；继续推进“山西城市活断层探测、地震小区划及震害预测工程”，深化对我市构造背景和动力学特征的认识；积极争取省地震局查明涉及我市的主要断裂分布，为防震减灾战略决策、国土资源规划与利用提供科学依据。

二是加强建设工程抗震设防管理。对建设工程勘察、设计、施工、监理和竣工验收各环节进行全过程监管，全面提高转型综改试验区重大工程地震安全水平。

三是降低城乡地震灾害风险。加快城市危旧房改造，降低城市大震巨灾风险；结合农村人居环境改善，继续推进地震危险区农村民居抗震改建工作，加强农村基础设施、公用建筑及移民搬迁、新农村建设的抗震设防监管；做好农民自建住房抗震设防指导，提高农村民居抗震设防能力。

四是推进地震安全示范社区、示范县、示范城市创建活动，完善防震减灾公共服务体系，提高全社会防御地震灾害能力。

责任单位：市住建局、市地震局、各县（市、区）人民政府。

（六）提升防震减灾科普宣教能力

忻州市地震、教育、民政等部门通力合作，持续推进防震减灾“六进”活动，将防震减灾知识纳入中小学公共安全教育纲要，纳入行政学院领导干部及公务员培训教育内容，广泛深入开展防震减灾知识宣传，逐步提升社会公众防震减灾素质和地震灾害应对能力。

责任单位：市教育局、市民政局、市地震局、各县（市、区）人民政府。

（七）提升地震应急救援能力

一是进一步修订各级各类地震应急预案和完善应急预案体系，健全部门联动机制，提高应急指挥能力。

二是协助省地震局完成“山西地震应急基础数据库更新”，依托山西省地震灾情快速评估技术系统，提高我市应急辅助决策能力。

三是继续推进地震应急避难场所建设，加强地震现场应急队和地震灾害紧急救援队建设，提升应对和处置地震灾害的能力。

四是做好地震应急新闻宣传报道，及时、准确发布震情灾情和抗震救灾信息，主动引导舆论，回应公众关切，稳定社会秩序。

责任单位：市民政局、市国土资源局、市住建局、市公安局、市煤炭局、市发改委、市国资委、市商务局、市交通局、市水利局、市安监局、市气象局、市文广局、市教育局、市卫生局、市旅游局、市地震局、各县（市、区）人民政府。

三、协助、配合完成的项目

协助、配合省地震局完成的项目 4 项（这 4 项无须地方政府投资）。

1. 国家“喜马拉雅”计划山西探测工程

山西地震构造背景探察列入国家“喜马拉雅”计划。协助配合省地震局开展涉及我市的活动断裂填图、综合地球物理场探测和大型流动地震台阵观测，把握我市地震活动水平，为制定防震减灾战略决策、国土资源规划与利用、重大工程建设等提供科学依据。

建设内容：

（1）协助、配合省地震局完成涉及我市的主要边界断裂的 1∶5 万活断层地质填图。

（2）协助、配合省地震局完成涉及我市的一等水准加密复测、流动 GPS 加密复测、流动重力网优化改造和两期流动重力观测及三分量流动地磁观测等项目。

（3）协助、配合省地震局完成涉及我市的密集布设大型流动地震台阵建设及开展地球物理综合观测。

投资与实施计划：

该项目由中国地震局投资，山西省地震局组织实施，市地震局及有关县（市、区）人民政府配合实施，2013 年启动，2017 年完成。

2. 山西中北部地区强震短临跟踪

以强震短临跟踪为目标，协助、配合省地震局在我市范围内开展由宽频带流动地震台网与精密可控震源相配合的主动观测、流动地磁观测、连续重力与流动重力观测、跨断层形变观测，为强震短临跟踪及地震灾害防御提供基础资料。

建设内容：

山西北部强震短临跟踪，在我市代县增设一个连续重力观测台站。

投资与实施计划：该项目由中国地震局和山西省政府共同投资，山西省地震局组织实施，市地震局和代县人民政府配合实施，2013 年启动，2017 年完成。

3. 山西地震烈度速报与预警工程

山西地震烈度速报与预警工程是"国家地震烈度速报与预警工程"的重要组成部分。工程完成后，将形成覆盖山西省县级行政单元的地震烈度速报网，实现省内破坏性地震预警：中强以上地震发生后，距震中 50~200 公里区域，在破坏性地震波到达之前 4~45 秒发出警报；2~5 分钟完成地震烈度速报；30~120 分钟持续给出地震灾情评估结果。并为震源特征研究、地震动特征研究、地震构造探测、结构抗震分析等提供丰富的基础数据。

建设内容：

（1）台站观测系统：积极争取省地震局优先在我市建设一批测震基本台、测震基准台、综合观测台。

（2）通信网络系统：积极争取省地震局优先在我市建设由 1 个信息汇聚点、各县（市、区）都有的一批地面信息接入点组成的烈度速报与预警网。

（3）紧急地震信息服务系统：积极争取省地震局优先在我市建设部分地震烈度速报与预警信息服务终端。

投资与实施计划：

该项目由中国地震局和山西省政府共同投资，山西省地震局组织实施，市地震局及各县（市、区）人民政府配合实施，2013 年立项，2017 年完成。

4. 山西地震社会服务工程

该项目通过震害防御、应急救援方面的技术平台和示范服务系统的建设，初步形成具有信息采集、信息处理和信息服务功能的地震社会服务技术体系，为逐步提高城市、农村及重大工程的强震防御能力，加强我市应对灾害性地震的应急处置能力和紧急救援能力，显著提高全社会地震灾害的综合防御与响应能力提供技术支持和服务。

建设内容：

协助省地震局建设省级农村震害防御信息中心，收集有关示范县 1∶10 万 ~1∶5 万的基础地理和地震专业数据，协助建设省级地震安全专业数据库；协助建设 1 套分区域村镇场地评价、农居震害评价、分区域农居地震安全技术和农居网络交互咨询系统，协助建设全省地震灾情的快速获取、信息的紧急处置和社会服务三个层次的地震应急救援服务系统。

投资与实施计划：

该项目由中国地震局投资，山西省地震局组织实施，市地震局及各县（市、区）人民政府配合实施，2013 年启动，2014 年完成。

四、国家和地方政府共同投资的项目

国家和地方政府共同投资的项目 3 项，其中有自选项目（非必须完成项目），也有限期完成的项目。总投资超过 2120 万元，其中，国家投入约 870 万元，地方政府配套投入超过 1250 万元。

自选项目：

这类项目不是必须完成的项目，可自行选择开展。

忻州市城市活断层探测、地震小区划及震害预测工程。

通过实施该工程，查清城市周边地震构造环境、特别是可能引发城市直下型破坏性地震的活动断层，科学预测强震引发的地震地质灾害及城市建筑物可能出现的灾害情况，为城市土地利用规划、工程抗震设防、危旧房抗震加固、救灾措施制定提供基础资料，有效提升我市地震灾害防御基础能力。

建设内容：

（1）在我市开展城市活断层探测工作：包括活断层调查与勘探、活断层鉴定与定位、活断层地震危险性评价，编制 1∶5 万地震活动断层分布图和 1∶1 万的主要活动断层条带分布图。

（2）在我市开展地震小区划工作：包括确定地震动峰值加速度、地震动加速度反应谱特征周期，进行地震地质灾害评价，编制城市 50 年超越概率 63%、10% 和 2% 的地震动峰值加速度小区划图、地震动反应谱特征周期小区划图和地震地质灾害小区划图，提供不同分区一般建设工程的抗震设防指标。

（3）在我市开展城市震害预测工作：包括进行社会经济、建（构）筑物与生命线系统调查，建立建（构）筑物与生命线系统震害预测以及地震人员伤亡、直接经济损失和次生灾害影响预测系统，对城市的抗震能力进行综合评估。

投资与实施计划：

该项目总投资约600万元，其中，中国地震局补助资金约250万元，需由地方政府落实配套资金约350万元。2015年启动，2017年完成。

限期完成的项目

这类项目在2017年前必须完成，项目经费由国家和地方政府共同投资。

1. 忻州市防震减灾基层示范工作创建工作

防震减灾示范创建工作是基层防震减灾能力建设的重要内容，通过以基层防震减灾示范工作引领和带动全社会防震减灾实践，提升共同抵御防震减灾的能力。

建设内容：

2014年，代县已开始防震减灾示范县创建工作。各县（市、区）要广泛开展防震减灾示范学校、示范社区、示范企业创建活动，力争每个县（市、区）创建1个国家级地震安全示范社区。示范创建单位防震减灾科普率达到90%以上，定期开展自救互救演练，成立志愿者队伍，提高“三网一员”队伍素质，建筑物80%以上达到抗震设防要求等。

投资与实施计划：

该项目在代县进行示范县建设，在各县（市、区）进行国家级地震安全示范社区建设。省财政配套该项目资金20万元，其余资金自筹。2014年实施，2017年完成。

2. 忻州市地震应急避难场所建设

根据规划，充分利用公园、广场等场地，因地制宜，按照国家标准，2015~2017年，拟在忻州市城区和代县城区人口稠密的区域分别建设一个I类应急避难场所，实现我市城市建设与应急减灾能力的协调发展。

投资与实施计划：

该项目由国家和忻府区政府、代县政府共同投资，国家投资与地方政府投资比例为4∶6，每个I类应急避难场所国家投资约300万，地方政府配套投入约450万，2个I类应急避难场所总投资约1500万。

中国地震局文件

中震防发〔2015〕63号

中国地震局关于2015年度全国市县防震减灾工作考核结果情况的通报

各省、自治区、直辖市地震局：

依据《市县防震减灾工作年度考核办法》(中震防发〔2015〕58号)，在各省、自治区、直辖市市县防震减灾工作年度考核的基础上，中国地震局开展了2015年度全国市县防震减灾业务工作和人员考核，现将考核结果通报如下。

一、2015年度全国地市级防震减灾工作考核结果

全国地市级防震减灾工作综合考核先进单位：

吉林省长春市、辽宁省大连市、陕西省西安市、山东省济南市、四川省成都市、河北省唐山市、山东省青岛市、黑龙江省哈尔滨市、黑龙江省大庆市、辽宁省沈阳市、广东省深圳市、福建省厦门市、山东省菏泽市、山东省潍坊市、内蒙古自治区包头市、云南省玉溪市、河南省濮阳市、江苏省盐城市、安徽省滁州市、四川省凉山彝族自治州、浙江省宁波市、江西省南昌市、河北省廊坊市、江苏省苏州市、安徽省合肥市、甘肃省白银市、新疆维吾尔自治区伊犁哈萨克自治州、山东省烟台市、湖北省十堰市、福建省漳州市、青海省海西蒙古族藏族自治州、河南省洛阳市、湖北省武汉市、四川省雅安市、四川省绵阳市、福建省福州市、四川省宜宾市、青海省西宁市、内蒙古自治区鄂尔多斯市、陕西省宝鸡市、广西壮族自治区柳州市、江西省上饶市、河南省新乡市、宁夏回族自治区固原市、黑龙江省黑河市、广东省广州市、云南省保山市、黑龙江省齐齐哈尔市、海南省三亚市、广西壮族自治区钦州市、新疆维吾尔自治区克拉玛依市、安徽省六安市、广东省阳江市、广东省东莞市、陕西省咸阳市、重庆市荣昌区、云南省昭通市、广西壮族自治区南宁市、甘肃省陇南市、天津市和平区、重庆市巴南区、重庆市涪陵区、辽宁省盘锦市、安徽省宿州市、广东省佛山市、山西省忻州市、辽宁省抚顺市、海南省海口市、湖北省襄阳市、浙江省嘉兴市、湖南省长沙市、甘肃省平凉市、浙江省丽水市、吉林省松原市、广东省汕头市、贵州省黔东南苗族侗族自治州、福建省莆田市、湖南省常德市、重庆市合川区、山西省大同市、宁夏回族自治区石嘴山市、湖南省邵阳市、吉林省吉林市、新疆维吾尔自治区昌吉回族自治州、山西省运城市、辽宁省丹东市、贵州省黔西南布依族苗族自治州、上海市金山区、上海市长宁区、贵州省贵阳市、上海市闵行区、天津市津南区、天津市河北区、北京市平谷区、北京市大兴区、西藏自治区山南地区、北京市密云区、西藏自治区林芝市。

二、2015 年度全国县级防震减灾工作考核结果

全国县级防震减灾工作综合考核先进单位（排名不分先后）：

河北省：石家庄市裕华区、元氏县、平泉县、青龙县、乐亭县、廊坊市广阳区、涿州市；

山西省：太原市迎泽区、高平市、阳泉市矿区、昔阳县、太谷县、隰县、灵丘县；

内蒙古自治区：呼和浩特市赛罕区、土默特右旗、满洲里市、扎兰屯市、化德县；

辽宁省：大连市金州区、庄河市、昌图县、长海县、辽中县；

吉林省：长春市宽城区、长春市二道区、长春市朝阳区、松原市前郭县；

黑龙江省：泰来县、庆安县、绥芬河市、友谊县、勃利县、桦南县；

江苏省：高邮市、东台市、海安县、洪泽县、连云港市赣榆区；

浙江省：宁波市北仑区、平湖市、松阳县、文成县、桐庐县；

安徽省：合肥市包河区、凤阳县、霍山县、萧县、五河县；

福建省：仙游县、龙溪县、漳平县、屏南县；

江西省：瑞金市、丰城市、上饶市广丰区、九江市浔阳区、南昌县；

山东省：青岛市黄岛区、乳山市、昌邑市、东平县、东明县、莒县、莒南县；

河南省：邓州市、兰考县、范县、新安县、获嘉县、汤阴县、鄢陵县；

湖北省：武汉市江夏区、武汉市东西湖区、房县、兴山县、红安县；

湖南省：涟源市、湘阴市、安乡县、东安县、新邵县；

广东省：广州市番禺区、深圳市罗湖区、深圳市福田区、深圳市南山区、汕头市金平区、佛山市三水区、阳春市；

广西壮族自治区：桂林市临桂区、陆川县、灵山县、合浦县、平南县、上林县；

海南省：澄迈县、保亭县；

重庆市：忠县、奉节县；

四川省：崇州市、邛崃市、青川县、广元市朝天区、安县、宜宾县、石棉县、会理县；

贵州省：贵阳市花溪区、兴义市、威宁县、剑河县、普定县；

云南省：宣威市、芒市、腾冲市、弥勒市、通海县、巧家县；

陕西省：西安市未央区、西安市雁塔区、宝鸡市金台区、旬邑县、白水县；

甘肃省：靖远县、文县、崇信县、山丹县、清水县；

青海省：格尔木市、祁连县；

宁夏回族自治区：西吉县、同心县；

新疆维吾尔自治区：乌鲁木齐高新区（新市区）、奎屯市、乌苏市、呼图壁县。

三、2015 年度全国市县防震减灾人员考核结果

全国市县防震减灾人员考核先进工作者（排名不分先后）：

北京市：大兴区地震局宋健、平谷区地震局赵国利、密云县地震局赵军；

天津市：和平区地震办公室江国平、津南区地震办公室边淑萍、河北区地震办公室王欣；

河北省：唐山市地震局郭彦徽、廊坊市地震局郑俊义、石家庄市裕华区科学技术局王敏、石家庄市元氏县科学技术局张景林、平泉县科学技术和地震局许长江、青龙满族自治县科学技术局于金凤、乐亭县地震办公室耿丽华、廊坊市广阳区地震局王立恒、涿州市地震局乔松；

山西省：大同市地震局赵劲、忻州市地震局李文元、运城市地震局刘振安、高平市地震局焦文全、阳泉市矿区地震局张惠英、太原市迎泽区防震减灾局魏明霞、昔阳县地震局宋乃军、隰县地震局王有福；

内蒙古自治区：包头市地震局杜成龙、鄂尔多斯市地震局闻海亮、满洲里市地震局马志勇、土默特右旗地震办公室李云生、扎兰屯市地震办公室赵云、呼和浩特市赛罕区地震局李志勇；

辽宁省：沈阳市地震局胡舒颖、大连市地震局顾焕良、大连市地震局岳彦、盘锦市地震局周振华、抚顺市地震局金镇洪、丹东市地震局赵颖、庄河市地震局王生远、大连市金州区地震局杜岩、昌图县地震局刘景武、辽中县地震局史素娟、长海县地震局朱英；

吉林省：长春市地震局李恩泽、吉林市地震局鲁铭、松原市地震局孟凡斌、长春市宽城区科学技术局张洪伟、长春市二道区科学技术局张绣结、前郭县地震局高双喜、长春市朝阳区科学技术局高松亮、长春市绿园区科学技术局党懿德、德惠市科学技术局王兆和；

黑龙江省：大庆市地震局石兴才、黑河市地震局张宝红、齐齐哈尔市地震局张海龙、泰来县地震局石艳红、绥芬河市科学技术局黄丽霞、庆安县地震局张德大、勃利县地震局吴庆祥、通河地震台武晓军、桦南县地震局王尊刚、友谊县地震局王位；

上海市：金山区地震办公室杨辉辉、闵行区地震办公室李丽；

江苏省：苏州市地震局孙旻、盐城市地震局唐耀华、高邮市地震局薛家富、东台市地震局许学军、海安县地震局于清山、洪泽县地震局厉永华、连云港市赣榆区地震局刘延乐；

浙江省：宁波市地震局王里、丽水市地震局王燕、嘉兴市地震局钟伟、平湖市地震局刘农二、松阳县科学技术局程慧民、宁波市北仑区科技局胡修勤、文成县地震局张大彬、桐庐县科技局朱卫英；

安徽省：合肥市地震局钱诚、滁州市地震局武长青、宿州市地震局邵珠杰、金寨县地震局刘文、凤阳县科学技术局薛金保、霍山县地震局聂宜星、萧县地震局汪洋、五河县地震局周会、合肥市包河区科学技术局黄柱兵；

福建省：福州市地震局戴黎、厦门市地震局毛松林、漳州市地震局许武章、莆田市地震局施金冷、仙游县地震办公室黄新辉、龙溪县科学技术局陈德荣、漳平市地震办公室陈建初、屏南县科学技术局地震工作站苏梅；

江西省：南昌市防震减灾局涂志峰、上饶市防震减灾局张敏生、瑞金市防震减灾局黄燕、南昌县防震减灾局饶琳、丰城市防震减灾局鄢光宇、上饶市广丰区防震减灾局卢隆、九江市浔阳区防震减灾局曹希；

山东省：济南市地震局唐凤、青岛市地震局潘元生、潍坊市地震局王云华、菏泽市地震局饶生存、烟台市地震局鹿林、昌邑市地震局马振波、青岛市黄岛区地震局徐常作、乳山市地震局李英宇、东明县地震局权卫平、莒南县地震局王晓明、东平县地震局何西恒、莒县地震局井福涛；

河南省：濮阳市地震局张军波、洛阳市地震局梁洪、新乡市地震局牛晓蕾、邓州市科学技术局李红权、兰考县科学技术和工业信息化委员会朱振宁、范县地震局谢国华、新安县地震办公室刘玉仙、获嘉县地震办公室郭瑞菊、汤阴县地震办刘惠民、鄢陵县地震办公室王建设；

湖北省：武汉市地震工作办公室余新建、十堰市地震局孙延奇、襄阳市地震局朱新民、武汉市江夏区城乡建设局吴国红、十堰市房县地震局刁波、武汉市东西湖区人民政府地震工作办公室余凯红、兴山县地震局舒华、红安县地震局戴运临；

湖南省：长沙市地震局吴帅、常德市地震局李爱顺、安乡县地震局车伟、涟源市地震局彭伏吾；

广东省：深圳市地震局丛东、阳江市地震局陈幸莲、东莞市地震局陈伟东、佛山市地震局廖华康、汕头市地震局陈俊峰、广州市番禺区人民政府地震办公室袁国莲、深圳市罗湖区应急管理办公室丘新忠、深圳市福田区办公室刘郡、深圳市南山区应急管理办公室李琳、汕头市金平区地震局李丽、佛山市三水区地震局周良勇、阳江市阳春市地震局陈升俊；

广西壮族自治区：南宁市地震局郭璇、柳州市地震局陈柳云、钦州市地震局石昌喜、桂林市临桂区地震局朱志桂、陆川县地震局刘通、钦州市灵山县地震局莫海莲、北海市合浦县地震局陈琥、平南县地震局欧权南、上林县地震局盘敏道；

海南省：海口市地震局张伟斌、三亚市地震局麦明胜、澄迈县地震局王恩克、保亭县地震局黄雪萍；

重庆市：荣昌区地震局吕凤明、涪陵区科学技术委员会刘建荣、合川区科学技术委员会向建明、巴南区科学技术委员会周红强、忠县国土资源和房屋管理局秦岚岚、奉节县国土资源和房屋管理局黄仲；

四川省：成都市防震减灾局徐水森、雅安市防震减灾局宁冬梅、凉山彝族自治州防震减灾局周仕伦、绵阳市防震减灾局周时光、邛崃市防震减灾局郑益民、崇州市防震减灾局王伟、青川县防震减灾局陈东、广元市朝天区防震减灾局王臻、石棉县防震减灾局骆联斌、会理县防震减灾局李明财；

贵州省：贵阳市科学技术局张燕萍、黔东南苗族侗族自治州防震减灾局雷昌远、黔西南布依族苗族自治州防震减灾局周习甫、威宁县防震减灾局安美玲、兴义市防震减灾局王健、贵阳市花溪区科学技术局孙礼平、剑河县教育和科技局王政梅、普定县教育和科技局黄家勇；

云南省：玉溪市防震减灾局金志林、昭通市防震减灾局申玻、保山市地震局李安、通海县防震减灾局蔡建华、巧家县防震减灾局冉正祥、宣威市地震局张尤法、芒市防震减灾局周文涛、腾冲市防震减灾局杨登部、弥勒市地震局陈家友；

陕西省：西安市地震局吴保明、宝鸡市地震局武玉明、咸阳市地震局吴若阳、西安市未央区地震局刘军、西安市雁塔区地震局张玉梅、宝鸡市金台区地震局倪江陵、旬邑县地震办公室张宏斌、渭南市白水县地震办公室张亚玲；

甘肃省：白银市地震局马创元、陇南市地震局李保安、平凉市地震局杨林、靖远县地震局王开虎、文县地震局巩生文、平凉市崇信县地震局张富仓、山丹县地震局黄琳业、清水县地震局谈天福；

青海省：西宁市地震局唐嘉蔓、海西蒙古族藏族自治州地震局苗守华、格尔木市地震局黄岩军、祁连县地震办公室贺生福；

宁夏回族自治区：固原市地震局乔金龙、石嘴山市地震局叶晓青、西吉县地震局马学珍、同心县地震局海坚；

新疆维吾尔自治区：伊犁哈萨克自治州地震局孙秀国、昌吉回族自治州地震局谢宏、克拉玛依市地震局王余、奎屯市地震局宋晓冀、乌鲁木齐高新区（新市区）科学技术局刘东伟、呼图壁县地震办公室刘萍丽；

西藏自治区：山南地区地震局吕琳、林芝市地震局王晓冬。

希望上述单位和人员要继续开拓创新，再创佳绩。全国各地要以上述单位和人员为榜样，认真落实防震减灾根本宗旨，努力提升基层防震减灾能力，将防震减灾融入经济社会发展的全过程。

特此通报

中国地震局

2015 年 12 月 14 日

（印发至市县级地震部门）

忻州市地震局文件

忻震发〔2012〕16号

关于印发《忻州市强震强化监视跟踪工作方案》的通知

各县（市、区）地震局（办）、局各科（室、站）：

根据山西省地震局《山西省强震强化监视跟踪工作方案》（晋震测发〔2012〕54号）文件要求，制定《忻州市强震强化监视跟踪工作方案》，现予印发，各单位要牢固树立“震情第一”的观念，严格按照方案要求，制定实施细则，科学安排好本单位的工作。

二〇一二年七月三十一日

忻州市强震强化监视跟踪工作方案

为应对当前和今后一段时期华北地区复杂严峻的震情形势，做好忻州市及邻近地区的震情跟踪工作，根据山西省地震局《山西省强震强化监视跟踪工作方案》（晋震测发〔2012〕54号）文件要求，结合我局实际，特制定《忻州市强震强化监视跟踪工作方案》。本方案自下发之日起实施，强化期为三年。

一、工作目标

（一）夯实监测预报基础，保障台网正常运转，加强异常监视和跟踪分析。

（二）创新震情跟踪工作机制，推进会商制度改革，提高震情会商质量，努力做出具有减灾实效的短临预报。

（三）提高监测预报体系应对强震能力，确保震后能够高效有序开展震情应对工作。

二、工作思路

（一）充分认识当前震情形势的复杂严峻性，高度重视，认真部署，密切跟踪，周密安排，明确任务，细化措施，责任到人。

（二）结合地震大形势研究及华北强震监视跟踪工作成果，分析山西地震带强震活动可能的发展趋势。结合地质构造、历史地震活动、现今小震活动，以及目前多学科前兆群体综合变化，针对山西地震带强震趋势与危险地点判定进行跟踪分析研究。

（三）加强前兆观测，新增观测手段，加强短临前兆异常信息的监视能力。

（四）加强对有关县（市、区）地震监测预报工作的指导和督促，充分发挥县级地震部门监测资料和经验的作用，加强宏观异常信息和短临异常信息的汇集上报、调查核实与分析判定。

三、组织机构

成立忻州市强震监视跟踪工作领导组，下设领导组办公室。

强震监视跟踪工作领导组

组　长：李文元

副组长：田甦平　陈秀发　张俊民　赵富顺

成　员：张俊伟　林建平　苏　琪　梁瑞平　杨泽峰　韩永军

领导组办公室

主　任：张俊伟

成　员：封丽霞　刘金兰

四、保障措施

（一）将强震监视跟踪工作经费纳入年度财务预算，做到专款专用。

（二）强震监视跟踪工作要有强有力的后勤保障，各相关单位要优先提供交通工具、工作与生活必需品等，遇到抽调人员、调配物资、设备等情况，各单位应无条件支持。

（三）忻州市地震局将不定期对各单位任务完成情况进行检查和通报，并纳入年度目标考核管理。

五、方案内容

（一）监测工作

1. 常规监测工作

（1）加强监测系统运行维护

各单位每周应对所属台站（网）监测手段的运行及观测环境做一次全面检查维护，包括仪器工作状态、参数设置、标定格值等，观测环境的防潮、保温、防尘、外部干扰等，供电、接地、避雷、通讯线路等保障设施情况，发现问题要立即整改。震情监测科每周向省地震局预报中心报送所有仪器观测运行（含观测环境）情况报告。报送时间为每周二 16：00 前，报送方式同震情会商意见。对仪器设备出现的故障要立即上报省地震局监测处，并积极安排抢修，保证观测数据的连续性。

责任人：有关县（市、区）地震局（办）负责人、市局震情监测科负责人、奇村水化站负责人

（2）加强震情值班

各单位要严格执行震情值班制度，市局办公室负责全市各县（市、区）地震局（办）、奇村水化站、市局值班室的管理。各单位应进一步明确震情值班岗位职责，加强震情监视，严格报告制度，确保网络、通讯畅通。

市局值班室实行 24 小时工作制度，承担全市震情值班任务。各县（市、区）地震局（办）、奇村水化站实行 24 小时值班制度，各县（市、区）地震局（办）值班室须设立值班电话、传真电话和电子邮箱。各单位应保障所有信息渠道畅通。

各单位要在 8 月 10 日前将值班电话、传真电话、电子邮箱、主要负责人及分管领导的手机号、集团号、宅电、办公电话等报市局震情监测科。以上联系方式如有变动，要及时通知市局震情监测科。

各县（市、区）地震局（办）与所辖地震工作部门建立相应的工作联系机制，并建立畅通的信息报送渠道。

责任人：市局震情监测科负责人、各县（市、区）地震局（办）负责人、各观测站负责人

（3）数据处理和使用

各单位要加强数据资料处理分析，特别是节假日期间，要安排业务能力强的人员值班，及时处理资料，对目前存在的异常要密切关注其发展，跟踪分析研究。所有单位对所属观测手段每天的观测数据要进行100%的分析。各县（市、区）地震局（办）、各观测站发现显著异常情况时，应首先核实并及时上报市地震局，市地震局负责将核实后的异常上报省地震局震情值班室和市政府分管领导。

责任人：市局震情监测科负责人、各县（市、区）地震局（办）负责人、各观测站负责人

（4）网络运行管理

加强网络运行管理，保证网络、网站可靠运行。强化网络行为管理，保障网络安全稳定运行，未经网络主管部门（省局监测预报处）审批不得擅自变动网络结构、增减网络设备。

责任人：市局震情监测科负责人、震防科负责人

2. 强化监测工作

（1）视震情发展选择性地进行以下加密观测：

水氡观测、水汞观测。

责任人：奇村水化站负责人、市局震情监测科负责人

（2）强化强震动台网监测

按照省地震局统一部署，依据震情形势和各类项目新增各种观测手段。各县（市、区）地震局（办）依据本区强化任务的需求新增有效的观测项目。

责任人：各县（市、区）地震局（办）负责人、市局震情监测科负责人

（二）预报工作

1. 日常预报工作

（1）震情会商

严格落实《山西省地震震情会商制度》（晋震发测〔2007〕57号）。市地震局震情监测科按期召开震情会商会。对会商制度规定的参加人员、会商会召开时间、会商内容、会商意见报送时间等要严格执行，并由专人对会商情况进行记录。有条件的县（市、区）地震局（办）也应开展震情会商工作。

责任人：市局震情监测科负责人、各县（市、区）地震局（办）负责人

（2）信息报送

规范震情信息和会商意见的报送方式，市局无预报意见的会商报告，通过电子邮件方式报送到省局预报中心（sxdzjybzx@163.com），有明确预报意见的会商意见，严

格按照《山西省地震局震情信息保密工作暂行规定》(晋震办〔2008〕33号)要求报送。

责任人：市局震情监测科负责人

(3)异常跟踪落实

对存在的各种微观、宏观异常应高度重视，异常追踪要责任到人。严格执行《山西省地震前兆异常落实工作制度》(晋震发测〔2007〕77号)。各县(市、区)地震局(办)、“三网一员”人员应认真负责，及时发现并落实异常，撰写异常落实报告并在24小时内上报市局。对经落实的前兆异常，市局将派人进一步核实。

责任人：各县(市、区)地震局(办)负责人、市局震情监测科负责人

(4)“三网一员”运行

要加强“三网一员”的管理，组织必要的培训，切实发挥群测群防工作在捕捉宏观异常信息、短临预测预报和重大事件发生时的作用。要保证宏观监测网的信息畅通，要求各县(市、区)地震局(办)对所辖宏观监测网点做到每月至少主动联系一次，对各站点上报的异常信息要及时进行登记。

责任人：市局震情监测科负责人、各县(市、区)地震局(办)负责人

2. 强化预报工作

(1)加密会商

创新震情跟踪工作机制，出现重大震情或显著地震事件，有关县(市、区)地震局(办)、各观测站要及时上报市地震局。市局震情监测科要积极与邻市及山西省地震局专家联系、沟通，加强与各学科技术组的交流，拓宽资料使用范围，掌握较大区域的震情动态。市地震局震情监测科每周会商一次，会商结果要在每周二16:00前报省局预报中心。

责任人：市局震情监测科负责人、各县(市、区)地震局(办)负责人

(2)提高会商质量

积极推进会商制度改革。要加强与邻市地震局及市直有关单位的联系，充分利用一切资料，掌握较大区域的震情动态，从高层面、大范围、长尺度对本地区的震情形势进行分析研究，合理应用成熟的预报方法把握震情，并进行新方法、新思路的探索研究，提高会商会质量。

市局震情监测科应切实抓好震情的跟踪及判定工作，充分利用有效的监测成果和科研成果，及时处理最新数据，认真抓好前兆异常跟踪工作。在出现重大异常或震情时，应及时邀请相关县(市、区)地震局(办)、台站预报人员及市直相关部门专家，召开联合会商会。

地震危险区范围内的县(市、区)地震局(办)要有效保障各监测手段的正常运行，

加强监测预报有效指标清理工作。对于监测预报效能较高的手段，要尽可能将数据报送省局预报中心分析研究。

做好联防区的地震跟踪判定工作并适时组织会商人员调研周边省市会商会，学习先进经验。出现重大异常时，要第一时间召开专题会商会，并要求相关台站人员参加，同时及时与山西省地震局专家沟通，必要时邀请有关专家组成现场落实调查组，协助把握震情。

责任人：各县（市、区）地震局（办）负责人、各观测站负责人、市局震情监测科负责人

（3）异常零报告

严格执行异常零报告制度。各单位要切实加强异常零报告工作的落实，继续执行异常零报告制度。要把工作做实、做细，对所辖单位要再次强调宏观异常收集上报的重要性，提高思想认识，切实汇总各县及社会各界的异常信息并上报。报送方式不变。

责任人：各县（市、区）地震局（办）负责人

（4）跨部门预测预报专家协调机制

首先成立市级地震信息专家组。包括忻州市地震局、忻州市气象局、忻州市国土资源局、忻州市水利局、忻州市农委、忻州市林业局等单位的1~2名专家。以此为基础，建立跨部门预测预报专家协调机制，请相关专家协助市地震局现场落实异常或提供相关数据信息，帮助市地震局预报人员更好地认识异常。

责任人：市局震情监测科负责人

（三）强震应对

1. 各单位要高度重视地震应急工作。一要依据应急预案，查装备、查物资，保证应急工作落实到岗，责任到人；二要对承担应急的工作人员在岗情况实施动态掌握，随时检查每个人需熟练掌握所承担工作的技术流程、技术要求，所需资料、图件准备情况；三是各级地震现场工作队在接到出现场任务后，要力争在第一时间到达。

2. 各县（市、区）地震局（办）要认真检查“三网一员”联络畅通情况，确保震后第一时间将当地震感范围、应急处置措施、初步灾情等上报市地震局值班室。市局震情值班人员要熟练掌握地震速报工作内容，及时上报省局对口处室灾情、应急处置等情况，努力提高速报水平。

3. 加强震后新闻发布管理。市局一要与省地震局办公室及时沟通，准确掌握地震信息，统一对外发布口径；二要发挥当地主流媒体和市地震局门户网站权威、快速发布地震信息的作用，满足当地政府、媒体和社会公众的信息需求；三要遵守各级新闻发布管理制度，加强新闻发言人的培训，确保震后正确引导媒体和舆论。

4. 各单位要随时进行应急检查，发现问题及时纠正。确保应急车辆、装备、设备完好正常。

5. 各单位应根据应对中强地震和大震监测预报预案，不定期进行实战演练，总结经验，提高应对能力。

责任人：市局办公室负责人、震防科负责人、抗震设防管理科负责人、指挥部办公室负责人、各县（市、区）地震局（办）负责人、各观测站负责人

忻州市地震局文件

忻震发〔2014〕8号

忻州市地震局
关于印发忻州市地震震情会商及预测预报管理制度和
忻州市地震异常核实工作制度的通知

各县（市、区）地震局（办）、市局相关科室（站）：

为进一步加强我市地震监测预报工作，规范各单位地震会商、预测预报和异常核实工作，现将《忻州市地震震情会商及预测预报管理制度》和《忻州市地震异常核实工作制度》印发给你们，请认真遵照执行。

附件：

1. 忻州市地震震情会商及预测预报管理制度
2. 忻州市地震异常核实工作制度

忻州市地震局

2014年5月22日

忻州市地震震情会商及预测预报管理制度

第一条　为加强我市地震预测预报工作，提高地震分析预报水平，正确判定地震趋势，切实加强震情会商工作，规范地震预测预报管理，特制定本制度。

第二条　震情会商会要发扬学术民主，以实际资料为依据，以科学分析为前提，严肃认真，深入分析，做出严谨、科学的综合判断。

第三条　市地震局震情监测科应召开周会商、月会商、年度会商和临时会商会，县（市、区）地震局（办）和有关监测站应召开月会商会和临时会商会。

第四条　市局的周、月、年和临时会商由市局震情监测科组织进行，参加人员包括：市局震情监测科全体人员；分管监测预报的副局长参加月会商会。必要时可邀请有关科室、部门、专家和其他有关人员参会。

第五条　县（市、区）地震局（办）月、临时会商会由县（市、区）地震局（办）组织，参加人员包括：县（市、区）地震局（办）分析预报人员，县（市、区）地震局（办）分管监测的副局长（主任）。必要时可邀请有关单位、专家和其他有关人员参会。

有关监测站月会商会及临时会商会由分管监测的负责人组织，参加人员包括：台站全体人员。必要时可邀请有关单位、专家和其他有关人员参会。

第六条　市局周会商会于每周二上午九时召开。月会商会原则上在每月最后一个星期二上午与周会商会一并召开，如省地震局另有通知则按照通知规定的时间。年度会商会一般定于每年10月份召开。

县（市、区）地震局（办）、有关监测站月会商会于每月最后一个星期二召开。

第七条　周会商主要内容：对上周的会商提出的异常进行跟踪；分析研究地震活动性和各类前兆监测数据，及时发现新的异常变化；讨论总结出会商意见。

第八条　月会商主要内容：对上次月会商会的结论进行检验；研究地震活动和我市（区域）前兆观测资料变化的新情况，对下月的震情做出综合分析判定。

第九条　年度会商主要内容：总结年度地震监测预报工作情况，尤其是重点监视区震情的发展变化情况；对近年地震活动和其他各种观测资料的变化情况进行综合分析，提出下一年度或稍长时间内我市（区域）及周边地区地震活动的趋势。

第十条　如出现重大宏、微观异常、发生显著地震事件、省地震局或当地政府要求提出震情会商意见等情况应召开临时会商会。

第十一条　参加会商会人员应充分收集我市（区域）及邻近地区台站观测资料及宏观观测点的观测资料，进行分析、汇总，提出综合分析意见。会商会主持人负责对各项材料收集整理，编入会商意见。

第十二条　设立专用会商会议记录簿。各种会商会均应认真做好记录，包括：时间、地点、参加人员（年度会商会还应附会议代表名单）、主持人、会议议程、发言要点、会商主要结论等。

第十三条　会商意见必须存档。对异常事件，必须在会商会前作好异常核实工作，并初步给出异常结果判定。

第十四条　市局周、月、临时会商意见由震情监测科负责人签发后，于当日上报中国地震台网中心和省地震局预报中心，月会商意见和有情况的临时会商意见应及时报市委、市政府。

市局年度会商意见和经震情会商形成的地震预报意见，应由局长签发后，报山西省地震局预报中心和市政府。

县（市、区）地震局（办）和有关监测站会商意见由局长（主任）或站负责人签发，上报市局震情监测科。一般情况下，会商意见通过电子邮件报震情监测科邮箱，如会商意见中有重要异常情况或有明确的地震预测意见，要按保密规定（专人送达或走机要）及时上报忻州市地震局震情监测科。

第十五条　任何单位和个人不得向社会散布地震预测意见、地震预报意见。

第十六条　其他单位和个人通过研究提出的地震预测意见，应当向所在地或所预测地的地震部门书面报告，或者直接向市地震局震情监测科书面报告。收到书面报告的部门或者机构应当进行登记并出具接收凭证。同时应立即将报告的电子文档或书面文档的扫描件报市地震局震情监测科，并转发给预测地县（市、区）地震局（办）。

第十七条　市县级地震部门要规范地震预测意见的管理工作，指定专人负责地震预测意见的受理、处置、回复和建档工作。

第十八条　市地震局对各种地震预测意见和与地震有关的异常现象进行综合分析研究，通过震情会商形成地震预报意见。

第十九条　本制度由忻州市地震局负责解释。

第二十条　本制度自 2014 年 5 月 22 日起实行。

忻州市地震异常核实工作制度

一、总则

第一条　为加强我市地震监测预报工作，明确异常核实工作职责与工作程序，合理衔接地震观测与地震分析预报环节，为地震分析预报提供可靠的震兆异常判定依据，特制定本制度。

二、异常的分类

第二条　异常分宏观异常和微观异常两大类。

第三条　宏观异常是指非观测系统得到的地震异常现象，如动物异常、井水异常等。

第四条　微观异常是指由观测系统观测到的地震异常现象，按其性质、显著性以及核实工作难度划分为一般异常、重要异常和重大异常三类。

一般异常指异常幅度或速率不大，震兆意义不明显，初步判定为干扰或属长期或中期性质的异常；重要异常指异常幅度或速率较大，有较为明显震兆意义，初步判定为属中短期或短期性质的异常；重大异常指异常幅度或速率很大，震兆意义显著，初步判定为具有短期乃至临震性质的异常。

异常的分类由市地震局震情监测科负责确定。

三、异常核实工作原则与分级制度

第五条　异常核实工作一般采取属地负责原则，由异常所在地县级地震部门负责核实。

第六条　异常核实工作采用分级核实制度。

宏观异常由异常所在地县级以上地震部门组织核实，视情况协调农业、林业、水利、气象、国土等有关部门参加。必要时可邀请上级部门和有关专家参加。

由市政府和山西省地震局安排的宏观异常核实工作，由市地震局震情监测科组织，协调县（市、区）地震部门共同进行核实。

微观异常，按异常级别进行核实。一般异常由地震台站、县级地震管理部门组织核实，市地震局震情监测科协助进行研究和处理，提出工作指导方案；重要异常由市地震局震情监测科组织，协调台站和县（市、区）地震部门共同核实；重大异常由市地震局震情监测科组织，协调台站、县（市、区）地震部门共同进行核实工作，必要时可邀请山西省地震局有关专家协助进行。

四、异常核实工作程序

第七条　异常的发现与上报。

可能与地震有关的异常现象的发现与上报是一项法律义务。任何单位和个人有义务将观察到可能与地震有关的异常现象，及时向所在地县级以上地震部门报告。

第八条　异常的记录。

县级以上地震部门应指定专人管理异常的记录、上报工作，对发现的异常或接到上报的异常要按照统一印发的登记表进行记录，同时上报市地震局值班室。市局值班人员负责对上报信息详细记录并及时告知市地震局震情监测科。市地震局震情监测科负责对异常情况进行分类。并按异常核实分级负责制度提请有关单位开展工作。

第九条　异常核实。

异常核实工作根据异常核实分级负责制度，由相关部门组织完成。工作程序包括：异常核实工作准备；资料核定与室内核实工作；现场调研与核实工作；异常性质分析研究和编写异常核实工作报告等环节。

异常核实工作报告须在现场异常核实工作结束后 24 小时内定稿，并经本单位领导审阅，同时上报市地震局震情监测科。异常核实过程中，如有重要情况，应立即上报市地震局震情监测科。

五、异常核实工作经费来源与后勤保障

第十条　异常核实工作，应有强有力的后勤保障，要优先提供交通工具、生活与工作必需品等。

六、其它

第十一条　各单位要高度重视异常核实工作，并将异常核实执行情况作为年度工作考核的主要内容。未按以上程序执行，造成不良后果的，要依据规定追究相关人员的责任。

第十二条　各单位对异常核实意见应保密，不得随意向社会传播。

第十三条　本制度由忻州市地震局负责解释。

第十四条　本制度自 2014 年 5 月 22 日起实行。

山西省忻州地区行政公署文件

忻地行发〔1994〕85 号

忻州地区行政公署
关于对全区重大工程建设场地地震安全性
评价工作实行归口管理的通知

各县、市人民政府，行署各委、办、局：

根据国务院〔1990〕62 号、国办发〔1993〕10 号、国办发〔1994〕47 号、晋政发〔1985〕57 号、晋政办发〔1993〕37 号文件规定及山西省九四年防震减灾扩大会议精神，为加强我区防震减灾的综合防御能力，行署决定对全区范围内重大工程建设场地地震安全性评价工作（以下简称工程地震）实行归口管理，以提高各类工程抗御地震灾害的能力。现将有关事项通知如下：

一、工程地震是指对拟建的工程项目（大中型工程建设项目）在使用期限内，对该工程所在场地可能遭受的地震危险性进行评价和估算，为工程的可行性和抗震设计提供既安全可靠又经济合理的科学依据。另外，对于拟建的高层建筑场地，需要进行地震动参数的测定，给出地震动的速度、加速度、地震时程曲线、反应谱等；工程地震还包括地震烈度的复核与鉴定，查明可能危及场地的活动断裂带；预测场地区在地震时可能出现的次生灾害及损失进行评估，尤其是生命线工程及重要建筑更有必要做好这方面的工作。通过实行归口管理，要使我区范围内新建工程项目达到抗御 6 级左右地震的能力。

二、忻州地区范围内的工程地震工作由行署地震局负责组织管理。凡在忻州地区范围内拟建的工程建设项目必须做有关工程地震方面的审核工作。对未做审核的拟建工程项目，设计单位一律不准设计，审批部门不予审批。要严格按基本建设管理程序，由有关部门负责监督检查。对未按工程地震工作要求擅自进行设计、施工的单位或个人，要追究当事人和领导的责任，并进行必要的处罚。对已经做过地震小区划或正在施工的建设项目，可按缺什么，补什么的原则来安排防震工作。

三、任何单位在本区范围内开展工程地震工作，都需取得行署地震局的同意，其成果交行署地震局审核存档。

特此通知

附:《地震安全性评价工作内容》

一九九四年八月五日

地震安全性评价工作内容

地震安全性评价工作主要有:

地震烈度的复核与鉴定、地震危险性分析、设计地震动参数确定、地震小区划、未来震害预测、断层活动性与场地稳定性评价等。

第一部分　基础研究

一、区域地震活动性和地震构造

二、近场和场址区地震活动性与地震构造

（包括场址区历史上的震害）

三、场地工程地震条件

第二部分　地震危险性分析

一、潜在震源区划分

二、地震活动性参数的确定

三、地震动衰减规律与关系式的确定

四、地震危险性分析计算与结果确定

注 1：通过以上两部分的工作计算出场址区 50 年、100 年不同超越概率的地震烈度值。给出 50 年超越概率 63%、10%、3% 三个水准地震烈度值。也可给出工程设计所需要的某种超越概率的地震烈度值。

第三部分　场地地震动峰值的危险性分析

一、基岩地震动峰值的危险性分析

（得出场址区基岩峰值速度、峰值加速度、基岩谱）

二、基岩地震动加速度时程的人工合成

三、场地地震动参数确定

（得出场地加速度时程合成、峰值速度、峰值加速度、峰值位移和场地相关反应谱）

四、建议的设计反应谱

（即建议工程采用的设计反应谱和地震动参数）

注 2：凡按《建筑抗震设计规范（GBJ11-89）》或相应的有关部标要求采用场地峰值加速度，或地震反应谱，或地震时程设计的工程均应进行该部分工作。

第四部分　近场断层活动性评价

第五部分　场址区地震地质安全性评价

（以砂土液化、软土震陷、地裂、断错、基岩崩塌、土体边坡稳定性、地陷、涌水等灾害评价为主）

第六部分　地震小区划

一、地震动小区划

二、地震地质小区划

三、震害与地震地质灾害预测

注3：以上是地震安全性评价工作的主要内容。具体工程作哪些工作，根据该工程建设要求，设计所需并结合场址具体条件，确定该工程的地震安全性评价工作内容。

注4：上述是依据：国家地震局《重大工程场地工程地震工作大纲》《地震安全性评价工作规范》，并参照中华人民共和国《建筑抗震设计规范（GBJ11-89）》和有关行业颁发的抗震规范而提出的。

注5：根据国家地震局、国家建委〔78〕建抗字第146号文件和国家计委、国家建设部〔89〕建抗字第586号文件精神，非地震部门无权自定或提供地震安全性评价资料、报告。

忻州地区行署计划委员会
忻州地区行署地　震　局 文件

忻行计投字〔2000〕第252号　郝韶华　王观亮签发

关于将工程场地地震安全性评价与抗震设防标准管理纳入基本建设程序的通知

各县（市）计委、地震办、有关科委：

为切实贯彻执行《中华人民共和国防震减灾法》（简称《防震减灾法》）、《山西省工程场地地震安全性评价管理规定》（简称《规定》）和《山西省防震减灾暂行条例》（简称《条例》），提高各类工程的抗震能力，合理使用建设投资，必须将工程场地地震安全性评价与以地震动参数和烈度表述的抗震设防标准管理纳入基本建设管理程序。现根据山西省计委、山西省地震局晋震发防〔1996〕89号文件精神，将有关事项通知如下：

一、今后应进行地震安全性评价的工程项目，其以地震参数和烈度表述的抗震设防标准，在地震安全性评价报告通过评审后，报地区地震行政主管部门审批，确定抗震设防标准；不需进行地震安全性评价的一般工业与民用建筑工程项目可根据《中国地震烈度区划图（1990）》及相关地震地质资料确定抗震设防标准。

二、应进行地震安全性评价的地区和工程：

1. 占地范围较大，跨越不同工程地质条件区域的大型厂矿企业以及新建开发区；

2. 位于地震烈度分界线两侧各4公里范围内的新建工程；

3. 投资规模较大、抗震设防要求高于《中国地震烈度区划图（1990）》设防标准的重大工程、特殊工程、生命线工程（见附表《需进行地震安全性评价工作的建设工程一览表》）；

4. 拟建在活动断层两侧及其延长线影响范围内的工程；

5. 地震地质研究程度较低和资料详细程度较差的地区。

三、工程场地地震安全性评价报告和地震行政主管部门审批的抗震设防标准作为编写审批项目可行性研究报告的依据之一。

四、工程项目审批主管部门在审查、论证和审批拟建工程项目可行性报告时，须通知地区地震行政主管部门参加。对应做而未做地震安全性评价的拟建工程项目和未经地区地震行政主管部门批准的抗震设防标准的工程项目，各级计划部门不予审批。

五、需要进行地震安全性评价的工程建设项目，应把地震安全性评价工作所需经费列入项目预算计划。

六、各级计划部门和地震行政主管部门应加强对拟建工程项目抗震设防标准管理和信息交流，以保证《防震减灾法》、《规定》和《条例》的有效实施。

七、对违反《防震减灾法》、《规定》、《条例》和本通知的单位和部门按有关规定进行处罚。

此文件从下达之日起执行。

附：需要进行地震安全性评价工作的建设工程一览表

忻州地区计划委员会

忻州地区地震局

二〇〇〇年六月廿九日

需要进行地震安全性评价工作的建设工程一览表

类别	内容
生命线工程	1. 县（市）区以上供水、供电、供气、供热的主体工程及控制设施。 2. 县（市）级以上广播电台、电视台（包括电视差转台、电视播控中心、电视发射塔等）、电话枢纽（容量 >1 万门）的主机楼、微波通讯站、卫星地面通讯站等的主机房。 3. 县（市）级以上医疗设施用房。 4. 大中型粮库、食品冷库、物资库等仓储设施用房。 5. 公路与铁路干线的大型桥梁、中长以上隧道、公路铁路立交桥、高速公路、Ⅱ类以上机场。 6. 大中型水库大坝，城市上游的Ⅰ级挡水坝。
特殊工程	核电站、核装置、重要军事工程、重要贮油、贮气工程及易燃、易爆和剧毒物质生产车间和库房等工程。
重大重要工程	1. 各类大中型工矿企业的主要生产用房及调度控制中心、地震时容易产生次生灾害的工程。 2. 人员集中的大型影剧院、体育馆、商场、宾馆（饭店）等公共建筑工程，总高度超过 40 米（含地下室）的建筑工程。 3. 地区、各县（市）政府及所属各类抢险救灾、应急指挥机关办公用房。 4. 金融、档案、文物、坚所等重要用房。 5. 各类学校（千人以上）的教学楼。
特殊地质环境工程	1. 场址拟选在已探明的活动断层（或隐伏活动断层）影响范围内的建筑工程。 2. 在煤矿开采区界内的新建工程。 3. 河道或古河道、Ⅰ级阶地内沙土液化地区。

忻州市人民政府办公厅文件

忻政办发〔2008〕51号

忻州市人民政府办公厅
关于印发忻州市农村民居地震安全工程
实施意见的通知

各县、市、区人民政府，市直各有关单位：

为了更好贯彻落实《山西省人民政府办公厅转发省地震局关于山西省农村民居地震安全工程实施意见的通知》(晋政办发〔2007〕101号)，根据我市具体情况，做出如下实施意见，请认真贯彻执行。

二〇〇八年四月十四日

忻州市农村民居地震安全工程实施意见

忻州市是我省地震活动强烈的地区之一，地震活动分布广、强度大、震害重。历史上曾发生5级以上地震10多次，其中7级地震以上强震3次，给我市人民生命财产安全带来严重灾难，对我市经济社会发展产生了较大影响。

近年来，我市防震减灾工作全面推进，城市地震安全工作取得一定进展，但在农村和小城镇，尤其是贫困边远地区农村公共建筑和农民自建住房抗震设防工作仍十分薄弱。实施农村民居地震安全工程，提高农村民居和乡镇公共设施的防震抗震能力，改善农村居住环境，已是推进我市农村小康建设刻不容缓的一项重要任务。为推进社会主义新农村建设，加强我市农村民居和乡镇公共设施抗震设防工作，增强我市城乡整体防震减灾能力，保障人民生命和财产安全，根据《国务院关于加强防震减灾工作的通知》(国发〔2004〕25号)、《国务院办公厅转发地震局建设部关于实施农村民居地震安全工程意见的通知》(国办发〔2007〕1号)、《山西省人民政府关于进一步加强防震减灾工作的通知》(晋政发〔2005〕11号)及山西省人民政府办公厅转发省地震局《关于山西省实施农村民居地震安全工程意见的通知》(晋政办发〔2007〕101号)要求，作出如下实施意见：

一、充分认识实施农村民居地震安全工程的重要意义

据统计，我市300万人口中，有214.2万人口居住在农村地区；全市3/4以上的面积，9个县（市、区）和70%的县城位于地震烈度7度以上高烈度区。全部农村人口均居住在地震烈度6度以上应抗震设防区。由于农村地区经济发展水平低，农民防灾减灾意识淡薄，缺乏必要的防震知识，大多数房屋未经设计，或无证设计、无证施工，甚至一些较为富裕的农民在住房的内外装饰和生活设施方面能够投入大量资金，却没有考虑用少量资金，提高房屋的抗震防灾能力。因此，农村房屋抗震能力普遍低下，5~6级的地震往往造成大量的农村房屋倒塌，公共设施破坏以及严重的人员伤亡和经济损失。所以在我市实施农村民居地震安全工程意义重大，需要各级政府，各有关部门把这项工作列入重要议事日程，制定各项规划措施，为实施我市农村民居地震安全工程提供有力措施和必要保障。

二、实施农村民居地震安全工程的指导思想和工作原则

（一）指导思想

以邓小平理论和“三个代表”重要思想为指导，贯彻落实科学发展观，依靠法制，

依靠科技，通过各级政府和全社会的共同努力，建立健全工作机制，保障体系和技术服务网络，增强广大农民群众防震减灾意识，把实施农村民居地震安全工程与灾区重建、扶贫移民、生态移民、地质灾害治理、村镇改造和加快小城镇建设、社会主义新农村建设结合起来，从根本上改善农村居住条件，提高全市农村地区防震抗震能力，最大限度减少地震等各种自然灾害可能带来的损失，保障农民群众的生命财产安全，全面提高农村民居抗御地震灾害的能力。

（二）工作原则

农村民居地震安全工程是一项涉及全市各地的系统工程，范围广、任务重。因此，在实施中必须坚持政府引导，农民自愿；坚持因地制宜，分类指导，根据广大农村地区自然条件不同，风俗民情各异，经济发展不平衡的现状，区别对待，有针对性地加以指导；坚持经济实用、抗震安全、改造与新建并重，立足当前、着眼长远，帮助和引导农民建造抗震性能好、造价合理的房屋，改善农民居住条件；坚持统筹安排，协调发展，把实施农村民居工程与农村公共基础设施建设结合起来，与农村人居环境综合治理结合起来，促进农村面貌的整体改善。

三、实施农村民居地震安全工程的工作目标和主要任务

（一）工作目标

到 2020 年，力争使全市农村民居基本具备抗御 6 级左右，相当于各地区地震基本烈度地震的能力。“十一五”期间，提出一系列适用于不同经济水平、地震环境、房屋类型和风俗习惯的房屋抗震技术和建造图集；选择有代表性的农村地区，通过乡村建设规划制订，防震减灾宣传教育，农村工匠培训、技术服务网络建设、老旧房屋抗震性能鉴定和加固、拆迁重建等方式，组织实施农村民居地震安全示范工程，提高地震重点危险区部分农村民房和公共设施的防震抗震能力。建立完善适合农民需要的房屋抗震管理和技术服务体系，在各地区建设一批分布范围广，能影响带动广大农民群众的农村民居地震安全示范区，示范村和示范户，并在地震重点监视防御区逐步推广。

（二）主要任务

1. 开展农村民居基础资料调查与抗震能力评价。综合评价各地农村民居的抗震能力，建立农村民居基础数据库。制订农村民居工程建设规划。各地区应制订本地区农居工程建设规划，明确总体思路，分阶段目标，建设内容和保障措施，并纳入当地国民经济和社会发展规划。规划要紧密围绕统筹城乡发展的总体要求，充分保障农民的切身利益。

2. 发改委、建设局要加强村镇建设规划和农村建房抗震管理。要按照“统一规划、合理布局、科学选址、配套建设”的原则，做好村镇建设规划的编制和修订工作，把抗震防灾作为村镇建设规划的重要内容，充分发挥村镇规划的调控作用，使农民建房避开地震断裂带，抗震不良场地和滑坡、泥石流、塌陷、洪水等自然灾害易发地段。对统一建设和改造的民居，要按照有关技术标准进行抗震设防，明确施工和验收要求，加强质量监管，确保抗震质量。对村民自行建设和改造的房屋，要积极探索符合实际、行之有效的抗震设防质量管理机制和办法。

3. 加强农村民居实用抗震技术研究开发。建设部门要在深入调查研究的基础上，了解、掌握现有农村民居的抗震能力，针对各地农村民房和建筑材料的特点，充分考虑农民的经济承受能力，大力开展农村民居实用抗震技术研究开发，制定农村民居建设技术标准，编制适合不同地区、不同民族、不同需求的农村民居抗震设计图集和施工技术指南，有条件的地区可以向建房农民免费提供。地震部门要开展地震环境和场地条件勘探，提供地震环境、建房选点等技术咨询及技术服务，为农村民居建设选址、确定抗震设防要求提供依据。

4. 组织农村建筑工匠开展防震抗震技术培训。各地区应通过建设局或非营利机构和企业等多种渠道，组织培训班，培养一大批掌握农村民居抗震基础知识和操作技能的农村建筑工匠，为推进农村民居工程做好人才准备。

5. 建立农村民居抗震防灾技术服务网络。建立农村民居地震安全建设技术信息网和技术培训与咨询服务网，为农村建设规划和民居民宅建设、农民和建筑工匠提供长期的相关技术服务及各种信息咨询服务。县（市、区）政府成立农村民居工程服务组织，乡（镇）政府应有负责农村民居工程管理服务工作的人员，依托地震群测群防网络，村镇建设管理服务机构等基层组织资源，建立技术服务站和志愿者队伍，逐步形成能长期发挥作用的农村抗震防灾技术服务网络。注重指导农民对现有房屋进行加固，提高农村民居抗震能力。

6. 组织实施农村民居示苑工程。各县（市、区）应从实际出发，按照“试点先行、逐步推开”的原则，选择有条件，有代表性的地方，采取示范区，示范村和示范户等多种形式实施农村民居示范工程，新建、改造和加固一批安全、适用且对周围农民有吸引力的样板农村民居，发挥以点带面和典型示范作用，带动农村民居地震安全工程的全面实施。

7. 加强农村防震减灾教育。广泛持久地普及防震减灾科学知识，倡导科学减灾理念，传播先进减灾文化，引导广大农民群众崇尚科学、破除迷信、移风易俗，主动掌握防震减灾技能，切实提高广大农民群众的防震减灾素质，真正使农村民居工程进村入户，深入人心，增强农民群众参与的主动性和自觉性。

四、实施农村民居地震安全工程的保障措施

（一）加强组织领导，落实相关责任。

各县（市、区）人民政府应把实施农村民居地震安全工程作为一项重要工作，列入议事日程，建立和完善目标管理责任和监督检查机制，把各项措施落到实处。地震、建设等部门要在政府统一领导下，按照职责分工做好农村民居地震安全工程的统筹规划和组织管理，精心制定实施方案，抓好示范工程，加强指导和技术服务。物价、监察等部门要加强监督检查，进一步清理，严肃查处乘机向农民乱收费、乱罚款等行为，切实减轻农民建房负担。国土资源部门要在严格用地审批的前提下，制定必要的倾斜政策，鼓励农民建设抗震民居。科技、建设部门要加强农村地区防震减灾科研工作，逐步推广实用化技术。

（二）加强村镇建设规划工作，指导农村民居地震安全工程有序进行。

各县（市、区）要做好村镇建设规划编制和修订工作，为村镇建设提供科学的抗震设防依据。各级建设行政主管部门要严格按照现行法律法规规定，切实加强村镇建设规划管理，严把规划审批关，把抗震设防要求作为村镇建设规划的重要内容。同时，应把抗震设防要求的审核、审批管理工作引入民居地震安全工作中。要充分发挥村镇规划的调控作用，本着不侵占农田和保护耕地的原则，鼓励村镇建设向荒滩、荒地发展。有条件的地区，要引导农民按照规划布局进行建设，避开地震断裂带、抗震不良场地和滑坡、泥石流、塌陷、洪水等自然灾害易发地段。

（三）开展农村公共设施和民居基础资料普查。

要按照重点示范地区和其他地区，村镇公共设施和农村民房等不同类型层次，重点对 1990 年以前建成的村镇公共设施和农村民居进行抗震性能鉴定与评估。农民住房基础资料普查由县（市、区）人民政府统一组织进行。要通过普查鉴定摸清底数，切实掌握和科学评估现有农村民房和村镇公共设施抗震防灾能力，为农村民居地震安全工程实施打好基础。

（四）完善扶持政策，多渠道筹集资金。

各县（市、区）政府要制定出相关扶持政策和引导措施，调动广大农民群众建设抗震民居的积极性和主动性。农村民居建房应以群众自筹为主，政府对扶贫移民搬迁住房和煤矿沉陷区造成村庄塌陷、房屋损坏集中治理给予适当补助。各级政府各有关部门要积极采取措施，多渠道筹集资金，确保农村民居安全工程顺利实施。省各类救灾重建资金以及对口扶贫单位的扶贫投入，要在政策允许的前提下与实施农村民居地震安全工程结合起来。各县（市、区）要配套一部分财政资金，与国家和省级、市级补贴金共同使用。

（五）强化宣传引导，营造良好环境。

各县（市、区）政府及有关部门要充分发挥宣传舆论的导向作用，通过报刊、广播电视和网络等大众传媒，板报标语、橱窗专栏、宣传图册和科技下乡等群众喜闻乐见的形式，大力宣传实施农村民居地震安全工程的重要意义和政策措施，宣传好经验、好做法、好典型。营造良好舆论环境，动员全社会共同关心和支持农村民居地震安全工程。

（六）结合国家“十一五”重点项目，积极推进农村民居地震安全工程。

“十一五”期间，国家将启动农村民居地震安全技术服务工程建设。各县（市、区）发展改革委、地震局、建设局、民政局、农业局、扶贫办等部门要结合国家“十一五”农村民居地震安全技术服务工程建设重点项目，按照我市社会主义新农村建设的总体部署，制订农村民居地震安全示范工程规划和实施方案。要选择地震重点监视防御区和重点危险区（包括地震高烈度区和低烈度区）及典型村镇作为示范区和示范点，结合政府政策性补贴、扶贫搬迁、生态移民、水库移民、征地安置、灾区重建等，新建、改造和加固一批安全适用且对周围农民有吸引力的样板民居，推广已开发的村镇房屋抗震防灾技术措施，在实施国家农村民居地震安全技术服务工程的基础上，带动全市农村民居地震安全工程的顺利实施。

（七）加强技术指导和服务，积极推进农村民房建设和改造。

各地要因地制宜，坚持经济实用、抗震安全的原则，将建设地震安全农村民居与发展农村经济，提高村镇建设水平紧密结合起来。通过建立农村民居地震安全技术服务网络，加强村镇民居抗震技术服务和政策引导，鼓励农民建好房屋，改善居住条件，加快村镇建设发展。

农村住房建设要充分考虑农民发展庭院经济的需要，针对不同自然、经济条件，选择不同房屋结构，力争做到设施完善，方便使用。各地要将实施农村民居地震安全示范工程与扶贫移民、农村公路建设、农网改造、人畜饮水、广播电视村村通等工程结合起来，创造更加完善的居住条件。

市建设局要会同有关部门，组织专家根据我市各地农村不同特点，制定完善相关标准，编制简单易行，便于操作的地震安全农村民居建设系列图集，为农民建房提供技术服务。各县（市、区）建设部门要指导本行政区域的乡（镇），安排专职人员，对农民建房进行现场指导。

（八）实施农村民居地震安全工程应与当地震情联系起来。

在弱震区、地震重点监视防御区和地震危险区所采取的方式和措施应有所不同。在弱震区，政府强化宣传引导，在农民新建和翻建房屋的基础上，引导农民建设符合当地抗震设防要求的民居。在地震重点监视防御区及地震危险区，政府应加强政策扶持，对富裕农户和特困户、贫困户区别对待。富裕农户的建房资金以自筹为主，特困户、贫困户所需建房资金，依据国家有关政策，可以使用一些银行低息或财政贴息贷款。

实施农村民居地震安全工程，要坚持因地制宜、属地管理、分类指导、分层次推进的原则，县（市、区）政府要做好这项工作，分解各项任务，层层建立责任制，尤其要落实乡（镇）领导的责任，确保各项任务落实到基层。各地要制定和落实农村民居地震安全工程实施方案和建设计划，并上报忻州市人民政府、市人民政府将组织有关部门适时督查此项工作的落实情况。

二〇〇七年八月十日

忻州市人民政府办公厅文件

忻政办发〔2010〕196号

忻州市人民政府办公厅
关于转发忻州市地震安全性评价和抗震
设防要求管理规定的通知

各县、市、区人民政府，市直各委、办、局：

《忻州市地震安全性评价和抗震设防要求管理规定》已经市人民政府同意，现转发给你们，请认真贯彻执行。

二〇一〇年九月二日

忻州市地震安全性评价和抗震设防要求管理规定

第一条　为了加强对地震安全性评价和抗震设防要求的监督管理，增强城市抵御地震灾害能力，保护人民生命和财产安全，根据《中华人民共和国防震减灾法》、国务院《地震安全性评价管理条例》、《山西省防震减灾条例》等法律、法规及有关规定，结合本市实际，制定本规定。

第二条　凡在本市行政区域内，从事地震安全性评价和抗震设防要求的活动，均须遵守本规定。

第三条　本规定所称的地震安全性评价，是指对工程场地未来可能遭受的地震影响做出评价并确定以地震动参数和烈度表述的抗震设防标准。

本规定所称抗震设防要求，是指建设工程抗御地震破坏的准则和在一定风险水准下抗震设计采用的地震动参数或地震烈度。

第四条　市人民政府地震工作主管部门负责全市的地震安全性评价和抗震设防要求的监督管理工作。

县（市、区）人民政府地震工作主管部门，按照职责权限负责本行政区域内地震安全性评价和抗震设防要求的监督管理工作，并接受上级地震工作主管部门的指导。

市、县（市、区）发展改革、住房城乡建设、规划、国土等有关部门在各自职责范围内，做好相关工作。

第五条　新建、扩建和改建的建设工程应符合抗震设防要求，建设单位应当在可行性研究和立项阶段向市、县（市、区）地震工作主管部门进行申报，履行抗震设防要求审批手续。

第六条　下列影响重大或者价值重大工程、生命线工程及可能发生严重次生灾害工程，必须进行地震安全性评价，并根据地震安全性评价结果，确定抗震设防要求，进行抗震设防。

（一）机关办公楼（含各类指挥中心）；

（二）公路、铁路长度大于500米的多孔桥或者跨度大于50米的单孔桥梁，长度大于1000米的隧道，城市主干道立交桥工程，高架公路、铁路和地下铁路工程；

（三）县级以上的电视发射塔、广播电视中心、卫星地球站、国际通信电台的发射（接收）塔、主机房，移动、联通、电信和邮政枢纽等相关工程；

（四）公路、铁路车站的候车楼，机场的候机楼、航管楼、大中型机库；

（五）金融、档案、文物、监狱等重要建筑以及大中型粮库及其它物资仓储设施用房，城市供水、供气、供电、交通调度控制中心及主干线工程；

（六）单机容量大于30万千瓦或者规划容量大于80万千瓦的火力发电厂，装机容量20万千瓦以上的水电站，500千伏以上变电站和220千伏的重要变电站，县级以上电力调度中心；

（七）县级以上医院及门诊、住院等医疗设施用房以及独立采供血机构、急救中心、疾病预防控制中心等主体工程；

（八）体育场（馆）、影剧院、博物馆、文化馆、图书馆等公共建筑，新建学校或容纳500人以上的学校教学、实验、公寓、餐厅楼等，大中型商业网点，建筑面积在2万平方米以上的住宅小区；

（九）各类大中型厂矿企业的主要生产用房及调度控制中心；

（十）生产或者贮存易燃、剧毒、强腐蚀性物品的建设工程及设施，研究中心、试验生产、存放剧毒生物制品或者天然人工细菌、病菌的大中型建设工程；

（十一）水库、城市上游的挡水建筑、防护堤工程、污水处理工程以及其它可能发生次生灾害的大中型建设工程；

（十二）利用核能和贮存、处置放射性物质的建设工程；

（十三）活动断裂带两侧各500米范围内的建设工程，采空区内、河道及古河道以及其它特殊地质环境内的建设工程；

（十四）8层（含8层）以上的高层建筑；

（十五）位于地震动峰值加速度区划分界线两侧各4公里区域内的建设工程；

（十六）位于某些地震研究程度和资料详细程度较差的边远地区的建设工程；

（十七）应进行地震安全性评价的其它建设工程；

第七条　需进行地震安全性评价的建设工程，建设单位应当委托具有相应资质的地震安全性评价单位进行地震安全性评价，并签订书面合同。

第八条　位于复杂工程地质条件区域内的市、县（市、区）政府所在地、新建的县级以上开发区和新城镇规划区、大型厂矿企业需要开展地震小区划工作。

第九条　抗震设防要求应纳入建设工程管理程序。

建设工程项目的可行性研究报告和初步设计报告应有市、县（市、区）地震工作主管部门审定的抗震设防要求方面的内容。应进行场地地震安全性评价的建设工程，其建设项目的可行性研究报告和初步设计报告应有地震安全性评价报告。

建设工程的可行性研究论证、初步设计审查、竣工验收，应有县级以上地震工作主管部门的人员参加。

第十条　凡在本市从事地震安全性评价工作的机构，应当持地震安全性评价资质证书到市地震工作主管部门备案。

第十一条　地震安全性评价单位不得有下列行为：

（一）超越资质许可范围承揽地震安全性评价业务；

（二）转借地震安全性评价资质证书；

（三）违反法律法规规定进行地震安全性评价。

第十二条　从事地震安全性评价的人员不得有下列行为：

（一）以个人名义从事地震安全性评价活动；

（二）在地震安全性评价中弄虚作假；

（三）转借资格证书；

（四）法律法规禁止的其它行为。

第十三条　地震安全性评价机构应当按照国家技术规范要求，对建设工程项目进行地震安全性评价，并向建设单位提供地震安全性评价报告。

第十四条　任何单位和个人不得使用未经国务院地震工作主管部门或省地震工作主管部门审定的地震安全性评价报告。

第十五条　建设工程的设计单位，应当按照审定的抗震设防要求和抗震设计规范进行抗震设计。施工单位应当按照抗震设计进行施工。设计、施工、监理等单位应对工程抗震设防质量负终身责任。

第十六条　市、县（市、区）地震工作主管部门应当对建设工程的抗震设防进行检查，监督检查不得收取费用。除地震工作主管部门外，任何单位和个人不得审核、提供抗震设防要求，违者按照《山西省防震减灾条例》第四十八条依法予以处理。

第十七条　未依法进行地震安全性评价，或者未按照地震安全性评价报告所确定的抗震设防要求进行抗震设防的，由市、县（市、区）地震工作主管部门按照《中华人民共和国防震减灾法》第八十七条依法予以处理。

第十八条　违反本规定有下列行为之一的，由市、县（市、区）地震工作主管部门按照国务院《地震安全性评价管理条例》第二十三条、二十四条依法予以处理：

（一）未取得地震安全性评价资质证书承揽地震安全性评价业务的；

（二）超越地震安全性评价资质许可的范围承揽地震安全性评价业务的，以其它地震安全性评价单位的名义承揽地震安全性评价业务的，允许其它单位以本单位名义承揽地震安全性评价业务的；

国务院《地震安全性评价管理条例》规定的其它行为。

第十九条　违反本规定有下列行为之一的，由县级以上地震工作主管部门责令改正，并按照《山西省防震减灾条例》第四十九条依法予以处理：

（一）建设单位擅自确定或更改抗震设防要求的；

（二）设计单位不按照审定的抗震设防要求进行抗震设计的。

第二十条　国家依法保护地震监测设施和地震观测环境。

新建、扩建、改建建设工程，应避免妨害地震观测环境。确实无法避免的重点建设工程，建设单位应在工程设计前征得工程所在地的县级以上地震工作主管部门的同意，并增建抗干扰工程或迁移地震监测设施，其费用和造成的损失由建设单位承担和赔偿。

违反本规定，由市、县（市、区）地震工作主管部门按照《中华人民共和国防震减灾法》第八十五条依法予以处理。

第二十一条　地震工作主管部门及其工作人员，在地震安全性评价和抗震设防要求监督管理工作中有下列行为之一的，由所在单位或者上级机关对直接责任人员给予行政处分；情节严重构成犯罪的，依法追究刑事责任。

（一）在地震安全性评价和抗震设防要求监督管理中，不履行职责、徇私舞弊，致使公共财产和人民利益遭受重大损失的；

（二）违反抗震设防要求和地震安全性评价监督管理规定的其他行为。

第二十二条　当事人对地震工作主管部门作出的行政处罚决定不服的，可以依法申请行政复议或者提起行政诉讼。

第二十三条　本规定自下发之日起施行。

第二十四条　本规定由忻州市地震局负责解释。

忻州市人民政府办公厅文件

忻政办发〔2012〕38号

忻州市人民政府办公厅
关于印发忻州市城区商品房预售许可证
申领审批办法的通知

各县（市、区）人民政府，市政府各委、局、办：

《忻州市城区商品房预售许可证申领审批办法》已经4月10日市政府第十三次常务会议通过，现印发给你们，请遵照执行。

2012年4月12日

忻州市城区商品房预售许可证申领审批办法

第一条　为进一步完善商品房预售许可管理制度，规范房地产开发项目建设行为，化解和避免房地产市场风险，维护购房者合法权益，根据《城市商品房预售管理办法》（建设部令第40号）和《山西省城市房地产交易管理条例》等有关法规、规章的规定，结合我市实际，制定本办法。

第二条　本办法所称商品房预售是指房地产开发企业（以下简称开发企业）将正在建设中的房屋预先出售给承购人，由承购人支付定金或房价款的行为。

第三条　商品房预售实行许可制度。开发企业进行商品房预售，必须取得《商品房预售许可证》。

未取得《商品房预售许可证》的，不得进行商品房预售。擅自预售商品房的，由市房管局责令停止违法行为；没收违法所得，可以并处已收取的预付款百分之一以下的罚款。

第四条　市住建局（房管部门）牵头组织市区商品房项目预售许可审核工作，市国土、规划、物价、人防、消防、地震、园林等单位依据各自职责做好商品房预售许可联审工作。

第五条　建立房地产开发项目小区内市政基础设施、公建配套设施和小区绿化保证金制度（以下简称三项建设保证金），保证金按照规划批准的市政基础设施、公建配套设施和小区绿化工程方案预算投资额确定，资金可从商品房预售资金监管账户中切块冻结，其本金及孳生的利息均属开发企业所有。

第六条　商品房预售应当符合下列条件：

（一）已交付全部土地使用权出让金，取得土地使用权证书；

（二）持有建设工程规划许可证和施工许可证；

（三）完成建筑物主体工程三分之一以上或按提供预售的商品房计算投入开发建设的资金达到工程建设总投资的25%以上，并已经确定施工进度和竣工交付日期。

第七条　开发企业申请预售许可，应当提交下列证件及资料：

（一）商品房预售许可申请表。

（二）开发企业的《营业执照》和资质证书。

（三）土地使用权证、建设工程规划许可证、施工许可证、建筑节能认证书。

（四）项目监理单位出具的完成建筑物主体工程三分之一以上的证明或提供开发建

设资金投入达到总投资25%以上的证明。

（五）工程施工合同及关于施工进度的说明。

（六）商品房预售方案。预售方案应当包括项目基本情况、建设进度安排、预售房屋套数、面积预测及分摊情况、公共部位和公共设施的具体范围、预售价格及变动幅度、预售资金监管落实情况、住房质量责任承担主体和承担方式、住房能源消耗指标和节能措施等。

（七）前期物业管理方案。应当包括前期物业服务合同、业主临时管理规约、专项维修资金缴交约定、物业服务用房的规划建设。

（八）建筑设计防火审核意见书。

（九）人防工程审查批准书或人防工程异地建设费缴款票据。

（十）建设工程抗震设防要求审批书。

（十一）项目市政基础设施、公建配套设施及小区绿化工程预算清册。

（十二）面积测绘成果报告书。

（十三）销售价格备案通知书。

（十四）预售资金监管协议书。

（十五）项目总平面图、房屋分层分户平面图。

（十六）廉租房配建情况证明。

第八条　商品房预售许可证依下列程序办理：

（一）申请。开发企业对申请预售许可的项目委托具有房产测绘资格的测绘机构进行面积预测绘，登录忻州市房产管理局信息网建设项目楼盘，按本办法第七条规定提交申请材料。

（二）受理。市房管局对开发企业提交材料齐全的，应当当场出具受理通知单，扫描录入证件材料；材料不齐的，应当当场一次性书面告知需要补充的材料。

（三）审核。市住建局（房管部门）牵头组织市国土、规划、物价、人防、消防、地震、园林等单位对开发项目的土地利用、规划方案落实、建筑施工、价格备案、人防工程建设、建筑防火、抗震设防、三项建设等进行联审，并组织现场勘验，出具审核意见。

（四）审批。经审查，开发企业的申请符合法定条件的，市房管局在受理之日起10日内，报市政府分管副市长审批，同时呈报市政府主要领导。审批后房管局制作颁发《商品房预售许可证》。同时，加强预（销）售合同统一编号管理，严格预（销）售合同备案审查。

（五）公告。市房管局在忻州市房产管理局信息网等媒体公告批准预售的项目信息。

第九条　房地产开发项目竣工验收前，任何单位和个人不得动用三项建设保证金。房地产开发项目竣工综合验收合格后，保证金本息全部退还给开发企业。

第十条　房地产开发项目未按照规划批准方案进行市政基础设施、公建配套设施建设和小区绿化的，相关部门不予验收，并责令限期整改，逾期不整改的，由市房管局解冻保证金予以建设完善。

第十一条　违反本办法第六条规定预售商品房的，由市政府房地产管理部门责令停止预售活动，没收违法所得，可以并处罚款。

第十二条　各县（市）商品房预售许可证申领审批可参照本办法执行。

第十三条　本办法自 2012 年 6 月 1 日起施行。

忻州市人民政府办公厅文件

忻政办发〔2012〕155号

忻州市人民政府办公厅
关于印发忻州市建设项目联合审批
办法（试行）和忻州市企业注册登记
联合办理办法（试行）的通知

（节选）

各县（市、区）人民政府，市人民政府各委、局、办：

《忻州市建设项目联合审批办法（试行）》和《忻州市企业注册登记联合办理办法（试行）》已经市人民政府同意，现印发给你们，请认真贯彻执行。

忻州市人民政府办公厅

2012年12月13日

忻州市建设项目联合审批办法（试行）

为进一步规范建设项目审批流程，简化审批环节，提高办事效率，根据《行政许可法》、《关于深化政务公开加强政务服务的意见》（中办发〔2011〕22号），结合我市实际，特制定本办法。

一、总体思路

坚持以科学发展观为指导，遵循“创新思路、依法实施、重点突破、有序推进”的原则，按照“一窗受理、提前介入、分段实施、同步审批、限时办结”的要求，优化审批流程，突出可操作性，达到缩短审批时限、降低审批成本、强化审批监督、提高审批效率的目的。

二、联合审批范围

纳入联合审批的项目包括政府投资建设项目和企业投资建设项目。

三、联合审批运作机制

市政务服务中心负责联合审批的组织、协调和监管，负责联合审批联审窗口的设立和管理，负责使用“忻州市建设项目联合审图专用章”和“忻州市建设项目竣工联合验收专用章”。联审窗口由市政务服务中心工作人员和联审部门窗口代表组成。市发改委、住建局、国土局、环保局、规划局、公安局、消防支队、人防办、地震局、气象局、文物局、水利局、林业局（绿化办）、安监局、国安局窗口（行政许可科）等为联合审批的基本成员单位，根据项目具体情况和依法需要，政务服务中心可随时调度有关单位窗口人员参加联审。

“建设项目联合审批”主要是指建设项目从前期准备到竣工验收工程中，实行由联审窗口统一受理申请、统一组织协调、统一现场踏勘、统一联合审图、统一联合验收、统一验票发证，各联合审批部门同步审批，分别作出审批决定的运作模式。

四、联合审批工作流程

建设项目联合审批共分5个阶段，审批时限共需45~50个工作日。

（一）建设项目前期准备阶段（10个工作日）

该阶段主要是指申请单位取得土地使用权和相关部门提前介入阶段。

1. 出让土地

市国土局具备出让土地条件后，根据年初制订的土地供应计划及规划局出具的宗地规划条件，制订出让土地方案，报市政府批准后市国土局组织公开出让，出让工作结束后，国土局将结果书面通知市政务服务中心联审窗口。联审窗口组织市发改委、环保局、地震局、水利局、林业局（绿化办）、安监局、消防支队、文物局、规划局、国安局等依法需要参加的部门召开协调会，通报项目基本情况；各联办单位一次性书面告知申请人需要申报的材料和要办理的相关手续、承诺办理时限；相关部门在5个工作日内出具相关评价文件和审批意见。市国土局在5个工作日内核发《建设用地批准书》。

2. 划拨土地

市规划局在5个工作日内完成建设项目选址意见，联审窗口组织市发改委、国土局、环保局、地震局、水利局、林业局（绿化办）、安监局、消防支队、文物局、规划局、国安局等依法需要参加的部门召开协调会，通报项目基本情况；各联办单位一次性书面告知申请人需要申报的材料和要办理的相关手续、承诺办理时限；确定时间统一进行联合现场踏勘。各相关部门在5个工作日内出具相关评价性文件和批复文件。

（二）建设项目立项审批阶段（7个工作日）

该阶段主要是指申请单位向联审窗口提出立项申请，市发改委窗口接到联审窗口《受理通知书》后，1个工作日内完成备案项目立项，3个工作日内完成核准项目立项，5个工作日内完成审批项目立项。

1. 出让土地

申请单位在取得《建设用地批准书》、《国有土地使用证》，进行节能预评估后，市发改委窗口根据申请单位投资规模确定立项，市立项由市发改委出具立项文件，省立项由市发改委上报省发改委。

2. 划拨土地

规划部门提出建设项目选址意见后，在建设项目可行性研究阶段或项目申请核准、备案前，应先由国土部门进行预审，提出预审意见，预审一般在受理之日起7日内完成。预审通过后，采取城市分批次或单独选址方式组卷，报省（或国务院）批准农用地转用和土地征收。农用地转用和土地征收经依法批准后，国土部门根据发改委立项文件和规划部门出具的建设用地规划许可证等实施供地，颁发《国有建设用地划拨决定书》。

（三）建设项目规划许可阶段（15个工作日）

该阶段主要指设计方案审核阶段，分为建设用地规划许可、建设工程规划许可、建设工程施工图联合审查三个环节。

1. 建设用地规划许可（5个工作日）

市规划局窗口审核建设工程建设设计方案总平面图后，在5个工作日内完成建设用地规划许可。市文物局、林业局、人防办、住建局、消防支队等需依法参加的部门窗口在5个工作日内完成审批、申报工作。联审窗口发放《建设用地规划许可证》。

2. 建设工程规划许可（5个工作日）

申请单位通过规划阶段节能评估审查和排水方案审核后，向联审窗口提出申请，市规划局窗口接到联审窗口的《受理通知书》后，在5个工作日内完成建设工程规划许可。联审窗口发放《建设工程规划许可证》。

3. 建设工程施工图联合审查（5个工作日）

申请单位向联审窗口提出联合审图申请，联审窗口会同联审部门对申请单位报送的经专业审图机构审查的施工图设计文件和相关资料进行审查，资料齐全出具《受理通知书》，资料不全出具《补证通知书》后，联审部门在5个工作日内完成审图工作，根据相关规定和收费标准，统一收取各项建设项目规费。

初审未通过的建设工程施工图，申请单位按照联审部门提出的审查意见进行修改，联审窗口组织联审部门实施二次审图。二审未过的，提交联审会议审查。经初审、二审或联审会议会审通过审查的建设工程施工图，联审部门专职审图人在《建设工程施工图设计文件联合审查表》上签字，联审窗口加盖“忻州市建设项目联合审图专用章”。

（四）建设工程施工许可阶段（6个工作日）

申请单位在完成建筑节能施工图审查、备案和招投标工作后，在符合备案条件基础上，向联审窗口提出申请，市住建局窗口接到联审窗口的《受理通知书》后，组织各站、办同步办理，在4个工作日内完成招标文件备案、招投标书面报告、招投标合同备案、建设工程质量、建设工程安全监督手续备案等工作。市住建局窗口在1个工作日内完成建设工程施工许可。联审窗口发放《建设工程施工许可证》。属房地产开发的建设项目，在符合申请商品房预售的条件下，向房管局窗口领取并填写《忻州市商品房预售许可申请表》后，转联审窗口，组织住建局、国土局、规划局、物价局、人防办、消防支队、地震局、园林处等职能部门进行现场勘验，手续办结，由市房管局将商品房预售许可申请表呈报市政府分管市长签字同意后，市房管局窗口在2个工作日内办结《商品房预售许可证》。

（五）建设工程竣工联合验收阶段（7个工作日）

建设单位在城建档案馆工程档案预验收合格后，向联审窗口提出申请，联审窗口会同各联审部门对建设单位报送的资料进行审查，资料齐全出具《受理通知书》，资料不全出具《补证通知书》，限期补证。联审窗口下达《受理通知书》后，市规划局窗口在7个工作日内办理《建设工程竣工规划认可证》；市国土局窗口在7个工作日内完成经批准的项目建设用地是否位移，是否存在少批多占，是否改变用途，是否改变容积率等检查核验工作；联审部门在 7 个工作日内完成竣工验收备案。完成验收备案的部门在《忻州市建设工程竣工验收备案表》上签字。同时，在资料齐全的情况下，住建局在 5 个工作日内办理建筑节能专项验收备案；市住建局城建档案馆在 3 个工作日内办理工程档案专项验收备案。市住建局工程质量监督站在 5 个工作日内办理竣工验收备案。验收不合格的，联审部门要将不予验收备案的决定、理由或整改意见送联审窗口，由联审窗口向建设单位下达整改通知书。

五、保障措施

（一）各部门要对各自审批环节负责，建立相应的内部工作程序及监督机制，确保联合审批工作正常运转。

（二）政务服务中心负责统一组织联席会议、联合现场踏勘、联合审图、联合竣工验收，各部门必须在指定的时间、地点积极参加，严格按照程序和承诺时限执行，无故缺席或逾期未提出意见者，视为同意和默认并承担相应责任。

（三）申请单位要积极协调工程咨询、勘察、设计、造价、招标代理等中介机构，为审批部门提前介入创造条件。对审批部门提出的整改意见，应在规定的时限内予以解决。

（四）建立和完善网络信息系统。进驻部门要完善审批工作网络系统，构建市政务服务中心、进驻单位信息系统共享的网络服务平台，为建设项目联合审批提供网络支持。

（五）纪检监察部门要加强对本办法实施工作的监督检查，发现相关部门及工作人员不依法履行职责，根据《山西省行政机关工作人员行政过错追究暂行办法》、《忻州市行政机关工作人员行政过错追究暂行办法》进行责任追究，依法给予行政处分。

六、建设项目联合审批部门按本方案要求制定本部门审批工作规则

忻州市建设项目联合审批流程图

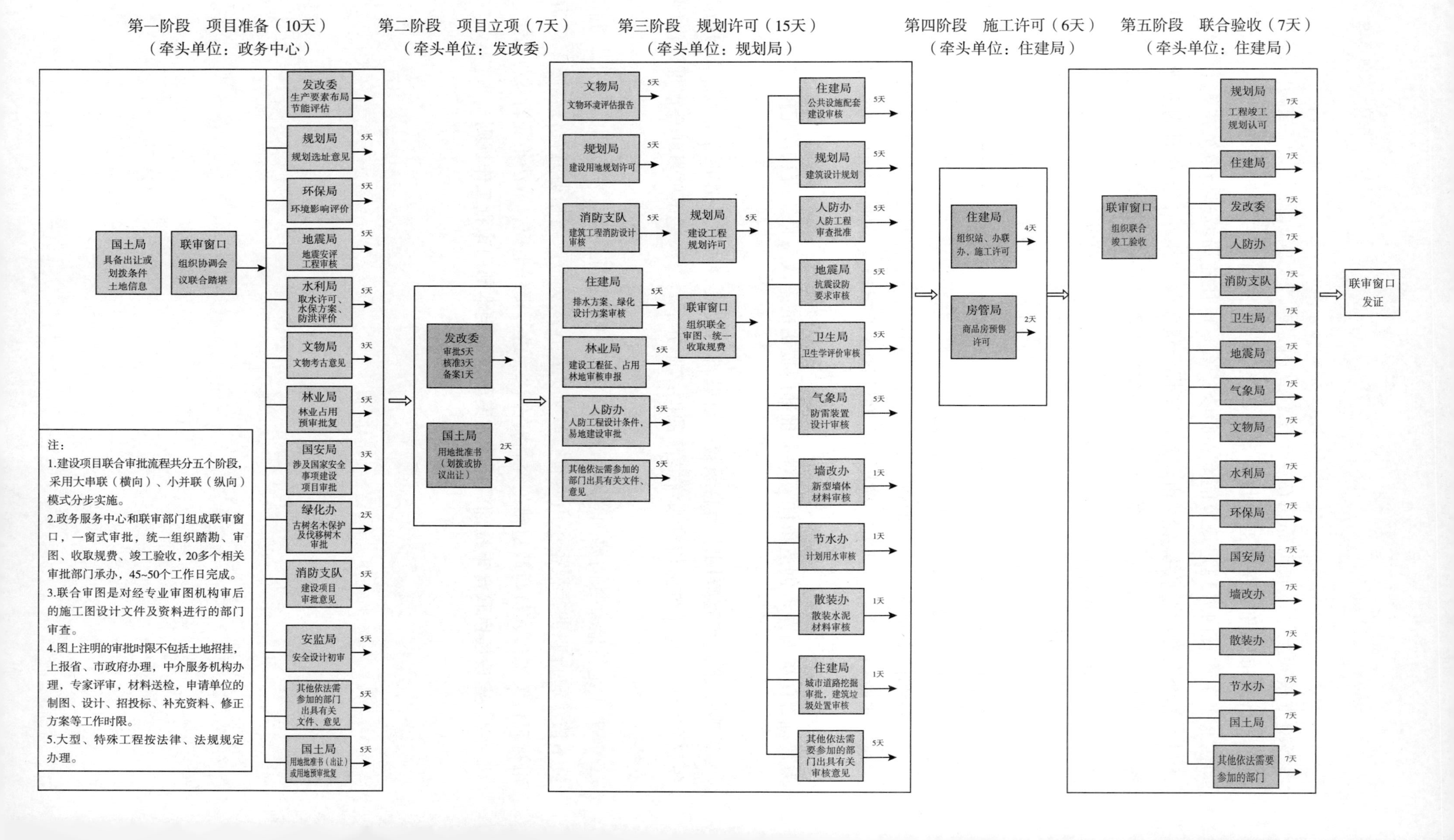

忻州市人民政府办公厅文件

忻政办发〔2013〕138号

忻州市人民政府办公厅
关于印发忻州市2013年农村住房抗震改建试点
工作实施意见的通知

各县（市、区）人民政府，市直各有关单位：

《忻州市2013年农村住房抗震改建试点工作实施意见》已经市政府同意，现印发给你们，请结合实际，认真组织实施。

忻州市人民政府办公厅

2013年9月5日

忻州市 2013 年农村住房抗震改建试点工作实施意见

为进一步增强农村住房抗震性能，改善农村人居环境，提升人民群众居住水平，根据《山西省人民政府办公厅关于开展农村住房抗震改建试点的实施意见》（晋政办发〔2013〕78 号）精神，现就我市 2013 年住房抗震改建试点工作提出如下实施意见。

一、工作目标和基本原则

（一）工作目标

2013 年我市开展 3000 户农村住房抗震改建试点，其中：原平市 1200 户，五台县 1000 户，代县 800 户。通过新建、加固等方式，指导农民建设安全、舒适、节能、美观的住宅，整体提高农村住房抗震水平。试点工作要于 2013 年 9 月初开展，2013 年年底完成改建任务。

（二）基本原则

我市 2013 年农村住房抗震改建试点工作要按照规划先行、整村推进，以民为本、群众受益，依法合规、公平公正，整合资金、集中投入的原则进行。

二、实施对象和建设方式

（一）实施对象

1. 改建村庄。指试点范围内，符合下列条件的村庄：

（1）70% 以上农房不符合抗震要求；

（2）60% 以上住房不符合抗震要求的农户自愿申请参加；

（3）符合县域村镇体系规划布局要求。

符合以上条件的乡镇驻地村、中心村优先安排实施。

2. 改建农户。指改建村庄内，符合下列条件的农户：

（1）现有住房不符合抗震要求；

（2）自愿申请参加。

新建住宅应是本村农民在集体土地上建设的自用住宅，商品房开发不予补助。城市和县城建成区内的村庄，不在实施范围内。

（二）建设方式

根据县域经济发展水平、农户经济能力和改造意愿、房屋结构类型及质量状况，因地制宜、分类指导，整合相关资金，整村成片推进，在提高农村住房抗震节能水平的同时，与新农村建设、乡村清洁工程、古村镇保护相结合，注重乡村特色塑造，改变村庄整体面貌，改善农民生活环境，实现既建新房，又见新村。

1. 村庄建设类型

（1）合村并点型；（2）整村迁建型；（3）旧村改造型；（4）以企带动型。

2. 农房建设类型

（1）集中新建；（2）分散新建；（3）原址加固；（4）置换加固。

（三）建设标准

建筑面积、抗震标准和节能标准按照《山西省人民政府办公厅关于开展农村住房抗震改建试点的实施意见》（晋政办发〔2013〕78 号）执行。

三、补助标准和资金管理

（一）补助标准

对新建或加固符合抗震和节能要求住房的农户，平均每户补助 3 万元。补助资金由省、市两级财政按 7∶3 分担。具体每户补助标准，由县级人民政府根据当地实际，按照农户经济状况、改建方式、人口多少、面积大小的不同，制定分类补助标准。

试点工作的摸底调查、档案建立、工作培训、监督管理、竣工验收等工作经费和改建村庄的规划设计费等前期费用由试点县财政承担，并根据工作启动情况提前拨付到位。

（二）资金管理

省、市补助资金下达后，实行银行专户储存管理，由县级住建部门根据各乡镇、村庄的工作进度，按规定拨付。

四、项目费用

新建与建筑抗震加固工程的造价，应按下列规定项目合理编制：

（一）新建或既有结构加固工程（包括设计、施工、工程质量检验、监理和必要的补充勘察等费用）；

（二）原结构清理工程（包括拆除原结构装饰层、拆迁原结构上影响施工的管线和其他障碍物等）及局部拆除原结构、构件工程（必要时）；

（三）开挖基础工程；

（四）安全支护工程；

（五）修复受影响的相关工程和建筑装饰装修工程；

（六）其它经核实应计入的项目或工程。

上述费用除政策补助资金部分外，其余由改建户承担。

五、工作程序

为保证公平公正，各试点县可结合当地实际，因地制宜，按下列程序组织实施。

（一）确定试点。由村集体提出申请，经乡镇人民政府、县级住建部门会同地震部门审核，并建立农户鉴定信息档案后，报县级人民政府确定试点村庄。既有村镇住宅基本情况调查与抗震鉴定可由各县（市）建设局委派有资质的检测（鉴定）单位进行。

（二）个人申请。在开展试点的村庄，由农户自愿提出书面申请，填写农村住房抗震改建申请表，提供相关信息。

（三）评议公示。村民委员会对收到的申请，依据农户鉴定信息档案，经村民代表会议评议，初定对象并予以公示。公示后符合条件的报乡镇人民政府，不符合条件的向申请者说明情况。

（四）审查公示。乡镇人民政府对村民委员会上报的申请农户信息进行审查。符合要求的，报县级住房城乡建设、地震部门复核；不符合要求的，将材料退回所在村委会，并说明原因。审查结果应在乡镇人民政府政务公开栏进行公示。

（五）县级核准。县级住房城乡建设部门会同地震部门，对乡镇人民政府上报的申请农户信息进行复核。申请农户符合条件的，报县级人民政府批准后组织实施。

（六）编制规划。开展试点的村庄，由县级人民政府组织编制村庄建设规划，注重地方特色，彰显乡村风貌。村庄详细规划要与当地的乡镇土地利用总体规划相衔接，严格保护耕地，集约节约利用土地。

（七）制定方案。县级人民政府组织有关专家，根据房屋结构、质量缺陷不同，结合当地实际，制定实施方案和技术方案，合理确定每村新建或加固方式。

（八）组织实施。相关县人民政府认真组织落实农村住房抗震改建试点工作，及时填报农村住房抗震改建信息系统，并建立相应工作目标和责任追究制度，确保完成任务。

（九）施工监理。建设单位严格按照国家、省有关规定，依法确定施工阶段的监理单位，村集体和本村农户也可参与工程监理。

（十）竣工验收。县级住房城乡建设部门组织相关部门和专家，对实施抗震改建后的住房进行验收。

（十一）工作总结。县人民政府根据本年度农村住房抗震改建试点开展情况，全面总结，形成报告。

六、保障措施

（一）加强组织领导

为加强对我市农村住房抗震改建试点工作的组织领导，市政府成立了忻州市农村住房抗震改建试点工作领导组（忻政办函〔2013〕63号）、各县（市、区）也要成立相应的组织领导机构，确保各项工作落到实处。

（二）明确工作责任

各县（市、区）政府是农村住房抗震改建试点工作的责任主体，负责组织本行政区域内农村住房抗震改建试点工作，编制规划设计，制定实施方案，落实任务与相关资金，负责农宅的评估鉴定；负责限额以上工程的质量安全管理，指导限额以下工程的质量安全管理；乡镇人民政府是实施主体，负责具体实施，发挥属地管理作用，实施质量安全监管，提供必要的技术服务和指导；村委会负责组织与协调工作，配合施工单位与农户签订施工合同，协调收取改建户自筹部分资金、完工认可，督促施工进度，优化施工环境。

（三）鼓励统一实施

各县（市、区）政府要精心组织，在农民自愿的前提下，按照统一规划、统一设计、统一实施的“三统一”要求，抓好工程建设。实施整村连片新建改建的可由村集体组织建设。抗震改建应由有资质的施工队伍实施。农户或村集体选定的设计单位、施工单位、监理单位要到县住建部门审查备案。

（四）严格档案管理

乡镇政府应明确专人负责，在工程开工前、建设中、建设完成后保存相应资料和照片，尤其要做好施工过程中重要节点（如地基深度、梁柱节点、保温层厚度等）影像资料的留存和隐蔽工程验收记录工作，并及时录入信息系统。

（五）做好技术指导

各县（市、区）住房城乡建设部门应当加强巡查和抽查，做好技术指导和竣工验收。改建中鼓励推广使用节能环保的新技术、新材料。对具有民俗特色的建筑，要充分给予保护，改建中要进行保护性维修。

（六）整合资金政策

发挥政策叠加效应，形成合力，共同推进。市级下达的农村建设用地指标，优先支持农村住房抗震改建；整合相关部门农村困难家庭危房改造、易地扶贫搬迁、乡村清洁等资金，利用好国家“城乡建设用地增减挂钩”、“矿业存量土地整合”、“土地整理复垦开发”等政策，最大限度地整治农村居民点，建设农村新社区，对节约出的建设用地指标，可置换为城镇建设用地，通过招、拍、挂等出让方式实现土地收益最大化，获取的土地级差收益用于支持农村住房抗震改建试点。

（七）强化监督管理

各县（市、区）政府要建立健全质量安全管理制度，县级住房城乡建设部门要组织技术力量，开展现场质量安全巡查与指导监督，加大对工程项目的抽查和技术指导服务力度。健全信息报告、绩效考评制度，强化监督检查，确保责任落实。

（八）加强舆论宣传

要充分发挥舆论宣传主导和社会监督的作用，利用广播、电视、报纸等多种形式，广泛宣传农村住房抗震改建试点工作的重要意义，调动社会各界和农民群众参与的积极性，增强农民抗震节能意识，认真听取群众意见建议，及时研究解决群众反映的问题，营造良好的社会氛围。

忻州市防震减灾领导组文件

忻防震组〔2015〕4号

忻州市防震减灾领导组
关于印发忻州市建设工程抗震设防工作联席会议制度的通知

各县（市、区）人民政府，市直各有关单位：

根据《中华人民共和国防震减灾法》、《山西省建设工程抗震设防条例》等有关法律法规规定，市防震减灾领导组制定了《忻州市建设工程抗震设防工作联席会议制度》，现印发给你们，请遵守执行。

忻州市防震减灾领导组

2015年9月24日

忻州市建设工程抗震设防工作联席会议制度

为全面规范建设工程抗震设防行为，切实提高各类建设工程抗御地震灾害能力，最大限度避免和减轻地震灾害造成的损失，保护人民生命财产安全，依据《中华人民共和国防震减灾法》、《山西省建设工程抗震设防条例》等法律法规规定，制定本制度。

一、联席会议职责

（一）研究讨论全市建设工程抗震设防规划、政策；全面掌握重大建设工程、可能产生严重次生灾害工程、学校、医院等人员密集场所建设工程、城市和农村危旧房改造、农村民居抗震改建等建设工程的抗震设防工作开展情况。

（二）协调解决建设工程抗震设防管理和技术衔接问题以及其它重大问题，督促相关部门协作配合。

（三）指导、督促、检查各县（市、区）及各有关单位抗震设防管理和抗震设防技术的推广普及工作；指导、协调开展城市活断层探测、地震小区划等抗震设防基础性研究，为城市建设、规划提供必要的基础性资料。

二、联席会议组成单位名单

忻州市抗震设防工作联席会议组成单位由市地震局、市发改委、市住建局、市规划局、市国土资源局、市房管局、市交通局、市水利局、市安监局、市煤炭局、市文化广电新闻出版局、市卫计委、市教育局、市农业局等单位组成。

联席会议总召集人由市防震减灾领导组组长担任，副总召集人由市防震减灾领导组副组长担任，各组成单位分管负责人为联席会议成员，各组成单位业务科室负责人为联席会议联络员。联席会议下设办公室，办公室设在市地震局，承担联席会议的日常工作。

三、联席会议工作规则

（一）会议的组织。组成单位可向联席会议办公室提交会议议题，联席会议办公室负责会议议题的收集汇总并提出会议方案，报请总召集人批准后，组织各有关组成单位分工落实，并做好统筹、协调等工作。

（二）会议的召开。联席会议由总召集人或者总召集人委托副总召集人负责召集。联席会议办公室根据会议议题拟定召开会议的时间、内容和出席人员，报总召集人批准。联席会议原则上一年召开一次，也可根据工作需要，不定期召开全体成员会议或专题办公会议，专题办公会议应根据会议议题确定参会单位，必要时可安排联席会议组成单位以外的单位参加或列席会议。

（三）会议文件的印发。联席会议办公室负责起草会议纪要，制订会议文件，并由议题提请单位审核，报请联席会议总召集人审定后印发。

（四）会议任务的督促检查。

联席会议办公室负责收集汇总、跟踪督促联席会议议定事项的落实，必要时可组织相关部门进行检查、督促，并及时向总召集人和各组成单位汇报工作进展情况。联席会议组成单位有责任定期向联席会议办公室反馈有关情况。

联席会议办公室应有计划地组织有关部门检查各县（市、区）建设工程抗震设防工作和联席会议确定的工作任务的落实情况。

联席会议各组成单位要加强联合执法检查，加大对重大工程和可能产生严重次生灾害建设工程的抗震设防工作检查力度，特别是要加强涉及学校、医院、各类场馆等人员密集场所和交通、能源、水利、供电、通讯等生命线工程违法案件的执法力度。

四、联席会议工作要求

各组成单位要按照职责分工，认真研究我市建设工程抗震设防管理工作中的有关问题，按要求参加联席会议，认真落实联席会议确定的事项。各组成单位要互通信息，互相配合，互相支持，形成合力，充分发挥联席会议的作用。

联席会议各组成单位在建设工程抗震设防工作中应自觉接受社会各界的监督。对不认真履行职责，造成工作失误和不良影响的，要追究相关部门和工作人员的责任。

忻州市地震局文件

忻震发〔2011〕14号

关于组建防震减灾文艺宣传队和进一步加强“三网一员”队伍建设的通知

各县（市、区）地震局（办）：

为了有效应对当前大华北地区复杂严峻的震情形势，深入开展防震减灾科普宣传，加强“三网一员”队伍建设，市地震局对做好当前防震减灾宣传教育工作和“三网一员”队伍建设做出如下安排：

（一）各县（市、区）地震局（办）要充分利用各乡镇、社区文化大院的有利条件，于2011年7月15日前，将各乡镇、社区原有的文艺宣传队伍重新整合，组建成立各县（市、区）防震减灾文艺宣传队，要求每个乡镇、社区至少组建成立一支防震减灾文艺宣传队，每支宣传队至少编排一个反映防震减灾内容的文艺节目。市地震局将适时统一组织检查、验收，并授予“忻州市地震局防震减灾文艺宣传队”牌匾。

（二）今年“7·28”防震减灾宣传周暨“纪念唐山大地震35周年”活动期间，各县（市、区）防震减灾文艺宣传队要用群众喜闻乐见的形式，集中开展防震减灾文艺宣传。要求：各乡镇宣传队在当地进行宣传，各县（市、区）组织县城周边乡镇和社区的文艺宣传队在县城进行宣传，基本形成横向到边、纵向到底的宣传格局。

（三）各县（市、区）要依托组建的防震减灾文艺宣传队，建立健全“三网一员”队伍，使组建的防震减灾文艺宣传队能够同时承担起“三网一员”的相应职责，作为各县（市、区）原有“三网一员”队伍的补充力量。“7·28防震减灾宣传周”结束后，各县（市、区）地震局（办）要组织有关人员对本县（市、区）重新确定的“三网一员”

人员进行培训，并落实各项补贴政策。

各县（市、区）地震局（办）要高度重视此项工作，加大工作力度，确保此项工作按时圆满完成。

2011 年 7 月 4 日

中共忻州市委宣传部
忻 州 市 地 震 局 文件

忻震发〔2013〕5号

关于印发忻州市地震应急新闻联动方案的通知

各县（市、区）委宣传部、各县（市、区）地震局（办），市地震应急新闻联动工作组各成员单位：

为高效有序地应对我市地震应急事件，做好地震突发事件新闻处置工作，正确引导社会舆论，维护社会稳定，特制订《忻州市地震应急新闻联动方案》，现予印发执行。

2013年5月26日

忻州市地震应急新闻联动方案

为高效有序地应对地震应急事件，做好地震突发事件新闻处置工作，正确引导社会舆论，维护社会稳定，特修订本方案。

一、指导思想

深入落实科学发展观，坚持以人为本的工作理念，以最大限度减少地震灾害损失为目的，以正确引导社会舆论、维护社会稳定为出发点，充分发挥各联动部门的作用，坚持团结合作，协调联动，共同做好地震应急新闻宣传工作。

二、联动机制

建立忻州市地震应急新闻联动工作组，组成单位有：市委宣传部、市新闻处、市公安局、市联通公司、市电信公司、市移动公司、市气象局、市地震局、山西日报忻州分社、忻州日报、忻州广播电视台、忻州市政府网、忻州新闻网。

三、联动方式

（一）建立部门日常协作工作机制，每年至少召开 1 次联席会议，研究有关工作，及时沟通信息，解决存在的问题。

（二）完善地震信息发布绿色通道，建立完善、快速发布地震信息、处置地震传言、震后新闻报道及常态下的新闻宣传等各项工作，提高信息发布时效。

（三）建立信息共享机制，完善工作交流、信息沟通工作渠道，及时通报各部门工作和办公室联络员调整情况，保障信息传递畅通。

（四）建立完善部门间震时联动工作机制，编制应急新闻信息发布流程，确保应急处置有序高效。

（五）每年至少开展 1~2 次地震应急新闻联动演练，做到平时熟悉流程，震时井然有序。

四、主要职责

（一）市委宣传部职责

1. 负责协调新闻媒体及时发布地震信息；

2. 负责组织抗震救灾工作宣传报道；

3. 负责社会舆情、网上舆情监控，对地震谣言进行处置，正确引导社会舆论；

4. 负责协调新闻媒体配合支持每年“5·12”、“7·28”等重点时段的防震减灾宣传工作。

（二）市新闻处

负责指导协调相关部门组织召开抗震救灾新闻发布会。

（三）市地震局职责

1. 负责将 3 级以上地震等相关信息通过短信、电话、传真、电子邮箱等方式及时传送到市委、市政府值班室及市委宣传部、市新闻处、市公安局、市联通公司、市电信公司、市移动公司、市气象局、市地震局、山西日报忻州分社、忻州日报、忻州广播电视台、忻州市政府网、忻州新闻网。

2. 负责在市地震局门户网站及时公布防震减灾信息，拟定地震新闻通稿并通过宣传、新闻主管部门向媒体发布。

3. 完善地震突发新闻快速反应、舆情收集研判和处置预案等工作机制，及时处置地震谣言，正面引导网上舆论。

（四）市公安局职责

负责网上监控，维护互联网安全秩序，打击处理网上严重扰乱社会秩序的地震谣传制造者，与市委宣传部、市新闻处、市地震局互通有关舆情处置信息。

（五）市联通公司、市电信公司、市移动公司

1. 负责组织各基础电信运营企业通过各企业短信平台发布 3 级以上地震相关信息；

2. 负责建立地震信息优先发布制度，确保地震信息发布的优先和畅通；

3. 与市政府应急办和市气象局信息发布平台对接，建立地震应急通信网，确保震时通信畅通。

（六）市气象局职责

负责在市突发事件预警信息发布中心及时发布地震信息，在抗震救灾工作中及时提供灾区气象信息情况。

（七）新闻媒体职责

1. 负责建立地震应急信息插播制度，在收到地震信息 5 分钟内，电视、广播各频道、频率采取增播、插播、滚动字幕播放等方式向社会公众发布地震信息，播发地震新闻通稿；

2. 负责按照市地震局统一提供的信息发布新闻；

3. 负责引导社会舆论，消除群众的恐慌心理，积极配合地震部门开展日常和震后地震科普知识宣传，提高公众的防灾意识和自救互救能力。

五、联动程序

（一）地震事件

1. 当市内发生 3 级以上地震或市外发生 5 级以上地震，影响我市 2 个以上县（市、

区）时，由市地震局将地震基本参数（发震时间、震中地点、震级、震源深度）等信息通过电话、短信、网络传真、专用电子邮箱等方式发送至市委、市政府值班室及市委宣传部、市新闻处、市公安局、市联通公司、市电信公司、市移动公司、市气象局、山西日报忻州分社、忻州日报、忻州广播电视台、忻州市政府网、忻州新闻网；

2. 在接到地震基本参数 5 分钟内，忻州市广播电视台、政府网等媒体立即播报和登载；

3. 市委宣传部监控网上舆情，并反馈市地震局，会同市地震局做好正面引导；

4. 当我市境内发生 3 级以上地震时，市地震局根据震情、社情拟定新闻发布稿，通过网络传真、专用电子邮箱等方式提供给新闻单位，进行新闻发布；

5. 各新闻单位要按照市地震局提供的新闻稿件进行报道，根据灾情变化和应急救援行动做好地震新闻的陆续滚动发布；

6. 市委宣传部根据需要会同市新闻处、市地震局适时召开新闻发布会、通气会等，通报地震震情、灾情、社情，各新闻单位及时进行相关报道。

（二）谣言事件

1. 当市内 2 个以上县（市、区）出现地震谣传或市外出现大范围谣传影响我市 2 个以上县（市、区），市地震局迅速拟定辟谣通告，通过网络传真、专用电子邮箱等方式发送至忻州广播电视台、政府网；加盖公章后传真至市联通公司、市电信公司、市移动公司，并告知发送范围；

2. 忻州市广播电视台、政府网等媒体立即插播或滚动字幕播放，各基础电信运营企业，通过各企业短信平台发布；

3. 市委宣传部、市公安局网络警察支队监控网上舆情，做好正面引导；

4. 市地震局根据需要通过地震知识宣传、专家访谈等形式，澄清事实、解疑释惑；

5. 市委宣传部根据需要会同市新闻处、市地震局适时召开新闻发布会。

附件：1. 忻州市涉震信息发布流程

　　　2. 忻州市涉震信息发布规定

　　　3. 忻州市地震局通告

忻州市涉震信息发布流程

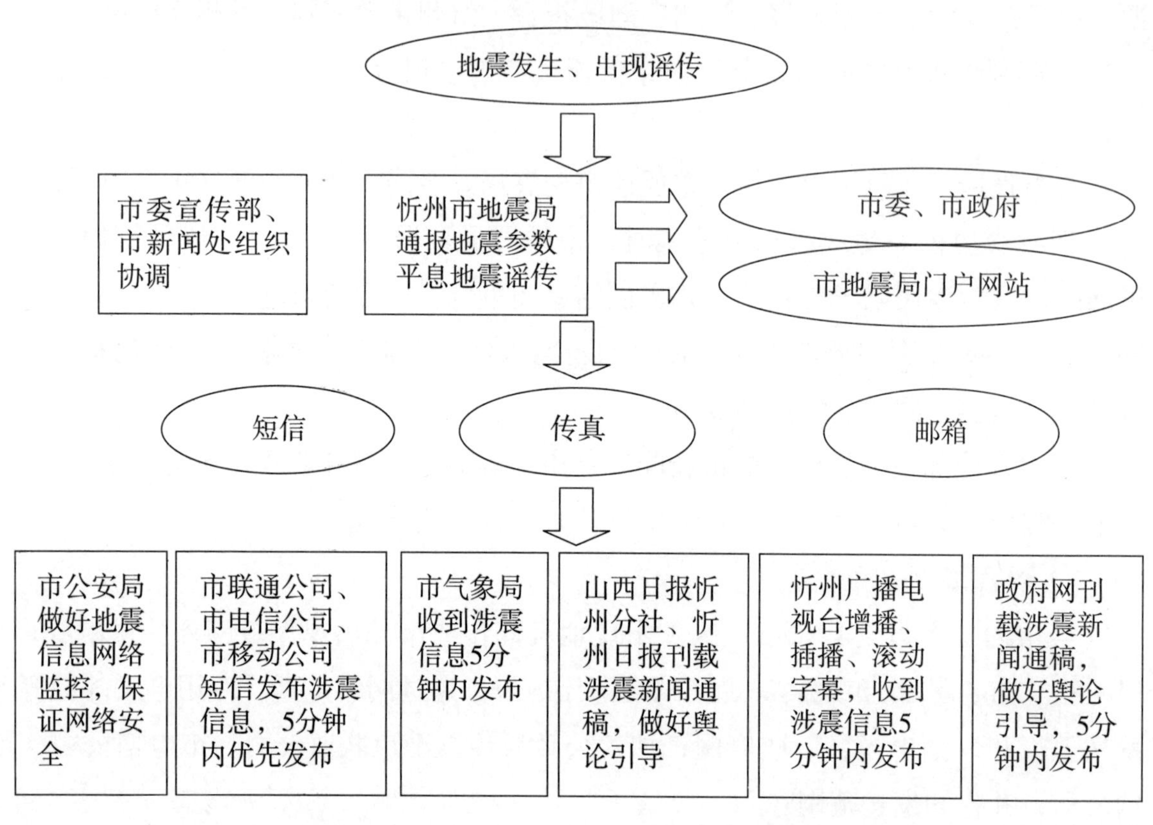

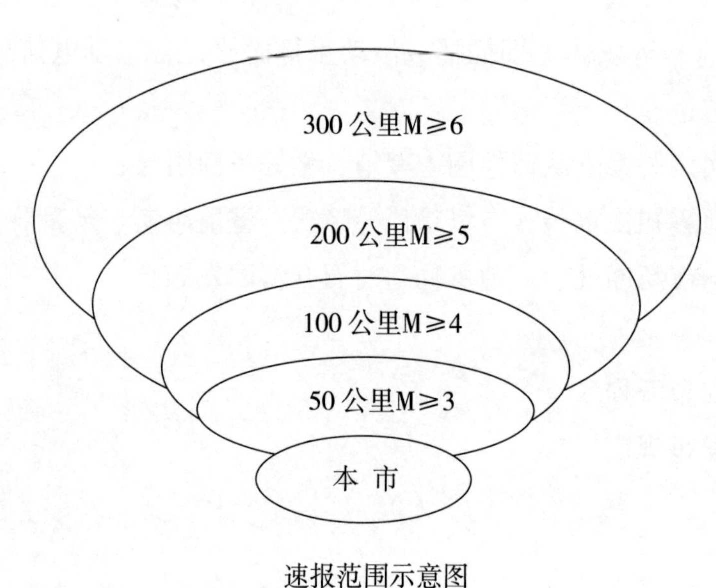

速报范围示意图

说明：

1. 各单位可通过短信、传真、邮箱获取涉震信息。

2. 各单位须配备传真机并设置在自动接收状态。

3. 短信接收人员或手机号如有变动请及时通知忻州市地震局。

忻州市地震局
联系人：
电话：
手机：
传真：

忻州市涉地震信息发布规定

一、接收单位及联系方式

单　位	值班电话	传真电话
忻州市地震局		
忻州市公安局		
市联通公司		
市电信公司		
市移动公司		
山西日报忻州分社		
忻州日报		
忻州广播电视台		
忻州市政府网		
忻州新闻网		

二、发送方式

1. 传真（　　　　）

2. 短信群发（　　　　）

3. 共享邮箱

（邮箱地址：　　　　　　　　密码：　　　　　　　）

忻州市地震局通告

忻震通字［××××］××号
签发人：

据中国地震台网测定，北京时间××××年××月××日××时××分，在山西省忻州市××××（北纬××.×度，东经×××.×度）发生×.×级地震，震源深度×公里。

××××年××月××日××时

编辑：忻州市地震局

中共忻州市委党校
忻 州 市 地 震 局 文件

忻震发〔2014〕14 号

关于将防震减灾知识纳入党校（行政学院）领导干部及公务员培训教育内容的通知

各县（市、区）委党校、地震局（办）：

按照山西省人民政府与忻州市人民政府签署的《山西省 2014 年防震减灾目标责任书》和 2 月 21 日市政府防震减灾工作专题会议精神，市委党校（行政学院）已将防震减灾知识纳入领导干部及公务员培训教育内容。请各县（市、区）委党校（行政学院）、地震局（办）尽快落实将防震减灾知识纳入县级党校（行政学院）领导干部及公务员培训教育内容，切实把全市防震减灾宣传工作落到实处。

特此通知

中共忻州市委党校

忻州市地震局

2014 年 7 月 24 日

忻州市防震减灾领导组文件

忻防震组〔2015〕2号

忻州市防震减灾领导组
关于印发《忻州市“7·28”防震减灾宣传周
系列活动实施方案》的通知

各县（市、区）人民政府、市防震减灾领导组各成员单位：

为切实搞好我市2015年“7·28”防震减灾宣传周期间系列活动，普及地震科普知识，提高全民防震减灾意识和自救互救能力，市政府决定与山西省地震局共同在我市开展“7·28”防震减灾宣传周系列活动。届时，省地震局将邀请中国地震局有关领导出席活动。市防震减灾领导组办公室制定的《忻州市“7·28”防震减灾宣传周系列活动实施方案》，已经市政府和省地震局领导同意，现予印发，请认真贯彻执行。

附件：《忻州市“7·28”防震减灾宣传周系列活动实施方案》

忻州市防震减灾领导组

2015年7月3日

忻州市“7·28”防震减灾宣传周系列活动实施方案

为切实搞好2015年“7·28”防震减灾宣传周期间系列活动，普及地震科普知识，提高全民防震减灾意识和自救互救能力，市政府和山西省地震局决定共同在忻州市开展“7·28”防震减灾宣传周系列活动。届时，省地震局将邀请中国地震局有关领导出席活动。为搞好此次“7·28”系列宣传活动，特制订如下实施方案：

一、指导思想

以党的十八大、十八届三中、四中全会精神和习近平总书记系列重要讲话精神为指导，巩固和扩大群众路线教育实践活动成果，将防震减灾宣传工作主动融入到全市经济社会发展大局中，充分利用“7·28”防震减灾宣传周，积极开展“平安中国”防灾宣导千城大行动，普及防震减灾知识，深化防震减灾宣传，增强防震减灾宣传工作的覆盖面和影响力，以最大限度减轻地震灾害损失为根本宗旨，不断增强全社会的防震减灾法律意识和公众自救互救能力。

二、活动时间

7月27日~7月31日

三、活动安排

（一）防震减灾宣传周暨“平安中国”防灾宣导千城大行动（忻州站）活动启动仪式和防震减灾工作主题宣传活动（忻州市政府、山西省地震局主办，忻州市地震局承办，忻州市公安消防支队协办。主持人：忻州市政府副处督查员郭宏）

1. 忻州市“7·28”防震减灾宣传周暨“平安中国”防灾宣导千城大行动（忻州站）活动启动仪式

时间：7月27日上午（9：00~10：30）

地点：忻州公安消防支队

参加人员：忻州市防震减灾领导组九个牵头部门领导，忻州市抗震救灾应急救援队武警支队、公安消防支队、青年志愿者支队、蓝天志愿者支队，忻州市地震局六支防震减灾文艺宣传队，新闻媒体。

活动议程：

（1）忻州市政府副市长王月娥同志致辞；

（2）忻州市地震局局长李文元同志介绍忻州市2015年“7·28”防震减灾宣传周系列活动方案；

（3）山西省地震局副局长郭星全同志宣布“7·28”防震减灾宣传周暨“平安中国”防灾宣导千城大行动（忻州站）活动启动；

（4）忻州市政府副市长王月娥同志向忻州市抗震救灾应急救援队蓝天志愿者支队授旗；

（5）山西省地震局副局长郭星全同志、“平安中国”组委会副秘书长关昀同志、中国地震局震害防御司副处长常建军同志、市政府副市长王月娥同志四位领导，向忻州市抗震救灾应急救援队武警支队、公安消防支队、青年志愿者支队和蓝天志愿者支队赠送《地震灾害防灾避险知识读本》；

（6）山西省地震局副局长郭星全同志、“平安中国”组委会副秘书长关昀同志、中国地震局震害防御司副处长常建军同志、市政府副市长王月娥同志、山西省地震局宣教中心主任孙景慧同志等五位领导，向忻州市住建局赠送《山西省建设工程抗震设防条例》，向忻州广宇煤电有限公司赠送《防震减灾实用知识手册》，向忻州市教育局赠送《学生避震逃生手册》和防震减灾进校园系列光盘，向忻州市妇联赠送《家庭地震应急三点通》，向忻州市电视台赠送“平安中国”公益宣传光盘；

（7）忻州市抗震救灾应急救援队武警支队、公安消防支队、青年志愿者支队、蓝天志愿者支队进行汇报演练。

2. 防震减灾科普宣传“进军营”知识讲座暨抗震救灾应急救援队业务培训

时间：7月27日上午（11:00~12:00）

地点：忻州公安消防支队

参加人员：忻州市抗震救灾应急救援队武警支队、公安消防支队、青年志愿者支队、蓝天志愿者支队。

具体内容：山西省地震应急专家、省武警总队科长白鹏作专题讲座。

3. 防震减灾工作主题宣传活动

时间：7月27日上午（11:00~12:00）

地点：忻州市防震减灾科普教育馆

参加人员：中国地震局、“平安中国”组委会、山西省地震局、忻州市政府等领导和媒体记者。

具体内容：

（1）忻州市地震局介绍忻州市防震减灾工作和防震减灾科普教育馆基本情况；

（2）参观忻州市防震减灾科普教育馆。

4. 召开防震减灾工作座谈会

时间：7月27日下午（15:00~17:00）

地点：忻州市地震局三楼会议室

参加人员：中国地震局、“平安中国”组委会、山西省地震局、忻州市政府等领导和忻州市地震局中层以上全体领导干部。

具体内容：

（1）忻州市地震局汇报我市防震减灾工作主要做法；

（2）中国地震局、“平安中国”组委会、山西省地震局、忻州市政府、忻州市地震局等领导座谈。

5. 防震减灾文艺宣传

时间：7 月 27 日晚上（20：00）

地点：忻州市区和平广场

具体内容：

由忻州市地震局防震减灾文艺宣传队专业二人台演出团（忻州市忻艺歌舞团）开展防震减灾文艺宣传；同时在演出现场摆放桌椅、放置展板、发放宣传资料并进行地震科普咨询。

（二）防震减灾宣传“进寺庙”活动（忻州市政府、山西省地震局主办，五台县政府、忻州市地震局承办，五台山管理局协办）

时间：7 月 28 日上午（9：00）

地点：五台山文殊庙停车场

具体内容：

（1）向五台山寺庙赠送《防震减灾实用知识手册》；

（2）向游客发放防震减灾科普宣传品，同时在活动现场放置宣传展板和挂图。

（三）“平安中国”防震减灾文化电影季“忻府区万福家园”专场活动

时间：7 月 28 日晚上（20：00）

地点：忻府区万福家园小区

具体内容：

播放“平安中国”防震减灾主题电影《5·12 汶川不相信眼泪》。

（四）防震减灾宣传“进农村”活动（忻州市政府、山西省地震局主办，忻府区政府、忻州市地震局承办。主持人：忻州市地震局副局长陈秀发）

时间：7 月 29 日晚上（19：30）

地点：忻府区逯家庄村

具体内容：

（1）山西省地震局和忻府区政府有关领导讲话；

（2）忻州市地震局防震减灾文艺宣传队少儿文艺演出团（杜薇艺校）开展防震减灾文艺宣传，同时在活动现场放置宣传展板，发放宣传资料并进行地震科普知识咨询。

（五）防震减灾宣传“进社区”活动（忻州市政府、山西省地震局主办，忻府区政府、忻州市地震局承办。主持人：忻州市地震局副局长田甦平）

时间：7 月 30 日上午

地点：忻府区秀容文化大院

具体内容：

由忻州市地震局防震减灾文艺宣传队专业二人台演出团（忻州市忻艺歌舞团）开展防震减灾文艺宣传；同时在演出现场摆放桌椅、放置展板、发放宣传资料并进行地震科普咨询。

（六）“庆八一”慰问消防官兵专场电影活动

时间：7 月 31 日晚上 8：00

地点：忻州消防支队训练基地

具体内容：

播放“平安中国”防震减灾主题电影《惊天动地》。

（七）防震减灾主题演讲比赛（忻州市政府、山西省地震局主办，忻州市地震局、忻州市电视台承办）

时间：7 月 31 日晚上 8：00

地点：忻州市电视台演播大厅

具体内容：

（1)各县（市、区)参赛选手进行现场演讲，评委现场打分，评出一、二、三等奖、优秀奖和组织奖，省市有关领导现场观摩并颁奖；

（2）在忻州市电视台楼内大厅摆放宣传展板，忻州市电视台对比赛实况进行全程录像报道。

（八）其他活动

1. 在代县开展一次市县抗震救灾综合实战应急演练；

2. 在忻州交通广播电台播放为期一周的防震减灾知识问答；

3. 在忻州电视台播放为期一周的防震减灾公益宣传短片；

4. 在忻州市科协户外大屏幕上播放为期一周的防震减灾公益宣传短片；

5. 在忻州市地震局网站上开设专题宣传专栏，并对每天活动进行跟踪报道；

6. 利用忻州市地震局短信平台推送防震减灾公益广告；

7. 分布在各县（市、区）的市地震局防震减灾文艺宣传队每天在所在辖区内分别开展防震减灾宣传活动。

忻州市电视台、忻州日报、山西新闻网忻州频道、忻州市地震局网站宣传报道人员全程跟踪采访，录制留存影像资料，并在适当时候进行公开报道。

四、组织领导

防震减灾宣传是防震减灾工作的重要组成部分，也是推进防震减灾事业发展和减轻地震灾害的重要手段与有效途径。为切实加强宣传工作，成立忻州市“7·28”防震减灾宣传工作领导组如下：

组　　　长：王月娥　　市政府副市长
　　　　　　郭星全　　省地震局副局长
常务副组长：郭　宏　　市政府副处督查员
　　　　　　尉燕普　　省地震局震防处处长
　　　　　　孙景慧　　省地震局宣教中心主任
　　　　　　李文元　　市地震局局长
副　组　长：刘北锁　　忻府区副区长
　　　　　　赵永平　　五台县委常委
　　　　　　刘建坤　　五台山管理局局长
　　　　　　郄晓芸　　省地震局震防处副处长
　　　　　　赵晓云　　省地震局宣教中心副主任
　　　　　　张继明　　忻州电视台台长
　　　　　　陈秀发　　市地震局副局长
成　　　员：田甦平　　市地震局副局长
　　　　　　张俊民　　市地震局副局长
　　　　　　郭晓霞　　忻府区地震局局长
　　　　　　罗岳峰　　五台县地震局局长
　　　　　　苏　琪　　市地震局震防科科长
　　　　　　梁瑞平　　市地震局奇村水化站站长
　　　　　　林建平　　市地震局办公室主任
　　　　　　关素芳　　市地震局管理科副科长
　　　　　　张俊伟　　市地震局震情科负责人

领导组下设办公室，办公室主任由陈秀发兼任，办公室副主任由苏琪兼任。领导组办公室具体负责各项宣传活动的协调、对接、联络等工作；市地震局办公室负责协调有关部门，做好上级领导的接待工作。

五、有关要求

领导组各成员、相关县（区）政府要高度重视，切实加强组织领导，把工作任务落实到人，积极协调，统筹推进，明确责任，狠抓落实，确保各项工作落实到位；各相关部门要积极配合，各新闻媒体要做好活动采访报道工作，确保此次活动安全、有序，圆满完成。

忻州市防震减灾领导组办公室

2015 年 7 月 3 日

忻州地区行政公署秘书处文件

忻地行秘〔1990〕88号

忻州地区行政公署秘书处关于转发
地区防震抗震指挥部关于防震抗震救灾工作组织
领导分工及其职责实施方案的通知

各县（市）人民政府：

现将地区防震抗震指挥部《关于防震抗震救灾工作组织领导分工及其职责的实施方案》转发你们，望参照执行。

一九九〇年十月六日

忻州地区防震抗震指挥部
关于防震抗震救灾工作组织领导分工及其职责的实施方案

忻定盆地地处山西地震带中北部，地质构造复杂，有恒山、五台山山前等多条断裂带，是孕育地震发生的区域，历史上曾发生过5级以上地震10次，其中7级以上3次，给人民群众造成极大的损失和痛苦。现在又处于地震活跃期，据“山西省地震局1990年度地震趋势分析”：山西未来一二年内地震活动的频度将会增高，有发生5~6级地震的可能，太原盆地、忻定盆地是值得注意的地区。

针对我区历史地震灾害的惨痛教训和未来地震灾害的严重威胁，为了最大限度地减轻震灾的损失，各级政府应加强防震减灾工作的领导，精心组织，积极协调社会各方面的力量，动员广大人民群众密切配合，力争取得减轻未来震灾的综合效益和最佳效益。特别要做好在无临震预报的情况下，当地震突然发生时，能够临震不乱，有计划、有秩序地开展工作，现拟定地震应急工作的组织领导分工及其职责：

一、防震、抗震、救灾工作的组织体系

地震工作是一项社会公益事业，应由各级政府组织领导国家机关、企事业单位、社会团体以及广大群众和军队共同努力，实现减轻地震灾害之目的。其组织体系是：

1. 地委、行署是本区最高防震抗震救灾工作的组织领导决策机关。

2. 地委、行署的有关部门是参与此项工作的专业职能部门，一般由计委、经委、建委、民政、地震、气象、卫生、水利、通讯、电业、交通运输、财政、商业、物资、消防、公安、宣传等单位组成专业办事机构，忻州军分区、预备役师、驻忻部队、武警支队和民兵是我区防震救灾的主力军和突击队。

3. 各县（市）党委、政府及其有关部门和社会团体。

4. 在各级党委、政府领导下设立防震、抗震、指挥部下设办公室和各类专业组；指挥组、震情组、物资供应组、抢险救援组、医疗救护组、通讯联络组、治安保卫组、交通运输组、生产指挥组、接待组、宣传报导组、军队组、救济组。

二、组织分工及其职责

1. 地县（市）政府基本职责：

（1）贯彻执行上级关于防震抗震救灾工作的指示。

（2）建立统一的防震救灾体系。

（3）统一部署本地区防震抗震救灾工作。

（4）制定防震抗震救灾规划。

（5）地震应急措施决策、颁布有关规定。

（6）从思想上、组织上、物质上、强化抗震救灾工作，及时解决各种问题。

（7）督促检查落实各项工作，对防震抗震救灾工作实施全面领导。

2. 地、县（市）防震抗震减灾指挥部是同级人民政府领导下的临时性决策领导机构，其任务是：

（1）震前统一领导指挥防震准备，制定大震对策应急方案，进行防震抗震基本知识及思想教育，检查工程抗震措施，抓好群测群防工作，跟踪地震短临前兆信息，检查、督促各专业组防震预案和组织实施落实情况。

（2）检查生命线系统和要害系统的应急准备工作，完成对危险品和危险场地、危险建筑的应急处置和防范工作，完善对公共场所，交通枢纽与商业学校和人流集中处所的应急和应变措施；检查各抢险救灾与医疗救护队进入戒备状态并实施演习。

（3）震时实施应急指挥，及时沟通上下联系，组织人流集中的群众，疏散避险，通令各基层组织进行自救互救，指挥救援部队、医疗救护队、各类专业抢险队、抢救伤员和遇难人员，抢修生命线工程，加强治安保卫，保持社会秩序稳定。

（4）震后组织实施救灾方案，调动救援队伍调集救灾物资，筹措救灾资金，防止次生灾害，安排灾民的吃、喝、穿、住问题，稳定群众情绪。

（5）恢复抢修生命线工程，供电、供水、通讯、交通。

（6）现场考察，收集震情，分析预报强余震，进行震害调查，评估工作。

（7）制定重建家园，恢复工农业生产和生活服务设施的计划，进一步安排好灾区群众较长时间的生活问题。

3. 乡（镇）人民政府（街道办事处）及其指挥部的任务和职责：

（1）执行上级防震抗震减灾的指示规定、任务和要求。

（2）进行防灾意识教育和地震科普知识宣传。

（3）对危险工程和危房检查加固，建易燃易爆和有毒气工厂时要远离乡镇居民点，捕捉宏观地震短临前兆信息迅速上报。

（4）组织群众自救互救，组织民兵突击抢险队。

（5）及时妥善地安排灾民生活。

（6）恢复生产，重建家园。

4. 村民委员会、城市居民委员会的任务及职责：

（1）组织自救互救，稳定群众情绪，着力安排吃、穿、住问题，开展预防工作。

（2）组织生产自救。

（3）统计掌握伤亡数字，损失情况。

（4）建立安全防范队伍、检查和加固危房。

（5）尽可能组织运输、通讯力量开展工作；搞好宣传教育，重建家园。

5. 地县（市）防震抗震指挥部各组任务及职责：

（1）办公室：向下传达指挥部的指示，收集各组和基层情况，协调各组工作，拟制大震对策，检查大震预案的落实。

（2）指挥组：地、县（市）秘书处、办公室牵头。负责临震预报后或无临震预报地震突然发生后的全面指挥工作。

（3）物资供应组：由计委牵头，物资、商业、供销、粮食、财政等部门组成，负责各类救灾物资准备，调配和供应。

（4）震情组：由地震局牵头，省地震专业台站、气象、水利、地质等部门参加，负责震情监视和分析预报工作。大震后迅速查明地震“三要素”速报指挥部和政府，组织现场考察人员进行震害评估等工作。

（5）医疗救护队：由卫生局牵头，地、县（市）医院、医药、药材、防疫等部门组成，组建若干救护队，组织物资医疗器械、药品的准备。震后负责人员救护和防疫工作，拟定救护方案。

（6）抢险救援工程组：由建设局牵头，建筑、公路、电业、城建、煤气等单位组成。负责组建各种专业抢险队（水、电、桥、路、危险建筑物），组织指挥、调度和排险抢通工作。拟制应急方案，组织落实。

（7）通讯联络组：由邮电局负责，其任务是：建立应急通讯网络，采用各种通讯手段、各种通讯措施，随时保证抗震救灾指挥部对上对下的通讯畅通，保证震情监视和抗震救灾工作的顺利进行。拟制应急实施方案。

（8）治安保卫组：由公安处（局）牵头，法院、检察院、司法等单位组成，负责地震后的社会治安、交通指挥和消防工作，以及对重点目标、要害部门的保卫工作。

（9）生产指挥组：由经委牵头，煤炭、冶金、机械、轻纺、乡镇企业、化肥建材等部门组成，负责震前生产指挥，防止人员外流和震后生产恢复。

（10）接待组：由秘书处（办公室）牵头，负责救灾人员的接待工作。

（11）救灾组：由民政部门牵头，保险公司等参加、负责调运、调配救灾物资和生活品，调查灾情。

（12）宣传组：由宣传部牵头，广播电视、报社等单位组成，负责地震知识宣传，抗震救灾英雄人物事迹的宣传报道、地震后活动情况和震情报导，宣传中央、省及兄弟省区的慰问信等，制止地震谣传。

（13）军队救灾组：由军分区（武装部）、预备役师、驻军、武警支队组成，负责军队与地方政府的防震抗震减灾指挥部的联络工作，及时组织部队抢险救灾。

（14）交通运输组：由交通局牵头，铁路、汽车运输公司参加，负责物资和人员运输工作。

上述各组都要制定自己的实施细则。

三、地震应急工作程序

1. 在地震突然发生后，各级政府领导和指挥部成员应立即到岗，实施组织指挥。

2. 迅速查明震中位置、震级范围，向上速报。

3. 迅速派出抢险救灾队伍，抢险被埋压人员及时救护。

4. 疏散人员，进行避险。

5. 迅速抢修恢复通讯设施、沟通联络。

6. 防止次生灾害发生。

7. 继续监视震情，做好余震预报。

8. 搞好宣传，稳定人心。

9. 强化治安，维护社会秩序。

10. 安排生活，做好救护。

11. 调整、实施、落实救灾计划。

一九九〇年十月五日

山西省忻州地区行政公署文件

忻地行发〔1992〕40号

忻州地区行政公署
关于印发忻州地区破坏性地震应急反应预案的通知

各县、市人民政府，行署各委、局、办：

根据《国务院办公厅关于印发国内破坏性地震应急反应预案的通知》精神，结合我区实际情况，特制定忻州地区破坏性地震应急反应预案，现印发给你们，请遵照执行。

特此通知

一九九二年四月十四日

忻州地区破坏性地震应急反应预案

（一九九二年四月）

如遇我区发生破坏性地震时，为了使各级人民政府和各有关部门能够高效而有秩序地做好抢险救灾工作，最大限度地减轻地震灾害造成的损失，特制定本预案。

一、破坏性地震分类。一般分为以下四类：

（一）一般破坏性地震。造成数人至数十人死亡，或直接经济损失在一亿元以下（含一亿元，下同）的地震。

（二）中等破坏性地震。造成数十人至数百人死亡，或直接经济损失在一亿元以上（不含一亿元下同），五亿元以下的地震。

（三）严重破坏性地震。人口稠密地区发生的七级以上地震，大中城市发生的六级以上地震，或者造成数百至数千人死亡，或直接经济损失在五亿元以上，三十亿元以下的地震。

（四）特大破坏性地震。大中城市发生的七级以上地震，或造成万人以上死亡，或直接经济损失在三十亿元以上的地震。

二、破坏性地震发生后，我区地震部门应立即做出如下反应：

（一）利用我区现有专业地震台网及省地震局值班室，通过电台、电话，迅速落实地震震级、发震时刻和震中位置，然后把情况迅速向行署及有关部门报告，并向震区派出工作组。

（二）会同省地震局工作组在二十四小时内，提出地震发展趋势的初步估计意见，并根据震后监测情况，继续深入分析判断震情，及时上报行署和省地震局。

（三）负责收集震灾信息，进行震害调查，并对震灾损失进行初步估计，并请当地驻军、军分区、公安等有关部门对上述工作给予必要的支援。

（四）余震后一至两天内确定出破坏性地震的类别，并向有关部门报告。

三、破坏性地震发生后，地区和震区所在地人民政府应按当地应急反应预案立即行动。各级政府分管地震的领导要在十五至三十分钟之内到达工作岗位，迅速组织实施抢险救灾工作，及时将灾情和救灾工作进展情况向行署防震抗震救灾指挥部和向上级地震部门报告。

四、一般破坏性地震发生后，行署分管地震的领导，听取地震部门的震情报告，按预定的地震应急反应预案，立即组织有关单位的人员组成工作组，深入灾区进行指导救灾工作。

五、中等破坏性地震发生后，行署和震区所在县、市政府及各有关部门按预定的地震应急反应预案，立即组织人员奔赴地震现场进行抢险救灾工作，并派出慰问团到灾区进行慰问工作。与此同时，行署主要领导召集地直有关部门和当地驻军、军分区领导参加的会议，视震情和灾情，研究提出支援灾区的任务和要求。

六、严重破坏性地震发生后，行署和震区所在县乡各级政府及各有关部门的应急反应的主要行动是：

（一）行署主要领导同志立即主持召开地直有关部门和当地驻军、军分区领导参加的会议，通报震情和灾情，提出支援灾区的原则要求。

（二）行署和县（市）、乡政府及各有关部门按预定的地震应急反应预案，立即对灾区进行抢险救灾工作，由各级主要领导同志带工作组迅速奔赴灾区，指导和支援救灾工作。

七、特大破坏性地震发生后，行署和县（市）乡政府及各有关部门要全面领导和支援抢险救灾工作，紧急动员一切人力物力，投入救灾活动中。

（一）行署地震局或防震抗灾救灾指挥部值班室要立即将震情报告行署专员及分管副专员。行署专员或分管副专员要亲临灾区慰问灾民，指导救灾工作。

（二）由行署主要领导迅速召开区县有关部门和当地驻军、军分区领导参加的紧急会议，通报震情、灾情。研究部署应急救灾工作，落实各部门的任务。

（三）各有关部门立即按行署防震抗震救灾指挥部的部署派出工作组，在区级政府的统一指挥下进入灾区，协助地方进行抢险救灾工作。

（四）根据行署防震抗震救灾指挥部的要求，请当地驻军迅速调集部队参加抢险救灾工作和其它工作。

铁道、交通、邮电部门按行署防震抗震救灾指挥部的统一部署，及时解决上述人员赶赴灾区的交通和通讯问题。

八、地区已组建防震抗震救灾指挥部，由行署分管专员任指挥长，行署副秘书长和当地驻军、军分区的领导同志任副指挥长，有关部门的负责同志参加。指挥部下设办公室和抢险、医疗等若干小组。在地震时按照分工展开救灾工作。指挥部负责部署、协调；监督和检查各部门救灾工作的落实；及时通报情况，加强指导；协调跨区县的救灾工作；帮助解决救灾工作中的问题。

九、新闻单位要积极配合救灾工作，在有利于稳定灾区秩序和争取外省、区援助的前提下，进行及时、准确、实事求是的报道。

十、严重破坏性地震和特大破坏性地震发生后，除军事禁区和防震抗震救灾指挥部确定的特殊区域外，一般地区，在征得省以上部门批准的情况下，可允许外国专家和外国救灾人员到现场考察和救灾。上述人员的接待工作，由对口单位负责安排。

十一、发生破坏性地震地区内的外国来宾，外商及海外人士，由邀请接待单位或对口管理部门负责安置；外国来我区旅游者和港、澳、台旅游者由旅游接待部门负责安置。

十二、县（市）、乡（镇）各级政府及区县计划、地震、民政、建设、公安、卫生、医药、交通、邮电、水利、粮食、商业、物质、财政、保险、煤气、新闻、旅游等各有关部门以及驻我区人民解放军、武装警察部队，应根据本预案精神，尽快制定或完善具体的地震应急反应实施方案。

忻州市人民政府办公厅文件

忻政办发〔2013〕161号

忻州市人民政府办公厅关于印发忻州市地震应急预案的通知

各县（市、区）人民政府，市直各有关单位：

修订后的《忻州市地震应急预案》已经市人民政府同意，现予印发，请认真贯彻执行。2010年1月25日印发的《忻州市地震应急预案》（忻政办发〔2010〕10号）同时废止。

忻州市人民政府办公厅

2013年11月18日

忻州市地震应急预案

1　总则

1.1　编制目的

依法建立健全高效有序、科学规范的地震应急体制和机制，提高全市地震应急处置能力，最大程度减少人员伤亡和经济损失，尽快恢复社会秩序，结合忻州实际，制定本预案。

1.2　编制依据

《中华人民共和国突发事件应对法》、《中华人民共和国防震减灾法》、《山西省防震减灾条例》、《山西省突发事件应对条例》、《山西省地震应急救援规定》、《山西省地震应急预案》和《忻州市突发公共事件总体应急预案》。

1.3　适用范围

本预案适用于全市特别重大、重大、较大地震灾害事件的应急处置，指导全市一般地震灾害事件、有感地震事件、出现地震谣传事件和毗邻市区发生6.0级以上、省内发生7.0级以上且对我市产生严重社会影响的地震灾害事件的应对。

1.4　工作原则

地震应急工作坚持统一领导、综合协调、分级负责、属地管理为主的工作原则。地震灾害发生后，事发地人民政府和有关部门应当按照职责分工和相关预案立即开展应急处置工作。

1.5　预案体系

本市地震应急预案体系，以本预案为核心，包括市防震减灾领导组成员单位和市直其他单位的部门地震应急预案，县、乡级人民政府的地震专项应急预案，重点企业和重点单位的地震应急预案等。

2　响应机制

2.1　地震灾害分级

地震灾害分为特别重大、重大、较大、一般四级。

2.1.1　特别重大地震灾害是指造成300人以上死亡（含失踪），或者直接经济损失占本省上年国内生产总值1%以上的地震灾害。

当人口较密集地区发生7.0级以上地震，人口密集地区发生6.0级以上地震，初判为特别重大地震灾害。

2.1.2　重大地震灾害是指造成50人以上、300人以下死亡（含失踪）或者造成严重经济损失的地震灾害。

当人口较密集地区发生6.0级以上、7.0级以下地震；人口密集地区发生5.0级以上、6.0级以下地震，初判为重大地震灾害。

2.1.3　较大地震灾害是指造成10人以上、50人以下死亡（含失踪）或者造成较重经济损失的地震灾害。

当人口较密集地区发生5.0级以上、6.0级以下地震；人口密集地区发生4.0级以上、5.0级以下地震，初判为较大地震灾害。

2.1.4　一般地震灾害是指造成10人以下死亡（含失踪）或者造成一定经济损失的地震灾害。

当人口较密集地区发生4.0级以上、5.0级以下地震，初判为一般地震灾害。

2.2　分级响应

应对特别重大地震灾害，由国务院抗震救灾指挥部启动一级响应，统一领导、指挥和协调全国抗震救灾工作；省抗震救灾指挥部领导本省抗震救灾工作；市、县两级人民政府抗震救灾指挥部领导和组织实施本地区抗震救灾工作。

应对重大地震灾害，由省抗震救灾指挥部启动二级响应，统一领导、指挥和协调本省抗震救灾工作；市、县两级人民政府抗震救灾指挥部领导和组织实施本地区抗震救灾工作。

应对较大地震灾害，在省抗震救灾指挥部的支持下，由市人民政府抗震救灾指挥部启动三级响应，领导全市抗震救灾工作；事发地县级人民政府抗震救灾指挥部领导和组织实施本地区抗震救灾工作。

应对一般地震灾害，在市人民政府抗震救灾指挥部的支持下，由事发地县级人民政府抗震救灾指挥部启动四级响应，领导和组织实施灾区抗震救灾工作。市地震局等有关部门和单位根据灾区需求，协助做好抗震救灾工作。

地震应急响应启动后，可视灾情及其发展情况对响应级别及时进行相应调整，避免响应不足或响应过度。

涉及两个以上县（市、区）行政区域内的地震灾害事件的应急处置，可由市人民政府抗震救灾指挥部协调指挥；一个行政区域内，如有特殊情况，视事发地人民政府地震应急需求，上一级人民政府给予必要的协调和支持。

3　指挥体系及职责

3.1　指挥体系

忻州市抗震救灾指挥体系由市、县、乡抗震救灾指挥部和市直部门抗震救灾指挥部组成。市抗震救灾指挥部统一领导、指挥和协调全市地震应急、抗震救灾和恢复重建工作。启动一、二、三级应急响应时，市防震减灾领导组自行转为市抗震救灾指挥部。

启动一、二级响应。由市人民政府市长担任市抗震救灾指挥部总指挥，市人民政府分管防震减灾工作副市长和市人民政府指定的其他领导担任市抗震救灾指挥部副总指挥。

启动三级响应。由市人民政府分管防震减灾工作副市长任市抗震救灾指挥部总指挥，市防震减灾领导组副组长担任市抗震救灾指挥部副总指挥。市防震减灾领导组全体成员为市抗震救灾指挥部成员。

市抗震救灾指挥部成员实行 AB 角负责制，A 角为各部门主要领导，B 角为各部门日常分管领导。实施一、二、三级地震应急响应时，A 角参加市抗震救灾指挥部的决策部署，B 角负责落实本部门抗震救灾指挥部的应急任务。

3.2　指挥部职责

向省政府报告震情、灾情和救灾工作进展；确定、调整地震应急响应级别和应急期；向社会发布震情、灾情；组织有关县（市、区）和单位调查、汇总灾情；派出现场指挥部、市地震灾害紧急救援队、各类抢险队及工作组；协调中国人民解放军、中国人民武装警察部队和社会各类救援力量参加抢险救灾；调配和接受救灾物资、资金和装备；部署转移安置灾民，保障灾民基本生活；部署市直部门和有关县（市、区）对灾区的紧急援助；根据震情和灾情采取有效措施，防范次生灾害和传染病疫情的发生；颁布临时规定，依法实施管理、限制、征用等应急措施。

3.3　指挥部办公室组成及职责

在实施应急响应时，市防震减灾领导组办公室自动转为市抗震救灾指挥部办公室，设在市地震局。办公室由市人民政府分管防震减灾工作的副秘书长、市地震局副局长共同负责，办公室成员包括市抗震救灾指挥部成员单位的联络员和有关专家、市地震局相关人员。

市抗震救灾指挥部办公室负责贯彻落实省、市抗震救灾指挥部指令；组织有关专家为指挥部提供抗震救灾决策建议；汇总报送震情、灾情和抗震救灾工作进展信息；协调落实市抗震救灾指挥部、现场指挥部之间的应急工作；组织制定并落实地震应急救援力量配置方案；组织开展抗震救灾宣传和新闻发布；起草指挥部文电，管理指挥部各类文书资料并整理归档；为指挥部技术、后勤等提供保障；处理指挥部事务和领导交办的其他工作。

3.4　指挥部工作组组成及职责

市抗震救灾指挥部根据需要设立相应的工作组，指挥部办公室履行信息汇总和综合协调职责，发挥运转枢纽作用。各工作组组成及职责分工如下：

（1）抢险救援组

牵头部门：忻州军分区

组成部门：武警忻州支队、市公安局、市煤炭工业局、市安全生产监督管理局、团市委、市地震局。

分组职责：统筹配置抢险救援力量，负责划分责任边界，调配救援队伍及相关救援机械与装备，协调救援队伍之间的衔接与配合，搜索营救被困群众和受伤人员，组织救援人员和物资的紧急空运、空投工作。

牵头部门职责：忻州军分区负责组织所属民兵、协调驻忻部队赶赴灾区参加抗震救援；负责制定本组应急联动方案并组织实施。

其他部门职责：武警忻州支队负责调动所属部队对重灾区或重要场所人员抢救或特种抢险。市公安局负责调动忻州市公安消防支队（地震灾害专业救援队）参与抢险救援工作。市煤炭工业局、市安全生产监督管理局负责调动矿山救护队等专业救护队参加抢险救援。团市委按照市有关规定做好志愿者队伍的管理与调配。市地震局负责提出地震救援队救援现场的灾情和安全判定及救援处置方案，协助救援队实施现场救援。

（2）群众生活保障与涉外、涉台组

牵头部门：市民政局

组成部门：市教育局、市监察局、市财政局、市商务局、市审计局、市外事侨务办、市质监局、市旅游局、市粮食局、市红十字会、市台办、山西省保险行业协会忻州办事处。

分组职责：负责制定实施受灾群众救助工作方案以及相应资金物资保障措施；开放应急避难场所，组织筹集、调用和发放灾区生活必需品，优先保证学校、医院、福利机构需要；做好灾民紧急转移安置，优先安置孤儿、孤老及残疾人员；保障灾区群众基本生活，保障灾区市场供应；指导灾区做好保险理赔和给付；接受和安排国内外捐赠、国际援助，处理涉外事务。

牵头部门职责：市民政局负责灾民转移、安置、救助，调拨并分配保障灾民基本生活的物资和资金，开展救灾募捐，接收、发放和管理社会各界通过民政系统捐赠款物，协调开放应急避难场所；负责制定本组应急联动方案并组织实施。

其他部门职责：市教育局负责指导各级教育行政部门和各级各类学校做好在校学生的应急疏散、安置。市监察局负责监察相关部门及人员抗震救灾职责履行情况，监督救灾物资、资金的使用，调查、核实、处理救灾违纪、违规事件。市财政局负责救灾资金筹集、管理，配合做好财政救灾资金、政府间捐赠资金及其他社会捐赠资金使用管理。市商务局负责监测应急状态下生活必需品市场运行、供应情况，协调组织生活必需品应急供应。市审计局负责救灾资金、物资使用的审计。市外事侨务办负责疏散、安置国外来访人员，协调国外来华救援、新闻采访及科学考察等人员的接待与安置，协助处理对口国际社会援助事宜。市质监局负责救灾物品质量监管。市旅游局负责组织疏散安置灾区游客。市粮食局负责落实救灾粮源和组织调运、供应。市红十字会依法开展救灾募捐活动，负责接收国内外组织和个人通过红十字会捐助的物资和资金。山西省保险行业协会忻州办事处负责组织、协调、督促、指导承保保险公司及时开展对投保的伤亡人员和受损财产的查勘和理赔工作。市台办负责组织、指导、管理、协调台湾公务活动的工作人员在忻期间的活动。

（3）医疗救治与卫生防疫组

牵头部门：市卫生局

组成部门：市经济和信息化委员会、市公安局、市民政局、市农业委员会、市食品药品监督管理局、市红十字会。

分组职责：负责整合、调配紧急医学救援队伍、药械、车辆等医疗卫生资源；开展灾区伤员医疗救治、卫生防疫和群众安置点医疗卫生服务及心理援助；实施饮用水卫生监测监管和食品安全风险监测，预防控制传染病及疫情暴发，应对处置突发公共卫生事件；妥善开展遇难人员遗体处理，开展重大动物疫病防控。

牵头部门职责：市卫生局负责综合协调医疗防疫工作，统筹指挥调派紧急医学救援力量，设置救护场所或临时医疗点，开展伤员现场急救、检伤分类和转运救治；组织开展灾区消杀防疫、饮水安全监测和爱国卫生运动，预防控制传染病及疫情暴发，应对处置突发公共卫生事件；组织巡回医疗队，向灾区群众和救援人员提供医疗服务和心理援助；负责制定本组应急联动方案并组织实施。

其他部门职责：市经济和信息化委员会负责药品、医疗器械等的储备、调拨供应。市公安局、市民政局按照职责分工负责灾区遇难人员遗体处理。市农业委员会负责综合协调灾区动物疫情防治工作。市食品药品监督管理局负责救灾食品的安全监管和药品、医疗器械的监督管理，综合协调食品安全。市红十字会负责组织红十字会员和志愿者参加医疗防疫并做好相关动员、引导、管理工作。

（4）基础设施保障和生产恢复组

牵头部门：市发展和改革委员会

组成部门：市经济和信息化委员会、市财政局、市人力资源和社会保障局、市住房保障和城乡建设管理局、市交通运输局、市水利局、市农业委员会、市商务局、市安全生产监督管理局、市文物局、市人防办、中国移动忻州分公司、中国联通忻州分公司、中国电信忻州分公司、原平车务段、忻州火车站、忻州供电公司、忻州银监分局、山西省保险行业协会忻州办事处。

分组职责：负责地震应急物资的储备、采购、调度，组织机场、铁路、公路、桥梁、隧道等交通设施和供电、供水、供气、通信、水利、电力等基础设施抢修维护，切实保障灾区抢险应急物资供应；协调运力，优先保证应急抢险救援人员和救灾物资的运输需要；负责帮助群众抓紧生产自救，对受灾的工矿商贸和农业损毁情况进行核实，指导制定科学恢复生产方案；积极落实有关扶持资金、物资，开展恢复生产工作，指导灾区做好保险理赔和给付。

牵头部门职责：市发展和改革委员会负责督促本组成员单位按照各自职责分工做好地震应急物资的储备、采购、调度工作，负责制定本组应急联动方案并协调各部门积极推进应急基础设施建设和灾后重建工作。

其他部门职责：市经济和信息化委员会负责核实工业企业受损情况，指导制定工业恢复生产方案和工业生产自救。市财政局负责组织对所需应急救援物资的政府采购，并对市应急救援物资的采购、储存、调运所需资金予以保障。市人力资源和社会保障局负责保障生产恢复过程中劳资关系稳定。市住房保障和城乡建设管理局负责指导城市排水、燃气、热力、道路照明等市政公用设施抢、排险工作，指导灾区建筑物安全鉴定工作。市交通运输局负责开辟公路救灾绿色通道，协助调集、征用救灾车辆，组织公路抢修、维护，保障公路运输畅通。市水利局负责供水和水库、河道、堤坝等水利设施抢、排险。市农业委员会负责农业生产自救、核实受损情况、指导制定农业恢复生产方案、组织落实农业生产恢复措施。市商务局负责核实商贸企业受损情况，指导受损商贸企业制定恢复经营方案，负责加强对灾区生活必需品市场运行和供求状况的监测，协调组织生活必需品的市场供应。市安全生产监督管理局负责重大隐患排查治理工作，并督促落实。市文物局负责辖区内重点文物抢救和保护。市人防办负责组织特殊工程抢、排险。各电信运营企业做好通信保障应急工作。原平车务段、忻州火车站负责调集、调用铁路运输器材，组织实施铁路运输，组织铁路抢、排险，保障铁路运输畅通。忻州供电公司负责尽快恢复辖区内抗震救灾和生活、生产用电，保障市、县抗震救灾指挥部应急用电。忻州银监分局负责指导银行业金融机构快速恢复正常营业秩序，为恢复生产提供资金服务与支持。山西省保险行业协会忻州办事处负责指导保险业快速恢复正常业务秩序。

（5）次生灾害防范处置组

牵头部门：市安全生产监督管理局

组成部门：市煤炭工业局、市国资委、市质监局、市煤矿安全监察局、忻州公安消防支队。

分组职责：负责灾区生产经营单位重大危险源的监控，防范与处置由地震引发的各类次生、衍生灾害。

牵头部门职责：市安全生产监督管理局负责组织协调各成员单位，指导灾区企业开展次生灾害抢、排险工作；负责制定本组应急联动方案并组织实施。

其他部门职责：市煤炭工业局、市煤矿安全监察局负责组织受灾煤炭企业的紧急救援工作。市国资委负责组织市属监管企业受灾企业次生灾害抢、排险。市质监局负责组织指导灾区电梯、锅炉等特种设备使用单位紧急救援工作。忻州公安消防支队负责组织火灾扑灭及特殊建筑物抢险救灾。

（6）震情与灾情监测组

牵头部门：市地震局

组成部门：市国土资源局、市环保局、市气象局。

分组职责：负责密切监视震情发展，全力做好余震防御；加强对重大地质灾害隐患的监测预警，一旦发生险情及时组织疏散群众；加强河湖水质监测和危险化学品等污染物防控，保障灾区水库安全和饮用水源安全；密切监视灾区天气变化，及时提供灾区天气监测、预警、预报信息。

牵头部门职责：市地震局负责震情监测、震情趋势判定、灾情速报；负责市抗震救灾指挥部技术系统保障；负责向市人民政府提出地震应急规模建议；负责派出地震现场工作队协助事发地人民政府开展抗震救灾工作；负责制定本组应急联动方案并组织实施。

其他部门职责：市国土资源局负责次生的滑坡、崩塌、泥石流地质灾害应急调查、监测、趋势预测、灾情速报，指导地质灾害应急治理工程。市环保局负责对灾区次生环境污染情况的监测预报。市气象局负责灾害天气监测、预警、预报，及时提供应急救助的气象保障信息。

（7）社会治安组

牵头部门：市公安局

组成部门：武警忻州支队、市司法局、中国人民银行忻州市中心支行、忻州银监分局。

分组职责：负责灾区治安管理和安全保卫工作，严密防范、严厉打击趁机进行盗窃、抢劫、哄抢救灾物资、以赈灾募捐名义诈骗敛取不义之财、借机传播各种谣言制造社会恐慌等违法犯罪活动；维护社会治安，维护交通秩序；加强对党政机关、要害部门、银行证券保险等金融单位、储备仓库、监狱等重要场所的警戒；做好涉灾矛盾纠纷化解和法律服务工作，维护社会秩序稳定。

牵头部门职责：市公安局负责灾区社会治安管理和重点目标的安全保卫，制定预防和打击震后各种违法犯罪活动的实施方案；负责灾区及周边道路的交通管制和疏导，开辟通往市抗震救灾指挥部的绿色通道，维护交通秩序；负责制定本组应急联动方案并组织实施。

其他部门职责：武警忻州支队负责首脑机关、金融、仓储、救灾物品等要害部门和重要目标的警戒。市司法局负责监狱、劳教等特殊单位及群体的监控和安置。各银行、证券、保险等金融单位要会同公安、武警等做好本单位警戒。

（8）地震灾害调查及灾情损失评估组

牵头部门：市地震局

组成部门：市民政局、市国土资源局、市住房保障和城乡建设管理局。

分组职责：负责协助上级地震现场工作队开展地震烈度、发震构造、灾区范围、建构筑物和基础设施破坏程度、工程结构震害特征、人员伤亡数量、地震宏观异常现象、地震社会影响和各种地震地质灾害等调查，对地震灾害损失进行评估。

牵头部门职责：市地震局负责协助上级地震现场工作队开展灾区震害损失评估；市内发生 4.0 级以上地震时负责派出地震现场工作队协助事发地人民政府开展抗震救灾工作；负责制定本组应急联动方案并组织实施。

其他部门职责：市民政局负责震害损失调查。市国土资源局负责协助上级国土部门开展灾情航测。市住房保障和城乡建设管理局负责指导灾区建筑物安全鉴定工作。

（9）新闻宣传报道组

牵头部门：市委宣传部

组成部门：市教育局、市民政局、市文化广电新闻出版局、市地震局、山西日报忻州分社、忻州日报社、忻州广播电视台。

分组职责：确定新闻发言人，负责及时发布灾情和抗震救灾信息，组织宣传报道和舆情收集研判，正确引导舆论，安排新闻媒体进行采访报道。

牵头部门职责：市委宣传部负责协调新闻媒体及时发布地震信息，组织宣传报道抗震救灾工作，开展社会、网上舆情监控，组织民政、地震等有关部门进行新闻发布，会同地震等有关部门拟定地震应急宣传资料；负责制定本组应急联动方案并组织实施。

其他部门职责：市教育局负责指导各级各类学校在校学生心理咨询、宣传教育。市民政局负责及时收集、通报灾情信息，开展自然灾害预防、避险和自救、互救的知识宣传。市文化广电新闻出版局负责重大文化活动和重点文化场所地震应急宣传。市地震局负责适时公告震情动态及震后工作情况，提供地震基础资料，开展地震知识宣传，及时处置地震谣言。山西日报忻州分社、忻州日报社、忻州广播电视台负责派出记者及时报道灾情和救灾动态，发布地震信息和指挥部公告。

启动四级应急响应时，县级抗震救灾指挥部根据本级地震应急预案开展应急处置工作。

4　信息报送

4.1　震情速报

地震发生后，市地震局在接到省地震局测定的地震参数结果后立即报告市委、市人民政府，并通报市抗震救灾指挥部成员单位及有关县（市、区）人民政府。

4.2　灾情报告

地震灾情速报内容包括震感程度、破坏范围、人员伤亡、经济损失和社会影响等。地震发生后，县级人民政府和市直各部门迅速收集地震灾情并及时上报市抗震救灾指挥部办公室。发生特别重大、重大、较大地震灾害时，市民政局、市交通运输局、市地震局、中国移动忻州分公司、中国联通忻州分公司、中国电信忻州分公司、忻州供电公司等部门和单位迅速收集、研判灾情，并及时续报有关情况。

4.3　信息发布和报道

地震发生后，市地震局及时通过网络、新闻媒体、信息平台等渠道公告地震发生的时间、地点和震级；适时公告震情动态。

市抗震救灾指挥部新闻宣传报道组通过网络、新闻媒体、信息平台等，适时向社会发布震情灾情和抗震救灾信息。

5　应急响应

5.1　一级、二级、三级应急响应

5.1.1　事发地人民政府应急处置

事发地县、乡两级人民政府按照本级政府地震应急预案，立即组织开展应急处置，主要应急措施包括：

（1）启动应急响应，抗震救灾指挥部及其现场指挥部立即按职责开展工作。

（2）向社会公告震情信息。

（3）对地震灾害的影响范围、灾害程度、灾害特点进行快速收集和初步评估，迅速上报市抗震救灾指挥部办公室，并对灾情实行动态监测、核实。

（4）立即实施紧急疏散与救援，发动群众开展自救与互救，组织基层抢险救灾队伍开展人员搜救和医疗救护，组织基层交通应急抢险保通队伍对受损路段抢险保通，组织基层通信、电力应急抢险保障队伍对受损光缆、电网进行抢修，开放应急避难场所，及时转移和安置受灾群众，维护社会治安。

（5）对可能产生重大次生灾害的重要目标进行紧急排查，划定警戒区域，采取管制、限制措施，并向社会发出避险警告。

（6）紧急征用、调配本行政区域的应急资源，同时提出需要支援的应急措施建议。

（7）按照市抗震救灾指挥部的安排部署，组织实施抗震救灾工作，并确定市抗震救灾现场指挥部设立地点。

5.1.2　市直部门应急处置

市抗震救灾指挥部成员单位立即按照部门和单位地震应急预案开展应急处置，迅速组织有关人员收集、汇总灾情，并按规定迅速报告市抗震救灾指挥部办公室；快速做好人员搜救、医疗救护、抢险保障等队伍和物资各项准备，并派出第一梯队，抢救生命，抢修重大关键基础设施，保护重要目标，如遇特殊险情应立即处置。

5.1.3　市抗震救灾指挥部应急处置

5.1.3.1　应急响应

市抗震救灾指挥部成员接到启动一、二、三级应急响应的信息后，迅速赶到市抗震救灾指挥部；若因通信障碍，无法接收信息时，各成员应自行迅速赶往市抗震救灾指挥部。

（1）响应条件：接到手机短信、电话通知或本地震感强烈且有大量房屋倒塌现象等。

响应手机短信群发约定：一级应急响应为“11111”，二级应急响应为“22222”，三级应急响应为“33333”。

（2）指挥部地点：市抗震救灾指挥大厅（市地震局三楼）。

（3）指挥部备用地点：忻州军分区作战指挥大厅。

（4）时限要求：地震发生后1小时内。

5.1.3.2　指挥与协调

（1）市地震局、有关部门、事发地人民政府进行震情灾情、应急响应行动情况汇报。

（2）向省政府及有关部门报告震情灾情。

（3）派出现场指挥部。

（4）宣布进入地震应急期，采取特别管制限制措施。震后应急期一般为10日；必要时，可以延长至20日。

（5）派遣公安消防部队、矿山和危险化学品救护队、医疗卫生救援队伍等各类专业抢险救援队伍，协调解放军和武警部队派遣专业队伍，赶赴灾区抢救被埋压幸存者和被困群众。

（6）派遣交通应急抢险保通队伍，开展道路抢通、交通疏导，视情实施交通管制；派遣应急通信和电力保障队伍，优先保障抗震救灾指挥部、医院等重要场所的应急通信和供电；派出重点工程抢险和次生灾害防控、处置队伍，开展重大危险源、重要目标、重大关键基础设施隐患排查与监测预警，防范次生、衍生灾害，组织对受到破坏的设施开展快速抢修。

（7）组织修复灾区机场或开辟临时机场，保障抗震救灾工作需要。

（8）按照各部门职责组织调运救灾帐篷、生活必需品等救灾物资，保障受灾群众的吃、穿、住等基本生活需要。

（9）部署灾民转移和安置，紧急处置伤亡人员和灾区卫生防疫，根据需要实施跨地区大范围转移救治伤员。

（10）视灾情提出紧急救助呼吁，接收、安排救援队伍和物资；市抗震救灾指挥部统一调配救援力量，相关主管部门对口接洽、配合；统一管理志愿者等社会力量对灾区进行紧急支援；事发地抗震救灾指挥部协调调用本地救援力量。

（11）协助上级地震现场监测与分析预报工作队伍，布设或恢复地震现场测震和前兆台站，密切监视震情发展，做好余震防范工作。

（12）加强重要目标警戒和治安管理，预防和打击各种违法犯罪活动，指导做好涉灾矛盾纠纷化解和法律服务工作，维护社会稳定。

（13）组织统一发布震情灾情和抗震救灾信息，指导做好抗震救灾宣传报道工作，正确引导社会舆论。

（14）协助上级现场工作队开展地震烈度、发震构造、地震宏观异常现象、工程结构震害特征、地震社会影响和各种地震地质灾害调查等。深入调查灾区范围、受灾人口、成灾人口、人员伤亡、失踪数量、建筑物和基础设施破坏程度、环境影响程度等，协助上级专家开展灾害损失评估。

（15）协调地震考察、新闻采访等有关事宜。

5.1.4 应急结束

在抢险救灾工作基本结束、紧急转移和安置工作基本完成、地震次生灾害的后果基本消除，交通、电力、通信和供水等基础设施以及灾区生活秩序基本恢复后，根据省抗震救灾指挥部通知或灾区应急进展，由市抗震救灾指挥部适时宣布地震应急期结束。

5.1.5 善后处置

履行抗震救灾统一领导职责的人民政府根据本行政区域遭受损失情况，对地震灾害事件中伤亡人员、参与应急救援工作人员，按照相关规定给予救助、抚恤、补助，并提供心理援助；责成同级民政、住建、地震、国土等部门制定和落实灾民过渡性安置方案；保险监管机构督促有关保险机构及时做好理赔工作。

参加应急救援工作的部门、单位要认真组织清理、修复、归还因地震救灾需要而紧急调集、征用的设施、设备、器材和物资，造成损坏或者无法归还的，按照国家有关规定给予适当补偿。

5.1.6 应急响应调查与总结

应急救援工作结束后，负有相应事权的人民政府要对本次地震应急响应过程中的协调指挥、组织实施、预案执行等情况进行调查、总结。参加抢险救援的各有关部门和单位须认真总结抗震救灾工作，并以书面形式上报当地防震减灾领导组办公室。

5.2 四级应急响应

四级应急响应由事发地县级抗震救灾指挥部统一领导、指挥。市抗震救灾指挥部办公室迅速了解和掌握灾区情况，及时向市人民政府和有关部门报告震情灾情，视灾情和事发地县级抗震救灾指挥部的请求，提出对口支援或调整响应级别的建议，并组织协调落实。

6 恢复重建

特别重大地震灾害发生后，按照国务院决策部署，国务院有关部门和省人民政府组织编制灾后恢复重建规划；重大地震灾害发生后，省人民政府根据实际工作需要组织编制地震灾后恢复重建规划；较大地震灾害发生后，市人民政府根据实际工作需要组织编制地震灾后恢复重建规划。

事发地人民政府应当根据灾后恢复重建规划和当地经济社会发展水平，有计划、分步骤地组织实施本行政区域灾后恢复重建。市人民政府有关部门对灾区恢复重建规划的实施给予指导。

7 应急保障

7.1 队伍保障

县级人民政府加强地震灾害紧急救援、公安消防、陆地搜寻与救护、矿山和危险化学品救护、医疗卫生救援等专业抢险救灾队伍建设；乡（镇）人民政府、街道办事处组织动员社会各方面力量，建立基层地震抢险救灾队伍，加强日常管理和培训；各级地震工作主管部门加强地震应急专家队伍建设；各级宣传、共青团等部门完善志愿者队伍管理制度；各有关单位应当为应急救援队伍购买人身意外伤害保险。

7.2 指挥平台保障

市、县两级地震工作主管部门建立健全地震应急指挥技术系统，逐步形成统一高效的地震应急指挥平台。

7.3　物资与资金保障

市有关部门建立健全应急物资储备网络和生产、调拨及紧急配送体系，保障地震灾害应急工作所需生活救助物资、地震救援和工程抢险装备、医疗器械和药品等的需求。

各级人民政府保障抗震救灾工作所需经费。

7.4　避难场所保障

县（市、区）人民政府应因地制宜设立地震应急避难场所，确保其正常使用。

学校、医院、影剧院、商场、酒店、体育馆、机场、车站、高层写字楼等人员密集场所应当设置地震应急疏散通道，配备必要的救生避险设施，保证通道、出口畅通。

7.5　基础设施保障

各部门应建立健全应急通信、应急广播、电力、交通运输等基础设施，保障地震应急时的正常运行。

7.6　宣传、培训与演练

宣传、教育、文化广电、地震等主管部门密切配合，开展防震减灾科学、法律知识普及和宣传教育，动员社会公众积极参与防震减灾知识普及活动，提高全社会防震避险和自救互救能力。

各级人民政府建立健全地震应急管理培训制度，组织应急管理人员、救援人员、志愿者等进行地震应急知识和技能培训。

各级人民政府及其有关部门要制定演练计划并定期组织开展地震应急演练。

8　其他地震事件应对

8.1　地震谣传事件应对

地震谣传事件应对要根据《山西省突发公共事件新闻报道应急预案》、《忻州市突发公共事件新闻发布应急预案》有关规定的职责分工、应急响应、后期处置等执行。

8.1.1　舆情监控

市委宣传部、市公安局、中国移动忻州分公司、中国联通忻州分公司、中国电信忻州分公司、市地震局负责地震谣传等社会舆情网络、电话咨询、短信传播的监控。市地震局将收集到的舆情及应对建议，报告市委、市人民政府和省地震局，并通报市委宣传部、市公安局、中国移动忻州分公司、中国联通忻州分公司、中国电信忻州分公司。

8.1.2　地震谣传事件应对

市内 1 个县级行政区域发生地震谣传事件，由事发地县级人民政府负责统一领导、组织实施应对处置工作。必要时，市地震局视情派出工作人员进行指导。

市内有 2 个以上县级行政区域发生地震谣传事件，由市人民政府负责统一领导应对工作，事发地的县级人民政府负责组织实施本辖区的应对处置工作。市地震局视情派出工作人员进行指导。

8.2 有感地震应对

市内发生 3.0~3.9 级有感地震事件，由事发地县级抗震救灾指挥部统一指挥并组织实施应对处置工作。震区县（市、区）地震局（办）及时向新闻媒体提供准确信息，积极开展防震减灾知识宣传。市地震局及时向市人民政府上报震情、灾情，并通报相关部门，适时派出地震现场工作队协助事发地县级抗震救灾指挥部开展工作。

8.3 应对毗邻地震灾害事件

毗邻市发生 6.0 级以上、国内发生 7.0 级以上地震灾害事件并对我市产生严重社会影响时，市人民政府根据忻州市地震局建议确定响应级别，及时发布震情灾情信息，正确引导社会舆论，并按照省政府部署组织开展相关应对工作。

9 附则

9.1 预案管理

本预案由市人民政府批准发布。县、乡两级地震应急预案，经上一级防震减灾领导组审查后，由同级人民政府批准发布，并报上一级防震减灾领导组备案。

市防震减灾领导组成员单位须根据本预案中的应急职责，制定或修订各自地震应急预案，报市防震减灾领导组批准。市直其他部门和全市一类特大型工业企业应根据本单位实际，制定地震应急预案，报市防震减灾领导组批准，并报当地防震减灾领导组办公室备案。大中型企业、生命线工程、易产生次生灾害的单位和学校、医院、影剧院、商场、酒店、体育馆、机场、车站、高层写字楼等人员集中的单位，应制定地震应急预案，按其归属报批，并报当地防震减灾领导组办公室备案。

随着地震灾害事件应急对策不断完善和地震应急机构调整，各级人民政府和各部门应对地震应急预案及时进行修订。地震应急预案日常管理由各级人民政府防震减灾领导组办公室负责。

9.2 预案检查

地震应急预案制定和实施的监督检查工作，要在各级人民政府统一领导下实行分级、分部门负责制。市防震减灾领导组负责全市地震应急预案制定和实施的监督检查。各级防震减灾领导组负责本行政区域地震应急预案制定和实施的监督检查。各行业、各单位防震减灾领导组负责本行业、本单位地震应急预案制定和实施的监督检查。

9.3 责任和奖励

地震应急工作实行行政领导负责制和责任追究制度，对地震应急工作和应急管理中做出突出贡献的集体和个人，由各级人民政府给予表彰和奖励。对迟报、谎报、瞒报和漏报地震应急重要情况或者应急管理工作中有其他失职、渎职行为的，依法对有关责任人给予行政处分；构成犯罪的，依法追究刑事责任。

9.4 以上、以下的含义

本预案所称以上包括本数，以下不包括本数。

9.5 制定与解释

本预案由市地震局修订并负责解释。

9.6 实施时间

本预案自发布之日起施行。

忻州市人民政府办公厅

忻政办函〔2013〕172号

忻州市人民政府办公厅
关于成立忻州市抗震救灾指挥部预任机构的通知

各县（市、区）人民政府，市人民政府各委、局、办：

为了依法建立健全高效有序、科学规范的地震应急体制，市政府决定成立忻州市抗震救灾指挥部预任机构。

一、启动Ⅰ、Ⅱ级响应，由市人民政府郑连生市长担任市抗震救灾指挥部总指挥。成员如下：

总　指　挥：郑连生　　市委副书记、市长

常务副总指挥：王月娥　　市政府副市长

副 总 指 挥：董一兵　　市委常委、市政府常务副市长

梁　洁　　市委常委、市政府党组成员

陈义青　　市委常委、市委宣传部部长

王贺权　　忻州军分区司令员

张建平　　市政府副市长

张高栋　　市政协副主席、市财政局局长

杨梅喜　　市长助理、市公安局党委书记、局长

郭宝厚　　市政府秘书长、市政府应急管理办公室主任

范建民　　市长助理、市煤炭工业局局长

指挥部下设11个工作组，具体名单如下：

1. 指挥部办公室（综合协调组）

组　　长：郭宝厚　（兼）

副　组　长：康维文　　市委常务副秘书长
　　　　　　郭　宏　　市政府副处级督查员
　　　　　　李文元　　市地震局局长

2. 抢险救援组

组　　　长：王贺权　（兼）
副　组　长：杨梅喜　（兼）
　　　　　　范建民　（兼）
　　　　　　韩新庆　　武警忻州支队支队长
　　　　　　丁文福　　市安监局局长
　　　　　　宣文晓　　团市委书记
　　　　　　李文元　　市地震局局长

3. 群众生活保障与涉外、涉台组

组　　　长：梁　洁　（兼）
常务副组长：杨春霖　　市民政局局长
副　组　长：张高栋　（兼）
　　　　　　赵润林　　市教育局局长
　　　　　　李彦斌　　市监察局局长
　　　　　　安书田　　市商务局局长
　　　　　　魏广才　　市审计局局长
　　　　　　张俊国　　市质监局局长
　　　　　　戎志理　　市旅游局局长
　　　　　　胡永华　　市粮食局局长
　　　　　　安昊拯　　市台办主任
　　　　　　石贤明　　市外事侨务办主任
　　　　　　吕海瑛　　市红十字会专职副会长
　　　　　　董忻安　　山西省保险行业协会忻州办事处主任

4. 医疗救治与卫生防疫组

组　　　长：王月娥　（兼）
常务副组长：刘新明　　市卫生局局长
副　组　长：刘福荣　　市经信委主任
　　　　　　杨梅喜　（兼）
　　　　　　杨春霖　　市民政局局长

郝和平　　市农委主任

杜春林　　市食药局局长

吕海瑛　　市红十字会专职副会长

5. 基础设施保障和生产恢复组

组　　　长：董一兵　　（兼）

常务副组长：崔建新　　市发改委主任

副　组　长：张高栋　　（兼）

刘福荣　　市经信委主任

曹明生　　市人社局局长

杨天桐　　市住建局局长

李福弟　　市交通运输局局长

郭元德　　市水利局局长

郝和平　　市农委主任

安书田　　市商务局局长

丁文福　　市安监局局长

徐茂斌　　市文广新局局长

冀作霖　　市人防办主任

李茂贵　　忻州移动分公司总经理

王怀仁　　忻州联通分公司总经理

张　运　　忻州电信分公司总经理

任智斌　　原平车务段段长

姚建勋　　忻州火车站站长

燕争上　　忻州供电公司总经理

李剑平　　忻州银监分局局长

董忻安　　山西省保险行业协会忻州办事处主任

6. 次生灾害防范处置组

组　　　长：张建平　　（兼）

常务副组长：丁文福　　市安监局局长

副　组　长：范建民　　（兼）

刘福荣　　市经信委主任

张俊国　　市质监局局长

贾恒春　　忻州煤监局局长

杨东卫　　忻州公安消防支队支队长

7. 震情与灾情监测组

组　　长：王月娥　　（兼）

常务副组长：李文元　　市地震局局长

副 组 长：李　勇　　市国土局局长

徐国平　　市环保局局长

张　平　　市气象局局长

田甦平　　市地震局副局长

张俊民　　市地震局副局长

8. 社会治安组

组　　长：杨梅喜　　（兼）

副 组 长：韩新庆　　武警忻州支队支队长

张玉柱　　市司法局局长

王瑞林　　人行忻州市中心支行行长

李剑平　　忻州银监分局局长

9. 地震灾害调查及灾情损失评估组

组　　长：王月娥　　（兼）

常务副组长：李文元　　市地震局局长

副 组 长：杨春霖　　市民政局局长

李　勇　　市国土局局长

杨天桐　　市住建局局长

陈秀发　　市地震局副局长

10. 新闻宣传报道组

组　　长：陈义青　　（兼）

副 组 长：边树平　　市委宣传部常务副部长

赵润林　　市教育局局长

杨春霖　　市民政局局长

徐茂斌　　市文广新局局长

李文元　　市地震局局长

班彦钦　　山西日报社忻州分社社长

张　森　　忻州日报社社长

张继明　　忻州广播电视台台长

11. 通讯保障组

组　　长：靳　泽　　市政府副秘书长

副 组 长：李茂贵　　忻州移动分公司总经理

王怀仁　　忻州联通分公司总经理

张　运　　忻州电信分公司总经理

二、启动Ⅲ级响应，由市人民政府王月娥副市长担任市抗震救灾指挥部总指挥，成员如下：

总 指 挥：王月娥　　市政府副市长

副总指挥：张高栋　　市政协副主席、市财政局局长

杨梅喜　　市长助理、市公安局党委书记、局长

李　川　　忻州军分区副司令员

范建民　　市长助理、市煤炭工业局局长

康维文　　市委常务副秘书长

李彦斌　　市政府党组成员、市监察局局长

靳　泽　　市政府副秘书长

郭　宏　　市政府副处级督查员

边树平　　市委宣传部常务副部长

李文元　　市地震局局长

崔建新　　市发改委主任

杨春霖　　市民政局局长

刘新明　　市卫生局局长

丁文福　　市安监局局长

韩新庆　　武警忻州支队支队长

指挥部下设11个工作组，具体名单如下：

1. 指挥部办公室（综合协调组）

组　　长：郭　宏　　（兼）

副 组 长：陈秀发　　市地震局副局长

陈　林　　市政府应急值班室主任

2. 抢险救援组

组　　长：李　川　　（兼）

副 组 长：杨梅喜　　（兼）

范建民　　（兼）

韩新庆　（兼）
丁文福　（兼）
宣文晓　团市委书记
李文元　（兼）

3. 群众生活保障与涉外、涉台组

组　　长：杨春霖　（兼）
副 组 长：张高栋　（兼）
赵润林　市教育局局长
李彦斌　（兼）
安书田　市商务局局长
魏广才　市审计局局长
张俊国　市质监局局长
戎志理　市旅游局局长
胡永华　市粮食局局长
安昊拯　市台办主任
石贤明　市外事侨务办主任
吕海瑛　市红十字会专职副会长
董忻安　山西省保险行业协会忻州办事处主任

4. 医疗救治与卫生防疫组

组　　长：刘新明　（兼）
副 组 长：刘福荣　市经信委主任
杨梅喜　（兼）
杨春霖　（兼）
郝和平　市农委主任
杜春林　市食药局局长
吕海瑛　市红十字会专职副会长

5. 基础设施保障和生产恢复组

组　　长：崔建新　（兼）
副 组 长：张高栋　（兼）
刘福荣　市经信委主任
曹明生　市人社局局长
杨天桐　市住建局局长

李福弟　　市交通运输局局长
郭元德　　市水利局局长
郝和平　　市农委主任
安书田　　市商务局局长
丁文福　（兼）
徐茂斌　　市文广新局局长
冀作霖　　市人防办主任
李茂贵　　忻州移动分公司总经理
王怀仁　　忻州联通分公司总经理
张　运　　忻州电信分公司总经理
任智斌　　原平车务段段长
姚建勋　　忻州火车站站长
燕争上　　忻州供电公司总经理
李剑平　　忻州银监分局局长
董忻安　　山西省保险行业协会忻州办事处主任

6. 次生灾害防范处置组

组　　长：丁文福　（兼）
副 组 长：范建民　（兼）
刘福荣　　市经信委主任
张俊国　　市质监局局长
贾恒春　　忻州市煤监局局局长
杨东卫　　忻州公安消防支队支队长

7. 震情与灾情监测组

组　　长：李文元　（兼）
副 组 长：李　勇　　市国土局局长
徐国平　　市环保局局长
张　平　　市气象局局长
田甦平　　市地震局副局长
张俊民　　市地震局副局长

8. 社会治安组

组　　长：杨梅喜　（兼）
副 组 长：韩新庆　（兼）

张玉柱　　市司法局局长
王瑞林　　人行忻州市中心支行行长
李剑平　　忻州银监分局局长

9. 地震灾害调查及灾情损失评估组

组　　长：李文元　　（兼）
副 组 长：杨春霖　　（兼）
李　勇　　市国土局局长
杨天桐　　市住建局局长
陈秀发　　市地震局副局长

10. 新闻宣传报道组

组　　长：边树平　　（兼）
副 组 长：赵润林　　市教育局局长
杨春霖　　（兼）
徐茂斌　　市文广新局局长
李文元　　（兼）
班彦钦　　山西日报社忻州分社社长
张　森　　忻州日报社社长
张继明　　忻州广播电视台台长

11. 通讯保障组

组　　长：靳　泽　　（兼）
副 组 长：李茂贵　　忻州移动分公司总经理
王怀仁　　忻州联通分公司总经理
张　运　　忻州电信分公司总经理

忻州市人民政府办公厅
2013 年 12 月 9 日

忻州市人民政府办公厅文件

忻政办发〔2014〕42号

忻州市人民政府办公厅
关于转发忻州市地震应急救援分级负责方案的通知

各县（市、区）人民政府，市人民政府各委、局、办：

为加强地震应急救援体系建设，进一步做好防震减灾工作，市地震局制定了《忻州市地震应急救援分级负责方案》，经市政府同意，现转发给你们，请认真贯彻落实。

忻州市人民政府办公厅

2014年3月25日

忻州市地震应急救援分级负责方案

为建立健全“属地为主、分级负责、密切配合、高效协同”的一体化地震应急救援机制，反应快速、高效有序地应对地震灾害，最大限度挽救人民生命，减轻地震灾害损失，根据《忻州市地震应急预案》制定本方案。

一、扎实准备、做好保障

（一）应急队伍

市、县两级人民政府要加强地震灾害紧急救援队伍建设和管理，强化公安消防、武警、矿山和危险化学品、医疗、卫生防疫等专业救援队伍能力建设；煤、水、气、电、路等部门（单位）要加强行业抢险抢修队伍建设；配齐设施和装备，强化训练与演练，制定调用机制。

市、县两级地震局（办）要加强地震应急专家队伍建设；民政、共青团、红十字会等部门完善志愿者队伍管理制度。

乡（镇）人民政府、街道办事处要组织动员社会各方面力量，建立基层地震抢险救灾队伍，加强日常管理和培训。

（二）指挥平台

市、县两级地震局（办）要建立健全地震应急指挥技术系统，逐步形成统一高效的地震应急指挥平台。

（三）物资与资金

市、县两级民政、商务、交通、卫生、食药等部门要建立健全应急物资储备网络和生产、调拨及紧急配送体系，保障地震灾害应急工作所需生活救助物资、地震救援和工程抢险装备、医疗器械和药品等的需求。

各级人民政府要保障抗震救灾工作所需经费。

（四）避难场所

各县（市、区）人民政府应至少建设或完善一处符合国家Ⅱ类标准的地震应急避难场所，加强日常维护管理。

学校、医院、影剧院、商场、酒店、体育馆、机场、车站、高层写字楼等人员密集场所应当设置地震应急疏散通道，保证通道、出口畅通，并配备必要的救生避险设施。

（五）基础设施

市、县两级部门、单位要完善应急通信、应急广播、电力、交通运输等基础设施，保障地震应急时的正常运行。

（六）次生灾害防控

对易引发地震次生灾害和生产、储存有毒有害物质的重点设施、设备的单位，所在地县级人民政府及市直监管部门，要做好防控和隐患排查工作。

（七）宣传、培训与演练

宣传、教育、文化广电、地震等部门要密切配合，开展防震减灾科学和法律知识的普及、宣传教育，动员社会公众积极参与防震减灾知识普及活动，提高全社会防震避险和自救互救能力。

各级人民政府要建立健全地震应急管理培训制度，组织应急管理人员、救援人员、志愿者等进行地震应急知识和技能培训。

各级人民政府及其有关部门要制定演练计划，并定期组织开展地震应急演练。

（八）监督检查

市防震减灾领导组要对各工作组和成员单位、市直各部门和单位，以及各县（市、区）人民政府的预案制定、队伍建设、救灾物资储备等各项应急准备工作进行监督检查、考核评价。

县级防震减灾领导机构要对所属各工作组和成员单位、直属各部门和单位，以及各乡（镇）人民政府的预案制订、队伍建设、救灾物资储备等各项应急准备工作进行监督检查、考核评价。

二、震情、灾情信息报送

（一）震情速报

各县（市、区)人民政府要建立健全“三网一员”管理制度，做到村村都有信息员，乡乡都有联络员，对宏观异常和灾情信息要及时报告地震部门。

市、县两级地震局（办）要加强值班值守工作，落实震情会商、异常零报告制度，做好宏观异常核实上报、跟踪落实工作。地震发生后，立即将震情报告本级党委政府，通报本级指挥部成员单位，并同时上报上级地震局。

（二）灾情报告

地震灾情速报内容包括震感程度、破坏范围、人员伤亡、经济损失和社会影响等。

地震发生后，乡（镇）人民政府、街道办事处、社区、居（村）民委员会要在第一时间向县地震局（办）报告所在地的震感程度、破坏程度、有无人员伤亡等灾情，并坚持续报送。

县（市、区）人民政府、乡（镇）人民政府要在第一时间派员到灾区查看灾情，确定本辖区破坏最重的地点和破坏程度、人员伤亡情况，及时上报市抗震救灾指挥部办公室，并按预案要求续报灾情，遇有重大情况、突发情况立即报告。

发生特别重大（Ⅰ级）、重大（Ⅱ级）、较大（Ⅲ级）地震灾害时，市民政局、公安局、交通运输局、地震局、中国移动忻州分公司、中国联通忻州分公司、中国电信忻州分公司、忻州供电公司等部门单位和忻州军分区、武警忻州市支队、忻州公安消防支队迅速收集、研判灾情，并及时上报市抗震救灾指挥部办公室。

（三）信息发布和报道

地震发生后，市地震局在接到省地震局正式测定的地震参数结果后，及时通过网络、新闻媒体、信息平台等渠道公告地震发生的时间、地点和震级，适时公告震情动态。

市抗震救灾指挥部新闻宣传报道组通过网络、新闻媒体、信息平台等，适时向社会发布震情灾情和抗震救灾信息。

三、统一领导、分级负责

应对特别重大地震灾害，启动Ⅰ级应急响应。由国务院抗震救灾指挥部统一领导、指挥和协调全国抗震救灾工作；省抗震救灾指挥部领导全省抗震救灾工作；市抗震救灾指挥部领导和组织实施全市抗震救灾工作，市长任总指挥。灾区各县（市、区）抗震救灾指挥部负责领导和组织实施本辖区抗震救灾工作。

应对重大地震灾害，启动Ⅱ级应急响应。由省抗震救灾指挥部统一领导、指挥和协调全省抗震救灾工作；市抗震救灾指挥部领导和组织实施全市抗震救灾工作，市长任总指挥。灾区各县（市、区）抗震救灾指挥部负责领导和组织实施本辖区抗震救灾工作。

应对较大地震灾害，启动Ⅲ级应急响应。由市抗震救灾指挥部统一领导、指挥和协调全市抗震救灾工作，分管防震减灾工作的副市长任总指挥。在省抗震救灾指挥部的支持和市抗震救灾指挥部的统筹下，灾区各县（市、区）抗震救灾指挥部领导和组织实施本辖区抗震救灾工作。

应对一般地震灾害，启动Ⅳ级应急响应。灾区县（市、区）抗震救灾指挥部在市抗震救灾指挥部的支持下，统一领导和组织实施灾区县抗震救灾工作。市地震、民政等有关部门和单位根据灾区需求，协助做好抗震救灾工作。

四、指挥与部署

（一）市抗震救灾指挥部

市抗震救灾指挥部是我市应对特别重大（Ⅰ级）、重大（Ⅱ级）、较大（Ⅲ级）地震灾害的领导和组织实施主体，所有到达忻州市的支援队伍服从其指挥，援助的救灾物资、资金、装备由其分配到灾区县（市、区）。

如灾区县级人民政府所在地遭受毁灭性破坏，由市人民政府派出工作组在应急期代行县级政府职责。

1. 组织灾区县（市、区）调查、收集、汇总本辖区震情、灾情；向省政府报告震情、灾情和救灾工作进展，向社会发布震情、灾情公告。

2. 调集全市所有抗震救灾队伍、指挥部各工作组和社会救援力量，协调驻忻中国人民解放军、中国人民武装警察部队，根据灾情需求派遣到灾区县（市、区）。

3. 调集储备的抗震救灾物资、资金、装备，根据灾区需求，分配到灾区各县（市、区），部署转移安置灾民，保障灾民基本生活。

4. 组织部署市直部门、单位和非灾区县（市、区）对灾区县（市、区）实施紧急援助。

5. 颁布灾区临时规定，依法采取管制、限制、征用、占用等应急措施。

6. 根据震情、灾情采取有效措施，防止次生灾害和传染疫情发生，已发生的立即组织力量进行消除；若发生重大灾情，在组织当地力量进行紧急处置的同时，立即向上级指挥机构报告。

7. 应对特别重大（Ⅰ级）、重大（Ⅱ级）地震灾害，接受到达忻州的国家、省抗震救灾指挥机构的领导；对到达忻州的国家、省各类抗震救灾队伍、支援的中国人民解放军、中国人民武装警察部队，根据灾情分配任务，派遣到灾区各县（市、区）；将国家、省和兄弟市援助的抗震救灾物资、资金、装备，分配到灾区各县（市、区），并做好来忻各级援助机构、队伍的后勤保障工作。

8. 在灾区现场，市抗震救灾前方指挥部履行市抗震救灾指挥部的职责。接受到达灾区的国家、省抗震救灾指挥机构的领导；协调到达灾区的国家、省、兄弟市和本市各类抗震救灾队伍，根据灾情需要，协助灾区县抗震救灾指挥部给各救援队分配具体任务，明确各救援队责任区；组织前方指挥部专题会议，研究灾区重大、重要情况，制定应对部署和处置措施，并协助灾区县抗震救灾指挥部组织实施。

（1）应对特别重大（Ⅰ级）、重大（Ⅱ级）地震灾害时，邀请在灾区的国家、省、中国人民解放军、中国人民武装警察部队领导和专家共同参会研究部署。

（2）应对较大（Ⅲ级）地震灾害时，邀请在灾区的省直部门领导和专家共同参会研究部署。

（二）灾区县级抗震救灾指挥部

灾区县级抗震救灾指挥部是其辖区内应对特别重大（Ⅰ级）、重大（Ⅱ级）、较大（Ⅲ级）、一般（Ⅳ级）地震灾害的领导和组织实施主体，所有到达其辖区的抢险救援队伍服从其指挥，救灾物资、资金、装备由其分配、发放。

五、应急处置

（一）先期处置

1. 应对Ⅰ、Ⅱ、Ⅲ级地震灾害的先期应急处置

市抗震救灾指挥部组织灾区县（市、区）政府和基层组织迅速开展自救互救，调集本辖区的救援力量开展人员搜救工作和医疗救护工作；组织受灾群众的紧急疏散与安置工作；调集各类抢险队伍开展生命线工程的抢险抢修；部署次生灾害的排查与防控工作等，若发生险情，迅速组织抢险消除工作；组织灾情调查、收集、汇总、上报工作，第一时间派员查看灾情，确定灾情和人员伤亡的重点区，并向上级抗震救灾指挥机构报告；向社会发布应急期和启动响应级别。

2. 应对Ⅳ级地震灾害先期应急处置

县（市、区）抗震救灾指挥部组织乡（镇）人民政府和基层组织迅速开展自救互救，组织救援力量开展人员搜救工作和医疗救护工作；组织受灾群众的紧急疏散与安置工作；组织灾情调查、收集、汇总、上报工作，第一时间派员查看灾情，并向市抗震救灾指挥部报告；向社会发布应急期和启动响应级别。

（二）应急处置

1. 应对Ⅰ、Ⅱ、Ⅲ级地震灾害应急处置

（1）市抗震救灾指挥部立即召开会议，部署地震应急救援；组织各种救援力量开展抢险、救援工作。

（2）组织营救和救治受困、受伤人员，疏散、撤离并妥善安置受威胁人员以及其他需救助人员。

（3）迅速收集汇总灾情和发展趋势等信息，及时报告上级人民政府和地震工作主管部门。

（4）划定次生灾害点，标明危险区域，封锁危险场所；划定警戒区，设置明显标志，采取紧急防控措施。

（5）关闭或限制使用有关场所、设施、设备，中止人员密集的活动以及易引发次生灾害的生产经营活动。

（6）开启紧急避难场所或者根据需要设置临时避难场所；保障灾民基本生活；采取医疗救护和卫生防疫等其他保障措施。

（7）开展社会动员，号召所有力量参加抗震救灾，组织有专长的公民参加应急救援。

（8）启动市人民政府的救灾准备金、物资，安排储备物资、资金的分配和发放等各项工作；视灾情需要向社会征用物资、装备、工具、占用场所等。

（9）适时向社会公告震情、灾情、应急与救援和抗震救灾的动态信息；开展应急宣传，正确引导舆论，防止和平息谣传。

（10）为到达我市的国家、省抗震救灾指挥机构开设场所，提供后勤保障，在其领导下组织实施抗震救灾工作。

（11）负责对派遣到我市援助的国家、省各类抗震救灾队伍分配任务、确定作业地点，为其提供后勤保障，并随时掌握进展情况。

（12）负责分配、发放援助我市的救灾物资、资金和装备。

2. 应对Ⅳ级地震灾害应急处置

（1）县（市、区）抗震救灾指挥部立即召开会议，部署地震应急救援。

（2）组织营救和救治受困、受伤人员，疏散、撤离并妥善安置受威胁人员以及其他需救助人员。

（3）迅速收集汇总灾情和发展趋势等信息，及时报告市人民政府和市地震局。

（4）启动县（市、区）人民政府的救灾准备金、物资，安排储备物资、资金的分配和发放等各项工作。

（5）适时向社会公告震情、灾情、应急与救援和抗震救灾的动态信息；开展应急宣传，正确引导舆论，防止和平息谣传。

（6）市地震局立即启动Ⅳ级应急响应，及时了解掌握灾区县（市、区）震感、灾情等，上报市委市人民政府。根据灾情和灾区县人民政府请求，报市人民政府批准，派出市抗震救灾队伍等。

（7）市地震局立即派出地震现场工作队，协助省地震局地震现场工作队迅速展开各项工作。

六、协同行动、配合救援

应对特别重大（Ⅰ级）、重大（Ⅱ级）、较大（Ⅲ级）地震灾害，市抗震救灾指挥部办公室、各工作组应协同配合，各自职责如下：

（一）市抗震救灾指挥部办公室

负责贯彻落实省、市抗震救灾指挥部指令；组织有关专家为指挥部提供抗震救灾决策建议；汇总报送震情、灾情和抗震救灾工作进展信息；协调落实市抗震救灾指挥部、现场指挥部之间的应急工作；组织制定并落实地震应急救援力量配置方案；组织开展抗震救灾宣传和新闻发布；起草指挥部文电，管理指挥部各类文书资料并整理归档；为指挥部技术、后勤等提供保障；处理指挥部事务和领导交办的其他工作。

应对特别重大（Ⅰ级）、重大（Ⅱ级）地震灾害，协调联络国家、省和兄弟市来忻指挥机构和抗震救灾队伍；应对较大（Ⅲ级）地震灾害协调联络来忻省直有关部门、单位和省地震现场工作队；应对一般（Ⅳ级）地震灾害，协调联络来忻的省地震、民政等部门、单位和省地震局现场工作组。

（二）抢险救援组

负责制定实施本组应急联动方案，统筹配置抢险救援力量；分配各队具体任务和地点，划分责任区；调配救援队伍及相关救援机械与装备，协调救援队伍之间的衔接与配合，搜索营救被困群众和受伤人员，组织保护和紧急搬运救灾物资。

应对特别重大（Ⅰ级）、重大（Ⅱ级）地震灾害，协调联络到达灾区的国家、省抢救队伍和中国人民解放军、中国人民武装警察部队；会同县级对口工作组提出应对措施，部署队伍、分配任务，指定作业地点，划分责任区。

收集汇总救援进展情况，及时上报市抗震救灾指挥部。

（三）群众生活保障与涉外、涉台组

负责制定实施本组应急联动方案；统筹配置救灾物资、资金和安置灾民；开放应急避难场所；组织调用灾区生活必需品分配到县（市、区）。优先保证学校、医院、福利机构需要；做好灾民紧急转移安置，优先安置孤儿、孤老及残疾人员；保障灾区群众基本生活，保障灾区市场供应；指导灾区做好保险理赔和给付；接受和安排国内外捐赠、国际援助，处理涉外事务；管理国家、省、兄弟市援助到灾区的救灾物资、资金、装备分配调运到灾区县（市、区）。

应对特别重大（Ⅰ级）、重大（Ⅱ级）地震灾害，协调联络国家、省对口工作组、支援队伍；会同县级对口工作组研究救灾物资分配方案，并运送到灾区县（市、区）。应对一般（Ⅳ级）地震灾害，派员协助县级政府分配发放救灾物资和资金。

汇总进展情况，及时上报市抗震救灾指挥部。

（四）医疗救治与卫生防疫组

负责制定实施本组联动方案；负责统筹调配紧急医学救援队伍、药械、车辆等医疗卫生资源；开展灾区伤员医疗救治、卫生防疫、群众安置点医疗卫生服务及心理援助、重大伤员转移救治；实施饮用水卫生监测监管和食品安全风险监测，预防控制传染病及疫情暴发，应对处置突发公共卫生事件；妥善开展遇难人员遗体处理，开展重大动物疫病防控。

应对特别重大（Ⅰ级）、重大（Ⅱ级）地震灾害，协调联络到达灾区的国家、省医疗、卫生防疫、卫生监管队伍；会同县级对口工作组研究情况，提出应对措施，部署队伍、分配任务、划分责任区。

汇总情况，及时上报市抗震救灾指挥部。

（五）基础设施保障和生产恢复组

负责制定实施本组应急联动方案；负责地震应急物资的储备、采购、调度，切实保障灾区抢险应急物资供应，组织机场、铁路、公路、桥梁、隧道等交通设施和供电、供水、供气、通信、水利、电力等基础设施抢修抢通；组织运力，优先保证应急抢险救援人员和救灾物资的运输需要；负责帮助群众抓紧生产自救，对受灾的工矿商贸和农业损毁情况进行核实，指导制定恢复生产方案；积极落实有关扶持资金、物资，开展恢复生产工作，指导灾区做好保险理赔和给付。

应对特别重大（Ⅰ级）、重大（Ⅱ级）地震灾害，协调联络到达灾区的国家、省对口工作组和有关行业指挥机构，会同县级对口工作组研究灾情，提出应对措施，部署队伍、分配任务、划分责任地段。若有重大险情，及时集中力量突击处置。如力量不足，提请部队支援。

汇总情况，及时上报市抗震救灾指挥部。

（六）次生灾害防范处置组

负责制定实施本组应急联动方案；统筹次生灾害防范队伍；负责灾区生产经营单位重大危险源的监控，防范、处置由地震引发的各类次生、衍生灾害。

应对特别重大（Ⅰ级）、重大（Ⅱ级）地震灾害，协调联络到达灾区的国家、省对口工作组和有关行业指挥机构，会同县级对口工作组研究险情，提出应对措施，部署队伍、分配任务、划分责任点。若有重大险情、有毒有害物质泄漏，首先将居民疏散撤离危险区，同时集中力量突击处置。

汇总情况，及时上报市抗震救灾指挥部。

（七）震情与灾情监测组

负责制定实施本组应急联动方案；负责密切监视震情发展，全力做好余震防御；加强对重大地质灾害隐患的监测预警，一旦发生险情及时组织疏散群众；加强河湖水质监测和危险化学品等污染物防控，保障灾区水库安全和饮用水源安全；密切监视灾区天气变化，及时提供灾区天气监测、预警、预报信息。

应对特别重大（Ⅰ级）、重大（Ⅱ级）地震灾害，协调联络到达灾区的国家、省对口工作组，协助其进行震情监测，研判地震活动趋势，上报震情和地震趋势判定结果，提出应对措施建议。

汇总情况，及时上报市抗震救灾指挥部。

（八）社会治安组

负责制定实施本组应急联动方案；统筹治安保卫力量；负责灾区治安管理和安全保卫工作，严密防范、严厉打击趁机进行盗窃、抢劫、哄抢救灾物资、以赈灾募捐名义诈骗敛取不义之财、借机传播各种谣言制造社会恐慌等违法犯罪活动；维护社会治安，维护交通秩序；加强对党政机关、要害部门、银行证券保险等金融单位、储备仓库、监狱等重要场所的警戒；做好涉灾矛盾纠纷化解和法律服务工作，维护社会秩序稳定。

应对特别重大（Ⅰ级）、重大（Ⅱ级）地震灾害，协调联络到达灾区的国家、省对口工作组和治安保卫队伍，会同县级对口工作组研判情况，提出应对措施，部署队伍、分配任务、划定责任区；保卫应急指挥场所安全；维护救援作业现场；必要时实施道路管制，封闭、关闭危险场所。如警力不足，可提请中国人民解放军和武警部队支援。

汇总情况，及时上报市抗震救灾指挥部。

（九）地震灾害调查及灾情损失评估组

负责制定实施本组应急联动方案；负责协助上级地震现场工作队开展地震烈度、发震构造、灾区范围、建构筑物和基础设施破坏程度、工程结构震害特征、人员伤亡数量、地震宏观异常现象、地震社会影响和各种地震地质灾害等调查，对地震灾害损失进行评估。

负责组织市、灾区县（市、区）有关人员，协助配合国家、省地震现场工作队开展地震科考、灾害损失评估等工作。

汇总情况，及时上报市抗震救灾指挥部。

（十）新闻宣传报道组

负责制定实施本组应急联动方案；确定新闻发言人，及时发布灾情和抗震救灾信息，组织宣传报道和舆情收集研判，正确引导舆论，安排新闻媒体进行采访报道。

应对特别重大（Ⅰ级）、重大（Ⅱ级）地震灾情，协调联络省抗震救灾指挥部新闻宣传报道组，统一震情报道口径；组织到达灾区的各新闻媒体采访、报道工作，正确引导舆论、安定民心、弘扬正气。

应对较大（Ⅲ级）、一般（Ⅳ级）地震灾害，要做好全市的应急宣传工作，正确引导舆论，防止和平息谣传，安定民心，稳定社会。

汇总情况，及时上报市抗震救灾指挥部。

七、落实要求

本方案是《忻州市地震应急预案》的进一步细化。指挥部各工作组牵头单位要根据本方案要求，结合组成单位的应急预案，制定合理、高效的本组应急联动方案；各县（市、区）人民政府要根据《忻州市地震应急预案》，制定和完善本级地震应急预案，并做好与本方案的对接工作，尽快建立健全“属地为主、分级负责、密切配合、高效协同”的地震应急救援新机制，力争将地震灾害降低到最低限度。

本方案自印发之日起执行。

附件：

1. 忻州市抗震救灾指挥部地震应急指挥流程

2. 地震灾害分级

忻州市抗震救灾指挥部地震应急指挥流程

A. Ⅰ、Ⅱ、Ⅲ级响应应急指挥流程

震后30分钟内

一、市地震局收到省地震局初报地震参数后，第一时间电话报告市委、市政府值班室，通报灾区县级政府值班室；向市委、市政府领导和指挥部成员发送初报地震参数的地震信息。各成员单位收到地震信息后立即组织本系统本部门启动应急响应，迅速赶赴到市地震局。

二、市地震局收到省地震局地震速报短信后，第一时间电话向市委、市政府上报地震速报参数，通报灾区县级政府地震速报参数；向市委、市政府领导和指挥部成员发送地震短信。市地震局通过网络、新闻媒体、信息平台等渠道及时公告地震发生的时间、地点和震级。

三、市地震局在上报市政府地震速报参数的同时，向市政府领导提出拟办意见。拟办意见如下：

（一）市政府值班室立即向省政府上报震情。

（二）根据震情按市地震应急预案立即启动相对应的地震应急响应级别。同时，市防震减灾领导组自动转为市抗震救灾指挥部。

（三）按照Ⅰ、Ⅱ、Ⅲ级响应级别，根据忻政办函〔2013〕172号《关于成立忻州市抗震救灾指挥部预任机构的通知》，总指挥、常务副总指挥、副总指挥、各工作组及人员到位履职。

1. Ⅰ、Ⅱ级应急响应，宣布全市进入地震应急期，全力开展抗震救灾工作；灾区县（市、区）立即开展先期处置工作。

2. Ⅲ级应急响应，灾区县（市、区）进入地震应急期，立即开展先期处置工作，全力开展抗震救灾工作；非灾区县（市、区）政府做好支援灾区抗震救灾准备，开展本辖区安定民心、稳定社会的地震应急宣传工作。

（四）市抗震救灾指挥部下达派出市地震应急救援队和医疗救护队的命令。

1. Ⅰ、Ⅱ级应急响应，派出市地震应急救援队和医疗队全部力量。

2. Ⅲ级应急响应，派出部分救援队和医疗队，作为第一批救援队伍。

震后30分钟~1小时内

市抗震救灾指挥部迅速组织召开市抗震救灾指挥部成员单位会议。时间：震后1

小时。地点：市抗震救灾指挥部指挥大厅（市地震局三楼会议室）。参会人员：地震、宣传、军分区、公安、发改、民政、卫生、安监、交通、通信、电力等单位。Ⅰ、Ⅱ级为各单位主要领导，Ⅲ级为分管领导。

会议事项：通报初步掌握的震情、灾情、应急处置情况、决策建议等事项。总指挥安排部署抗震救灾重点工作。（其中：1. Ⅰ级、Ⅱ级应急响应，派出市指挥部各组的各类救援队、抢修抢险队、矿山救护队等队伍，调派非灾区县级各类救援队伍，并指定各队对口支援的灾区县（市、区）。2. Ⅲ级应急响应，视灾情派出救援队伍。）

会后，指挥部各工作组、市直各单位立即按照会议部署开展工作。

震后 1 小时 ~4 小时内

前方指挥部：

一、市抗震救灾指挥部总指挥带领市抗震救灾指挥部副总指挥、办公室主任和市政府应急办、地震、宣传、武警、公安、民政、卫生、交通、通信、电力等成员单位主要负责人，组成市抗震救灾前方指挥部，迅速赶赴灾区县（市、区）。

二、市抗震救灾指挥部总指挥、副总指挥一行到达灾区后，办公室主任组织召开前方指挥部会议，总指挥、副总指挥听取灾区县（市、区）抗震救灾指挥部主要领导汇报，并做出指示。根据灾情，会同灾区县（市、区）抗震救灾指挥部确定重点救援、抢险抢修和次生灾害防控点；部署到达灾区的各救援、抢险抢修和次生灾害防控队伍的抢险救援工作。

会后，灾区党委政府领导陪同总指挥、副总指挥视察抢险救援重要作业点、医疗救治点、灾民临时安置点的工作。

当发生特别重大（Ⅰ级）、重大（Ⅱ级）地震灾情，启动Ⅰ、Ⅱ级应急响应时：

1. 做好到达灾区的国家、省抗震救灾指挥机构的接待、协调工作。

2. 安排到达灾区的国家、省和兄弟省、市抗震救灾救援队伍到指定区域开展抢险救援工作。

后方指挥部：

一、市抗震救灾指挥部组织召开市抗震救灾后方指挥部成员单位会议，市抗震救灾指挥部副总指挥传达党中央国务院、省委省政府、市委市政府领导的批示指示精神，听取成员单位领导关于灾情和处置情况的汇报，安排部署抗震救灾重点工作，协调我市辖区内非灾区县（市、区）政府对灾区进行紧急支援等重要事项。会后将安排部署情况报告总指挥。指挥部各工作组按照会议部署快速开展工作。

二、根据震情、灾情向国家、省、兄弟市提出支援请求。

三、市委宣传部（市政府新闻办）组织召开新闻发布会。发布内容：初步震情、灾情和市委、市政府及相关部门的应急处置情况。参加单位：地震、军分区、武警、消防、民政、卫生、交通等。

震后 4 小时 ~24 小时内

前方指挥部：

一、市抗震救灾指挥部总指挥陪同国家、省抗震救灾指挥机构领导视察灾情，慰问灾民。

二、市抗震救灾指挥部适时主持召开前方指挥部会议，国家、省、市指挥机构领导听取灾区党委政府、前方指挥部抗震救灾工作进展情况汇报，研究人员抢救、伤员救治、灾民转移安置、次生灾害防范等重要事项，安排部署下一步工作。Ⅰ、Ⅱ级响应，灾区县（市、区）抗震救灾指挥部、市抗震救灾前方指挥部各工作组按照国家和省领导的指示部署开展工作；Ⅲ级响应，灾区县（市、区）抗震救灾指挥部前方指挥部各工作组按照市领导的指示部署开展工作。

三、总指挥适时召开专题会议，研究协调解决抗震救灾工作中遇到的重大问题。

后方指挥部：

一、市抗震救灾指挥部适时主持召开后方指挥部会议，市抗震救灾指挥部副总指挥传达党中央国务院和省委省政府、省指挥机构、市总指挥的指示精神，研究国家、省及其他市支援的应急救援队伍和应急物资、装备如何分配等重要事项，安排部署下一步工作。会后，成员单位按照会议要求部署开展工作。

二、市委宣传部（市政府新闻办）根据汇总的抗震救灾信息，适时召开新闻发布会。发布内容：抗震救灾进展情况。参加单位：地震局、军分区、民政、卫生、教育、交通及灾区县（市、区）抗震救灾指挥部领导等。

三、Ⅰ、Ⅱ级响应，市抗震救灾指挥部做好国家、省支援忻州抗震救灾机构和队伍的后勤保障工作。

震后 24 小时 ~3 天内

前方指挥部：

一、市抗震救灾指挥部总指挥陪同国家、省指挥机构领导到医院看望慰问伤员。

二、市抗震救灾前方指挥部适时召开专题会议，根据灾情和救援情况，研究救援和救助区域范围等重要事项；安排接收支援救灾物资分配和转运工作，确保搜救行动无盲点，灾民生活有保障。市抗震救灾指挥部副总指挥安排部署下一步工作。

后方指挥部：

一、市抗震救灾指挥部适时召开会议，在忻的副总指挥根据省领导和总指挥的指示，研究调整救援力量和物资调用方案等重要事项，安排部署下一步工作。向灾区发出慰问电。

二、市委宣传部（市政府新闻办）根据汇总的抗震救灾信息，适时召开新闻发布会。发布内容：震情、灾情、交通、通信、电力抢通和人员搜救、社会捐赠等工作进展情况。参加单位：军分区、地震、民政、卫生、教育、交通、通信、电力及灾区县（市、区）抗震救灾指挥部领导等。

地震 3 天后

前方指挥部：

一、市抗震救灾指挥部适时召开前方指挥部会议，市抗震救灾指挥部总指挥和副总指挥听取灾区抗震救灾指挥部和市前方指挥部党委政府、各工作组汇报，研究灾害损失调查评估情况和恢复重建工作等重要事项，强化工作部署，加快实现转段，安排部署学校复课措施等。市抗震救灾指挥部副总指挥安排部署下一步工作。

二、总指挥深入一线看望慰问救灾队伍和灾民，必要时按规定组织现场哀悼活动。

三、前方指挥部对地震灾害事件中伤亡人员、参与应急救援工作人员，按照相关规定给予救助、抚恤、补助，并提供心理援助。

四、地震应急期结束后，进入恢复重建阶段。

后方指挥部：

一、市抗震救灾指挥部适时召开后方指挥部会议，在忻的副总指挥牵头研究需要向前方的总指挥汇报的恢复重建建议等重要事项，提请和协助省新闻办公室召开灾区新闻发布会，向总指挥提出是否举行全市哀悼活动的建议。

二、市委宣传部（市政府新闻办）适时召开新闻发布会。发布内容：应急救援总体情况和宣布地震应急期结束，进入恢复重建阶段。参加单位：地震、军分区、民政、卫生、教育、交通、国土、住建、水利及灾区县（市、区）抗震救灾指挥部领导等。

B：Ⅳ级地震应急指挥流程

Ⅳ级应急响应由灾区县级抗震救灾指挥部统一领导、指挥，进行地震应急处置。市防震减灾领导组办公室迅速了解和掌握灾区情况，及时向市防震减灾领导组和有关部门报告震情灾情，视灾情和灾区县级抗震救灾指挥部请求，提出对口支援或调整响应级别的建议，报市政府同意后，组织协调落实。

地震灾害分级

地震灾害分为特别重大、重大、较大、一般四级，分别启动Ⅰ、Ⅱ、Ⅲ、Ⅳ级应急响应。

分级指标：

1. 特别重大地震灾害是指造成300人以上死亡（含失踪），或者直接经济损失占本省上年国内生产总值1%以上的地震灾害。

当人口较密集地区发生7.0级以上地震；人口密集地区发生6.0级以上地震，初判为特别重大地震灾害。

2. 重大地震灾害是指造成50人以上、300人以下死亡（含失踪），或者造成严重经济损失的地震灾害。

当人口较密集地区发生6.0级以上、7.0级以下地震；人口密集地区发生5.0级以上、6.0级以下地震，初判为重大地震灾害。

3. 较大地震灾害是指造成10人以上、50人以下死亡（含失踪），或者造成较重经济损失的地震灾害。

当人口较密集地区发生5.0级以上、6.0级以下地震；人口密集地区发生4.0级以上、5.0级以下地震，初判为较大地震灾害。

4. 一般地震灾害是指造成10人以下死亡（含失踪）或者造成一定经济损失的地震灾害。

当人口较密集地区发生4.0级以上、5.0级以下地震，初判为一般地震灾害。

大事记略

东汉顺帝建康元年九月丙午（144 年 10 月 25 日）太原北发生 $5\frac{1}{2}$ 级地震。

北魏延昌元年四月二十日（512 年 5 月 23 日）原平—代县间发生 $7\frac{1}{2}$ 级地震。

宋景祐四年十二月初二日（1038 年 1 月 15 日）定襄—忻州间发生 $7\frac{1}{4}$ 级地震。

明弘治十五年十月甲子（1502 年 12 月 4 日）代州西南发生 $5\frac{1}{4}$ 级地震。

明正德九年十月壬辰（1514 年 10 月 30 日）代州南发生 $5\frac{1}{4}$ 级地震。

明嘉靖二十一年七月初一（1542 年 8 月 21 日）保德发生 5 级地震。

明嘉靖三十三年四月乙未（1554 年 6 月 5 日）太原—大同间发生 5 级地震。

明万历十六年六月（1588 年 7 月）忻州发生 5 级地震。

明天启四年春（1624 年春）忻州发生 5 级地震。

清康熙三年（1664 年）忻州—代州间发生 $5\frac{1}{2}$ 级地震。

清康熙二十二年十月初五（1683 年 11 月 22 日）原平崞县发生 7 级地震。

清光绪二十四年八月初七（1898 年 9 月 22 日）代县发生 $5\frac{3}{4}$ 级地震。

民国十二年十月初六（1923 年 11 月 13 日 15 时 30 分）岢岚发生 5.5 级地震。

1952 年 10 月 8 日 22 时 24 分 01 秒崞县发生 5.5 级地震。

1969 年 4 月 24 日 18 时 54 分 42 秒繁峙县发生 4.6 级地震。

1974 年前，忻县地区地震工作由地区科技局兼管、1974 年筹备成立地震办公室。

1975 年，成立忻县地区地震工作领导组，下设地震办公室，负责处理日常工作，地震办公室定编 5 人。

1976 年 2 月 8 日，调整忻县地区地震工作领导组成员，领导组下设防震抗震办公室，办公室主任由陈建勋兼任。启用防震抗灾办公室印章。

1976 年河北唐山地震后，各县陆续成立地震办公室。

1979 年，经过调整，全区 14 个县只保留 7 个重点县的地震机构，分别是：定襄县地震局，忻县、原平、五台、代县、繁峙和神池县地震办公室。

1979 年 6 月 8 日，忻县地区行署地震办公室更名为忻县地区行署地震局。6 月 20 日，陈建勋同志任行政公署地震局局长。

1979 年 10 月 19 日~12 月 26 日，代县发生震群活动，前后持续活动 69 天，发生地震 196 次。

1980 年 8 月 12 日，成立忻县地区地震中心分析室，与忻县地区行署地震局为一套人员，挂两个牌子。

1982 年，忻县地区加入晋冀蒙地震联防组织，同年 9 月 22~27 日，在代县召开晋冀蒙三省交界区地震联防会商会。

1983 年 7 月 28 日，忻县地区更名为忻州地区。忻县地区行署地震局更名为忻州地区行署地震局。

1984 年 3 月 25 日，忻州地委、地区行署下发文件，对全区地震工作机构和管理体制进行调整，忻州地区保留地震局，各县（市）原地震局（办）全部撤销，根据震情监视需要，分别在地区以及原平、五台、神池县建立 4 个观测站，为地区地震局下属的工作机构，地震观测站实行地区地震局、所在县人民政府双重领导，以地区领导为主。

1984 年 8 月 4~10 日，山西省地震局、国家地震局兰州地震研究所在忻州地区繁峙县联合召开鄂尔多斯块体周缘震情暨山西地震带学术讨论会，国家地震局地球物理研究所朱传镇、郑治真分别做专题学术报告。

1985 年 6 月副局长封德俭主持忻州地区行署地震局工作。

1985 年 7 月 16 日在代县召开晋冀蒙交界区地震联防会，山西省地震局局长孙国学出席会议。

1986 年 10 月 19 日，成立忻州地区奇村地震水化站，与地区地震观测站两个牌子一套人员，增加事业编制 3 名。

1989 年 7 月，张福有任忻州地区行署地震局第一副局长，主持工作。

1990 年，忻州地区行署印发《忻州地区行政公署秘书处关于转发地区防震抗震指挥部关于防震抗震救灾工作组织领导分工及其职责实施方案的通知》。

1990 年 10 月 21~30 日，日本富山大学地质系博士竹内章到大同、忻州、太原进行野外考察和学术交流。

1991 年 1 月 29 日 06 时 28 分，忻州发生 5.1 级地震，无人员伤亡。

1992 年 1 月 30 日，经地区编制委员会研究同意：静乐等九县（市）恢复地震办公室，副科级事业单位，归各县（市）政府办公室领导。其中，忻州、定襄、原平各核定事业编制4名；五台、代县、繁峙、神池、宁武、静乐各核定事业编制3名。成立忻州市（今忻府区）无线电遥控水网测报站，副科级事业单位，核定事业编制3名，与市地震办公室合署办公，挂两块牌子，归市政府办公室领导。

1992年5月，王观亮任忻州地区行署地震局局长。

1992年6月23~28日，山西省地震局地方地震工作处和河北省地震局地方地震工作处在忻州举办地震现场工作研讨班，来自山西省、河北省21个地（市）地震局和部分重点区（县）地震局的领导与科技人员60余人参加研讨。

1993年9月11日03时18分23.4秒，五寨发生4.4级地震。

1994年2月25日，国家地震局副局长葛治洲、分析预报中心主任罗灼礼、副研吴邦素到忻州检查防震减灾工作。

1994年9月13~15日，山西省人大科教文卫委员会副主任罗广德在山西省地震局副局长齐书勤陪同下在忻州检查工作。

1994年10月13日，忻州地区行署印发《关于对全区重大工程建设场地地震安全性评价工作实行归口管理的通知》。

1994年12月20日，忻州地区行署地震局与计划委员会、建设局、中国人民建设银行忻州地区中心支行，联合印发《关于下发工程建设场地地震安全性评价工作归口管理实施条例的通知》。

1994年12月，忻州地区成立忻州地区工程地震咨询委员会，成员由地区地震局黄振昌、地区建设局葛少禹、地区计委张援助、地区建行李荣承、地区建筑设计院赵裕飞等专家组成。

1995年3月21日，山西省地震局向全省各地市地震局（办）、地震台下发《关于转发忻州行署计委等单位〈关于对工程建设场地地震安全性评价工作归口管理的通知〉和〈实施条例〉的通知》文件。

1995年5月，地区地震局王观亮、陈秀发编写完成《抗震设防标准管理手册》一书。

1995年8月，忻州地区地震局首次对全区地震系统地震安全性评价管理人员进行统一培训。

1995年8月，应山西省地震局邀请，地区地震局选派王观亮、陈秀发、梁瑞平和忻州市（今忻府区）地震办赵富顺四位同志参加《山西省工程场地地震安全性评价管理规定》和《山西省防震减灾暂行条例》的编写起草工作。

1995年9月19日，首届中国以色列地震研讨会外宾代表考察山西忻定盆地系舟山断裂的断层剖面及公元1038年地震断错。

1995年9月，忻州地区地震局加入“首都圈地区地震分析预报计算机网络系统”

（CAPnet）。

1995 年 10 月，山西省地震局、忻州地区行署、忻州市（今忻府区）人民政府在忻州市（今忻府区）城区开展震害预测与减灾对策研究工作。1996 年 8 月，忻州市（今忻府区）城区震害预测与减灾对策研究工作完成。

1996 年，王观亮、黄振昌、曹明生、梁瑞平编写完成《忻州有大震吗》一书。

1996 年 4 月 24 日，忻州地区行政公署印发《关于认真贯彻执行山西省工程场地地震安全性评价管理规定的通知》（忻地行发〔1996〕20 号）。

1996 年 6 月 23 日，全省抗震设防标准管理骨干培训班及现场会在忻州召开。国家地震局地壳应力研究所徐宗和研究员等专家应邀授课。

1996 年，忻州地区地震局摄制完成了《自然报警信号》、《避险与应急》、《厂矿防震对策》、《防震歌曲专辑》四部宣传防震减灾知识的科教片。其中，《自然报警信号》、《避险与应急》荣获国家地震局二等奖、山西省电视台科教片一等奖。

1996 年 7 月 9 日，国家地震局组织召开《自然报警信号》评审会，国家地震局局长陈章立、副局长何永年等领导和专家参加评审。

1996 年 8 月 5 日，山西省地震学会第三次学术年会在忻州召开，年会特邀日本气象研究所地震火山研究部博士石川有三做了有关 1995 年 1 月日本兵库县南部地震的专题报告。

1996 年 8 月 5~9 日，土耳其灾害事务管理总局地震所 R. 德米尔塔斯先生（R.Denirtas）、Y. 依拉吾尔女士（Y.lravul）考察忻定盆地和太原盆地之间的石岭关隆起和系舟山西麓断裂的晚生代活动。

1997 年 1 月 17 日，国家地震局副局长葛治州一行 4 人到忻州进行春节慰问。

1997 年 1 月 8 日，忻州地区地震局取得山西省地震局颁发的抗震设防标准管理授权委托书。

1997 年 4 月 18 日，中国地震局地质研究所研究员车用太专程来静乐县对晋 5-1 井进行考察。

1997 年 6 月 21~25 日，全国地震系统声像专业培训班在忻州地区举办，来自全国 30 个省级地震局近 60 名声像专业人员参加培训。

1997 年 12 月 5 日，忻州地区机构编制委员会印发《关于忻州地区地震局职能配置、内设机构和人员编制方案的通知》。

1998 年，韩国汉城大学教授李基和等 4 人来忻考察忻定盆地恒山南麓断裂和系舟山断裂。

1998 年 10 月，地区地震局委托山西省地震灾害研究所所长郭星全开发完成“忻州地区地震抗震设防要求核查管理软件”。

1998 年 10 月至 1999 年 8 月，原平市开展城区地震灾害损失预测项目，由山西省地震局震害研究室和原平市地震办共同承担。

1999 年经省、地区计委批准，忻州地区地震应急指挥中心楼立项。

1999 年，地区地震局一次性完成 14 个县（市、区）震害预测任务。

2000 年 6 月 14 日，忻州地区撤地设市，忻州地区行署地震局更名为忻州市地震局。

2001 年 10 月，贺永德任忻州市地震局局长。

2000 年 11 月 15 日，市地震局印发《忻州地区地震分析预报实施方案》。

2002 年，田甦平、胡俊明、张玮任市地震局副局长。

2002 年 4 月，市地震局入驻市政务大厅办理行政审批业务。

2002 年 7 月 1 日，市地震局正式取得山西省人民政府颁发的、编号为“晋政执字 T-004 号”行政执法主体资格证。

2002 年 9 月 1 日，《山西省防震减灾条例》正式施行。

2003 年 8 月 5 日，省人大常委会副主任张秉法带队对忻州市贯彻落实《中华人民共和国防震减灾法》、《山西省防震减灾条例》的情况进行执法检查。

2003 年 8 月 26 日 02 时 48 分 34 秒，原平发生 3.6 级地震，无人员伤亡。

2003 年 8 月 26~27 日，华北北部地区地震联防会议在忻府区顿村召开。

2003 年 10 月 17 日，《忻州市地震监测志》获全省评比优秀第二名。

2003 年 12 月，忻州市人民政府办公厅下发《关于印发〈忻州市地震局主要职责、内设机构和人员编制方案〉、〈忻州市乡镇企业服务中心（忻州市民营经济发展局）主要职责、内设机构和人员编制方案〉的通知》（忻政办发〔2003〕150 号文件）。

2004 年 6 月 23 日 23 时 21 分 16 秒，原平发生 3 级地震。

2004 年 6 月 24 日，忻州市地震局印发《关于进一步加强宏观异常上报工作的通知》。

2005 年 5 月 23 日，市政府办公厅印发《忻州市建设工程抗震设防要求管理办法》（忻政办发〔2005〕45 号）。

2005 年 7 月，忻州市机构编制委员会下发《关于完善设置县（市、区）地震工作机构的通知》（忻编办字〔2005〕62 号），忻府区、原平市、定襄县、五台县、代县、繁峙县、宁武县、静乐县、神池县、河曲县等十县（市、区），机构单独设置，名称统一规范为 ×× 县（市、区）地震局，为政府直属事业局，正科级建制。五寨县、岢岚县、保德县、偏关县等四县可在政府办公室挂地震办公室牌子。

2006年，市地震局印发《关于进一步加强震情监视工作的紧急通知》、《关于加强宏观异常落实工作的通知》、《关于转发山西省地震局〈关于强化近期震情工作的通知〉的通知》。

2006年4月3日开始，代县胡家滩乡发生一次较大震群活动，持续时间166天。

2006年4月24日，市地震局派人会同山西省地震局专家对繁峙县金山铺乡中虎峪村地裂缝进行调查落实。

2006年8月，陈树铭同志任忻州市地震局党组书记、局长。

2007年7月11日，忻州市地震局会同山西省地震局专家对忻府区豆罗砂厂水井响声异常进行调查落实。

2007年8月，副局长田甦平主持地震局工作。

2008年5月29日，中国地震局地下流体学科技术协调组组长、中国地震局地壳应力研究所研究员刘耀炜专程对晋5-1井进行考察。

2008年4月14日，忻州市人民政府印发《忻州市农村民居地震安全工程实施意见》(忻政办发〔2008〕51号)。

2009年，忻州市地震局印发《关于进一步加强防震减灾工作的紧急通知》。

2009年3月28日19时11分20秒，原平市发生4.3级地震。

2009年4月10~11日，市地震局派人会同山西省地震局专家对繁峙县砂河镇下汇村井水发热异常进行调查落实。

2009年7月，忻州市以消防支队为依托，成立忻州市抗震救灾救援队。

2009年7月25~26日，市地震局派人会同省地震局专家对奇村水化站水汞异常进行调查落实。

2009年7月29日，忻州市召开全市防震减灾工作会议，省地震局局长赵新平、市长李平社、副市长谌长瑞出席会议并讲话。

2009年12月25日，根据市行政审批制度改革工作领导组办公室第6次行政审批项目清理结果，市地震局保留一项行政审批项目，名称为“新建、改建、扩建及地震监测设施和地震观测环境保护范围内工程建设的抗震设防要求审批”。

2010年1月，李文元任市地震局局长、党组书记。

2010年1月13日，由省人民政府副秘书长、省人民政府应急办专职副主任孙跃进和省地震局局长赵新平等领导组成的省政府实施地震应急预案专项检查组对我市的地震应急预案落实情况，及应急救援装备、救灾物资储备和避难场所建设等方面进行了检查。

2010年2月8日21时42分23秒，五寨发生3.3级地震，无人员伤亡。

2010年2月，市地震局开始向忻州市四大班子主要领导上报《震情专报》。

2010年2月21日晚，一则“今晚要地震”的谣言，致使太原等地近百万民众挤在街道上“等地震”。忻州市地震局根据市委市政府主要领导和分管领导的批示，积极采取应对措施，及时稳定了民心，未发生“等地震”现象。

2010年5月25日，“定襄在线”论坛出现“定襄县上空出现奇异天象，引起部分市民恐慌”的舆情，市地震局立即邀请气象专家给予解释，并采取相关措施，使舆情事件迅速平息。

2010年6月5日20时58分，太原市阳曲县发生4.6级地震，忻州市震感明显。

2010年8月3日上午，市人大副主任郑红光到市地震局进行调研。

2010年7月，市地震局会同忻府区地震局对忻府区20个乡镇、97649农户进行农村民居抗震能力全面调查，建立了农村民居基础数据库。

2010年7月25日，“忻州市兴武2010军地联合演习”进行地震救援实兵模拟演练。

2010年8月11日上午，省地震局副局长樊琦等一行4人到忻州地震局检查指导工作。

2010年8月24~25日，省人大常委会副主任安焕晓、省地震局副局长郭跃宏等一行8人到忻州市调研防震减灾工作。市人大常委会主任秦新年、副主任樊惠杰等领导陪同调研。

2010年9月2日，忻州市政府办公厅正式印发《忻州市地震局安全性评价和抗震设防要求管理规定》。

2010年11月23日，忻州市二届人大常委会第34次会议召开，听取和审议了市地震局局长李文元代表市政府所作的《关于全市防震减灾工作情况的报告》。

2010年12月28日，忻州市防震减灾青年志愿者队伍成立，市委副书记郑连生同志为防震减灾青年志愿者队伍授旗。

2010年12月28日，忻州市副市长谌长瑞一行到忻州市地震局调研。

2011年3月7日凌晨01时51分，五寨县东秀庄乡后五王城村至小双碾村一带（北纬39.0度，东经111.7度）发生4.2级地震。五寨县震感强烈，忻州市其余13个县市（区）震感明显。

2011年3月22日，中共中央政治局委员、国务委员刘延东到忻州田家炳中学考察校安工程建设。

2011年5月，忻州市机构编制委员会下发《关于印发忻州市地震局主要职责内设机构和人员编制规定的通知》。

2011年7月，市地震局聘请退休专家黄振昌成功绘制《忻州市地质结构与抗震设防综合规划图》。8 月，市地震局梁瑞平完成忻州市所属 14 个县（市、区）独立的《地震动参数区划图》绘制工作。

2011 年 9 月，市规划勘测局将地震局核发的《建设工程抗震设防要求审批书》作为办理《建设工程规划许可证》和《建设项目选址意见书》的前置必备内容，并向社会进行公示。

2011 年 10 月，市住建局将地震局核发的《建设工程抗震设防要求审批书》作为办理《建筑工程施工许可证》的前置必备内容。

2011 年 12 月，市房管局将地震局核发的《建设工程抗震设防要求审批书》作为办理《商品房预售许可证》的前置必备内容。

2011 年 12 月，市地震局对地震应急指挥中心进行改造，指挥中心与山西省地震应急指挥中心实现远程视频互通。

2011 年，市地震局被忻州市精神文明建设指导委员会评为“市级文明单位”。

2012 年 2 月 7~14 日，市地震局局长李文元带领业务骨干赴河北省邢台市、唐山市、辽宁省海城市三个老震区，进行考察学习。

2012 年 2 月 15 日，代县发生 2.6 级地震。

2012 年 2 月 17 日，繁峙县发生 2.5 级地震。

2012 年 2 月 18 日，王月娥副市长到市地震局检查地震应急工作。

2012 年 3 月，市地震局印发《忻州市 2012 年度震情跟踪工作方案》、《忻州市十八大期间震情保障工作方案》。

2012 年 4 月 12 日，市政府办公厅印发《忻州市城区商品房预售许可证申领审批办法》，规定将包括市地震局在内的 8 个审批单位的 16 项审批证明文件作为办理商品房预售许可证的必备内容。

2012 年 4 月 18~23 日，市地震局张俊民副局长带领业务骨干赴临汾市地震局、陕西西安市地震局进行考察学习。

2012 年 4 月 24 日，市地震局邀请国家地震局分析预报室原京津组组长汪成民研究员、中国地震局台网中心原预报部主任郑大林研究员及国际天灾研究会会长李伯淳教授来忻探讨地震群测群防工作。

2012 年 5 月 8 日，市地震局以“弘扬防灾减灾文化，提高防灾减灾意识”为主题，联合忻州师范学院舞蹈系，共同举办一场防震减灾专场文艺晚会。

2012 年 5 月 17 日，市地震局举行《忻州市地震志》编纂启动仪式。

5 月 24 日，新华社记者以“打‘群众战争’构建防震减灾宣传‘大网络’——忻州市地震局探索防震减灾特色路径”为题，在新华网山西频道首页专题报道忻州市防震减灾宣传工作。

2012年6月2日，河北省隆尧县地震局东瑞华局长一行4人来忻州市考察交流。

2012年6月29日，晋城市地震局局长毕明荣带领业务骨干一行13人来忻州市考察交流。

2012年6月，市地震局成功处置张德亮涉震舆情事件。市长郑连生对忻州市地震局有效处置舆情事件做出表扬批示，并在忻州市政府《内部情况通报》上刊登详情；山西省地震局也发文对忻州市地震局进行通报表扬。

2012年7月31日，印发《忻州市强震强化监视跟踪工作方案》。

2012年9月18日，邀请美籍华人、氢气传感器专家吴青海教授与汪成民研究员来忻，为忻州市奇村地震水化站安装气体地震预警仪一台。

2012年10月10~14日，中国西部防震减灾论坛在四川省北川羌族自治县举行。忻州市派出市政府副处督查员郭宏为组长、市地震局局长李文元为副组长的4名代表参加。

2012年10月，顺利完成静乐晋5-1井台站改造工程。

2012年11月11日，市政府召开第22次常务会议，会议对推进农村民居抗震安全示范工程建设进行研究。12月13日，市政府办公厅印发《关于推进农村民居抗震安全示范工程的实施意见》。

2012年11月16日，市地震局邀请省地震应急专家闫正萃来忻州指导地震应急预案修订工作。

2012年11月，市地震局印发《忻州市建设工程抗震设防要求审批管理程序》，并印制全市统一的行政审批及执法文书。

2012年12月6日，市地震局联合市教育局印发《关于在各级各类学校中组织开展地震应急疏散演练的通知》，要求各级各类学校将地震应急疏散演练纳入常态化管理。

2012年12月13日，市政府印发《忻州市建设项目联合审批办法》（忻政办发〔2012〕155号），市地震局抗震设防要求审批及监督管理分别纳入工程规划、施工图审核、竣工验收等三个环节，实现抗震设防要求在工程建设领域的全过程监管。

2013年2月，市地震局制定《忻州市地震违法案件行政处罚自由裁量权实施细则》。

2013年3月27日，召开全市防震减灾领导组会议，王月娥副市长出席会议并讲话。

2013年4月19日，市地震局利用市直各部门、各行业专业技术资源优势，在水利、气象、林业、农业、畜牧及专业台站聘请了十几位各行业专家，召开忻州市震情

"大监测、大会商"第一次联席会议。

2013 年 4 月 20 日，市地震应急管理培训会议在市地震局举行。

2013 年 4 月，市地震局编制《忻州市云中新区地震小区划项目建议书》和《忻州市云中新区地震小区划项目实施方案》，开始启动云中新区地震小区划工作。

2013 年 5 月 10 日，召开忻州市震情"大监测、大会商"第二次联席会议。

2013 年 6 月 14 日，山西省地震局郭星全副局长来忻调研抗震设防要求全过程监管工作。

2013 年 6 月 29 日 05 时 15 分 46 秒，繁峙发生 3.0 级地震。

2013 年 7 月 9 日 18 时 39 分 14 秒，定襄发生 3.0 级地震。

2013 年 7 月 9 日，市委考核办 2013 年第 31 期《年度考核简报》对市地震局转变服务观念，全力助推重点工程建设进行通报表扬。7 月 10 日，《忻州日报》专门进行报道。

2013 年 7 月 10 日，在忻州市政府六楼会议室召开防震减灾应急演练工作安排会，会议由王月娥副市长主持，市委常委、常务副市长董一兵作重要讲话。市防震减灾领导组、市政府突发事件应急管理工作领导组全体成员参加会议，忻府区、代县、原平、定襄、五台、繁峙县（市、区）长，分管地震应急工作的副县（市、区）长、地震局长、应急办主任参会。

2013 年 7 月 18 日，召开忻州市震情"大监测、大会商"第三次联席会议。

2013 年 7 月 28 日，市政府开展 2013 年地震应急桌面推演，郑连生市长任总指挥，王月娥副市长任常务副总指挥，18 个成员单位参加演练。演练活动邀请地震局副局长郭跃宏应邀进行指导。

2013 年 8 月 20 日，市地震局局长李文元带领副局长张俊民等人到长治市地震局进行考察交流。

2013 年 9 月 3 日，忻州市地震局与大连市地震局签署加强防震减灾工作战略合作框架协议。

2013 年 9 月 5 日，市政府办公厅印发《忻州市 2013 年农村住房抗震改建试点工作实施意见的通知》（忻正办发〔2013〕138 号），原平市、五台县、代县分别承担了 1200 户、1000 户、800 户的试点改建任务。

2013 年 9 月 9 日，召开防震减灾领导组应急工作汇报会，王月娥副市长、军分区副司令员李川以及市防震减灾领导组 20 个主要成员单位及忻府区、代县、原平、定襄、五台、繁峙等县（市、区）地震局长参加会议。

2013 年 9 月 18 日，召开忻州市震情"大监测、大会商"第四次联席会议。

2013年11月9日，辽宁省大连市地震局局长王忠国、丹东市地震局局长连秀君一行5人到五台地震科技中心参观考察。

2013年11月14日，市长郑连生在办公室专门听取市地震局局长李文元工作汇报。

2013年11月20日，市委副书记张晓峰专门听取市地震局局长李文元工作汇报。

2013年12月5日，市地震局局长李文元在市委党校为全市第一期中青年干部素能提升培训班举办防震减灾知识讲座。

2013年12月9日，市政府办公厅印发《关于成立忻州市抗震救灾指挥部预任机构的通知》。

2013年12月17日，忻州市武警支队抗震救灾应急救援队成立，忻州市防震减灾领导组组长、市政府副市长王月娥向忻州市武警支队抗震救灾应急救援队授旗。

2013年12月25日，市政府办公厅印发《忻州市区出让土地实行联合勘察的通知》，规定重大房地产项目的地震安全性评价与地质灾害评价、文物勘察在出让土地前由土地收储机构统一组织，实行联合勘察。

2014年1月26日，市长郑连生专门听取市地震局局长李文元工作汇报。

2014年2月21日，市政府召开市政府防震减灾专题会议，市长郑连生主持会议并讲话。

2014年3月，市政府办公厅印发《关于印发市政府防震减灾专题会议工作任务分解表的通知》。

2014年3月，市政府办公厅印发《忻州市地震应急救援分级负责方案》及《市抗震救灾指挥部指挥流程》。

2014年3月，中国地震局《市县防震减灾工作》在2014年第1期刊登忻州市地震局李文元局长撰写的《稳中求进 逐步强化社会管理　主动作为 不断拓展公共服务》署名文章。

2014年3月，市地震局印发《忻州市2014年度震情跟踪工作方案》、《忻州市2014年度地震危险区震情跟踪工作方案》、《忻州市地震震情会商及预测预报管理制度》及《忻州市抗震救灾指挥部震情与灾情监测组地震应急联动方案》。

2014年4月，应山西省地震局邀请，市地震局局长李文元和抗震设防管理科负责人梁瑞平参加《山西省建设工程抗震设防条例》起草及制订工作。

2014年5月8日，省政府应急工作督查组来忻州市检查。

2014年5月18日，忻州市政府举行抗震救灾综合救援实战演练。忻州军分区、武警忻州支队、忻州公安消防支队、市民政局、市卫生局、市电视台参加演练。市长郑连生任演练总指挥，市抗震救灾指挥部常务副总指挥、副市长王月娥任副总指挥，省地震局副局长田勇应邀指导，忻府区、原平市、定襄县、五台县、繁峙县、代县、宁武县、五寨县政府县（市、区）长参加，市地震应急预案9个工作组牵头单位现场做地震应急处置汇报。

2014年5月27日，中国地震局地震重点危险区震情跟踪检查组来忻州市检查，山西省地震局副局长郭跃宏陪同检查。

2014年5月29日，副市长王月娥赴代县调研地震前兆观测台建设工作。

2014年5月，按照市政府、市纪委要求，市地震局开始清理行政权力及服务事项，查找廉政风险点，制定风险防控措施。经市廉政风险防控办公室确认，共确定市地震局权力事项53项，在政府门上户网站上进行公示。

2014年6月6日，市地震局局长李文元等一行4人赴大同市地震局，签订山西省北部震情跟踪协作方案。

2014年6月18日，山西省人大立法调研组来忻就《山西省建设工程抗震设防条例》进行立法调研，副市长王月娥参加调研。

2014年10月15日，中国地震局联合中央电视台，专程对原平市李三泉村农村民居抗震改建试点工程进行现场拍摄。

2014年10月29日，代县富家窑地震观测站竣工。12月11日，代县富家窑地震观测站钻孔应变项目通过了省地震局项目验收组验收，正式入网运行。

2014年11月18日，山西省地震局副局长郭星全到忻州对2014年省政府防震减灾目标任务完成情况进行调研指导。

2014年11月，新建的忻州市政务服务中心正式启用，市地震局作为忻州市基本建设项目并联审批单位入驻基本建设项目审批大厅，参与基本建设投资项目一条龙审批，并实现网上审批，全程接受纪检监察。

2015年3月2日，山西省地震局向各市政府印发《关于2014年度防震减灾工作目标考核结果及2015年度防震减灾工作目标考核评分细则的函》(晋震防函〔2015〕40号)，忻州市得分98.8分，位列全省第一。

2015年3月24日，山西省地震局印发文件（晋震发防〔2015〕16号），忻州市地震局荣获山西省2014年度市级防震减灾工作综合考核先进单位、防震减灾法制工作先进单位、地震预报工作先进单位。

2015年3月31日，忻州市召开忻州市防震减灾领导组会议，王月娥副市长出席会议并讲话。

2015年4月3日，市地震局召开《山西省建设工程抗震设防条例》宣传贯彻培训会议，山西省地震局震害防御处处长尉燕普参加会议并作专题辅导。

2015 年 4 月 29 日，忻州市年度目标责任考核领导小组印发文件（忻考办发〔2015〕3 号），对各县（市、区）和市直各单位 2014 年度目标考核等次评定结果进行通报，市地震局被评定为优秀等次。

2015 年 5 月 15 日，市地震局召开学习讨论落实活动总结大会，全体职工参加会议，市委第四督导组到会指导。

2015 年 7 月 1 日，市地震局局长李文元带领局下乡帮扶工作组深入到定点扶贫的代县新高乡小观村进行调研，同时慰问该村老党员和困难党员。

2015 年 7 月 15 日，市地震局印发《忻州市地震局关于进一步加强震情监视跟踪工作的通知》。

2015 年 7 月 27 日，由忻州市政府、山西省地震局联合主办的 2015 年度忻州市防震减灾宣传周暨“平安中国”防灾宣导千城大行动活动正式启动，副市长王月娥为市抗震救灾应急救援队蓝天志愿者支队授旗。

同日，忻州市特邀山西省武警总队科长白鹏为市抗震救灾专业队伍及志愿者队伍进行地震应急业务知识讲座。

2015 年 7 月 31 日，由忻州市人民政府、山西省地震局主办，忻州市地震局、忻州市广播电视台承办的全市“7.28”防震减灾主题演讲比赛在忻州电视台演播大厅举行。忻州市政府副市长王月娥、山西省地震局副局长郭星全与近三百名观众观看了比赛。

2015 年 9 月 11 日，“忻州市科学大讲堂”特邀中国地震局地质研究所研究员、中国科学院科普演讲团成员位梦华老先生在岢岚中学做题为“地球灾变与人类文明”的巡讲报告。

2015 年 9 月 16 日，山西省地震局印发《关于批准忻州市云中新区（北区）地震小区划的通知》。

2015 年 9 月 24 日，市防震减灾领导组印发《忻州市建设工程抗震设防工作联席会议制度》。10 月 16 日，召开 2015 年第一次联席会议。

2015 年 10 月 9 日，吕梁市地震局局长刘智平带领部分县市地震局局长来忻考察交流。

2015 年 10 月 12 日，原平市天牙山地震观测站竣工。11 月 19 日，通过省地震局项目验收组验收，正式入网运行。

2015 年 10 月 16 日，市地震局与通信、电力、公安、交通、民政等部门签订了地震灾情信息资源共享与合作协议。

2015 年 10 月 21~22 日，省人大常委会委员、教科文卫工委主任李洪带领检查组，就忻州市贯彻落实《山西省建设工程抗震设防条例》情况进行执法调研。

2015年10月30日，新疆吐鲁番市地震局局长王勇一行4人，到忻州考察交流。

2015年12月9日，市地震局联合市住房与城乡建设管理局印发《关于提前下达2016年农村住房抗震改建试点任务的通知》，规定原平市、代县、五台县三县市，每县（市）承担800户试点建设任务，繁峙县承担1200户建设任务。

2015年12月10日13时27分20秒，原平发生3.2级地震。市长郑连生、副市长王月娥、市政府秘书长郭宝厚等领导到市地震局部署地震应急工作。

2015年12月14日，中国地震局下发《关于2015年度全国市县防震减灾工作考核结果情况的通报》，忻州市荣获全国地市级防震减灾工作综合考核先进单位。市地震局局长李文元荣获全国市县防震减灾先进工作者。

2015年12月，市地震局提交的《忻州市2016年度地震趋势研究报告》获全省评比第三名。

2015年12月，忻州市在全省2015年度防震减灾年度目标任务考核中位列全省第一，荣获山西省2015年度市级防震减灾工作先进单位。

2015年，忻州市地震局在市委2015年度目标任务考核中，被评为优秀等次。

2016年2月2日，山西省地震局印发文件（晋震发防〔2016〕8号），忻州市地震局荣获山西省2015年度市级防震减灾工作综合考核先进单位、防震减灾宣传工作先进单位。

2016年2月26日，山西省地震局向各市政府印发《关于反馈2015年度防震减灾工作目标考核结果的函》（晋震防函〔2016〕34号），忻州市得分98.0分，位列全省第一。

2016年4月7日4时49分，原平市发生4.1级地震，震源深度16公里。忻州市政府迅速启动Ⅳ级响应，市委书记李俊明，市委副书记、市长郑连生，市委常委、市委秘书长郝钧藩，副市长王月娥，市政府秘书长郭宝厚等领导第一时间赶到市地震局了解有关情况，市委书记李俊明、市长郑连生分别与省地震局局长樊琦进行视频通话，研判震情发展趋势，并对应急处置工作做出批示。市地震局派出现场工作队赶赴震中区开展工作。此次地震，仅有一处在震前就濒临倒塌、靠顶柱支撑的房屋出现倒塌，其余个别老旧房屋出现裂缝，无人员伤亡。

2016年5月3日，忻州市年度目标责任考核领导小组印发文件（忻考办发〔2016〕1号），对全市2015年度目标责任考核等次评定结果进行通报，市地震局被评定为优秀等次。

2016年5月13日，忻州市地震局与繁峙县政府举办市、县联动地震应急综合实战演练，市政府副市长王月娥参加。

2016年5月25日，忻州市地方志编纂办公室、忻州市国家保密局完成对《忻州市地震志（送审稿）》的审核、审查工作，同意正式出版印刷。

后　记

忻州历史上是大震多发区。为了总结历史经验，达到资政、存史、教化之目的，2012 年 5 月启动《忻州市地震志》编纂工作，并成立以忻州市副市长王月娥为编委会主任的编纂委员会。忻州市地震局全体人员全力以赴，举全局、全系统之力编修志书。

《忻州市地震志》资料收集主要从四个途径开展：一是深入市档案馆和省、市地震局资料室查找历史档案；二是上门请教健在的、曾经分管或在地震系统工作过的老领导、老同志；三是重视涉及忻州境内地震的碑文、石刻、奏章等历史资料的考证、提取、录用；四是收集全市地震局（办）、驻忻台（站）有关资料。编纂工作主要分为三个步骤：一是以科（室）为单元，全员收集资料，并整理编纂完成初稿；二是征求相关专家意见后反复修改；三是由局领导审改定稿。在编纂过程中，对章节篇目多次进行调整，对相关史料去伪存真，尊重事实，不加褒贬；文字力求简洁，叙述力求准确，编排力求系统，诚其心，倾其力，力争把志书编纂得全面翔实。尽管我们尽了最大努力，终因资料不全，诸多内容靠点滴汇聚而又无法一一考证，许多资料缺失，口述资料意见不一；部分档案资料因单位数次搬迁变动或保存不当而遗失，导致志书编纂过程中出现一些漏缺，造成了不可弥补的遗憾。

《忻州市地震志》共分八章，包括地震活动、地震地质、监测预报、抗震设防、科普宣传、应急救援、工作机构、学术交流等。地震活动部分的时间跨度为远古时期至 2015 年底，工作部分时间跨度为 1974 年筹备成立地震机构至 2015 年底。志书编纂历时 4 年，参加编纂的同志们付出了常人难以想象的艰苦努力。具体章节编纂人员为：张俊民、张俊伟负责地震活动部分和监测预报部分；梁瑞平负责地震地质部分和抗震设防部分；苏琪、马会亮负责科普宣传部分；陈秀发、关素芳负责应急救援部分；林建平负责机构部分和学术交流部分；梁瑞平、林建平、关素芳、任元杰、贾军虎负责搜集整理重要文献。局长李文元和忻府区地震局原局长赵富顺审改定稿。在成稿过程中，山西省地震局原副局长、《山西通志·地震志》主编齐书勤多次来忻指导编纂，并提供大量珍贵史料、照片；山西省地震工程勘察研究院院长赵晋泉、高级工程师丁学文等专家亲自对地震地质部分进行把关；忻州市史志办公室方志科原科长秦甦、宁武县史志办原主任王树森两位老专家全程参与并指导编纂工作。期间，省地震局和市委市政府的有关领导对编纂工作大力支持，曾经在不同时期分管地震工作的范怀成、王成恩、谌长瑞等老领导，在地震系统工作过的王观亮、封德俭、黄振昌、张锁仁、白迎春等老同志，县（市、区）地震部门、市直有关单位和兄弟市地震局的同志，在提供、核实资料和协助编纂上，都给予了很大帮助；中国社会科学院陈东林研究员在百忙中作序。成稿后，忻州市地方志编纂办公室和忻州市国家保密局分别进行审核、审查。兹值本志脱稿付梓之际，向所有关心、支持、帮助《忻州市地震志》编纂工作的各位领导、同志和单位致以诚挚的谢意。

由于编纂人员水平有限，加之时间仓促，不足和疏漏之处在所难免，恳请批评指正。

编　者

2016年5月